AF331534

# DÉCOUVERTE



## CAUSES DES ÉPIZOOTIES ET DES ÉPIDÉMIES.

Tout exemplaire non revêtu de la signature de l'auteur
sera réputé contrefait.

Poitiers. — Imp. de A. Dupré.

# DÉCOUVERTE

## DES

# CAUSES DES ÉPIZOOTIES

## ET DES ÉPIDÉMIES

### CAUSES ET DISTINCTION

## DE DEUX GENRES DE CHARBON

### L'un Gangréneux et l'autre Virulent

**MODUS FACIENDI**

DE LA CONTAGION DE CES DIFFÉRENTES MALADIES

*Carte Géographique*

Retraçant le théâtre des principales observations de l'auteur.

### PAR L.-E. PLASSE

Médecin-Vétérinaire à Niort (Deux-Sèvres).

En suivant les chemins, jusqu'alors ignorés,
Que, par trente ans de soins, je me suis préparés,
L'homme surpris verra sous quels traits de lumières
Débrouillant le chaos de leurs causes premières,
J'ai mis à découvert ces horribles fléaux
Qui déciment ses jours et frappent ses troupeaux.

POITIERS

CHEZ LÉTANG, LIBRAIRE.

RUE DE LA MAIRIE, 6.

1849.

# DÉDICACE.

Aux Habitants de Niort et aux Cultivateurs des environs de cette ville,

**Éternelle Reconnaissance!**

NIORTAIS,

La confiance dont vous m'avez sans cesse entouré m'a heureusement secondé dans mes travaux; elle m'a fourni les éléments propres à la pratique de la médecine vétérinaire, et à l'application d'une méthode qui m'a conduit à la découverte des causes trop longtemps inconnues des épizooties et des épidémies dites typhoïdes, et, partant, aux moyens inappréciables d'en délivrer la société.

Le monde civilisé, désormais en possession de ces salutaires documents, et appelé à jouir des avantages précieux qui en résulteront, répétera avec bonheur le nom de votre laborieuse cité, source de grandes améliorations pour le bien général. Et puisque c'est sous vos auspices, mes chers concitoyens, qu'il m'a été donné de concevoir cette œuvre, daignez donc, en retour, en accepter l'hommage.

# EXPOSÉ SUCCINCT DE L'OUVRAGE.

Lu par l'auteur à l'Institut de France, dans la séance
du 9 octobre 1848.

—————

MESSIEURS,

Frappé, dès mon début dans l'étude des sciences médicales, de l'obscurité des causes des épizooties et des épidémies, je pris dès lors la ferme résolution de me livrer spécialement à leur recherche.

J'ai observé l'état météorologique de chaque année, de chaque mois ; son action sur les subsistances durant la végétation, pendant les récoltes, dans les lieux d'approvisionnement et les manutentions des vivres, en suivant les denrées jusqu'à la consommation, et toujours à l'aide d'une méthode que je me suis créée en dehors de tout ce qui a été fait et dit à ce sujet.

J'ai reconnu que les fièvres typhoïdes, qui, chez les animaux, sont semblables à celles de l'homme, dépendent toujours d'une seule et même cause : *des champignons microscopiques introduits dans l'économie animale par les aliments ;* et je démontrerai clairement que toutes les causes qui ont été indiquées ne sont qu'indirectes et déterminantes, qu'elles sont le résultat de l'erreur, et que la véritable cause est une et invariable.

Je n'ai jamais rencontré qu'un seul obstacle à cette règle d'unité de cause et de nature ; c'est au sujet des affections charbonneuses. Après de longs et pénibles travaux, j'ai découvert qu'il y a deux genres de maladies charbonneuses : l'un *gangréneux*, susceptible de se communiquer par virus volatil, commun aux hommes et à tous les animaux domestiques, et qui prend naissance dans toutes sortes de localités, avec certaines conditions ; l'autre *virulent*, n'offrant aucune trace de gangrène, plus foudroyant que le premier, et particulier aux animaux domestiques herbivores ; il n'est pas contagieux, si ce n'est par inoculation.

Le premier est de la nature des maladies typhoïdes, et dépend constamment de la même cause ; le second est toujours le résultat de l'influence de certains terrains argileux sur les fourrages et sur les pacages qu'ils produisent ; et cette influence est soumise à une foule de modifications.

J'ai annexé à l'ouvrage qui traite de ces découvertes une carte de vingt-trois communes qui représentent le centre et la nature du théâtre sur lequel j'ai fait mes observations. Onze de ces communes, contiguës et situées au sud-ouest de la ville de Niort, sont essentiellement argileuses, et ont été chacune ravagées par le charbon *virulent*. Les douze autres, également contiguës et situées au nord-est de la même ville, sont calcaires, et ne présentent de charbon virulent que dans les cas où les cultivateurs de ces contrées vont chercher dans les communes argileuses du sud-ouest les foins qui leur manquent.

Ayant ainsi levé les obstacles apportés par les maladies charbonneuses à l'unité de cause que j'avais reconnue aux affections typhoïdes, j'ai pu continuer mes observations sans éprouver de semblables difficultés. Ainsi, lorsque j'ai rencontré quelques fièvres compliquées de caractères variés d'adynamie, d'intermittence, d'éruption, d'aphthes, de pustules, de charbon, même de morts subites avec des lésions intérieures, d'hypertrophie, d'ecchymoses isolées, d'engorgements des ganglions mésentériques, de dispositions rapides à la désorganisation; en un mot, toutes les fois qu'une fièvre typhoïde m'a paru bien caractérisée, et que j'ai pu observer la nourriture préalable du sujet, j'ai toujours reconnu, pour les cas complétement isolés, des champignons microscopiques sur les aliments.

J'ai donc dû substituer la dénomination générique de *cryptogamie* aux expressions si variées qu'on a tour à tour attribuées aux affections appelées typhoïdes, et j'ai reconnu quatre états particuliers aux *maladies cryptogamiques*.

Premier état, *incubation cryptogamique*. Le principe toxique, ici, peut séjourner dans l'économie animale pendant un temps plus ou moins long, sans occasionner de troubles fonctionnels bien sensibles ; on reconnaîtra néanmoins le mal à certains symptômes généraux.

Deuxième état, *élimination cryptogamique* : lorsque le principe toxique est éliminé du corps sans trouble fonctionnel apparent, soit par les excrétions, soit par l'embryon dans l'avortement, soit par le sujet à la mamelle.

Troisième état, *cryptogamie externe* : lorsque le principe morbide est éliminé sans trouble apparent, et qu'il se fixe d'une manière plus ou moins grave à la surface de la peau, ou dans certaines cavités qui ont une issue à l'extérieur. Dans cette catégorie se rencontrent la *morve*, le *farcin*, les *scrofules*, le *lupus*, le *crapaud*, l'*élé-phantiasis*, la *teigne*, la *lèpre*, etc.

Quatrième état, *fièvre cryptogamique*. Ici le principe toxique est précipité de l'état d'incubation, soit dans les liquides, soit dans les solides, à l'intérieur, et de manière à déterminer une réaction plus ou moins intense et très-variée, suivant l'espèce de champignon et suivant le système qui se trouve affecté : de là les fièvres typhoïdes sous différentes formes, telles que les épizooties *aphtheuses*, *la grippe*, *le typhus contagieux des bêtes à cornes, la suette miliaire, la péripneumonie gangréneuse, la variole, la scarlatine*, etc.

C'est à la médecine vétérinaire qu'il était réservé d'arriver à ces grandes découvertes ; car les cryptogames sont le plus souvent livrés de toutes pièces aux animaux, et alors ils peuvent être facilement saisis ; tandis que ceux qui surgissent sur les blés, sur les farines, et qui sont mêlés aux tas par les brassements chez les meuniers et dans les manutentions des vivres, échappent à l'œil de l'observateur. Cela se conçoit d'autant mieux, qu'une quantité de ces parasites, suffisante pour devenir nuisible lorsqu'elle est réitérée, n'altère point les apparences physiques du pain ; que, par leur subtilité, les particules de ces petits végétaux se trouvent mêlées aux plus belles qualités, et que la cuisson ne nuit en rien à leurs effets pernicieux.

Une expérience de trente années me permet de démontrer que, par des moyens simples et économiques, je peux préserver la société des fièvres typhoïdes, du charbon gangréneux, de la morve, du farcin, et de toutes ces maladies hideuses qui chaque jour frappent les hommes et les animaux les plus vigoureux.

Sans déranger en rien les habitudes de la vie, je me bornerai à surveiller les subsistances de manière à les préserver du développement de ces petits végétaux si multipliés et d'une croissance si rapide.

Au lieu d'exposer les blés à l'air, en contact avec les murailles dans des greniers obscurs où l'atmosphère est calme et concentrée, conditions favorables au développement des cryptogames dans un temps tiède et humide; au lieu de les brasser souvent de manière à renfermer à l'intérieur les surfaces infectées, à répandre la semence et à présenter de nouvelles surfaces à la prise de ces parasites, les blés étant préalablement bien secs, je les déposerais dans des bâtis en planches hermétiquement clos, et, pour les soustraire à l'action de l'air, à la lumière et à l'humidité, je ne les découvrirais qu'avec de grandes précautions, au fur et à mesure que la consommation l'exigerait.

Les grains seraient portés au moulin et ramenés toujours avec les mêmes soins. L'écorce lisse du blé offre bien moins de prise aux racines des cryptogames que les farines. Chez les meuniers et dans les manutentions, on fait généralement, par la disposition des lieux et les brassements, tout ce qu'il faut pour favoriser la végétation des champignons microscopiques; les farines doivent être, comme les blés, soustraites au contact de l'air et de l'humidité, et conservées de la même manière dans des bâtis en planches parfaitement scellés, d'où l'on extraira avec rapidité la quantité nécessaire à la fabrication.

Pour la marine et les colonies, on devra transporter les vivres toujours avec de semblables précautions, et, dans tous les cas, on évitera avec soin les enveloppes de toile.

Pour ce qui concerne les subsistances des animaux domestiques, les fourrages sont dans des conditions encore bien plus fâcheuses; car souvent ils sont serrés humides et posés à terre dans des granges closes, basses et exposées à l'humidité.

C'est à cet état de choses que sont dues les nombreuses épizooties typhoïdes ; tandis que les tas de fourrages conservés dehors et bien couverts de paille n'ont jamais occasionné de maux semblables, l'agitation de l'air étant tout à fait contraire au développement des cryptogames.

Je ne parlerai ici que des chevaux de l'armée. Jusqu'à présent on a suivi, à cet égard, une marche tout opposée à celle qu'il fallait adopter. On a en effet construit de vastes magasins que l'on ferme avec précaution ; les fourrages, bottelés d'abord, y sont entassés, et les interstices que présentent de telles dispositions sont très-favorables au développement des champignons. Les bottes du commerce sont défaites et secouées dans les magasins pour être transformées en bottes de ration qui, entassées de nouveau, exposent aux mêmes avaries les parties d'abord préservées. De là des fièvres typhoïdes, la morve, le farcin, qui frappent plus particulièrement les jeunes bêtes, pour lesquelles ce régime est nouveau.

Voilà la cause originelle, contre laquelle le remède est tout simple. Il suffira, en effet, de faire, au moment de la récolte, des approvisionnements pour l'année, d'exposer les fourrages en plein air sous des hangars tant soit peu isolés du sol, et de ne les botteler qu'au fur et à mesure qu'ils devront être consommés. Si les provisions deviennent insuffisantes, et qu'on soit, avant la prochaine récolte, contraint de recourir à de nouveaux achats, on ne perdra pas de vue qu'il faut, dans les charrois, éviter à tout prix le bottelage et un temps humide.

Les avoines, les sons et les gruaux seront mis dans les mêmes conditions que les blés ; et, quoi qu'on fasse ensuite, les chevaux n'auront ni fièvres typhoïdes, ni morve, ni farcin ; on pourra alors supprimer les couvertures de laine et tous les minutieux détails qui rendent ces animaux si fragiles.

Pour des raisons que j'ai soin d'expliquer, on remplacera l'étrille par un instrument qui respectera l'épiderme.

J'ai fait naître à volonté ces maladies, et dans ce moment même j'ai à la campagne cinq chevaux que je tiens dans des conditions favorables à ces affections. Déjà la fièvre typhoïde s'est déclarée, et je ne serai pas surpris si quelques-uns deviennent morveux ou farcineux.

Permettez-moi, messieurs, de vous faire observer que, bien qu'il ne m'ait pas été donné de voir naître le *typhus contagieux*, la *fièvre jaune*, la *peste* et le *choléra!* j'en ai assez vu pour me convaincre que ces maladies sont des affections typhoïdes; et, non moins sûr que Christophe Colomb, qui n'avait pas vu l'Amérique, je n'hésite pas à déclarer que ces maux sont occasionnés par des champignons qui croissent dans les contrées où naissent ces plaies du monde. Si ces affections sinistres ne sont que passagères dans nos pays, c'est parce que les cryptogames qui les produisent ne peuvent pas s'y acclimater. C'est encore la même cause qui fait surgir la péripneumonie gangréneuse, dont les effets sont si pernicieux pour nos bêtes à cornes sur plusieurs points de la France.

Si la commission de cent vingt membres que la Prusse a constituée, et qu'elle tient en permanence pour remonter à la source de cette maladie, dirige ses investigations dans le sens que j'indique, elle reconnaîtra cette vérité.

On conçoit alors qu'au lieu de ces onéreux lazarets, si nuisibles aux relations et au commerce, la France pourra convoquer à un congrès général les puissances civilisées du monde pour établir les bases des mesures faciles à prendre contre ces fléaux nomades et dévastateurs qui détruisent par milliers les hommes et les bestiaux. Préserver les aliments de l'envahissement des cryptogames serait un des moyens les plus puissants de lutter contre la contagion du choléra.

Pour terminer cette analyse succincte d'un travail de trente années, j'ose supplier les honorables membres de l'Institut de faire savoir au gouvernement que les moyens sanitaires que je propose sont sans inconvénients (1); et nul doute que, dans sa sollicitude pour le bien de l'humanité, il ordonnera, suivant la demande que je lui ai adressée, des mesures conformes à mes prescriptions.

Je demande qu'on me confie un ou deux régiments de cavalerie où la morve et le farcin sévissent avec le plus de force, et des fermes où les affections charbonneuses causent ordinairement le plus de mal et ruinent les cultivateurs ; je promets que, dans les lieux qui auront été confiés à mes soins, il n'y aura ni maladie typhoïde, ni morve, ni farcin, ni charbon.

Ma démarche ici, messieurs, a, entre autre but, celui de prendre date avant mes publications, pour ménager à la France les honneurs de ces grandes découvertes.

Paris, le 2 octobre 1848.

**PLASSE,**
Médecin-vétérinaire à Niort ( Deux-Sèvres ).

(1) La commission de l'Institut chargée d'examiner le travail de M. Plasse est composée de MM. Andral, Rayer, Milne-Edwards.

# AVANT-PROPOS.

La plupart des grandes découvertes qui ont amené la civilisation au point où elle est ont été l'effet du hasard ; nous en devons très-peu aux recherches, parce que l'éventualité effraye les hommes qui comptent dans la société beaucoup de victimes entraînées à leur ruine ou à la perte de leur santé, et souvent à l'une ou à l'autre à la fois, pour avoir poursuivi inutilement quelques sujets ignorés.

Aucune réflexion de ce genre ne m'a arrêté un seul instant à l'égard des difficultés à vaincre pour arriver à découvrir les causes des épizooties et des épidémies. L'importance du sujet a diminué, à mes yeux, l'énormité des obstacles dont j'avais la mesure par les échecs de mes devanciers dans les deux facultés médicales, et je pris toutes les dispositions tendant à diriger constamment mes études dans la voie qui devait m'amener à la solution de ces grands problèmes de médecine comparée et d'humanité.

Appuyé sur une clientèle nombreuse, je concevais de hautes espérances de la méthode que j'avais organisée, méthode qui devait considérablement abréger mon travail, et qui me laissait entrevoir dès le début la possibilité, je dirai même la certitude d'obtenir de bons résultats.

Je dois le dire de suite, l'expérience et l'observation m'ont démontré que la science médicale ne peut progresser qu'autant que les recherches dont elle est l'objet ne sont confiées qu'à un seul homme, à un homme spécial pour chaque partie. L'observateur isolé peut abandonner et reprendre ses travaux; il jouit d'une entière liberté dans les éclaircissements, et, chez lui, tout est recueillement, méditation, expérimentation et désintéressement; tandis qu'au sein des commissions et des sociétés, la controverse, en entraînant le rejet de telle ou telle idée, étouffe souvent dans leur foyer des étincelles heureuses et capables de projeter sur la question la plus vive lumière.

La commission française chargée d'étudier le choléra a été parfaitement composée; le travail de chaque membre spécial peut, après quelques années de recherches, fournir de forts bons renseignements; mais, si les travaux définitifs doivent être faits en commun, il n'en résultera rien d'avantageux pour la science, j'ose l'affirmer.

Le gouvernement de la Prusse, en désespoir de cause, a désigné cent vingt hommes distingués par leurs talents, qui doivent réunir leurs efforts et s'aider mutuellement de leurs moyens, dans le but de remonter à la source de la *péripneumonie gangréneuse*, maladie terrible dans ses effets, et dont les affreux ravages ont ruiné des contrées entières : cette commission *monstre* périrait sur pied, dans sa persévérance, avant d'arriver à une solution satisfaisante.

Depuis plus de vingt-deux siècles, depuis l'immortel Hippocrate, les sciences médicales n'ont fait aucun progrès à l'égard des causes des épidémies; et les secours mutuels de la médecine de l'homme et de celle des animaux, les nombreuses expériences et les observations comparées, n'ont apporté aucun éclaircissement sur un sujet si important. Les auteurs les plus recommandables ne s'accordent point entre eux ; les nombreux systèmes, toutes les théories, ainsi que les faits pratiques, qui ont paru au grand jour pour expliquer l'origine des épidémies et des épizooties, ont été successivement renversés ; d'où il résulte que les causes de ces redoutables affections sont encore ignorées aujourd'hui.

Cette immense lacune, cette question capitale, je l'ai étudiée spécialement durant trente années consécutives ; et exposer les découvertes auxquelles m'ont conduit les plus constants efforts, ce serait retracer mes travaux incessants, ma vie médicale tout entière. Je rappellerai seulement ici que je suis entré en 1817 comme élève à l'école vétérinaire d'Alfort, où se poursuivaient alors les expériences que le gouvernement avait ordonné de faire sur le typhus contagieux des bêtes à cornes, affection pernicieuse qui ravageait le nord et l'est de la France. On faisait aussi à Alfort, dans le même temps, de nombreux essais sur la morve des solipèdes.

Je jugeai dès lors que toutes ces expériences étaient entreprises dans une fausse direction, attendu qu'il n'est pas rationnel de chercher les causes ignorées de maladies si graves hors des lieux où elles ont pris naissance.

C'est dans les steppes de la Russie, c'est dans la Hongrie qu'il fallait à tout prix aller étudier le typhus contagieux des bœufs ; c'est dans les garnisons de province qu'on devait se livrer à des recherches sur la morve, comme c'est dans les fermes où le charbon règne enzootiquement que ce mal doit être spécialement observé. Mais, pour que ces utiles travaux fussent entrepris avec goût et persévérance, le vétérinaire de l'armée ne devrait-il pas être dans des conditions supérieures à celles qui lui sont imposées? Le vétérinaire civil lui-même demanderait plus de sécurité dans l'exercice de son art par la protection de lois dont l'absence complète, à cet égard, l'abandonne au niveau des empiriques. Ces raisons ont eu pour résultat de produire des deux côtés un découragement capable d'entraver l'application.

Des hommes éminents ont été parfois, il est vrai, envoyés sur les lieux du désordre; mais leur science a toujours été impuissante pour remonter aux causes, parce que leur passage rapide dans des contrées toutes nouvelles pour eux ne leur a point permis d'explorer tous les détours du labyrinthe.

Du reste, les savants qui occupent le *summum* de la science sont le plus souvent placés dans les grandes villes et dans des établissements où ils ne sont en rapport qu'avec des sujets plus ou moins éloignés de la source du mal, lorsqu'elle existe dans la nourriture; ils pourront bien perfectionner les voies qui conduisent à la connaissance des phases de la maladie, à celle des symptômes, des lésions cadavériques et des traitements; mais il leur sera toujours impossible de remonter aux causes dans des lieux où l'on consomme des denrées provenant de contrées différentes et mises dans des conditions excessivement variées, et où la contagion vient parfois apporter une pernicieuse perturbation dans la marche du mal. Les médecins de l'homme ont essuyé les mêmes revers par les mêmes motifs, toutes les fois qu'ils ont été envoyés en mission pour expliquer les causes de désastreuses épidémies. Leurs rapports, jusqu'à ce jour, n'ont encore rien produit de positif à ce sujet, et les docteurs les plus distingués ont torturé leur génie de mille manières sans avoir jamais pu remonter à la source des maladies générales. Toutes ces réflexions, faites alors que j'étais à peine initié aux principes de l'art, ont eu une grande influence sur mon avenir. Les moyens d'appréciation grandissaient encore dans mon esprit avec les progrès rapides que je fis dans l'étude des sciences naturelles, dont les cours étaient faits alors à l'école d'une manière plus complète (1). Nommé en 1821 médecin-vétérinaire du département des Deux-Sèvres, et chargé de surveiller la marche des épizooties, lorsque j'étais déjà plein de confiance en moi-même, je reconnus, dès mes premières excursions dans le pays, que les environs du chef-lieu réunissaient les conditions les plus convenables à mes projets. Je rencontrai des variations heureuses et favorablement disposées dans le sol, dans la culture, dans les espèces et dans les races des bestiaux.

Au nord, on trouve une grande étendue de terres calcaires qui sortent du département dans les directions de

______

(1) O Bonaparte ! ô grand empereur ! je dois à ton institution *des cours complets des sciences* dot tu avais donté Alfort en 1813 tout le développement de mon intelligence. Honneur à ton génie ! éternelle reconnaissance d'un pareil bienfait !

l'est et de l'ouest, et présentent presque partout une largeur de 16 kilomètres environ. Cette contrée est disposée en vastes plaines déboisées. La Sèvre y serpente dans toute la longueur, y trace de vastes ravins, et se rend à Marans, où elle se jette dans l'Océan. Plus loin, et toujours dans le nord, le sol est argilo-granitique, très-boisé, très-accidenté, et couvert de sources, d'étangs et de ruisseaux.

Au midi, on trouve des terres argileuses moins vastes, également disposées de l'est à l'ouest, dans une direction parallèle aux précédentes, et d'une largeur de 2 à 10 kilomètres. Cette étendue de terrain se perd dans l'arrondissement de Melle à l'est, et dans les marais de la Sèvre à l'ouest. Cette contrée, plus boisée que la première, est parcourue dans sa longueur par différents ruisseaux dont je parlerai plus loin.

A l'ouest, aux lieux où les ruisseaux se jettent dans la Sèvre, on rencontre de grandes étendues de marais mouillés et de marais desséchés qui longent la Sèvre depuis Niort jusqu'à Marans.

Ces riches contrées sont très-productives en fourrages de qualités différentes ; les bois y abondent ; les bestiaux de toute nature s'y trouvent réunis ; mais les baudets de forte race et les mules qu'ils produisent sont la source de l'industrie et de la richesse du pays.

Le commerce de ces mules, qui n'ont pas de rivales, quant à l'espèce et à la qualité, constitue un véritable monopole, précieux toutefois à conserver.

Après avoir pris une connaissance certaine des lieux et

des races de bestiaux, j'arrêtai les questions aux solutions desquelles je désirais arriver pendant ma carrière vétérinaire. Voici ces questions dans l'ordre que j'établis tout d'abord comme base de mes études comparatives :

1° Les causes des épizooties ; leur contagion ;

2° Les causes de la morve, du farcin ; leur contagion;

3° Les causes des maladies charbonneuses ; leur contagion ;

4° Les causes des fièvres et de leur intermittence ;

5° Les causes de la rage et du sang-de-rate ; leur contagion ;

6° Les causes de la goutte chez les bestiaux ;

7° Les causes de la fluxion périodique ; son hérédité ;

8° Les causes du crapaud ; son traitement ;

9° Les causes de la pousse et les raisons qui divisent si fréquemment les vétérinaires appelés à se prononcer sur cette maladie ;

10° Les causes de la détérioration de nos différentes races d'animaux domestiques ; les moyens d'y remédier.

Cette dernière question a toujours eu des charmes pour moi. Mon imagination, souvent mise à la torture en abordant des obstacles que mille fois elle a trouvés insurmontables, a pu se reposer et goûter un délassement nécessaire dans l'examen d'une question qui a toujours été mon étude de prédilection, et où je n'ai rencontré que très-peu de ces grandes résistances que présente la médecine vétérinaire.

L'histoire naturelle et la géographie ; l'anatomie, la physiologie et l'extérieur ; la chimie, la physique et l'économie rurale ; la domesticité et les climats, *extraits et coordonnés en généralités*, se sont classés dans ma tête de manière à me permettre de résoudre, sans de grands efforts, les questions les plus ardues d'économie rurale. C'est pourquoi je puis aujourd'hui doter mon pays d'un traité pratique et d'un système sur l'éducation des bestiaux. Cet ouvrage rendra infailliblement de grands services. J'aurais débuté par cette publication, mais celle qui fait le sujet de ce livre offrant plus d'importance encore, j'ai cru devoir la livrer la première à la presse.

L'activité de mon imagination ayant toujours été pour moi un obstacle à cette assiduité qu'exige un travail sérieux, j'ai dû disposer mes études de manière à varier très-souvent mes sujets et à m'occuper presque toujours agréablement.

Avant de me créer un système d'étude, je compris qu'il y avait d'abord une question importante à résoudre, celle de savoir si je prendrais pour point de départ les expériences des autres et les principes adoptés par les différents auteurs, ou si, sans faire abnégation des théories établies, j'agirais en dehors et de manière à commencer sur de nouvelles bases. Je me décidai pour ce dernier parti, toutefois après de fréquents essais.

La route à suivre, la méthode à adopter était un grand principe à établir dont je sentais toute l'importance, puisqu'il devait proclamer mon triomphe ou amener mes revers ; aussi y apportai-je la plus scrupuleuse attention : je ne marchais qu'en tâtonnant pour en jeter les bases, de telle sorte que je passai près de quatre années en recherches sur

ce sujet, et ce ne fut qu'en 1824 que mon plan d'étude a
été définitivement fixé.

Voici mes principaux jalons :

1° Je classai les localités d'après les différentes natures de
terres et leurs mélanges ;

2° Les animaux en espèces, en races et en sous-races ;

3° Les maladies, seulement celles que j'ai énumérées
plus haut, par registres particuliers ;

4° Les causes, le régime, le traitement à part ;

5° J'ai établi de nombreuses divisions, pour les variétés,
dans chaque distinction ;

6° Les faits et toutes les observations étaient préalablement tracés sur une feuille volante numérotée, pour être
enregistrés, après comparaison, avec tous ceux qui se rap-
partaient au même sujet ;

7° Je consacrais à chaque maladie un temps donné, de
manière, et par un ordre régulier, à ne m'occuper de rien
autre chose. Si pendant ce temps il se présentait quelques
questions étrangères au sujet actuellement en étude, j'en
prenais une note sans y ajouter aucune réflexion, remettant
l'examen de ces questions nouvelles au moment où je devais
traiter le sujet auquel elles se rattachaient ;

8° Très-souvent je tirais, avant le temps prescrit, des
conclusions des faits observés ; c'était lorsque je craignais
d'être débordé par le nombre des matériaux : j'avais, du reste,
des époques fixées pour ce genre de travail, auquel j'apportais
beaucoup de patience et de prudence ; car, au lieu de chercher à publier des choses qui me semblaient démontrées,
je les renfermais dans des cartons pour les comparer, au

besoin, avec des observations nouvelles. De cette manière, je faisais prudemment marcher tous mes sujets de front. Si j'eusse voulu les traiter alternativement, un seul eût pu user toute mon existence avant que j'eusse pu obtenir aucun succès. Cette méthode m'a fourni des éclaircissements mutuels de sujets très-disparates en apparence, sans lesquels je serais encore à l'œuvre et plongé peut-être dans le découragement.

Le succès d'un travail si vaste et si important était subordonné à des préoccupations continuelles et variées; il m'a fallu faire abnégation des plaisirs de ce monde, de la politique, et surtout des lectures étrangères à la médecine; encore n'ai-je lu dans cette catégorie que les ouvrages des principaux auteurs, et cela dans le but unique de me tenir toujours au niveau de la science. En littérature, et comme délassement, je ne me suis jamais bien occupé que de Buffon et de Jean-Jacques, que j'ai lus et relus.

La littérature nouvelle m'est donc fort peu connue; je l'ai négligée dans la crainte d'y rencontrer quelques éléments capables d'exalter mon imagination; et toujours occupé de mon sujet, je n'ai rien cherché au delà; seulement je ne laissai jamais échapper tout spectacle qui renfermait des idées élevées.

L'ordre et les résumés ont classé plus de choses dans mon cerveau que sur le papier. Les sujets importants s'effacent généralement peu chez moi; cependant ce serait en vain que je les chercherais *ex abrupto*; ils ne se déroulent bien que par le travail du cabinet, ou quand je suis seul et pendant les voyages.

Le temps que j'ai passé à la recherche des grandes découvertes que j'ai faites a dû nuire à mes intérêts pécuniaires; j'aurais pu, investi de la confiance d'une clientèle nombreuse, arriver à une fortune honorable ; mais, la soif de l'or ne m'ayant jamais tourmenté, j'ai négligé le coffrefort pour puiser à une autre source le seul bonheur que j'ambitionne, c'est-à-dire la certitude que mon pays, le monde entier, pourra retirer un avantage immense de l'ouvrage que je publie.

Convaincu que les petites choses conduisent souvent à la découverte des grandes, on m'a vu donner les soins les plus assidus à des chiens ou à des chats, chercher continuellement quelque chose de nouveau, faire des rapprochements tirés des symptômes, des mœurs, de la nourriture, etc. C'est ainsi que j'ai eu la première idée de la cause des épizooties et des épidémies en observant des mortalités sur des volailles, mortalités produites par des grains altérés ; c'est par le piétin des moutons que j'ai découvert le traitement du crapaud du pied du cheval.

J'ai distingué le charbon virulent du charbon gangréneux chez un homme effecté d'une pustule maligne qu'il s'était inoculée en levant la peau d'un bœuf mort de cette maladie, comparativement avec l'état d'une femme qui mourut d'une pustule gangréneuse au bras dans le même temps, et pendant le règne d'épizooties et d'épidémies. La couleur de la peau dans les deux sujets éveilla mes soupçons et dirigea mes recherches.

Après de grands efforts d'imagination sur les sujets hu-

portants qui m'agitaient, je cherchais à détendre mon esprit ;
et, pour ne pas lui donner trop de relâche si je l'exerçais
à résoudre des questions moins ardues, mes investigations
se portaient néanmoins toujours sur des problèmes dont les
solutions avaient échappé aux recherches de mes devanciers ;
ainsi je résolus de trouver :

1° Le moyen d'extraire les dents molaires du cheval
adulte, lesquelles résistaient à tous les instruments connus,
attendu qu'elles sont enfoncées dans les alvéoles des maxillaires à peu près des quatre cinquièmes de leur longueur,
et qu'elles sont très-serrées entre les lames osseuses, de manière à être brisées par la clef de Garenjeot plutôt que de
sortir. M. Delafond, professeur à l'école d'Alfort, publia
alors un article par lequel il conseillait de se servir de la
clef en manière de levier, moyen impuissant pour extraire
les dents des chevaux de 4 à 12 ans;

2° Les moyens de guérir les crapauds et les eaux aux
jambes, maladies si graves et d'autant plus funestes, que la
science ne possède rien de sûr à cet égard;

3° Pourquoi les ruminants ne sont pas sujets aux anévrismes du cœur, tandis que le système vasculaire, beaucoup plus large dans les animaux de ce genre, semblerait se
prêter à ces sortes d'affection bien plus que celui du cheval,
qui cependant en présente de fréquents exemples;

4° Enfin, pourquoi les abeilles sont plus exposées à périr
dans les ruches artificielles que dans celles qu'elles se choi-
sissent à l'état de nature.

Ces quatre questions ont été résolues, et les solutions

qui m'ont encouragé, en me donnant la plus douce espérance, se trouvent à la fin de ce volume.

Deux mots encore : la liberté accordée en France à l'exercice de la médecine des animaux, et par suite les excès qui se commettent, les débordements, les fourberies qui surgissent, comme pour tout ce qui est sans frein et sans lois, ont contribué puissamment, non sans occasionner la ruine de bon nombre de cultivateurs, à déconsidérer la médecine vétérinaire en répandant dans la société l'idée fausse que cette utile profession peut être exercée par des hommes dépourvus des connaissances produites par l'étude des sciences.

En présence de semblables préjugés, un vétérinaire qui veut traiter de la médecine comparée doit, lorsqu'il s'adresse à toutes les classes de la société, chercher à redresser de telles erreurs, sans quoi il sera exposé à subir tout le poids de la prévention. Il devra donc préalablement établir que l'organisation des animaux est en tout semblable à celle de l'homme ; que chez les uns, comme chez l'autre, les sens perçoivent des impressions analogues ; que les mêmes fonctions s'exercent de la même manière, par les mêmes organes, et que ces organes sont ordonnés sur des types semblables ; que la seule différence physique entre l'homme et les animaux gît dans la différence de volume du cerveau, proportionnellement plus développé chez l'homme. Du reste, il y a similitude en tout ; aux affections morales près, la médecine et la chirurgie s'exercent sur l'homme et sur les animaux de la même manière et selon les mêmes bases, au moyen des mêmes médicaments et des mêmes instruments.

Le vétérinaire, comme le médecin, dans l'état actuel de la science, connaît donc :

1° L'organisation du corps des animaux et les fonctions jusque dans les parties les plus intimes ; et il y rencontre, sous les mêmes noms, les mêmes tissus, les mêmes organes et les mêmes fonctions que chez l'homme ;

2° L'histoire des trois règnes de la nature ;

3° Les sciences physiques et chimiques de ces trois règnes appliquées à la médecine ;

4° La préparation des médicaments ;

5° L'économie rurale.

En résumé, le vétérinaire connaît l'organisation de tous les animaux et celle de l'homme comme le médecin, et ils s'entendent parfaitement l'un et l'autre dans le langage médical, en sorte que le vétérinaire instruit et intelligent peut exercer avec succès la médecine humaine.

Si le médecin de l'homme a en général l'avantage d'obtenir des renseignements des malades, le vétérinaire, en retour, a celui d'un diagnostic plus facile et plus instinctif en dehors d'une foule d'affections morales qui compliquent les maladies de l'homme et en entravent le cours. Le vétérinaire est aussi plus fréquemment éclairé par les ouvertures des cadavres.

Ces deux sciences sont sœurs et inséparables ; il n'y aura jamais de progrès rapides hors de ces conditions.

# LA
# MÉDECINE VÉTÉRINAIRE

## ET LA MÉDECINE HUMAINE

### DÉFINITIVEMENT FIXÉES

### A L'ÉGARD DES CAUSES DES ÉPIZOOTIES ET DES ÉPIDÉMIES.

---

## DES ÉPIZOOTIES ET DES ÉPIDÉMIES COMPARÉES.

On appelle, en médecine vétérinaire, *épizooties*, des affections analogues à celles qui, en médecine humaine, portent le nom d'épidémies ; ces maladies, sous l'influence de causes communes et générales, frappent en même temps un grand nombre d'individus avec des caractères plus ou moins variés, plus ou moins pernicieux.

Les unes, dépourvues de tout principe contagieux, ne peuvent sortir des contrées où elles sévissent, et le nombre de leurs victimes se réduit à l'ensemble des sujets qu'elles ont directement frappés. On les rencontre sur tous les points du globe, et elles comprennent les épizooties et les épidémies inflammatoires, etc.

Les autres, douées de la funeste propriété de se transmettre d'individu à individu, d'un lieu à un autre, de l'humble hameau, de la cité la plus populeuse et la plus splendide où elles surgissent d'abord, à un point quelconque, sans tenir compte des barrières nombreuses qu'elles ont à franchir, étant essentiellement contagieuses, elles s'élancent et se répandent par des moyens plus ou moins subtils, après avoir sévi dans le pays qui a été leur berceau.

Parmi ces dernières, les unes, moins vagabondes et plus restreintes dans leur action, se concentrent dans de certaines localités dont elles semblent respecter les limites; mais, en revanche, elles les parcourent souvent en tous sens et portent à leurs victimes des coups plus ou moins meurtriers. Ces maladies naissent particulièrement dans les régions dont le climat est tempéré, et, après avoir été le sujet d'une foule de systèmes qui se sont renversés tour à tour, elles ont reçu alternativement des dénominations multipliées et excessivement variées, telles que : *fièvres bilieuses*, *ataxiques*, *muqueuses*, *catarrhales*, *etc.* L'expression générique de *typhus* a longtemps prévalu, puis celui de *gastro-entérite* par le système du célèbre Broussais, dont le règne a été plus brillant que stable ; car de nombreux adeptes étant venus le combattre par des moyens également mobiles, ils ont fait surgir, sans avoir pleinement triomphé, le système des *fièvres typhoïdes*. Aujourd'hui, c'est le sang qu'on accuse ; par des recherches analytiques microscopiques, on veut en faire jaillir la nature et les causes de ces mystérieuses maladies.

Toutes ces substitutions de noms et de systèmes sont dues à l'incertitude de l'art; elles auront à coup sûr un terme, puisque désormais la science est appelée à recevoir des bases solides et inébranlables, fondées sur la connaissance des causes trop longtemps ignorées de ces pernicieuses affections, et d'une série de principes qui en ont été heureusement déduits.

Enfin viennent ces véritables fléaux nomades et dévastateurs qui prennent naissance sous les climats voisins des tropiques. Ces maladies, dont la contagion ne respecte aucun frein, abandonnent volontiers leur patrie pour se transporter, à la première occasion, dans les pays les plus lointains; elles circulent avec une rapidité inappréciable, et conservent sans altération d'abord, dans toutes les saisons et sous les climats les plus extrêmes, les propriétés délétères qui les caractérisent. Mais, semblables à une *plante* qui est portée sur un sol étranger, elles ne peuvent qu'y languir. Leur règne odieux n'est pas de longue durée sur la terre de l'exil; elles perdent graduellement de leur énergie, et finissent par s'éteindre pour ne plus y reparaître que par un accident analogue à celui qui les y avait malheureusement importées.

Toutes ces espèces de maux ont tour à tour paru et disparu dans mille endroits, sans que jusqu'à ce jour ils aient laissé des traces suffisantes pour trahir leur origine. C'est l'ignorance de leurs causes qui fait que nous sommes assujettis aux premiers sans qu'il nous soit permis de nous soustraire à leurs coups meurtriers; et c'est ce qui a toujours mis les hommes dans l'impossibilité d'en prévenir le retour. Quant aux seconds, une paix prolongée, de longues distances, les quarantaines, les cordons sanitaires, ont souvent suffi pour préserver certaines contrées des tristes effets de leur contact. Mais, dans les mouvements notables des populations, dans les grandes guerres, ils surmontent tous les obstacles, se développent avec toute leur énergie et leur redoutable puissance, et viennent renchérir de la manière la plus déplorable sur les tristes dévastations des armées.

Félicitons-nous donc de voir presque toutes les nations jouir des bienfaits de la paix; car, dans ces temps, la lenteur de leurs rapports est un obstacle évident à la propagation de ces terribles maladies. Mais aussi craignons tout de l'avenir ! Les progrès actuels de la civilisation, les fréquentes relations des peuples, qui se multiplient, la rapidité des moyens de communication, font, sous ce rapport, redouter pour la société les malheurs les plus sinistres. Quand on conçoit que les voies multipliées des chemins de fer pourront désormais transporter en tout sens des individus et des objets infectés, et propager ainsi, avec la vitesse de la foudre, le germe délétère de ces affreuses maladies qui peuvent, en un clin d'œil, moissonner par milliers les hommes et les bestiaux, il est aisé de se figurer toute l'étendue des malheurs qu'elles sont susceptibles d'occasionner.

L'histoire n'a-t-elle pas enregistré les noms empestés de ces indomptables fléaux? et ne recule-t-on pas d'épouvante en lisant, tracés sur leurs sombres bannières, les chiffres prodigieux des morts? Pour avoir une idée de la proportion effrayante avec laquelle ces maladies peuvent moissonner leurs victimes, il faut se reporter aux années 1682, 1711, époques auxquelles parut en Hongrie le *typhus épizootique;* de là, ce fléau porta successivement ses ravages dans les États de l'Église et dans le Piémont, et avant 1717 il comptait déjà 80,000 victimes. En 1740, on le vit reparaître en Bohême. Il parcourut l'Allemagne en tous sens, alla sévir en Angleterre, vint en France jusqu'aux portes de Paris, et trois millions de bêtes furent enlevées par lui dans un espace de dix années. Le docteur Faust compte que de 1711 à 1776 le typhus avait fait périr près de dix millions de bêtes à cornes. Pendant les guerres de la République, sous Bonaparte, le typhus se déclara en Italie, passa de là en Piémont, où il fit périr près de quatre millions d'animaux durant les années 1793, 1794, 1795.

En 1814, à la suite des désastreuses guerres qui ont affligé l'Europe, cette impitoyable maladie n'est-elle pas venue dépeupler d'animaux les provinces du nord de la France? Enfin la gastro-entérite, qui a sévi sur le cheval en 1825 dans les États du Nord, et particulièrement dans notre belle patrie, a fait un nombre incalculable de victimes.

Les épidémies offrent malheureusement des exemples de mortalité non moins multipliés et bien autrement sinistres ; il suffira, pour s'en convaincre, de se rappeler que certaines régions ont perdu la moitié, les deux tiers, les six septièmes de leurs habitants, et que d'autres ont été de la même manière presque entièrement dépeuplées. En 1348, Avignon eut soixante mille victimes ; Milan perdit, en 1629, cent soixante mille citoyens ; en 1679, à Vienne, le nombre des morts s'éleva à cent vingt-deux mille huit cent quarante-neuf ; en 1718, la peste d'Égypte enleva deux cent mille hommes en moins de six semaines ; Marseille, en 1720, perdit quarante mille âmes sur quatre-vingt-dix mille ; les villes d'Arles et de Toulon, à la même époque, ne furent pas moins maltraitées ; Moscou éprouva, en 1771, un sort aussi déplorable. Et, en remontant au quatorzième siècle, on rencontre la face hideuse de cette peste noire qui, après avoir surgi au sein de la Chine, traversa toute l'Asie en signalant son passage par les plus affreux désastres ; envahit l'Egypte, où elle moissonna, au Caire, chaque jour, dix mille âmes ; et, après avoir laissé l'île de Chypre presque totalement privée d'habitants, elle vint fondre sur la France, où elle sévit indistinctement sur les pauvres et sur les gens riches, et fit périr en un seul mois, dans Paris, plus de cinquante mille citoyens. 1832 rappelle tous les malheurs causés à la France, à cette époque, par le choléra. En 1846, le même fléau a sévi avec fureur par toute l'Asie. Le pachalik de Bagdad eut pour sa part à déplorer la perte de plus de vingt mille victimes (1)! Bénissons le ciel de nous avoir, pour cette fois, dérobés aux coups de cette peste du Levant, lorsque l'accident le plus fortuit pouvait l'importer dans nos contrées.

La Providence, qui tient ses desseins cachés, a pu seule prévoir tous les maux qui nous menaçaient.

Dans ces tristes conjonctures, il n'y avait qu'un seul moyen de soustraire le monde à toute l'horreur de ces fléaux tant indigènes qu'exotiques : il fallait reconnaître leurs causes, et par là on devait réussir à en prévenir le développement. J'ai donc entrepris cette grande tâche, et, comme je l'ai dit plus haut, je n'ai tenu aucun compte des échecs de mes devanciers.

Appuyé tout entier sur mon dévoûment, et dirigé par mes convictions, je suis arrivé heureusement au terme de la carrière.

Quelles ne furent pas mes joies ! quel doux tressaillement n'éprouve pas mon cœur depuis qu'il m'est permis d'annoncer à mes concitoyens, à mon pays tout entier, que j'ai dignement réussi dans cette haute et noble entreprise !

Je viens donc, plein de confiance dans la sagesse et les généreuses intentions des députés des départements, déposer provisoirement dans les mains du gouvernement de ma patrie un extrait de mes pénibles travaux, où se trouvent exposées toutes mes découvertes, et où sont décrites les me-

_______________

(1) Depuis près de deux ans, la moitié de l'Europe elle-même lutte contre la contagion du choléra, et le vaste empire de la Russie a déjà enregistré plus de 100,000 décès. Tout fait présager que la France en sera préservée pour cette fois.

sures à prendre pour prévenir le développement de ces maladies qui menacent constamment, et de la manière la plus effrayante, dans tous les âges et dans toutes les conditions, la vie des hommes et celle des animaux.

S'il appartient à la France, ce centre avéré de la civilisation, d'envisager la première la face lumineuse de ces importantes découvertes et de jouir des bienfaits qui en seront les justes conséquences, c'est aussi à elle qu'il est réservé de porter et de propager dans tout l'univers, avec la générosité et le désintéressement qui caractérisent une grande nation, leurs incontestables avantages.

En présence du mal et à la vue des dangers les plus imminents, le corps médical tout entier n'a jamais fait défaut ; dans les circonstances les plus difficiles, il s'est toujours montré vigilant et généreux ; chacun de ses membres se multiplie alors pour porter aux malades les secours bienfaisants de son art.

L'histoire a enregistré de grands actes de courage, et dans tous les temps des hommes dévoués à la science ont sacrifié leur santé et exposé leurs jours pour se livrer, dans l'intérêt de l'humanité, aux études et aux expériences les plus périlleuses.

Plusieurs ont poursuivi avec activité leurs savantes recherches pendant toute la durée de l'impression causée par le passage désastreux de ces plaies du genre humaine ; mais il est malheureusement inné dans le cœur de l'homme d'oublier ses maux dès que le danger est passé, et les trop grandes difficultés qu'il fallait vaincre pour arriver à la découverte des causes décourageaient l'observateur, et de nouveaux malheurs pouvaient seuls le rappeler à son sujet.

Telle a été jusqu'à ce jour la marche des choses. Chaque époque compte néanmoins des hommes éminents dont l'imagination, frappée de l'obscurité des causes de ces funestes maladies, s'est agitée dans tous les sens; et aucun de ces savants, après avoir parcouru une longue et laborieuse carrière, n'a vu couronner ses minutieuses recherches soit par des résultats positifs, soit par des principes capables d'éclairer ceux qui sont appelés à poursuivre une si pénible entreprise.

De tous les systèmes que nous ont légués les nombreux écrivains qui ont traité ce sujet, les plus remarquables et les plus savants sont sans contredit ceux d'Hippocrate : on consulte encore à chaque instant ces monuments de la science médicale, parce qu'ils semblent s'appliquer à la plus grande partie des observations. « On y remarque, dit Litré, » un aperçu profond que les modernes ont recueilli, et sur » lequel ils débattent encore. Il ne serait plus possible, » ajoute-t-il, d'édifier aujourd'hui une étiologie aussi com- » préhensible que celle qui sert de base aux doctrines » d'Hippocrate. »

Premier disciple de l'école de Cos, cet homme immortel dominait son époque, et, appréciateur judicieux et plein de conscience, il avait la conviction que ses doctrines passeraient aux générations futures, auxquelles il les léguait en maître. On lit dans un des ouvrages les plus remarquables d'Hippocrate : « La médecine est en possession d'un principe » et d'une méthode qu'elle a trouvés; avec des guides, de » nombreuses et excellentes découvertes ont été faites dans » le long cours des siècles, et le reste se découvrira, si des » hommes instruits des découvertes anciennes les prennent

» pour point de départ de leurs recherches ; mais celui qui,
» dédaignant et rejetant tout le passé, tente d'autres mé-
» thodes et d'autres voies, et prétend avoir trouvé quelque
» chose, se trompe et trompe les autres. »

Personne n'a encore pu aller au delà de l'espèce de colonne d'Hercule que ce grand génie semble avoir posée pour la science médicale par ses théories sur les causes des épidémies. Plus les savants examinent ces étonnants travaux, plus l'auteur grandit à leurs yeux; et il grandit encore si l'on considère qu'il écrivait il y a plus de vingt-deux siècles : alors les sciences étaient dans le néant, l'organisation des êtres était encore un problème, et l'on ignorait les phénomènes de la composition et de la décomposition des corps, etc.

Hippocrate était donc un grand praticien dont le génie, resserré de toutes parts par le défaut de connaissances de son époque, s'était fait jour à travers le tourbillon des nombreuses causes morbides qui assiégent l'espèce humaine, pour accuser, comme causes des épidémies, *particulièrement* les perturbations atmosphériques et météorologiques.

Je n'ai jamais adopté ni observations ni systèmes, de quelque part qu'ils vinssent, sans les avoir d'abord étudiés, expérimentés et compris ; mon imagination n'a point été dominée par le respect que je professe pour les opinions de mes maîtres et pour les recommandables ouvrages de mes contemporains les plus distingués ; elle ne s'est même pas laissé maîtriser par mon admiration pour le père de la médecine.

J'ai préféré rester ignoré plutôt que de mettre au jour des théories qui n'auraient pas été pour moi d'une évidence pure ; et, lorsque j'arrivais à quelques découvertes importantes, loin de les publier isolément, j'attendais avec résignation l'éclaircissement de quelques chaînons qui semblaient en être la suite. La persévérance et l'ordre avec lesquels j'ai fait mes recherches m'ont conduit à reconnaître de nombreuses contradictions dans les principes adoptés comme vrais, et j'ai acquis la certitude que tous les systèmes connus jusqu'à ce jour, à l'égard des causes des épidémies, sont assis sur de mauvaises bases, et qu'ils sont complétement faux.

Plusieurs hommes scientifiques et recommandables par leurs judicieuses remarques avaient déjà signalé des contradictions; le célèbre Ferrus, entre autres, après avoir fait remarquer une foule de faits contradictoires à l'égard des doctrines épidémiques, termine en disant : *Dans l'état actuel de nos connaissances, le doute est encore un devoir.* L'infatigable Darboval dit, en parlant des épizooties : *Leur étude manque d'une base solide appuyée sur l'expérience et sur de bonnes observations cadavériques.*

Hippocrate lui-même, malgré sa grande confiance dans ses doctrines, ne signale-t-il pas évidemment des contradictions, lorsqu'il dit en tête des Aphorismes : *L'expérience est trompeuse, et l'occasion fugitive?* Sans doute l'expérience a dû souvent tromper Hippocrate ; car ses nombreuses observations, si lumineusement exposées, manquent de méthodes, et, comme il n'avait point choisi un centre d'action auquel il pût reporter les phénomènes des autres lieux, ses citations sont faites trop isolément.

Il est désormais acquis que des contradictions multipliées ont été signalées touchant des opinions émises sur le sujet que je traite ; mais, de tous ceux qui ont fait une étude spéciale de ces maladies, quels que soient l'ordre et la persévérance qui distinguent leurs écrits, aucun n'a encore pu remplacer les systèmes qu'il trouvait en défaut par des idées stables, assises sur une longue suite d'expériences raisonnées et réitérées.

Mes études m'ont conduit à reconnaître différentes conditions sanitaires très-importantes qui m'ont guidé dans mes découvertes. J'ai reconnu :

Les conditions avec lesquelles il ne peut pas régner de maladies générales ;

Les conditions avec lesquelles l'état sanitaire général est troublé ;

Les conditions avec lesquelles les maladies générales prennent des caractères inflammatoires ;

Les conditions avec lesquelles les maladies générales prennent des caractères cryptogamiques.

## CONDITIONS AVEC LESQUELLES LES ÉPIZOOTIES ET LES ÉPIDÉMIES SONT IMPOSSIBLES.

Les obstacles à vaincre surgissaient ici à chaque pas, et des difficultés sans nombre semblaient se grouper pour rendre plus obscurs encore les points qu'il fallait éclaircir. Mais, avec une persévérance à toute épreuve, j'ai pu néanmoins ordonner les résultats de manière qu'il m'a été permis d'arriver heureusement au but que je m'étais depuis longtemps proposé.

J'ai observé qu'il ne se déclare ni épizooties ni épidémies :

1° Quand les aliments que l'homme tient en approvisionnement sont bons, et qu'ils ont été, quelles que soient les transformations qu'ils aient eu à subir, maintenus continuellement dans un bon état de conservation, et qu'ils sont tels au moment où ils doivent être consommés ;

2° Quand les saisons s'écoulent et se succèdent sans transitions brusques et sans intempéries extraordinaires et prolongées ;

3° Quand les aliments en bon état de conservation ne sont couverts d'aucun végétal de la famille des cryptogames ;

4° Quand l'air n'est imprégné d'aucun miasme contagieux d'épizooties ou d'épidémies émané de sujets, de cadavres ou d'objets infectés.

Cet état sanitaire est indépendant de l'importance et de la proximité des voiries, des égouts, des cimetières, des fabriques de toute nature, des boucheries, des tueries, des forêts, des montagnes, des rivières, des fleuves, des marais, des lacs, des nappes d'eau, des étangs, des mares d'eau claire, trouble, colorée par le fumier, et en général de tous foyers de décomposition des matières animales et végétales. Et, comme les idées que j'émets ici sont en opposition formelle avec celles qui sont le plus généralement répandues, j'entrerai dans quelques détails propres à démontrer qu'en cela la théorie est parfaitement d'accord avec ma pratique. Enfin je mettrai tous mes soins à vérifier s'il est possible d'attribuer des mortalités générales à l'un des plus beaux chefs-d'œuvre de la Providence, qui a voulu que par une rotation admirable *la destruction devînt la source de la reproduction.*

La nature, en créant les êtres organisés, a mis à leur existence des limites très-resserrées ; elle n'a accordé à la plupart d'entre eux que le temps nécessaire pour se régénérer, pour protéger, élever et diriger leur progéniture ; et comme dans sa parfaite prévoyance elle devait pourvoir à la vie d'une quantité si considérable d'êtres, elle a voulu que la source des moyens fût inépuisable. A cet effet, elle a destiné les uns à servir de nourriture aux autres ; puis elle a pourvu aux fonctions de tous par la réduction en gaz , en vapeur et en humus, des émanations et des déjections de ceux qui vivent, ainsi que des cadavres de ceux qui échappent à la consommation et qui se putréfient.

On sait que les animaux prennent, par la respiration, dans le grand approvisionnement atmosphérique , l'oxygène provenant des végétaux, et que ceux-ci y puisent par la même voie l'acide carbonique que les animaux y répandent (1).

______

(1) L'administration des eaux et forêts ne retire pas de l'admirable réciprocité nutritive et vivifiante du règne végétal et du règne animal tous les avantages qu'elle pourrait en retirer. En effet, la civilisation , la chasse, le braconnage, etc., ayant détruit la plus grande partie des animaux petits et grands que la nature entretenait au sein des forêts dans l'intérêt de la prospérité vitale des deux règnes , il en résulte une grande diminution dans la croissance des arbres; et cette diminution est proportionnellement sensible partout, quelle que soit la fécondité du sol.

C'est un mal dont les riverains sont amplement dédommagés par la sécurité qui en résulte tant pour leurs bestiaux que pour leurs cultures; mais, en réfléchissant bien , ce mal peut être avantageusement réparé, et il y a déjà longtemps que cela aurait dû être fait; en faisant pacager les forêts lorsqu'elles sont arrivées à l'âge de défense , il résulterait plus de vigueur dans les végétations, plus d'oxygène dans l'atmosphère pour l'avantage de tous.

L'herbe qui meurt sur pied engraisse le sol sans doute , mais elle féconde bien moins que si elle avait d'abord passé dans le corps des animaux pour être restituée à la terre par les urines , par les excréments,

Je ne m'arrêterai point sur ce sujet, parce qu'il n'y a jamais eu en cela, que je sache, aucune accusation réciproque de maladies générales. Il n'en a pas été ainsi touchant la décomposition des êtres des deux règnes. Les exhalaisons putrides des marais, celles des cadavres restés à la surface du sol ou enfouis à une légère profondeur, ont été particulièrement accusées, parce qu'on a souvent remarqué des exemples de mortalité dans le voisinage des foyers de décomposition de ce genre.

Examinons les produits de ces décompositions. La fermentation putride des matières animales donne de *l'ammoniaque*, de *l'hydrogène carboné, phosphoré*, de *l'acide carbonique* et de *l'acide acétique*. Les matières végétales, dans les mêmes conditions, dégagent de *l'hydrogène carboné*, de l'hydrogène *proto-carboné*, de *l'acide carbonique*, de *l'acide acétique* et du *gaz azote*.

Lorsque ces gaz et ces vapeurs se dégagent dans un lieu concentré, et qu'ils se trouvent mêlés à l'air dans des proportions très-grandes, ils frappent d'asphyxie et tuent les animaux. On pourrait citer comme exemples les nombreux accidents arrivés aux vidangeurs de latrines et d'égouts, et les malheurs causés, dans des lieux clos et resserrés, par la fermentation vineuse ou par le charbon en combustion. Mais l'examen des cadavres des victimes de ces tristes accidents, et l'observation des phénomènes qui se passent à l'égard de ceux que de prompts secours ont pu rappeler à la vie, n'ont

par les excrétions et par les phénomènes respiratoires. Leurs simples détritus, longs à se décomposer par la dessiccation qu'éprouvent les plantes, s'entrelacent plusieurs années ensemble, et forment une couche épaisse qui nuit à la végétation subséquente, en même temps qu'elle laisse à la malveillance la facilité de mettre le feu à nos forêts.

fait remarquer aucun signe propre à établir une ressemblance entre ces affections et les maladies dites (typhoïdes). L'asphyxie est ici plus ou moins complète; mais jamais un sujet frappé de cette manière n'est devenu le foyer d'une pernicieuse contagion.

Ne devons-nous pas penser qu'il faut une grande quantité de ces gaz pour produire des effets nuisibles à l'air libre, lorsque nous voyons des hommes passer impunément leur vie à une certaine profondeur dans des lieux d'infection; lorsque nous voyons les fossoyeurs, avec des visages épanouis, vivre de longues années au milieu des cimetières, où les cadavres sont entassés par milliers; quand des troupes entières de travailleurs dessèchent impunément les marais dans des temps même où la décomposition est la plus abondante; quand on voit les maladies typhoïdes se déclarer particulièrement lorsque les marais sont couverts d'eau par suite des grandes pluies, circonstance qui arrête la décomposition des substances végétales; quand on voit cesser ces mêmes affections lorsque l'atmosphère se maintient longtemps chaude et sèche, et qu'elle est essentiellement favorable aux décompositions putrides?

Comment alors admettre que des causes de maladies mortelles, foudroyantes, puissent surgir de ces lieux pour aller frapper impitoyablement des hommes exposés à l'air libre et placés à des distances plus ou moins éloignées, lorsqu'elles auraient respecté ceux qui se trouvaient le plus à la portée de leurs funestes atteintes? D'ailleurs, à part l'acide carbonique, tous ces gaz sont plus légers que l'air; ils s'élèvent immédiatement dans les régions supérieures, et l'acide carbonique lui-même est enlevé par les courants dans l'atmosphère, pour y être mêlé dans des proportions salutaires. Non , il n'y a pas là de causes de maladies générales (typhoïdes) ; telle est ma conviction , telle est la vérité basée sur une longue et saine expérience, au moyen de laquelle j'ai pris , à chaque pas, les champignons microscopiques sur le fait.

Cette cause , désormais inattaquable , explique de le manière la plus satisfaisante la subtilité et les nombreuses variations des redoutables maladies générales typhoïdes.

Du reste, en réfléchissant bien, tout le monde conviendra que ce ne sont pas les propriétés de ces gaz qui ont fixé les opinions des savants de notre époque ; car, à l'exemple des observateurs des temps où l'on ignorait encore l'existence de ces fluides aériformes , ils se sont laissé entraîner dans leurs systèmes par les odeurs particulières que répandent les foyers de décompositions, odeurs qu'on a fort gratuitement appelées *miasmes infectes et délétères, etc.* Toutes ces qualifications ont paru, jusqu'à ce jour, parfaitement appliquées, et c'est ainsi que de tout temps les choses même les plus graves ont été admises sans avoir été préalablement l'objet d'un examen sévère.

Les odeurs sont des corps d'une très-grande subtilité ; elles frappent le sens de l'odorat d'une manière relative, et elles sont la plupart insaisissables et inappréciables. Celle qui déplaît à une espèce peut être agréable à une autre ; et il est probable que l'odeur d'un cadavre en décomposition, qui, à l'état de civilisation , nous répugne et nous éloigne, nous attirerait et nous réjouirait, au contraire, à l'état de nature , comme elle attire les carnivores, les omnivores , etc. Cette odeur est certainement aussi suave pour ces différentes classes d'animaux que l'est celle des marais pour les palmipèdes, celle des fleurs pour les abeilles, celle des truffes pour les sangliers, et que le sont celles du sanglier lui-même, de la gazelle, du musc, du bouc, etc., pour les animaux naturellement chasseurs au courre et au guet. Là encore, quelles que soient les impressions que produisent sur nos sens les fermentations putrides, au lieu d'accuser la Providence, nous devons l'admirer dans ses intentions; elle a évidemment pour but de guider par les odeurs et par l'odorat les animaux vers les objets qu'elle destine à leur appétit. Sans ces admirables moyens, le merveilleux équilibre serait bientôt rompu ; une multitude d'êtres vivants périraient d'inanition, parce qu'une infinité de restes inanimés demeureraient ignorés dans les lieux où ils auraient été relégués.

La nature n'a pas voulu que les cadavres fussent enfouis; ils doivent, d'après ses lois, rester à la surface de la terre pour être consommés, et l'odeur qu'ils répandent est un moyen d'avertissement en faveur des carnassiers. Les herbivores eux-mêmes, généralement doués d'une extrême agilité, échapperaient facilement à leurs ennemis s'ils se trouvaient dégagés des fumets qui les trahissent, et ils pourraient se multiplier alors dans des proportions démesurées. L'ordre est général, et nous ne pourrions pas plus accuser la nature d'injustice que d'imprévoyance, parce qu'un membre de la société serait tombé sous la griffe d'un carnassier de genre plus ou moins digne, et qu'il aurait servi pendant plusieurs jours à soutenir son existence. Il est incontestable que la décomposition, la putréfaction, comme on voudra l'appeler, est un grand bienfait, et qu'elle ne porte point atteinte à la santé, comme un grand nombre le croient.

Convenons néanmoins que les plus grands exemples de

maladies générales, que les mortalités les plus fréquentes, ont été observés dans le voisinage des marais ou des grands amas de cadavres en décomposition ; mais ici, comme dans beaucoup d'autres circonstances, on s'est laissé tromper par les apparences ; on n'a pas remarqué que dans le premier cas, c'est *l'humidité seule qui cause tout le mal en faisant développer des champignons microscopiques sur les substances alimentaires amoncelées en approvisionnement* ; et dans le second cas, on n'a pas non plus remarqué *qu'il ne se déclare de maladies typhoïdes qu'autant que les cadavres en décomposition étaient, avant la mort, atteints de ces mêmes maladies contagieuses, ou que ces affections existaient à l'état d'incubation sur ces mêmes sujets.* Tel est le mot de l'énigme ; il m'a été révélé par les observations dont je démontrerai plus loin les résultats de la manière la plus péremptoire.

Quant à ces *constitutions épidémiques, à ces génies épidémiques* dont on a admis la présence dans l'atmosphère à différentes époques et pendant des temps plus ou moins longs, j'en parlerai plus loin avec tout le respect dû aux convictions et aux bonnes intentions.

## CONDITIONS AVEC LESQUELLES SE DÉCLARENT LES ÉPIZOOTIES ET LES ÉPIDÉMIES.

Des principes posés dans le paragraphe précédent, principes suivant lesquels il ne peut y avoir ni épidémies ni épizooties, je suis naturellement amené à faire connaître ceux qui favorisent l'apparition de ces redoutables maladies. Ainsi l'état sanitaire peut être troublé :

1° Lorsque les aliments sont altérés ;

2° Lorsque les saisons se succèdent brusquement, et que leurs cours ont été signalés par des intempéries extraordinaires et prolongées ;

3° Lorsque, bons ou altérés, les aliments sont couverts de champignons microscopiques (moisis);

4° Lorsque l'air est imprégné de principes contagieux d'épizooties ou d'épidémies émanés de sujets, de cadavres ou d'objets infectés.

On ne devra tenir aucun compte de tout ce qu'on attribue aux gaz provenant des décompositions végétales et animales, ainsi que des prétendues constitutions épidémiques, des génies épidémiques ; car ces créations que l'on a produites jusqu'à ce jour comme causes des maladies générales n'ont eu pour effet que d'entraîner l'art médical dans de grandes erreurs.

Cette réforme, œuvre de mes recherches et de mes nombreuses observations, en déblayant le terrain sous mes pas, a projeté une vive lumière sur la route que je parcourais depuis longtemps. Alors les principaux obstacles ont disparu, à la vérité, mais cela ne m'a pas empêché de me trouver encore en face de grandes difficultés qu'il m'a fallu vaincre.

Les maladies générales se présentent sous des caractères très-variés et souvent très-compliqués, à travers lesquels le praticien, l'observateur judicieux distingue toujours deux genres d'affections : les unes sont inflammatoires et d'un caractère généralement régulier; les autres, typhoïdes, tendent spontanément et par nature à la désorganisation des solides et des liquides. Ces maladies bien distinctes tirent leur source de causes particulières et indépendantes les unes des autres; elles règnent dans des conditions très-variées, soit à des époques différentes, soit à la même époque et isolément sur des individus, soit à la même époque et ensemble sur les mêmes sujets. Dans ces diverses circonstances, on les a vues affecter les mêmes organes sur la plupart des sujets, ou se déclarer sur des organes différents; elles peuvent aussi envahir tout l'organisme dans son ensemble, ou frapper séparément chacune des parties qui le constituent.

Il résulte de ces accidents, plus ou moins combinés, une confusion qui, en troublant le plus grand nombre des praticiens, les a souvent portés à prendre de fausses conclusions et à faire des applications fâcheuses.

Il est donc indispensable, dans l'intérêt de l'humanité et pour l'honneur de l'art, de distinguer au milieu du chaos la part de chacun de ces genres de maladies, et surtout de déterminer les causes qui leur sont particulières.

## CONDITIONS AVEC LESQUELLES LES ÉPIZOOTIES ET LES ÉPIDÉMIES PRENNENT DES CARACTÈRES INFLAMMATOIRES.

Nous avons admis sécurité générale sous le rapport des épizooties et des épidémies, toutes les fois :

1° Que les aliments gardés à l'état d'approvisionnement seront dans un bon état de conservation jusqu'au moment où ils doivent être consommés;

2° Que les saisons se succèdent sans transitions brusques et sans intempéries extraordinaires et prolongées;

3° Que les aliments en bon état de conservation ne seront couverts d'aucun végétal de la famille des cryptogames;

4° Que l'air ne sera imprégné d'aucuns miasmes contagieux émanés de sujets, de cadavres ou d'objets infectés.

Considérons ce qui arriverait si, les autres conditions restant les mêmes, il se déclarait quelques intempéries plus ou moins brusques, plus ou moins prolongées, et que les aliments fussent altérés simplement par les submersions, qu'ils soient trop mûrs ou mal récoltés, mais sans cryptogames.

D'abord les aliments altérés, qui ont perdu leurs principes nutritifs, s'ils sont couverts de dépôts vaseux, irritent le tube digestif; ils affaiblissent surtout l'économie animale, et les êtres sont bien plus sensibles aux impressions atmosphériques que lorsqu'ils sont soutenus par une bonne nourriture.

Les maladies générales qui surviendront par les arrêts de transpiration prendront infailliblement un caractère inflammatoire, et passeront par toutes les phases ordinaires aux affections de ce genre, sans qu'il s'ensuive aucune complication foncièrement désorganisatrice.

Les causes, dans ce cas, ne sont pas douteuses : le mal est une conséquence constante d'irritation, mais particulièrement *du passage d'une température donnée à une température inférieure*, accident qui a pour effet de supprimer la sueur et d'arrêter la transpiration insensible de la peau, celle des surfaces pulmonaires ou des autres voies. Les conditions opposées, c'est-à-dire le passage d'une température donnée à une température plus élevée, n'occasionnent point de maladies générales; il en sera de même des températures constantes, si elles ne sont pas suivies de refroidissement.

Lorsqu'il se déclare une maladie générale à la suite d'une intempérie quelconque, la suppression de la transpiration, qui en a été foncièrement le prélude, est accompagnée de phénomènes dont nous devons nous rendre compte. Les substances excrétoires que la nature avait destinées à être éliminées de l'économie animale se trouvent, par le fait de l'abaissement de température, arrêtées dans les dernières voies de la circulation, où elles déterminent généralement quelques troubles plus ou moins graves, si, par une nouvelle réaction, elles ne sont pas réinstallées dans leur marche, ou si elles ne sont reprises pour être ramenées dans le domaine de la circulation; de là elles doivent être dirigées de nouveau vers quelques organes excréteurs, pour n'occasionner aucun trouble intérieur. Tous ces phénomènes sont subordonnés à l'intensité de la suppression qui survient, et au degré de réaction de l'individu. Mais il peut arriver que les accidents de suppression se réitèrent plusieurs fois avant qu'il ne survienne aucune réaction, et qu'il s'accumule ainsi dans l'économie animale un excès de principe morbide capable d'entraîner le sujet à sa perte par le développement d'affections plus ou moins graves et variées à l'infini, suivant l'intensité du mal et le siége qu'il adopte. Quant au caractère de la maladie, il sera toujours ici positivement inflammatoire.

Je ne traiterai point dans cet extrait des diverses formes que peuvent prendre les maladies générales inflammatoires; je passerai immédiatement aux maladies générales cryptogamiques (typhoïdes), qui sont le sujet essentiel de mon travail.

## CONDITIONS AVEC LESQUELLES LES MALADIES GÉNÉRALES PRENNENT DES CARACTÈRES CRYPTOGAMIQUES.

Quelles que soient les autres conditions, lorsque les aliments bons ou mauvais se couvrent à leur surface de champignons microscopiques vénéneux, leur *ingestion* réitérée accumule dans l'économie animale un principe délétère susceptible d'occasionner, tôt ou tard, des dérangements fonctionnels qui prennent à leur début des caractères de désorganisation plus ou moins rapides, plus ou moins intenses, et que j'appelle *maladies cryptogamiques*. Ces affections se présentent sous des dehors très-variés, et, de toutes les dénominations qu'elles ont reçues, je n'en conserverai aucune. Elles comprennent, du reste, toutes celles qui sont appelées typhoïdes, et que l'on séparerait à tort de la *morve*, du *farcin*, de la *péripneumonie gangréneuse*, de *l'angine gangréneuse*, du *croup*, de la *scarlatine*, de la *suette*, etc.

Toutes ces variétés d'une même affection dépendent de différentes influences que je ne suivrai pas ici ; j'y reviendrai armé de toutes pièces et au grand étonnement du corps médical.

Je donnerai seulement un aperçu de quelques-unes des raisons qui peuvent détourner l'observateur de la cause unique de ces maladies. D'abord les champignons, auteurs de tant de maux, varient considérablement entre eux. Il s'agit de tout un ordre de plantes sur pied, dont les unes sont innocentes, mais dont le plus grand nombre ont des propriétés toxiques différant encore beaucoup entre elles, suivant *le genre*, *l'espèce* et *les variétés*, suivant *les saisons*, *les climats* et *l'exposition du lieu où elles croissent*. Ces diverses conditions impriment nécessairement des caractères différents aux maladies qui en résultent; elles embarrassent et trompent même le praticien.

*L'ingestion* et *l'incubation* apportent encore des entraves

4

incessantes à l'uniformité de ces affections, par les phases
variées qu'elles peuvent susciter à partir du moment.où les
causes tant atmosphériques que locales font naître les champignons sur les aliments, jusqu'à l'instant où le mal se
déclare.

Les variations de l'atmosphère, leur influence sur les animaux et sur les cultures, les différentes altérations des aliments, sont aussi d'un grand poids dans le développement
de ces maladies. Toutes ces circonstances concourent à tromper l'observateur et à l'éloigner de la cause unique. Ces
dernières influences, comme tout ce qui tient aux phénomènes atmosphériques, se sont emparées de l'esprit des observateurs du siècle, et, malgré les contradictions nombreuses qu'elles heurtent à chaque pas, elles sont reproduites
par tous les auteurs ; je conviens qu'elles prêtent souvent à
l'évidence.

Supposons qu'à la suite de conditions favorables il ait
surgi d'une manière générale sur des aliments des champignons microscopiques, et que ces aliments aient été consommés dans cet état pendant un certain temps ; il arrivera
qu'à un changement subit dans l'atmosphère, qu'à un
abaissement notable de température, on verra paraître des
maladies générales plus ou moins graves.

Alors on attribuera tout naturellement ces maux à l'abaissement de température ; et cela semble même tellement incontestable, que partout et toujours les observateurs ont
enregistré ainsi la cause à côté de la maladie. Leurs notes
auraient été exactes s'il n'y eût point eu de champignons
microscopiques à l'état d'incubation dans l'économie ; mais
le mal eût été simplement inflammatoire, et jamais de na-

ture gangréneuse, désorganisatrice ; la cause eût été *directe*, *occasionnelle ;* tandis que dans le cas que j'ai supposé, si c'est une angine gangréneuse, la cause atmosphérique est simplement déterminante, et les cryptogames constituent la cause occasionnelle. Telle est la source des épidémies et des épizooties, que l'on cherche depuis l'origine de la société.

Les observateurs ont fait connaître tous les faits isolés au fur et à mesure qu'ils les ont saisis, et la science a recueilli les plus remarquables. Les auteurs, en feuilletant les mémoires, ont réuni les différentes remarques particulières, et ils ont fait un groupe de causes qui se sont reproduites, depuis des siècles, à peu près sous la même formule, à l'article étiologie de la plupart des affections qui nous occupent ici.

Je prends, par exemple, au hasard, quatre maladies cryptogamiques particulières à différents âges : deux dans la médecine humaine, et deux dans la médecine vétérinaire ; et, pour chaque espèce, j'établirai un parallèle, par âge respectif, entre les causes présumées des unes et des autres.

| ANGINE GANGRÉNEUSE. | CROUP. |
|---|---|
| *Causes.* (Darboval.) | *Causes.* (Compendium.) |
| Changements répétés et subits de la température. | Vicissitudes atmosphériques du froid et du chaud. |
| Pluies abondantes après les grandes sécheresses. | La constitution épidémique de l'atmosphère. |
| Humidité de toute nature. | Habitations humides ; refroidissement des pieds ; l'air frais de la nuit ; pays humides. |
| Mauvais aliments, altérés, foins vasés, pailles mouillées, rouillées. | |

| Boissons altérées, froides, eaux stagnantes, corrompues. | Boissons froides, ayant chaud. |
| Travail excessif. | Course forcée. |
| *Farcin.* (Darboval.) | *Les scrofules.* (Compendium.) |
| Les vicissitudes atmosphériques, les abaissements subits et réitérés de la température. | Les vicissitudes des saisons; les temps humides et froids après les jours chauds. |
| Froids alternés. | Air froid, humide et vicié. |
| Humidité. | Humidité. |
| Habitations basses, humides, mal aérées; air vicié. | Habitations basses; pays humides; air altéré, non renouvelé. |
| Aliments altérés d'une manière quelconque. | Nourriture grossière, de mauvaise qualité. |
| Eaux insalubres, altérées, séléniteuses. | Eaux séléniteuses et de la fonte des neiges. |
| Ecuries malpropres. | La malpropreté. |
| Repos absolu. | Le défaut d'exercice. |

Il est clair que ces quatre maladies, différentes en apparence, sont attribuées à un même groupe de causes, et il en serait de même de quatre autres affections graves prises encore au hasard. En un mot, à chaque article des maladies un peu sérieuses, les auteurs établissent une formule semblable; en général ils se copient les uns après les autres, et l'on en voit peu attendre, pour écrire, les résultats de leur propre expérience.

Il faut convenir que ceux qui sont pressés ne peuvent produire que les résumés d'observations isolées; ils critiquent bien souvent l'étrangeté, la bizarrerie, les contradictions de telles ou telles causes; mais, n'ayant rien à l'appui de leur opinion pour trancher définitivement la question, ils la posent comme le fait leur original, et ils continuent ainsi jusqu'au règlement avec l'éditeur.

En remontant aux observations particulières, on verrait que chaque cause signalée a bien été prise sur le fait : ains l'un aura vu la morve se déclarer tantôt à la suite de courses forcées, d'arrêts de transpiration ; l'autre l'aura vue paraître à la suite d'une chute ou d'un coup sur le nez.

L'un a vu naître le farcin, le charbon après un séton ; l'autre a vu surgir ces deux maladies à la suite d'une mauvaise alimentation.

L'un a observé que les scrofules sont héréditaires à la première, deuxième ou troisième génération; l'autre a remarqué que cette hideuse maladie prend naissance à la suite de la pêche, et qu'elle peut être une conséquence d'une affection typhoïde grave, etc. Chaque observateur, resserré dans une sphère trop étroite, a fait une erreur inévitable ; il a pris la cause déterminante pour la cause occasionnelle : il n'a pas compris que le mal à l'état d'incubation était sous la puissance d'une réaction malencontreusement entravée dans ses projets d'élimination par une cause perturbatrice. Ces erreurs se reproduiront moins, grâce aux renseignements que je vais fournir, et l'on sera désormais fixé sur l'origine de chaque maladie.

L'incertitude des causes entraîne l'incertitude dans les traitements, un déplorable embarras dans les applications, et des malheurs sans nombre dans les résultats. Aussi, le médecin consciencieux, effrayé des sinistres amenés par les oscillations de la science, cherche à se créer une méthode curative particulière, et la valeur de l'œuvre est toujours en raison directe de l'intelligence de l'auteur. Du reste, les différentes étincelles de lumière projetées de temps à autre sur la science par les hommes de génie ont fait surgir de bons matériaux dans toutes les branches de l'art de guérir ; mais, quant aux épidémies et aux épizooties, tout est confusion ; on est dans une ignorance complète touchant la cause, la nature et le traitement.

En considérant l'admirable système d'Hippocrate à l'égard des épidémies, on sent combien ce grand homme s'est torturé l'esprit pour en chercher les causes, qu'il ne pouvait saisir.

Par exemple, lorsqu'à la suite d'un vent du nord-ouest et de pluies froides, il se déclare quelque épidémie grave, le médecin de Cos savait bien que les suppressions de transpiration occasionnent des maladies inflammatoires ; mais il y voyait autre chose qu'une inflammation et ses suites.

Dans une angine gangréneuse de vingt-quatre heures, dans une suette miliaire, dans le croup, dans les morts subites suivies de putréfaction instantanée, il pensa que le vent n'apportait pas du froid seulement, mais qu'il mêlait à l'air un principe pernicieux. Quel était-il? Tout prouve qu'il le chercha longtemps ; or, comme il ne put le découvrir, et qu'il supposait *une cause grave quelconque* dans les intempéries, il la désigna sous le nom de *génie épidémique*. Là, j'arrête ma plume, autant par admiration que par respect ; car Hippocrate a établi sur une telle base un travail si ingénieux et tellement circonstancié, que depuis vingt-deux siècles il a triomphé de tous les systèmes établis, et qu'il a partout dominé.

Mais cette admirable et puissante erreur est à jamais sapée jusque dans ses bases par mes découvertes, qui produisent les champignons microscopiques comme cause unique des épidémies et des épizooties désorganisatrices (gangréneuses). Cette cause, que le vaste esprit d'Hippocrate n'avait pu saisir, a été néanmoins indirectement désignée lorsque ce grand homme créa son *génie épidémique* : en effet, la subtilité des cryptogames et leur marche mystérieuse sembleraient assez s'accorder avec l'idée que les anciens attachaient à leurs génies.

Ainsi les épidémies et les épizooties désorganisatrices sont la conséquence constante et indirecte de l'humidité et de quelques autres conditions qui agissent en faisant naître des champignons microscopiques sur les denrées à l'état d'approvisionnement. L'apparition de ces sortes de parasites (moisissure), dont les germes sont naturellement très-répandus et invisibles, est toujours due à l'humidité, et cela dans des circonstances très-variées.

Par un froid prolongé, ces plantes parasites ne germent ni ne végètent ; mais, aussitôt que la température s'élève, elles naissent et croissent rapidement, et toujours dans des lieux où règne une demi-obscurité, et où l'air est calme et saturé de vapeur d'eau ; il s'ensuit que les marais et les localités humides sont, plus que les pays de plaines, propres à occasionner ces phénomènes remarquables.

Par une température élevée plus ou moins prolongée, il n'y a pas non plus de végétation de cryptogames, si l'atmosphère, si les objets, ne sont pas sous l'influence de l'humidité. Aussi, les localités voisines des lacs, des étangs, des rivières, les pays marécageux, sont-ils encore, dans ces circonstances, beaucoup plus sujets que les autres à être le théâtre des maladies cryptogamiques.

Le printemps et l'automne, étant des saisons moins extrêmes en température et généralement plus humides, sont plus favorables à ces végétations, et cela d'autant plus qu'une température moyenne se prolongerait plus longtemps humide.

Il faut, pour que les maladies deviennent générales dans

les pays de plaines, dans les lieux élevés, comme dans les marais, à part la contagion, qu'il y ait pendant un temps prolongé une température douce accompagnée de pluies fines multipliées, ou de brouillards, de manière que les magasins soient pénétrés par l'humidité : et toutes ces conditions ne suffiraient point encore pour le complet développement de ces terribles végétaux ; il faudrait, pour que les denrées en fussent complétement infectées, qu'elles séjournassent dans des lieux plus ou moins obscurs et presque totalement dépourvus de courants d'air. Les fenils, les granges, les greniers et les lieux d'approvisionnement pour les grains, pour les farines, etc., sont trop souvent dans des états propices au développement des champignons microscopiques, dont les vents, les courants d'air empêcheraient l'accroissement ; car, en même temps qu'ils dessèchent les surfaces, ils enlèvent et transportent la poussière fécondante de ces dangereux parasites et s'opposent ainsi à leur végétation.

D'après tous ces principes, qui ne sont ici que posés, on comprendra que les maladies cryptogamiques peuvent régner isolément par les temps chauds, froids, humides, etc. Si des habitations particulières, si des magasins d'approvisionnement, ou tous autres lieux, se trouvent dans des dispositions favorables à ces imperceptibles et redoutables plantes, les granges, les fenils, les greniers, les moulins, les manutentions des vivres, nouvellement construits, peuvent contribuer puissamment à en développer le germe pernicieux sur les meilleures denrées.

Ces végétaux nuisibles sont surtout à craindre pour les produits mal récoltés et serrés avant d'avoir été suffisamment séchés. On conçoit, d'après tout ce qui précède, combien il est important de serrer les denrées le plus sèches possible, et

combien il est urgent de mettre tout en œuvre pour réaliser,
au moment de la récolte, temps fort convenable à ces opérations, les approvisionnements de toute une année; car, lorsque
les transports ont lieu en hiver ou dans les saisons mixtes, les
subsistances se trouvent en rapport avec l'air et avec l'humidité, et, étant inévitablement moins tassées, elles peuvent se
couvrir de champignons. Quelques heures ont souvent suffi
pour produire de semblables phénomènes.

La poussière fécondante de ces cryptogames est d'une té-
nuité extrême et d'une légèreté aériforme qu'on ne peut
suivre. C'est l'ordre le plus répandu de tout le règne végétal,
à cause de la subtilité de sa semence. On le rencontre partout; et il surgira dans un lieu quel qu'il soit, pourvu
qu'on y établisse les conditions favorables à sa croissance,
quelque chose qu'on fasse, du reste, pour en éloigner le
germe. Dans tous les cas, les champignons microscopiques
prennent originairement naissance, dans les cultures, sur les
substances de toute espèce, particulièrement dans les années les plus humides, qui leur sont essentiellement propices
quand les pluies se prolongent par une température douce.

D'après les lois de la nature, les plantes en pleine vigueur
luttent avec avantage contre les envahissements de ces parasites, tandis que les denrées languissantes par le retard de
l'enlèvement et par l'influence des intempéries, de l'humidité, sont bientôt envahies. Il en est de même des arbres :
on voit les plus jeunes et les plus vigoureux résister toujours à leurs attaques, et les vieux, au contraire, les dé-
biles, semblent périr sous leurs étreintes. La germination
de ces petits végétaux se fait à la base des plantes plutôt
qu'à leur sommet, quand elles sont multipliées plutôt que

lorsqu'elles sont rares. Souvent ces parasites dédaignent les céréales pour s'attacher de préférence aux fourrages, et cela, parce que, ceux-ci étant plus tassés, l'obscurité, le manque de courants d'air et l'humidité qui en résulte, sont des conditions très-favorables à leur végétation. La quantité de cryptogames qui se développent ainsi sur les tiges des plantes dans les cultures est rarement suffisante pour nuire aux bestiaux; mais, lorsqu'ils sont transportés dans les habitations, ils trouvent là, plus qu'à l'air libre, de bonnes conditions de croissance; on les voit s'y développer très-rapidement, pour peu que l'état des lieux leur soit propice, et que le trouble atmosphérique extérieur y apporte son influence.

C'est dans les années très-pluvieuses de 1816, 1824, 1829, 1839, 1841, 1843, 1845, que les épidémies et les épizooties de notre époque ont particulièrement pris naissance. Ces maladies parurent dans les années suivantes, et quelques-unes ont fait de grands ravages; elles s'étaient répandues par la contagion et par la propagation du végétal lui-même, *qui prospère tant qu'il se trouve dans des conditions favorables, et qui périt au contraire plus ou moins rapidement lorsqu'il est dépaysé.*

On a vu, en effet, des épizooties déjà éteintes renaitre à certaines époques, parce qu'une certaine quantité des champignons qui les avaient produites, ou des miasmes qui les avaient propagées, étant restés enfermés et comprimés pendant un temps plus ou moins long, avaient pris leur essor et s'étaient développés aussitôt après avoir été mis à découvert. C'est ainsi, comme je le dirai plus loin, que j'ai vu reparaitre en 1826, au printemps, l'épizootie de 1825, qui avait pris naissance dans le Nord en 1824; et cela, parce que les fourrages de cette dernière année, abondants et entachés de champignons, avaient été couverts par les rares et excellents fourrages de 1825, et qu'au moment où ceux-ci ont été entièrement mangés, ceux-là étant livrés à la consommation, les champignons se multiplièrent dans certaines fermes avec une grande rapidité, parce que le printemps de 1826 fut pour eux un puissant auxiliaire. La gastro-entérite de l'époque, soit dit en passant, a reparu aussitôt avec toute son intensité.

J'ai fait la même remarque à la suite des années extrêmement pluvieuses et très-fourragères de 1841, 1843, 1845, qui furent suivies très-régulièrement chacune d'une année fort sèche et très-peu fournie en fourrages; à la suite de ces années, j'ai vu se développer, dans certaines fermes que je citerai, des fièvres cryptogamiques après que la consommation des fourrages de 1842, 1844, 1846, eut laissé à découvert ceux des années précédentes, sur lesquels ils avaient été entassés.

Ces différentes années, dont la régularité de l'alternat du sec à l'humidité est sans exemple, furent très-fécondes en phénomènes qui ont puissamment contribué à arrêter mes conclusions définitives.

Lorsque les lieux d'approvisionnement sont bien secs dans toutes leurs parties, et qu'ils sont exactement remplis par les denrées, il ne s'y développe pas de champignons, à moins que ce ne soit à la surface des tas, qu'on devra toujours tenir couverts pour cette raison. Ces avertissements s'adressent particulièrement à ceux qui font des provisions pour une année; ils devront éviter de botteler les fourrages, qu'ils éloigneront des murs humides pour les entasser et les couvrir soigneusement avec de la paille.

Au fur et à mesure que les denrées sont enlevées des magasins, si elles proviennent d'années humides, et qu'elles comportent quelques cryptogames, ces végétaux, à cause de l'espace laissé libre, poussent et se multiplient très-rapidement, pour peu que les nouveaux lieux se trouvent dans des conditions favorables à leur croissance. Ces accidents arrivent rarement pour les substances de bonne qualité, parce que de tels produits ne portent pas les germes de ces dangereux parasites. Mais, il ne faut pas se le dissimuler, si l'on apporte dans un local déjà envahi par les champignons microscopiques de très-bonnes denrées et des denrées trop mûres et altérées, les unes et les autres étant supposées également sèches et préalablement exemptes de tout germe nuisible, les meilleurs produits seront les premiers envahis et offriront promptement les plus beaux développements de cryptogames. Ces végétaux, toutes choses égales d'ailleurs, naissent, par les mêmes raisons, plus rapidement sur les cuirs neufs que sur les vieux débris de cette même matière.

Ainsi, quelle que soit la quantité des denrées contenues dans un local, on peut y entretenir, d'année en année, le germe des maladies épidémiques et épizootiques dont on va chercher la cause dans les mobiles régions de l'atmosphère.

Plus les approvisionnements entassés sont considérables, moins ces funestes inconvénients sont à redouter. C'est une grande erreur de diviser les subsistances en petits tas pour les déposer dans différents locaux, et souvent en contact avec les murs; c'est une faute bien plus grande encore de les remuer mal à propos, sous prétexte d'éviter la fermentation;

car ce phénomène redouté n'est à craindre que pour les approvisionnements mal séchés. Or le mal, dans ce cas, est facile à prévenir ; il faut tout mettre en usage pour obtenir la dessiccation des denrées et les serrer le plus hermétiquement possible, pour n'y plus toucher qu'au moment de les livrer à la consommation. On prend généralement pour une fermentation le développement des champignons microscopiques sur les subsistances entassées, et, par un remuement répété, on fait voltiger en l'air les débris de ces petites plantes ; alors les surfaces des grains et des fourrages, les parties mises en contact avec l'air humide des magasins, sont, par ces opérations, dégagées, à la vérité, d'une grande partie du moisi qui les infectait ; mais le mal devient de la sorte néanmoins compliqué par les surfaces envahies, qui sont ainsi mêlées au tas sans pouvoir jamais être nettoyées, parce que ces plantes, excessivement ténues, sont enracinées dans les cavités des produits qu'elles détériorent.

Les parties intactes se trouvent, par les remuements, en rapport avec les débris détachés des surfaces portées à l'intérieur ; ces germes, favorisés par la puissance de propagation déjà signalée, se répandent sur les nouvelles surfaces pour y croître de nouveau et pour s'y multiplier.

En renouvelant souvent ces sortes d'opérations, tous les monceaux seront bien vite entièrement infectés par ces végétaux meurtriers, qui la plupart sont imperceptibles à l'œil nu : c'est ainsi que l'ignorance et l'incurie de quelques spéculateurs causent la perte d'un grand nombre d'individus qui périssent victimes des maux les plus affreux. Pour les maladies épidémiques, les champignons qui se développent sur le pain sont moins à redouter ; car ils sont apparents, et l'homme peut aisément s'en défendre.

Mais il faut remonter plus haut et suivre les céréales depuis le champ où elles ont pris naissance jusqu'au pétrin du boulanger, et l'on sera effrayé de toute l'étendue de la plaie dont l'espèce humaine est menacée. Cet état de choses est d'autant plus funeste, qu'il trompe par le fait ; car la panification n'en est point altérée, et la subtilité du végétal fait qu'on le rencontre dans les plus belles qualités, sans en excepter même ces petits pains faits pour exciter l'appétit des personnes délicates, et que la mère, trompée, livre avec confiance à son fils, innocente créature qui, au lieu d'une nourriture saine et substantielle, n'y rencontre souvent qu'un poison subtile et destructeur.

Cet infernal élément croit avec plus d'abondance et d'orgueil sur les monceaux de farines de gruau, de son, etc., que sur les tas de blés, dont l'écorce n'offre pas toujours l'humidité si propice à son développement. J'ai vu des farines envahies en quelques jours jusqu'à une épaisseur de plusieurs centimètres, dans les parties en contact avec les murs.

On brasse les farines à l'instar des grains, et toujours pour arrêter la fermentation. Les nouvelles surfaces, bientôt infectées de cryptogames, sont assujetties au même travail, ce qui fait que des magasins destinés à fournir à nos corps la santé avec la vie ne contiennent plus qu'un amas de débris pernicieux, source d'une foule de maladies hideuses et mortelles. Il y a de grandes précautions à prendre pour éviter l'humidité et le contact de l'air : les farines devront être transvasées avec la plus grande vitesse, lorsque le temps l'exigera ; les lieux d'approvisionnement, les usines des meuniers, les établissements des boulangers, doivent être l'objet d'une attention constante et soutenue ; là est la cause permanente et unique de toutes les maladies générales qui moissonnent par milliers les hommes et les bestiaux depuis l'origine de la société, depuis qu'elle a senti le besoin de faire des amas de subsistances pour elle et pour les animaux.

Les lieux d'approvisionnements s'étant perfectionnés avec l'aisance et la civilisation, les maladies ont perdu peu à peu de leur empire. Chez M. Daniau, boulanger à Niort, la cheminée du four passe au milieu des farines ; et par cette heureuse circonstance, cet artisan, qui peut vérifier le fait, doit avoir eu, dans sa clientèle, très-peu de personnes atteintes de ces affections appelées typhoïdes.

Toutes les fois que les denrées seront tassées de manière à ne pouvoir être pénétrées ni par l'air ni par l'humidité, elles ne pourront être envahies par aucune espèce de végétal.

L'usage de botteler les foins pour les entasser est juste la condition la plus favorable à la croissance des cryptogames : en effet, ces végétaux rencontrent dans les intervalles des bottes l'obscurité et l'air calme si propices à leur développement. Si je voulais me livrer à la culture de ces petites plantes, je suivrais justement le procédé adopté dans les manutentions des fourrages pour la cavalerie ; je choisirais un grand local pour y déposer à l'avance des approvisionnements considérables, et, au lieu de les recevoir au moment de la récolte, bien secs, de les entasser de manière à les presser le plus possible, je les ferais arriver dans le courant de l'année, mis en petites bottes que je ferais défaire quelque temps après pour les secouer fortement à l'entrée des magasins, afin de mieux répandre les semences à l'intérieur ; puis je remanierais les bottes du commerce pour les réduire au poids des rations adoptées pour telle ou telle arme, opération équivalente à un binage ; et, les ayant entassées de nouveau pour la prospérité de ma culture, je fermerais exactement les portes du local en attendant les distributions. Après de pareils soins, mes petits végétaux pourraient, à coup sûr, être avalés avec confiance, car ils seraient certainement de belle et bonne qualité. En choisissant les meilleurs fourrages, je compléterais toutes les conditions favorables à une abondante récolte. Ce genre de culture offre beaucoup plus de chance de réussite que celui des caveaux fécondants de la capitale. Une foule d'observations microscopiques faites à Niort dans les écuries des particuliers et dans les casernes de la garnison et de la gendarmerie, ont fondé mon opinion sur ce point.

Il est bien difficile de soustraire tout à fait à l'envahissement de ces fâcheuses productions les fourrages enfermés dans des bâtiments ; les moyens les plus certains d'arriver à ce résultat consistent à faire, au moment de la récolte, des approvisionnements au moins pour toute une année, de les amonceler en gros tas bien serrés et en plein air, ou sous des hangars. La surface devra être couverte de paille ou de plantes marécageuses, et l'on construira des loges convenables pour y confectionner les bottes au fur et à mesure que les besoins l'exigeront.

Quant aux grains, ils doivent être mis, bien secs, immédiatement après la récolte, dans des bâtis en planches placées de champ au milieu des appartements, à une certaine distance des murs, et hermétiquement fermés.

Ceux qu'on voudra réduire en farine devront être surveillés au moulin, chez les boulangers, dans les manutentions et partout, afin d'éviter avec le plus grand soin l'humidité et le contact de l'air. Les farines seront renfermées et suivies jusqu'à leur transformation en pain.

On devra éviter de les répandre dans les appartements, ou de les laisser dans des sacs, qui présentent toujours des espaces vides où les champignons peuvent prendre naissance à la faveur de l'air calme qui y pénètre. Dans les transports sur mer, il serait urgent de se servir constamment de tonneaux; les farines y seraient closes et scellées comme les liquides, et ne seraient mises à l'air que pour être livrées à la panification. Avec de telles précautions, on verrait bientôt disparaître les fièvres typhoïdes, les épidémies et les épizooties cryptogamiques, dont les causes surgissent, dans les différentes saisons de l'année, par un temps calme, chaud et humide ; qui se déclarent par les variations atmosphériques, et envahissent particulièrement les grandes réunions d'hommes et de bestiaux, en raison des importantes manutentions des vivres qu'elles nécessitent (1), circonstances toujours favorables à l'action de l'air et de l'humidité sur une quantité considérable de denrées en amas.

Lorsqu'il a régné quelques épizooties *locales*, j'ai visité les granges, les fenils, les greniers d'avoine, de son, et en général tous les lieux d'approvisionnement, et, muni d'une loupe ou d'un microscope, j'y ai toujours découvert la cause de ces redoutables maladies. J'ai fait cesser les épizooties toutes les fois que j'ai employé des moyens contraires au développement et aux effets des champignons microscopiques, sans m'inquiéter, du reste, des autres règles de l'hygiène.

Si l'on tient compte de mes observations, et qu'on s'occupe d'exercer une grande surveillance sur les denrées destinées à la nourriture de l'homme, on arrivera promptement à

(1) L'on a de tout temps commis l'erreur d'attribuer aux réunions d'animaux ce qui dépendait des grands approvisionnements.

mettre un terme à l'apparition des maladies générales gangréneuses qui, dans certaines années, ont sévi d'une manière si cruelle sur les réunions nombreuses d'individus, et dont les ravages ont été, en somme, sans contredit plus préjudiciables à la société que ne l'a été même le passage des grandes épidémies.

Dans l'année très-pluvieuse de 1841, on a trouvé que le pain avait une odeur de champignons ; mais, comme il offrait, du reste, une belle apparence, on n'a pas cherché à remonter à la source de cette odeur, qui était un grand avertissement.

En 1842, à Paris, on a vu le pain se couvrir de petits champignons rouges, et en 1847, à Poitiers, on a observé le même phénomène. Une enquête fut faite à ce sujet ; mais on a considéré à juste titre, que les cryptogames n'existaient pas au moment de la vente, et que cette affaire regardait seulement l'acheteur, qui ne pouvait accuser désormais que la lenteur qu'il avait mise à consommer ses provisions. Cependant on a conclu à une peine contre le boulanger, parce que ce champignon apporté par le maïs a fait découvrir une trop grande proportion de ce grain dans le pain.

On s'est borné jusqu'à ce jour à inspecter rigoureusement les qualités physiques du pain, et l'on a déduit ses qualités hygiéniques de son apparence. Il faut qu'une telle erreur ait un terme ; toutes les classes de la société le comprendront, elles y sont également intéressées.

L'homme soigneux, quels que soient le temps, les saisons, les climats, pourra, comme nous le verrons, soustraire ses approvisionnements aux attaques des parasites de cette nature, et se garantir lui-même avec ses animaux contre les dangers qui en sont les tristes conséquences.

C'est de la connaissance de ces principes et de l'exécution des prescriptions qui en dérivent que dépend *l'état sanitaire général, et partant la sécurité du monde entier.*

Les cryptogames venus dans les différentes circonstances que nous avons examinées ne sont pas tous également pernicieux ; certaines espèces sont même dépourvues de tout principe malfaisant, et ne produisent ainsi aucun effet fâcheux. Ces exceptions parmi les substances alimentaires *moisies* ont plus d'une fois ébranlé mes idées d'uniformité, et ont nécessité de nombreuses recherches pour la réhabilitation du principe qui attribue toutes les maladies générales gangréneuses à la présence de champignons microscopiques.

Lorsque les subsistances contiennent de ces végétaux vénéneux, et que, pendant les transformations qu'elles subissent, il en surgit une plus grande quantité, il en résulte, au fur et à mesure qu'ils sont ingérés dans l'économie animale, une intoxication lente et réitérée dont les effets passent parfois inaperçus, parce que les forces vitales de la plupart des sujets sains et vigoureux se débarrassent de la cause morbide par les excrétions ; mais, le plus souvent, il y a un statu quo, sorte d'équilibre qui tend à s'établir entre l'action et la réaction, et ayant pour résultat un phénomène appelé *incubation.*

Cet état, extrêmement varié dans sa durée, est subordonné aux causes déterminantes qui, en affectant l'économie, l'ébranlent et occasionnent un trouble capable de rompre cet équilibre et de donner un libre essor à toute l'action du poison : de là ces perturbations diverses d'où surgissent les symptômes particuliers aux maladies cryptogamiques. Le mode d'action des causes déterminantes est le même ici que pour les maladies inflammatoires, mais avec une bien plus grande susceptibilité ; cela s'explique aisément par la présence

dans l'économie animale d'un principe délétère , d'une subtilité extrême et très-pernicieuse , à l'état occulte.

Cette susceptibilité causée par la présence des champignons
constitue généralement , chez certains sujets , ce que l'on attribue aux *prédispositions*.

Lorsqu'il y a un excès de substances vénéneuses introduites
dans l'économie, la nature est débordée, et les maladies cryptogamiques se déclarent sans avoir été provoquées par une
cause déterminante.

Je fournirai , comme je l'ai promis , les preuves matérielles
de ce que j'ai avancé ; mais d'abord j'ai dû éclaircir un
point important qui m'arrête au moment de déterminer les
symptômes généraux des maladies cryptogamiques.

Si , dans le cours de mes observations , j'ai remarqué et
noté, entre les *affections cryptogamiques et les épizooties charbonneuses* , beaucoup de cas d'analogie qui semblaient conformes au principe d'unité propre à caractériser l'ensemble
des maladies cryptogamiques , j'ai aussi fort souvent rencontré des dissemblances entre ces deux sortes de maux.

Ces particularités inattendues, et sans doute très-graves, ne
me causèrent aucune inquiétude, parce que mes bases sont
solides et qu'elles étaient définitivement fixées ; j'avais la conviction que l'obstacle dépendait des épizooties charbonneuses,
et je me suis mis à l'œuvre avec l'assurance de le rencontrer
là et d'arriver ainsi à aplanir toute difficulté.

Le succès de mes recherches, eu égard à l'étendue de l'ouvrage, m'inspira aussitôt l'idée de publier d'abord un extrait
de mes travaux, afin de pouvoir plus promptement mettre au
jour les causes des maladies générales gangréneuses, ainsi
que la distinction que j'ai établie entre les différentes affections charbonneuses.

# DES AFFECTIONS CHARBONNEUSES AU POINT DE VUE DE L'ÉTIOLOGIE.

Les maladies connues sous le nom de *charbon* sont les plus redoutables de tous les fléaux qui menacent d'envahir la fortune des cultivateurs. Eminemment meurtrières, elles attaquent subitement les bestiaux et les frappent de mort, sans qu'il soit permis, dans la plupart des cas, de leur porter aucun secours.

Quoique les affections charbonneuses, dans leur ensemble, soient de tous les temps et de tous les lieux, qu'elles aient causé de grands désastres dans toutes les parties du monde, et que toutes les espèces d'animaux domestiques indistinctement aient été plus ou moins victimes des tristes effets de leur passage, l'Europe, dans certaines années, a été particulièrement maltraitée par ces terribles maladies.

Les vétérinaires ont observé et étudié le charbon sur presque tous les points du globe, ce qui fait que la médecine des animaux possède de nombreuses relations sur ce sujet.

La médecine humaine a beaucoup moins de matériaux touchant ce genre d'affections, parce que, comme nous le verrons, la plus grave et la plus répandue ne se développe jamais chez l'homme. De part et d'autre ces maladies ont été mal observées; la difficulté de soulever le voile épais qui couvre leurs causes mystérieuses semble avoir fait perdre au monde médical tout espoir de les découvrir, et, loin de se livrer à leur recherche avec une digne persévérance, on revient toujours aux connaissances acquises ; et, si l'on écrit, ce n'est que pour se prononcer *in verbo magistri ;* chacun adopte le système de l'auteur qui lui paraît le meilleur, et c'est ainsi que les erreurs se sont propagées d'âge en âge jusqu'à nous : de là cette confusion tant dans l'exposé des causes que dans les détails des caractères particuliers à ces maux.

On a rapproché toutes les maladies charbonneuses sous un caractère commun, en les représentant, sans distinction, comme étant essentiellement gangréneuses. Cette idée a malheureusement dominé l'esprit d'observation, et a fait méconnaître que les plus graves et les plus meurtrières n'ont rien de ce caractère.

Pendant le cours de mes études expérimentales, et à la suite de nombreuses observations cadavériques et comparatives, je distinguai, en 1834, un charbon gangréneux et un autre charbon qui ne présentait aucune désorganisation dans les tissus.

Aidé de mes registres, qui sont l'exposé fidèle de mes observations, je pus remonter, jusqu'en 1824, à tous les cas particuliers à chacun de ces deux genres d'affections charbonneuses.

Ces distinctions, qui ne m'apprenaient rien sur les causes du mal, me laissaient néanmoins entrevoir un acheminement pour arriver à leur découverte. Je fus, en effet, tout de suite porté à penser que deux genres de maladies de natures si opposées doivent dépendre de causes différentes, et, pour remonter à leur origine, je les étudiai séparément.

Ce premier pas sur mes devanciers, qui, jusque-là, ont

fait leurs recherches sans distinction positive sur l'ensemble des maladies charbonneuses, fut pour moi un rayon de lumière assez puissant pour me conduire bientôt à reconnaître que le charbon gangréneux est lié aux épizooties contagieuses, et que le charbon non gangréneux constitue une maladie enzootique à part et non contagieuse.

Ces importantes remarques me créèrent de grands travaux et m'entraînèrent à des méditations incessantes, dont je me crus amplement dédommagé par les heureux résultats que j'obtins. Cette ligne de conduite me mena directement à la découverte à jamais mémorable des causes si longtemps ignorées des différentes affections charbonneuses.

Je vais d'abord traiter des faits accomplis, puis je donnerai les détails des voies que j'ai suivies et la démonstration des principes fondés sur mes observations.

Mon expérience m'autorise à partager les affections charbonneuses en deux grandes divisions.

La 1re comprendra *les charbons gangréneux*, liés aux grandes épizooties.

La 2e comprendra *les charbons virulents*, assimilés au venin des reptiles, et constituant ces redoutables *enzooties charbonneuses* qui exercent leurs affreux ravages particulièrement chez le cultivateur.

Chacune de ces divisions sera subdivisée : en *charbon interne*, ou fièvre charbonneuse, lorsque les phénomènes morbides se concentrent à l'intérieur; et en *charbon externe*, ou charbon proprement dit, lorsque le mal, se portant à l'extérieur, devient apparent au dehors.

Pour faciliter l'étude de ces deux espèces de charbon, j'établirai succinctement les principaux symptômes de chacun par séries numérotées dans un ordre réciproque et correspondant, de manière que l'on puisse établir entre eux une comparaison facile.

Les *charbons gangréneux* seront distingués, dans leur série de symptômes, par des chiffres arabes, et les *charbons virulents* le seront par des chiffres romains.

Cette différence de chiffres me servira plus tard à établir des rapprochements et des comparaisons importantes.

## DU CHARBON GANGRÉNEUX.

**1.—*Caractères généraux.*—** Les épizooties les plus graves, locales ou générales, sont liées entre elles par des caractères communs d'adynamie qui les disposent à la désorganisation des tissus. Ces prédispositions, par des phénomènes inhérents à leur nature, frappent de mort, dans certains sujets et suivant certaines circonstances imprévues, les parties envahies, et leur communiquent une teinte livide, brune ou noire, qui leur a valu le nom de *charbon* ; de sorte que les affections charbonneuses dont les symptômes figurent dans cette série sont *symptômatiques des épidémies et des épizooties les plus rebelles ;* elles constituent par elles-mêmes l'état pathologique ou le principe délétère qui, après avoir passé de l'état d'incubation à l'état de dépôt, *frappe de mort les tissus avec lesquels il est en rapport.*

Ces maladies ne peuvent

## DES CHARBONS VIRULENTS.

**I.—*Caractères généraux.*—** Ces affections consistent dans un virus qui, suivant certaines conditions d'alimentation, se forme dans l'économie animale, et y circule inaperçu jusqu'à ce que quelque cause perturbatrice le précipite sur un point du corps, d'où il se répand à la manière du venin des reptiles ; et, dès qu'il a pénétré les organes les plus importants, il tranche la vie générale sans destruction partielle, sans laisser sur son passage aucune trace de gangrène. Si l'on a confondu ces maladies avec les charbons gangréneux, c'est à cause de quelque similitude remarquée et dans certains symptômes et dans le genre de mort ; c'est parce que, comme nous le verrons, on a rencontré des sujets affectés en même temps de ces deux maux.

La plupart des observa-

être classées dans aucun cadre nosologique, puisqu'elles ne constituent ni espèces ni variétés. Je les distingue ici provisoirement, afin d'établir un ordre favorable aux éclaircissements que je produit au milieu de la confusion des opinions et des épais nuages qui enveloppent leur cause

2. — Les épizooties qui les produisent sont occasionnées par des champignons microscopiques parasites, qui dans certaines conditions se développent sur les aliments conservés secs, bons ou altérés; de sorte qu'introduits avec eux dans l'économie animale, ils produisent, après plusieurs ingestions réitérées, une intoxication générale dont la gravité est subordonnée à l'espèce et à la quantité ingérée.

3. — Les charbons gangréneux sont communs aux hommes et à tous les animaux domestiques.

teurs, séduits par ces traits de ressemblance, se sont trop complaisamment laissé conduire dans une voie contraire; et ces erreurs traditionnelles ont dû nécessairement être un grand obstacle à la découverte des causes, en même temps qu'elles ont dû contribuer à en compliquer la dénomination.

II. — Le virus qui constitue ces maladies se développe dans l'économie animale par l'usage continuel de fourrages et de pacages pris sur des prairies dont le sol est argileux, soit d'origine, soit d'alluvion, et cela, particulièrement dans les années où les plantes ont parcouru les principales phases de la végétation sous l'influence de chaleurs excessives.

Les fourrages provenant de ces prairies sont d'autant plus dangereux, sous ce rapport, qu'ils sont mieux réussis. Leur odeur, qui, au premier abord, semble aromatique, a quelque chose d'âcre et de très-pénétrant. Je reviendrai sur ce sujet.

III. — Les charbons virulents sont particuliers aux herbivores; et cette classe d'animaux, bien qu'exposés aux funestes effets d'une maladie si affreuse, ne sont pas moins sujets aux foudres du charbon gangréneux. Les herbivores peuvent même être atteints des deux maladies à

4. — Ce sont toujours des aliments secs pris dans certaines conditions de conservation qui produisent le germe de ces désastreuses maladies.

5. — Le charbon gangréneux se rencontre indistinctement à la ville, à la campagne et dans l'armée ; il sévit plus particulièrement sur les animaux jeunes, maigres ou gras, sur les bons mangeurs et sur ceux qui sont le plus exposés aux variations atmosphériques. Si ce mal enlève des sujets maigres, cela tient à l'altération des aliments ; car, dans le cas contraire, la présence des champignons microscopiques ne les aurait pas empêchés d'engraisser avant de devenir malades.

Ces affections se développent sans doute avec rapidité ; mais le plus souvent elles suivent une marche qui permet de les traiter, et l'ignorance des causes fait qu'on est sans sécurité pour l'avenir. Mes travaux, dont les investigations scrupuleuses vont chercher les causes de ce fléau jusque dans leurs retraites les plus cachées,

la fois, tandis que cette complication ne se rencontre jamais chez l'homme, ni dans les autres espèces. Il faut en excepter néanmoins les omnivores, eu égard à certaines conditions de nourriture.

IV. — Ce sont les aliments secs ou verts, pris dans certaines conditions de récolte et de végétation, qui, soit à l'écurie, soit au pacage, produisent le germe de ces foudroyantes maladies.

V. — Rares à la ville et dans l'armée, les charbons virulents exercent essentiellement leurs ravages à la campagne. Ils sévissent particulièrement sur les animaux les plus gras et les plus vigoureux, sur les meilleurs mangeurs et sur ceux qui sont le plus exposés aux variations atmosphériques. Ce mal n'enlève que très-rarement des sujets maigres, parce que les fourrages qui le font développer sont très-nourrissants, et que, pris avec parcimonie, ils ne produisent pas ces tristes effets.

Ces affections se déclarent avec la plus grande rapidité ; elles surprennent, embarrassent et découragent propriétaires, autorités, vétérinaires. Le cultivateur se voit ruiné par elles, et l'art de la médecine, dans ses moyens, n'a pu jusqu'à ce jour lui offrir aucune sécurité pour l'avenir.

Mon travail, après avoir

donneront positivement les moyens de l'empêcher de reparaître.

6. — Le charbon gangréneux prend son développement dans toutes les saisons, sous tous les climats, et dans toutes les localités des pays civilisés; son intensité varie suivant l'espèce, la variété ou la quantité des champignons qui produisent l'épidémie ou l'épizootie à laquelle ils appartiennent le plus.

7. — Il règne *épizootiquement*, et il est plus ou moins contagieux par infection et par inoculation à certaines espèces et à certaines variétés. Le virus peut être pris généralement dans tous les liquides circulatoires des malades; il communique le mal avec la même intensité que lorsqu'il est extrait de la partie affectée.

8. — Les petits qui tettent peuvent contracter le mal par le lait, lorsque la nature utilise cette voie d'excrétion pour débarrasser la mère. Que la maladie soit bien déclarée ou seulement à l'état d'incubation, la contagion a toute son énergie dans l'un et l'autre cas.

éclairci les causes de ces fléaux, donnera infailliblement les moyens d'en prévenir le retour.

VI. — Le charbon virulent se développe, dans toutes les saisons, sous tous les climats, dans les localités argileuses des pays civilisés, et il conserve partout la même intensité. Les plus grandes mortalités se font remarquer à la suite des chaleurs excessives et prolongées.

VII. — Il règne *enzootiquement*. Non contagieux par infection, il peut cependant se communiquer par inoculation aux hommes et à tous les animaux. Le virus ne peut être pris sur les malades que dans la partie affectée ; le reste des humeurs ne participe pas des propriétés délétères.

VIII. — Les petits qui tettent ne contractent pas par le lait la maladie, qu'elle soit bien déclarée ou seulement à l'état d'incubation ; à moins toutefois que les mamelles ne soient le siége du mal.

### DE LA FIÈVRE CHARBONNEUSE GANGRÉNEUSE.

9. — La fièvre charbonneuse gangréneuse se caractérise par les symptômes qui précèdent

### DE LA FIÈVRE CHARBONNEUSE VIRULENTE.

IX. — La fièvre charbonneuse virulente se caractérise par tous les symptômes qui précèdent et par ceux qui suivent la période de la maladie où le principe toxique est précipité de l'état d'incubation à l'état de dépôt, soit dans les liquides circulatoires, soit sur les organes intérieurs de l'économie. On remarque toujours, dans ce cas, des signes d'adynamie qui tendent à la désorganisation.

10. — Ces affections étant liées à la plupart des épizooties adynamiques, je vais exposer les symptômes généraux de ces redoutables fléaux, et j'arriverai insensiblement à la période charbonneuse.

### Symptômes généraux des épizooties cryptogamiques.

11. — Ordinairement ces maladies sont annoncées par des symptômes précurseurs appréciables même pour les gens préposés à la garde des bestiaux. L'attitude, les yeux présentent les signes principaux du début.

Lorsque le mal se déclare, la gaîté et l'attitude perdent sensiblement de leur naturel; la soif et l'appétit diminuent; le poil devient terne et se pique; l'œil morne, plus ou moins couvert, annonce un malaise général.

Quelquefois ces légers symptômes extérieurs sont suivis d'une mort rapide et inattendue qui frappe impitoyablement les animaux à

et par ceux qui suivent la période de la maladie où le principe toxique est précipité de l'état d'incubation à l'état de dépôt, soit dans la masse des liquides circulatoires, soit sur les organes intérieurs de l'économie. On ne remarque jamais, dans ce cas, aucun symptôme d'adynamie ni de désorganisation.

X. — Cette affection n'est liée à aucune maladie; les principaux symptômes que j'exposerai ici lui seront particuliers.

### Symptômes particuliers de la fièvre charbonneuse virulente.

XI. — Cette maladie est rarement précédée de symptômes précurseurs; s'il y en a, ils sont le plus ordinairement cachés aux yeux même des gens de l'art les mieux exercés.

Parfois cependant l'animal paraît éprouver une douleur profonde, instantanée, et manifestée par un temps d'arrêt subit suivi d'un tressaillement; puis il reprend immédiatement sa marche et ses fonctions avec sa gaîté et sa souplesse ordinaires. Ces symptômes éphémères sont souvent les avant-coureurs d'une mort très-rapide. Les animaux sont frappés à l'écurie, à l'étable, à l'abreuvoir ou en route.

l'écurie, au pacage ou au travail. Ces maladies sont fréquemment distinguées par des *intermittences de mieux plus ou moins réitérées*. Une sueur rapide est souvent favorable.

La sueur, chez les animaux comme chez l'homme, a une odeur différente de celle des maladies inflammatoires, et peut servir de bon renseignement au praticien.

12.—Les forces s'affaissent, et la marche devient chancelante ; les membranes apparentes sont infiltrées, et particulièrement la conjonctive, qui, pour l'homme pratique, fournit les renseignements les plus positifs. Les vaisseaux sanguins s'engorgent d'un sang noir ; puis ils disparaissent ordinairement sous une infiltration des tissus, véritable hypertrophie qui varie de couleur du pâle au jaune, du jaune au violet pourpre, ou à une teinte livide plus ou moins variée et avec pétéchies. Les yeux s'enfoncent plus ou moins dans l'orbite.

13.—Le pouls est ordinairement lent et au-dessous de l'état naturel ; il devient plus fort, plus vite, plus concentré, et disparaît. Ces différentes variations sont subordonnées à l'importance de l'organe qui est le siége du mal. L'état de la circulation présente de fréquentes intermittences plus ou moins variées.

Dans certains cas, on remarque un calme trompeur, mais jamais des intermittences réitérées.

Pas de sueurs.

XII. — L'animal prend bientôt un air inquiet ; il regarde ses flancs et s'agite ; l'œil se fixe, devient hagard et exécute, avant la mort, de nombreux pirouettements ; la conjonctive, de couleur naturelle au début, prend une teinte rouge, s'injecte au summum de la maladie et devient pâle au déclin.

XIII. — Le pouls est toujours plus agité que dans l'état naturel ; puis il se précipite, se resserre, et devient désordonné au point de ne pouvoir plus être distingué. La rapidité du mal est subordonnée à l'importance de la partie ou de l'organe affecté. L'état de la circulation ne présente pas d'intermittences.

14.—Les mouvements respiratoires sont toujours, au début, plus agités que dans l'état naturel; ils sont irréguliers ; la moindre marche ou excitation quelconque accélère ces mouvements; peu à peu la respiration s'agite et demeure dans cet état plusieurs jours, plusieurs semaines, ou présente des intermittences. Pendant cet état de choses, les mouvements du cœur sont généralement lents d'abord, puis ils s'agitent plus ou moins, suivant le siége du mal. L'appétit se développe, et l'attitude néanmoins ne manifeste pas ce malaise que susciteraient de pareils symptômes dans des maladies inflammatoires. S'il ne survient aucune perturbation, la maladie cède peu à peu, et se termine heureusement par les excrétions ou par un dépôt. Si le mal se complique, les mouvements respiratoires et circulatoires s'aggravent, et la mort survient à la suite de symptômes très-variés.

15. — S'il survient des tremblements, ils intéressent tout le corps; ce sont des mouvements fébriles qui constituent un des meilleurs renseignements.

16.—Les urines sont rares et variablement chargées; elles sont parfois fétides et sanguinolentes.

XIV.—Les mouvements de la respiration, calmes d'abord, malgré l'agitation du pouls, s'aggravent le plus souvent subitement par des mouvements brefs et réitérés *qui balancent tout le corps.*

Ces mouvements, difficiles à caractériser, sont peu distincts au début et demandent à être observés avec une grande attention. Si le calme et l'appétit reviennent, le naturel reprend ordinairement toute la plénitude de ses fonctions, de manière à tromper le vétérinaire le plus exercé; mais aussitôt le retour du mal, si la respiration s'aggrave, suivant les symptômes que j'ai signalés, l'animal succombe bientôt, comme s'il était aux abois, à la suite d'une course forcée.

La vie s'éteint du reste avec des signes très-variés.

XV. — Le plus souvent il existe des tremblements partiels aux fesses, aux épaules, rarement à d'autres parties. Ce phénomène est caractéristique et fâcheux.

XVI.—Les urines sont rares pendant le cours de la maladie; leur apparition est d'un bon augure, et elles n'ont ni couleur ni odeur extraordinaire.

17. — Borborygmes fréquents ; ventre souvent flasque, levretté.

Les crottins sont fréquents, foncés en couleur, quelquefois noirs, glaireux, enveloppés de **mucosités**.

S'il survient une diarrhée, elle est souvent favorable, si elle ne devient pas glaireuse, sanguinolente et infecte.

Cette crise se prolonge ordinairement et compromet la vie du sujet, qu'elle affaiblit et qu'elle fait traîner en langueur.

Quelquefois il sort par les narines de la sérosité ou du sang qui constituent une crise favorable ; si le sang est noir, glaireux et infect, le symptôme est d'un mauvais augure.

18.—Les muqueuses de la vulve et de l'anus, pâles, jaunâtres au début, deviennent d'un rouge violacé plus ou moins varié, avec pétéchies, si le mal s'aggrave.

19.—Ces maladies présentent des intervalles de mieux plus ou moins prolongés, sans cependant offrir un calme complet, car aucune fonction ne reprend son rhythme naturel avant la guérison.

20.—Dans les terminaisons heureuses, les symptômes se calment insensiblement par une résolution sans crise apparente ; il survient souvent une crise manifestée par des engorgements, des ulcères, des

XVII. — Abdomen normal en apparence.

Les excréments sont rares, fermes, moulés et jamais coiffés, si ce n'est quelquefois par une très-mince pellicule qui les rend luisants.

S'il se déclare une diarrhée, elle est subite, abondante, rarement sanguinolente, et ne présente jamais d'odeurs extraordinaires.

Cette crise, ordinairement heureuse, est de courte durée, et le sujet est promptement rétabli s'il ne succombe pas.

Quelquefois il sort par l'anus ou par les narines du sang pur et sans odeur ; symptôme d'un mauvais augure.

XVIII.—Les muqueuses de la vulve et de l'anus, de couleur naturelle au début, deviennent rouges et injectées, puis pâles, si la fin est fâcheuse.

XIX. — Ces maladies présentent quelquefois un calme trompeur, pendant lequel toutes les fonctions reprennent leur cour naturel. La circulation seule, qui reste agitée, peut trahir cet état pour l'observateur.

XX. — Dans les terminaisons heureuses, les symptômes se calment promptement ; mais il ne survient aucune éruption, aucune infiltration extérieure.

Le mal avorte par les excré-

infiltrations du tissu cellulaire, des éruptions à la peau ou des aphthes aux lèvres, à la langue ou dans les narines, des crapauds, la morve le farcin, etc.

Le rétablissement est ordinairement lent, et les animaux restent longtemps maigres.

21. — *Lorsque le mal se complique*, la mort survient promptement dans un terme moyen de cinq jours; il périt environ les quatre dixième des malades à la suite de convulsions variées et de sueurs froides généralement abondantes.

22. — Lorsque le mal se porte au cerveau, il y a mort subite ou hémiplégie, suivant le point envahi.

Ces états morbides, dans ce cas, sont souvent pris pour des affections sanguines, parce que, comme les apoplexies, ils ne présentent pas de signes précurseurs, ou qu'ils n'en présentent que de très-faibles. Cependant, sur un examen sérieux de la circulation et des membranes apparentes, l'homme expérimenté, l'observateur judicieux, ne s'y laissera pas tromper.

Il est tellement important de savoir distinguer ces deux maladies, que les traitements sont complétement opposés.

Le cerveau, à cause de son développement, est, chez l'homme, plus souvent frappé de ce mal qu'il ne l'est dans les animaux. Combien d'ho-

tions ou par des engorgements charbonneux, ou des diarrhées, etc., dont nous parlerons plus loin.

Le rétablissement est ordinairement prompt, et les animaux ne perdent que très-peu de leur embonpoint.

XXI. — Lorsque le mal se complique, la mort survient rapidement dans un terme moyen de quarante-huit heures; il périt environ les huit dixièmes des malades à la suite de convulsions très-variées et sans sueurs.

XXII. — Lorsque le mal se porte au cerveau, il y a mort subite.

Cet état morbide est souvent pris pour une apoplexie; mais l'erreur ici ne compromet rien, la mort est inévitable.

norables pères de familles combien de jeunes et vigoureux citoyens, ont été traités comme apoplectiques, lorsqu'ils étaient atteints de cette funeste maladie, et combien ont ainsi payé de leur vie les tristes conséquences d'une si fatale erreur ! J'en ai vu privés de l'usage de leurs membres, et quelquefois même de la raison, traîner prématurément une vie languissante, pour avoir été soumis à des traitements qui eussent pu guérir une apoplexie, mais qui devenaient incendiaires dans ce cas.

23. — Lorsque le mal se porte au cœur, la mort est rapide.

24. — Si ces désastreuses affections attaquent le canal rachidien, et chez les animaux ce centre nerveux est envahi plus fréquemment que le cœur et le cerveau, il en résulte une paralysie plus ou moins complète des parties qui reçoivent les nerfs compromis. Une grande quantité de bestiaux périssent de cette manière, surtout à la charrette, sous le cavalier, et pendant toute espèce de travail ; généralement victimes d'une trop déplorable méprise, ils succombent aux saignées réitérées, lorsqu'un traitement diamétralement opposé eût pu facilement triompher.

25. — Ces maladies peuvent rester plusieurs mois à l'état d'incubation et dispa-

XXIII. — Lorsque le mal se porte au cœur, la mort est subite.

XXIV. — Si le mal se porte sur le canal rachidien, l'animal vit quelques jours paralysé, mais il ne présente aucun espoir de succès.

XXV.—*Le charbon virulent peut rester plusieurs mois gnoré*, à l'état d'incubation,

raître par les voies élimina-toires, si aucune cause per-turbatrice ne fait précipiter le mal sur quelque partie du corps.

Les arrêts de transpiration, le travail, les intempéries, sont favorables à leur développe-ment. L'émigration est pro-pice aux animaux douteux, à cause du changement de nourriture, et non à cause du changement d'air, comme on le croit généralement.

Le transport peut être, au contraire, funeste aux ma-lades par la fatigue.

Le foin nouveau, une nour-riture verte peuvent faire pré-cipiter le mal.

Si pour quelques sujets on a des doutes sur l'état d'in-cubation, on s'éclairera au moyen de sétons.

L'engorgement sera lent ou nul chez les animaux infectés, et, dans la plupart des cas, il se formera un pus jaune par la coagulation d'un li-quide séreux et odorant.

L'affection, dans les sujets sains, suit son cours ordinaire.

*La fièvre charbonneuse gan-gréneuse* n'a véritablement pas de caractères bien saisis-sables à sa naissance ; mais les symptômes généraux que nous avons établis dans cette série trouveront presque toujours une application à toutes les maladies susceptibles de pro-duire des accidents adynami-ques, et de se terminer par la mortification des parties.

et disparaître par les voies éli-minatoires, si aucune cause perturbatrice ne fait préci-piter le mal sur le sujet.

Son développement est pres-que toujours la suite des in-tempéries ou des arrêts de transpiration. Le travail peut en préserver les animaux. L'émigration, par le change-ment de nourriture, et non par le changement d'air, comme on le croit générale-ment, est avantageux aux sujets douteux. Le transport peut être favorable aux ma-lades par l'exercice.

Tout changement de nour-riture, verte ou sèche, pourvu qu'elle ne soit pas dans les conditions de celle qui cause-rait le mal, peut produire d'heureux effets.

Si pour quelques sujets on a des doutes sur l'état d'incu-bation, on s'éclairera au moyen de sétons.

L'engorgement sera nul ou très-rapide ( charbon), et ac-compagné de l'écoulement immédiat d'un liquide jaune, clair et sans odeur, coulant le long du poil ou tombant par gouttelettes.

L'affection, dans les sujets sains, suit son cours ordinaire.

*La fièvre charbonneuse vi-rulente* se présente bien sous des symptômes communs aux maladies en général ; mais, en somme, c'est peut-être celle de toutes les maladies qui offre les caractères les plus tranchés, et qui, par conséquent, est la plus facile à reconnaître.

## DU CHARBON GANGRÉNEUX EXTÉRIEUR.

**26.** Les symptômes particuliers au charbon gangréneux extérieur *se bornent ordinairement à la partie apparente du corps* où a été déposé le principe délétère qui causait à l'intérieur les différents troubles fonctionnels que nous avons précédemment signalés. Il arrive cependant quelquefois que le mal se porte à l'intérieur, vers les organes les plus importants, en frappant de mort tous les tissus qu'il rencontre, et qu'il compromet la vie des sujets en arrivant sur quelques viscères essentiels à l'existence.

**27.** — La nature est dans tout son triomphe, lorsque par le fait d'une réaction générale elle parvient à déposer le principe toxique sur une des parties extérieures du corps ; elle a, en souveraine, relégué dans un lieu de sûreté l'ennemi contre lequel elle a tant combattu à l'intérieur ; elle semble alors faire un temps d'arrêt de sécurité qui se manifeste par un calme général apparent.

La partie qui sert de retraite au mal semble désormais abandonnée au principe morbide, et, après quelques oscillations, la vie s'y éteint avec plus ou moins de rapidité.

## DU CHARBON VIRULENT EXTÉRIEUR.

XXVI. — Les symptômes particuliers au charbon virulent extérieur ne se bornent pas ordinairement à la partie où a été déposé le virus qui causait à l'intérieur les différents troubles que nous avons précédemment détaillés ; *il rentre presque toujours à l'intérieur par le tissu cellulaire*, en laissant du reste intactes les parties par où il passe ; puis il pénètre furtivement les organes, où il établit ses ravages mortels, en passant toujours par le tissu cellulaire.

XXVII. — Lorsque la nature, à la suite d'une réaction générale, parvient à déposer *le principe virulent* sur une des parties extérieures du corps, elle est dans tout son triomphe ; elle a relégué dans un lieu de sûreté l'ennemi contre lequel elle a victorieusement combattu à l'intérieur ; elle semble alors faire un temps d'arrêt de sécurité qui se manifeste par un calme général apparent. Ce calme est de courte durée, car la nature s'aperçoit bientôt que le virus qu'elle a déposé devient un corps étranger, pernicieux, contre lequel il est urgent d'agir vigoureusement ; elle déploie

Les parties mortes s'affaissent et passent d'une couleur livide à une teinte noire (charbon); la chaleur animale disparaît; le poil devient terne et groupé. Alors surgissent de nouveaux symptômes de réaction dont le travail intime avait été un instant soustrait à nos yeux; et, après une stase plus ou moins longue, une auréole saillante, diversement colorée, circonscrit la partie sphacélée, et provoque un travail d'élimination qui la sépare bientôt des parties vives par une suppuration sanieuse et infecte.

Si la plaie n'est pas trop grave, le malade entre bientôt dans un état de convalescence qui se prolonge plus ou moins, et pendant lequel les fonctions générales se rétablissent dans leur rhythme habituel.

Tel est ordinairement le cours des choses dans les sujets les mieux organisés; mais l'homme imprime toujours son cachet d'imperfection partout où il pose la main. Nos animaux domestiques meurent, nous périssons nous-mêmes, faute de cette réaction vitale qui vient de la création. Ainsi, il arrive souvent que la partie primitivement frappée, au lieu d'être circonscrite et détachée, communique le principe délétère qui la caractérise aux parties voisines, et que le mal gagne de proche en proche les organes les plus impor-

aussitôt, avec des signes de détresse, ses plus puissants moyens de réaction pour s'en débarrasser; elle fait, pour annuler son action, arriver vers la retraite du mal une bien plus grande quantité de liquide, et cela avec beaucoup plus de rapidité que lorsqu'elle agit contre le charbon gangréneux. Mais, quoi qu'elle fasse, ses triomphes sont rares; le virus, agissant à la manière du venin des reptiles, communique, sans altérations, ses propriétés funestes aux liquides au fur et à mesure qu'ils arrivent. Le mal se propage, s'étend, et la nature est bientôt débordée par une masse indomptable de virus qui, au moyen des mailles du tissu cellulaire, pénètre rapidement à l'intérieur, et tranche la vie aussitôt qu'il a envahi quelques organes essentiels à l'existence.

L'engorgement extérieur peut d'abord être confondu avec une tumeur inflammatoire, si l'on n'y apporte pas une sérieuse attention, et surtout s'il se porte à un exutoire; mais on le distinguera :

1° A la rapidité de sa formation et de ses progrès;

2° A sa forme aplatie; puis on remarquera que, dans toute sa périphérie, il est séparé des parties vives par un bourrelet saillant;

3° A sa dureté au centre, à son état de fluctuation tremblotant sur les bords; car les

tants et tranche en quelques jours la vie du sujet.

Lorsque le caractère pernicieux de cette affection domine ainsi les efforts de la nature, en traversant les organes, il ne ménage rien, ni fibres, ni vaisseaux, ni nerfs ; le sang s'épanche alors dans les cavités ou à travers les parties désorganisées, et constitue ces hémorragies, ces larges et petites ecchymoses que l'on trouve sur le cadavre, et il participe de l'état de putridité des parties où il est épanché.

Dans quelques cas, il s'établit dans le tissu cellulaire sous-cutané, au lieu de gangrène, un dépôt plus ou moins bénin qui s'annonce par un soulèvement au centre duquel on remarque souvent une légère phlyctène entourée d'une auréole variée en couleur (très-distincte dans les moutons et dans les espèces blanches quand on leur coupe le poil), qui s'ouvre quelquefois au sommet pour laisser échapper un liquide roussâtre.

Il se forme très-souvent, au lieu d'une ouverture, un phlegmon sans issue, au centre duquel s'agglomère une quantité plus ou moins considérable de pus qui soulève et altère les tissus, et s'échappe par des issues que se fraye la nature, sinon par des ouvertures dues aux secours de l'art. La nature du pus est boueuse

liquides conservent leur fluidité en arrivant ;

4° Par une sensibilité extrême qui annonce l'intégrité de la peau, du système nerveux et du système circulatoire ;

5° Aux poils, qui conservent plus de vigueur que dans les phlegmons ;

6° A la tumeur, au centre de laquelle il ne s'établit jamais de suppuration ;

7° A l'engorgement, qui tend surtout à monter et jamais à descendre, et qui ne présente pas d'infiltrations inférieures secondaires. '

La sécrétion extraordinaire du liquide qui s'établit dans les mailles du tissu cellulaire est tellement puissante, qu'elle a également lieu à travers les tissus les plus serrés et les plus compliqués en organisation ; de sorte que le virus, pour se frayer un passage à travers les membranes, les parois des vaisseaux, les capillaires les plus ténus, etc., etc., brise les fibres, le sang s'extravase, et il se passe aussitôt un phénomène remarquable : c'est que le sang, par l'action du virus, est immédiatement transformé en une matière noire, poisseuse qui se coagule sans présenter les caillots ordinaires. De là ces ecchymoses considérables qu'on rencontre autour des groupes de ganglions lymphatiques ; de là aussi, à la suite d'une résorption générale,

et infecte et les chairs sont livides. Ces deux caractères distinguent les affections adynamiques des phlegmons inflammatoires. Il arrive quelquefois que cette crise heureuse de suppuration avorte complétement, et que le mal résiste à tous les efforts intérieurs, et il se forme un état d'induration, ou bien la nature, pour triompher des obstacles qui s'opposent à son libre cours, fait affluer une plus grande quantité de liquides. Ces liquides, par l'action du principe morbide, sont coagulés dans les mailles du tissu cellulaire au fur et à mesure qu'ils arrivent, et constituent ces engorgements livides, lardacés qui acquièrent un énorme développement (ces engorgements ont reçu le nom d'avant-cœur lorsqu'ils sont situés au poitrail), puis ils s'étendent à l'intérieur, où leur influence sur les principaux organes est bientôt suivie d'une issue fâcheuse. Ces engorgements, tout rebelles qu'ils sont, ont fort peu de sensibilité et sont même froids. Lorsqu'ils se déclarent sur les parties latérales du corps, ils laissent presque toujours infiltrer une sérosité dans les parties déclives.

ces multiples de petites ecchymoses qui sont parsemées sur les membranes des petites et des grandes cavités.

La rate est l'organe où le bris des vaisseaux est le plus remarquable, et où l'on rencontre le plus de désordres.

Ces désordres des tissus vasculaires ont frappé d'étonnement plusieurs praticiens recommandables. Flandrin, entre autres, dans ses *Recherches en Sologne*, a dit, à l'égard des ecchymoses des maladies charbonneuses : « Il semble » rait que les hémorragies » résultent de déchirures » produites par des coups » violents ; car, en lavant les » tissus, les parties repren » nent leur couleur naturelle, » et les meurtrissures sont » manifestes. »

Lorsque le mal se porte dans le sabot, il en provoque la chute en totalité ou en partie.

S'il se porte aux mamelles, aux parotides ou à la langue,

Lorsque le mal se porte dans le sabot, la perte est imminente.

S'il se porte aux mamelles, aux parotides ou à la langue,

il en désorganise plus ou moins les tissus, suivant les phénomènes que nous avons détaillés plus haut.

Au rectum, la muqueuse est bientôt infiltrée; sa partie folliculeuse fait saillie au dehors sous la forme d'un gros bourrelet jaunâtre tremblant. L'ablation, dans ce cas, prévient tout danger, si le mal ne s'est pas porté en avant.

28. — Ces charbons se compliquent parfois de gaz qui se développent dans le tissu cellulaire. Ce phénomène ne change rien au caractère de la maladie, *et disparaît toujours avant la terminaison.*

29. — La durée moyenne de ces affections est de neuf jours; le terme moyen des cas de mort est des trois dixièmes environ. Toutes ces affections sont susceptibles d'une infinité de formes, suivant les différents siéges que le mal adopte.

30. — *Lésions cadavériques.*

Le cadavre se corrompt rapidement et répand une odeur infecte *sui generis,* qui rapproche de l'odeur d'une masse de champignons en décomposition.

On remarque une teinte jaune, surtout autour des ganglions, dans les tissus graisseux.

A la suite de morts rapides, le sang est terne, noir, poisseux; il prend d'abord une

la perte est subordonnée à la profondeur; car l'ablation est la seule ancre de salut.

Sur la muqueuse du rectum, la diarrhée entraîne quelquefois le mal; autrement, le danger est imminent.

XXVIII. — Ces affections se compliquent parfois de gaz qui se développent dans le tissu cellulaire. Ce phénomène ne change rien au caractère de la maladie *et persiste jusqu'à la mort.*

XXIX.—La durée moyenne de ces affections morbides est de quatre à cinq jours, et le terme moyen des morts est des six dixièmes environ. Toutes ces affections sont susceptibles d'une infinité de variations, suivant les différents siéges que le mal adopte.

XXX.—*Lésions cadavériques.*

Le cadavre ne se putréfie et ne répand d'odeur notable qu'après le temps nécessaire pour la décomposition, suivant les saisons et l'état atmosphérique.

A la suite de morts rapides, le sang devient noir, épais, et présente souvent une teinte brillante à la surface des caillots.

L'état de plénitude cadavérique du système veineux est

teinte brune, se décompose et devient d'autant plus séreux que la maladie a été plus longue.

L'état de plénitude cadavérique du système veineux est inégalement distribué ; les parties antérieures sont les plus engorgées et les plus injectées, avec les modifications qui précèdent.

51. — La sérosité exhalée et condensée dans les grandes cavités pendant l'extinction de la chaleur animale *est d'un jaune sanguinolent et trouble*.

52. — Lorsque le charbon a procédé de l'extérieur à l'intérieur, on remarque que tous les tissus qu'il a traversés sont gangréneux, lardacés ou livides, et qu'ils répandent une odeur infecte.

33. — Les poumons et les plèvres sont souvent le siége du mal ; ils peuvent présenter toutes sortes de désordres, et souvent des hépatisations, des engorgements, etc.

34. — Les lésions les plus constantes se rencontrent dans le tube digestif ; là , au lieu d'un état inflammatoire. comme l'indique l'expression de *gastro-entérite* appliquée aux lésions que l'on remarque dans ces parties , il existe soit

distribué d'une manière irrégulière; les parties antérieures sont ordinairement les plus injectées, avec les altérations qui précèdent.

XXXI.—La sérosité exhalée et condensée dans les grandes cavités pendant l'extinction de la chaleur animale *est sanguinolente , d'un jaune clair*.

XXXII. — Lorsque le charbon a procédé de l'extérieur à l'intérieur, on remarque dans tous les tissus cellulaires qu'il a traversés le virus jaunâtre que j'ai signalé ; il produit l'effet d'une gelée tremblante dans les parties où le tissu cellulaire est abondant et lâche. Les organes , les vaisseaux et les muscles qu'il a traversés ne présentent aucune trace de grangrène , aucune odeur extraordinaire.

XXXIII. — Les poumons et les plèvres sont très-rarement le siége du mal ; du moins je ne l'ai jamais rencontré qu'à la base de la trachée et dans le médiastin.

XXXIV. — Les lésions du tube digestif sont fréquentes, et se présentent par de larges surfaces sous la forme d'*érosions* plus ou moins étendues et plus ou moins graves, occasionnées par l'envahissement du principe virulent. Les in-

les ravages de la gangrène, soit les traces de l'hypertrophie.

L'hypertrophie est un engorgement de la muqueuse par l'envahissement du principe toxique, l'arrivée des liquides et les épanchements sanguins; sa marche est la même que pour les engorgements sous-cutanés que j'ai décrits plus haut. Cet état est coloré par les abords du sang mêlé aux liquides, dont l'affluence est provoquée par la perturbation locale. On rencontre souvent sur la muqueuse une éruption, sorte de scarlatine interne qui adopte certaines parties, mais qui parfois s'étend depuis la langue jusqu'à l'anus. Cet état peut se compliquer d'ulcérations plus ou moins profondes. J'ai rencontré des perforations de l'intestin dans le cas où le mal était passé à l'état chronique.

35. — Le mésentère présente quelquefois des engorgements jaunâtres, livides, très-variés en couleur et en volume. Les ganglions mésentériques, comme le mésentère, participent à l'état des intestins, ils sont engorgés ; les uns sont durs et ont une teinte noire ; les autres, ramollis, contiennent un pus brunâtre plus ou moins épais ou séreux.

Il y a, surtout dans les morts rapides, de larges ecchymoses, avec les carac-

testins grêles présentent souvent des hémorragies, avec épaississement de la muqueuse qui comprend des courbures entières.

Le principe virulent se comporte à travers les membranes de la même manière que je l'ai expliqué pour les autres tissus, et les hémorragies intérieures s'expliquent de la même manière.

La muqueuse digestive ne présente aucune éruption, aucune ulcération.

XXXV. — Le mésentère et les ganglions mésentériques participent rarement à l'état de l'intestin, et ils ne présentent jamais à l'intérieur ni suppuration ni sanie.

On remarque, surtout dans les morts subites, de larges ecchymoses autour des principaux groupes ganglionnaires, avec épanchement de virus jaune dans le tissu cellulaire qui les entoure.

tères sanguins et séreux que j'ai signalés, c'est-à-dire des hémorragies après la désorganisation des vaisseaux.

36. — On remarque dans l'intérieur, sur les séreuses et quelques muqueuses, de petites ecchymoses dues au principe morbide qui, par résorption, est porté, au déclin de la maladie, sur plusieurs points, et y produit les phénomènes dont j'ai donné les caractères pour les grandes ecchymoses.

37. — Dans le cadavre, la rate présente souvent de grands désordres : elle augmente *toujours* de volume; son tissu offre à l'intérieur un sang noir, épais, boueux, et l'on voit souvent sur plusieurs points des *foyers* qui contiennent une matière de consistance, de couleur variées et d'une odeur infecte.

La rate est, en général, l'organe qui est le premier et le plus fortement attaqué. Si l'on sacrifie un animal au terme moyen de la maladie, quel que soit le siége du mal, la rate est toujours malade.

Tous les organes, les tissus et les muscles peuvent être hypertrophiés.

38. — Le cœur prend souvent un *volume considérable*,

XXXVI. — On remarque dans l'intérieur, sur les séreuses et sur quelques muqueuses, de petites ecchymoses dues au principe virulent qui, par résorption, sur le déclin de la maladie, est porté sur plusieurs points, et y produit les mêmes phénomènes dont j'ai donné les caractères pour les grandes ecchymoses.

XXXVII.—Dans le cadavre, la rate présente le plus souvent de grands désordres ; elle augmente *généralement* de volume ; son tissu offre à l'intérieur un sang noir, épais, confondu avec les tissus, et qui coule sous forme de liquides poisseux, sanguinolent ; jamais de foyers purulents, ni d'odeur infecte.

Si le siége du mal est éloigné de la rate, elle reste aplatie ; et si alors on sacrifie un animal au terme moyen de la maladie, la rate est intacte; mais, sur le déclin du mal, elle prend ordinairement une teinte bleu foncé, et l'on remarque plusieurs petites taches noires à la surface.

Il n'y a jamais hypertrophie des organes dans cette affection.

XXXVIII. — Le cœur ne *change pas de volume*, et il

et il présente à l'extérieur et à l'intérieur des ecchymoses qui pénètrent plus ou moins les parois musculaires, et qui ont une *teinte livide, brune et très-foncée*.

L'exposé que je fais ici des maladies cryptogamiques susceptibles de se terminer par la gangrène sont particulières au cheval; cependant les caractères généraux sont applicables à tous les animaux domestiques et à l'homme. Dans mon *Traité général*, j'établirai des distinctions spéciales.

présente intérieurement et extérieurement des ecchymoses très-multipliées qui n'intéressent généralement que la séreuse, et qui sont toujours noires.

Le charbon virulent étant particulier aux animaux domestiques herbivores, la médecine humaine n'avait pas à s'en occuper. Aussi les ouvrages qui traitent de la médecine de l'homme ne présentent rien qui se rapporte directement à cette affection.

## OBSERVATIONS COMPARATIVES TIRÉES DE LA MÉDECINE HUMAINE.

Tout ce qui, en médecine humaine, a été écrit sur les maladies charbonneuses, est applicable au charbon gangréneux des animaux domestiques; et les médecins ont établi la même division que les vétérinaires; comme eux, ils reconnaissent une *fièvre charbonneuse*, ou *charbon interne*, et un charbon *symptômatique*, ou charbon *externe*. Vu la difficulté de distinguer l'instant de la désorganisation à l'intérieur, et attendu que ce phénomène ne doit être considéré que comme une période des maladies où on l'observe, l'expression de *fièvre charbonneuse* est incontestablement relative, et elle ne peut être placée dans aucun cadre nosologique; c'est sans doute pour cette raison que la médecine humaine semble avoir complétement réformé cette dénomination. Remarquons, en effet, que depuis Furnel il n'a plus été, pour ainsi dire, question de *fièvres charbonneuses*. Il n'en est pas de même des charbons externes ; ceux-ci, bien que de même nature que les charbons internes, doivent être considérés à part, parce qu'ils sont plus saisissables et qu'on peut leur appliquer un traitement particulier et direct.

Je vais néanmoins, à cette occasion, rappeler des faits importants qui passent inaperçus, et qui seraient perdus pour la science s'ils n'étaient pas relevés.

Quoique le charbon virulent ne se développe pas chez l'homme, celui-ci n'est cependant pas hors de son atteinte. Le contact des animaux affectés de cette maladie, ou celui de leurs débris, peut la lui communiquer par une sorte d'inoculation; *les bouchers, les équarrisseurs, les tanneurs, les vétérinaires*, etc., peuvent en être atteints. Les médecins ont souvent eu à traiter de ces accidents sous la dénomination de *pustules malignes*; sans connaitre la nature de l'affection, ils l'ont confondue avec les *pustules malignes* provenant des charbons gangréneux ; de sorte que me voilà tout naturellement arrivé à démontrer que les médecins ont traité des *pustules malignes virulentes* pour des *pustules malignes gangréneuses*.

A cette occasion, je rendrai justice à quelques observateurs distingués qui, par quelques matériaux importants, avaient préparé les moyens d'éclairer la science sur ce point.

Le célèbre Pinel a reconnu plusieurs espèces de pustules malignes, deux qui sont contagieuses, dont l'une est *proéminente* et l'autre *déprimée*, et une troisième qui n'est pas susceptible de se communiquer, et qui pénètre à l'intérieur par le tissu cellulaire sans *auréole*, sans *altération à la peau*, etc. Malheureusement l'ingénieux nosologiste n'a pu faire que très-peu d'observations de ce genre, et il lui a été impossible d'approfondir ces particularités.

Au lieu de prendre en considération les observations ébauchées de Pinel, qui méritait à tous égards la plus grande confiance, on a passé outre par légèreté. Rochoux n'a pas hésité ; il a dit que Pinel avait fait erreur, et qu'il avait observé la pustule maligne à différentes époques de son développement ; et de précieux matériaux furent ainsi méconnus d'un seul trait.

Monneret et Fleury, auteurs du Compendium de médecine pratique, à l'article *pustule maligne*, ont aperçu quelques traits de lumière dont ils ne peuvent pas se rendre compte ; et, après avoir parlé d'une pustule maligne sans auréole vésiculaire, qui peut se comparer, disent-ils, à la piqûre d'un *cousin* ou à celle d'une *abeille ;* après avoir cité *Morand*, qui fait observer que la pustule maligne présente des différences suivant que le virus provient d'animaux qui ont été *surmenés*, ou d'animaux qui ont vécu dans *des pacages malsains, humides ou marécageux* (1), voici ce que disent ces messieurs : « Nous ferons remarquer que, pour mettre l'opi-
» nion que nous avançons hors de doute, il faudrait que
» les vétérinaires établissent une *ligne de démarcation bien*
» *tranchée* entre les diverses espèces de maladies auxquelles

----

(1) L'observation de Morand porte juste ; le virus de chacune de ces affections doit produire une maladie différente de celle de l'autre. En effet, comme je l'ai dit aux articles 6 et VI, le charbon gangréneux est la maladie des animaux de *travail* à la ville, et le charbon virulent est la maladie des animaux de *pacages* à la campagne.

» on prodigue les noms de *charbon essentiel* et de *charbon*
» *symptômatique*, et qui ont été confondus avec la morve,
» le farcin, la maladie de *sang-de-rate* et bien d'autres
» affections. »

Ces deux savants ont fort à propos donné des conseils aux vétérinaires ; mais, au lieu d'abandonner une si haute question de médecine comparée, déjà si bien ébauchée d'abord par Pinel, et ensuite surtout par Morand, ces deux hommes distingués, ces deux observateurs laborieux et profonds, devaient-ils penser qu'il était hors de leur compétence de s'emparer de cette même question et de la traiter avec toute la persévérance dont ils ont donné tant de preuves ? Munis de tels matériaux, et aidés de leurs judicieuses observations, ne pouvaient-ils pas, en se rapprochant de quelques vétérinaires praticiens, chercher à approfondir cette question, dont ils reconnaissent toute l'importance ?

MM. Monneret et Fleury seront désormais satisfaits ; il n'y aura plus, à l'avenir, de méprises à l'égard des différentes maladies charbonneuses ; j'établis ici des caractères distinctifs inébranlables. Je les engage donc instamment, dans l'intérêt de l'art et de l'humanité, à reprendre la question des pustules malignes, à la poursuivre à sa fin sur l'homme, et à la comparer avec celles des animaux.

Je dois aussi faire observer à ces honorables docteurs qu'en médecine vétérinaire il n'existe pas, comme ils le prétendent, de confusion entre les maladies charbonneuses, la morve et le farcin ; il n'y avait véritablement de confondu, et il faut en convenir, que les différentes espèces de charbon entre elles et avec le sang-de-rate.

Il ne serait pas hors de propos de parler ici du *sang-de-*

*rate*, de cette maladie grave qui décime les troupeaux des contrées pauvres comme ceux des localités les plus florissantes de la France ; mais l'intérêt de l'humanité me presse pour la publication de choses plus importantes. Je renvoie donc, pour cet article, à mon Traité général ; on y verra avec satisfaction des éclaircissements comparatifs sur les erreurs qui se commettent encore en médecine vétérinaire à l'égard de cette fâcheuse maladie.

Mon amour pour les progrès de la science l'emporte cette fois encore sur la confiance et le respect que m'inspirent les opinions des hommes les plus recommandables qui ont écrit sur ce sujet, tels que les Gilbert, les Darboval, etc., ainsi que M. Delafond, particulièrement dans un rapport imprimé en 1843, à la suite d'une mission que lui avait confiée M. *le ministre de l'agriculture et du commerce.*

## OBSERVATIONS COMPARATIVES TIRÉES DE LA MÉDECINE VÉTÉRINAIRE.

Je désire, après avoir établi pour les différentes maladies charbonneuses des caractères bien tranchés, fournir des preuves matérielles à l'appui de mes observations ; mais, auparavant, je vais analyser quelques rapports qui ont été publiés, et cela me servira de sujet d'éclaircissement dans la grande question que je traite.

La fureur des maladies charbonneuses, la rapidité des coups qu'elles portent à leurs victimes, la ruine et la désolation qu'elles laissent après elles, ont à juste titre fait naître une impression générale telle, que dès que ces affections se déclarent dans quelques localités agricoles, elles y répandent l'effroi. L'autorité même intervient aussitôt, et le gouvernement , redoutant les dangers qui peuvent résulter de leur apparition, a toujours, au premier cri d'alarme, montré à cet égard la plus grande sollicitude ; il envoie ordinairement sur les lieux du désastre les vétérinaires les plus recommandables de la capitale ou du corps enseignant, avec la mission difficile de combattre ces terribles fléaux , de prévenir ou d'arrêter leurs affreux ravages.

Les cartons du ministère renferment une foule d'écrits produits à la suite de missions de ce genre ; et quand on cherche à se rendre compte des avantages que la science et les cultivateurs ont obtenus de ces nombreux rapports , faits par des hommes d'élite qui ont observé et écrit sur le théâtre même du mal, quand on y cherche sécurité pour l'avenir, on est tout surpris de n'y rencontrer qu'un désaccord fâcheux et dans la *détermination des causes* et dans les *mesures préservatives recommandées*. L'observateur , en présence d'un mal qui sévit et d'une mission à remplir qui presse, n'est certainement pas aussi à l'aise que quand il écrit *pour récapituler* la science ; car il doit , dans cette circonstance , émettre son opinion et s'expliquer ouvertement sur un fait avéré : or avouer à l'autorité et au public qu'on ignore la cause d'un mal qui ruine le cultivateur, n'est pas une chose qui aille au caractère de tous les hommes ; car c'est infirmer la science sans se justifier; c'est même s'exposer à se voir supplanter par quelque collègue qui ne manquera pas d'indiquer plusieurs causes, s'il le faut. L'homme de l'art envoyé pour une pareille mission vient à tort au secours de la détresse de la science en signalant dans la constitution atmosphérique, dans la localité, dans les aliments, etc., les circonstances qui paraissent avoir exercé la plus grande influence sur les animaux des contrées qu'il a explorées ; et nous ne devons pas être surpris si, dans ces différents rapports, nous trouvons signalées des causes diamétralement opposées. Ainsi on accuse, n'importe pour quelle épizootie, suivant les circonstances :

*Les chaleurs excessives et prolongées, ou les pluies continuelles et incessantes ;*

*Les différentes constitutions atmosphériques, ou les vents alternativement froids, chauds, humides ;*

*Les abreuvoirs de sources trop vives, ou les eaux concentrées par le soleil et infectes ;*

*Les gaz méphitiques et septiques des marais, ou les rosées, les brouillards insalubres ;*

*Les habitations trop closes, resserrées, l'encombrement des animaux dans les écuries, l'entassement des fumiers, le défaut de pansement, etc., ou l'usage de faire pacager et coucher les bestiaux à la proximité des marais, sources de miasmes septiques ;*

*L'excès du travail, les arrêts de transpiration, ou l'inaction par de longues stabulations ;*

*Le voisinage d'une forêt ou la proximité d'un étang, d'une flaque d'eau, d'un égout, d'un foyer de putréfaction, etc. ;*

*Les fourrages submergés, vaseux, moisis, rouillés, poudreux ou trop nouveaux, trop secs, chargés d'insectes malfaisants, plâtrés, etc.*

Au reste, disent Gilbert, Darboval et tant d'autres, les épizooties charbonneuses peuvent être produites par une infinité de causes aussi inexplicables qu'inaccessibles à nos investigations.

Ouvrons les annales de la science, et nous trouverons

partout la même hésitation à l'égard des causes des épizooties et des enzooties.

La médecine humaine n'est pas plus avancée sous ce rapport; ce que je viens de dire relativement aux causes des *épizooties* et des *enzooties* est parfaitement applicable à celles des *épidémies* et des *endémies*. C'est absolument la même marche et les mêmes torts.

Avant d'entamer une conférence tendant à apprécier la valeur et l'influence des différentes causes auxquelles on attribue le développement du charbon, j'examinerai si, dans notre époque de progrès, on ne trouverait pas, dans des travaux récents, des observations plus positives et plus déterminantes.

M. le ministre de l'agriculture et du commerce a envoyé, aux mois d'août et de juillet 1846, dans le département de l'Allier et dans celui de la Nièvre, M Renaud, directeur et professeur à l'école vétérinaire d'Alfort, pour observer une maladie épizootique très-meurtrière. Le même ministre envoya, en novembre de la même année, dans le département de la Somme, M. Delafond, professeur à la même école, et auteur de nombreux ouvrages qui servent à l'instruction des élèves des écoles vétérinaires de France, en le chargeant d'étudier la marche désastreuse d'une épizootie qui faisait de grands ravages, et d'en arrêter le cours déplorable. Ces messieurs n'ont point fait attendre leurs rapports ; quelques semaines ont suffi pour les mettre à même de signaler à l'autorité *les causes du mal, les moyens préservatifs et les mesures sanitaires à opposer aux progrès de ces funestes maladies.*

Ces écrits furent accueillis avec confiance par l'autorité,

qui sut se conformer aux différentes prescriptions qu'ils renferment ; ils furent enregistrés avec soin, et le monde médical les reçut avec le triste regret de n'y trouver ni sécurité pour l'avenir, ni accord d'opinions entre les deux professeurs distingués qui en sont les auteurs.

Le gouvernement, dont la sollicitude pour les contrées agricoles est si souvent mise à l'épreuve, aurait désiré obtenir des garanties pour l'avenir; mais, il faut en convenir, si, comme tous ceux qui aspirent à voir les campagnes affranchies de pareils fléaux, il en est encore réduit à faire les mêmes vœux, c'est qu'il ne suit pas la marche la plus convenable pour en obtenir l'accomplissement.

Le ministre n'a pas été bien informé sur l'état actuel de la science à l'égard des affections charbonneuses ; il ne sait pas que leurs causes ont défié les investigations des siècles passés ; car, s'il en était autrement, il n'eût pas sans doute envoyé à la recherche de causes si rebelles des hommes étrangers aux contrées qu'ils avaient à explorer, ou du moins il leur eût adjoint des vétérinaires exerçant depuis longtemps leur art dans ces localités, et, après avoir obtenu d'eux un compte rendu sur l'état des choses, il leur eût imposé l'obligation de persévérer dans leurs recherches.

Le passage rapide d'un homme dans une contrée, quelle que soit la science, quel que soit le génie de cet homme, ne peut pas lui permettre de se renseigner suffisamment sur l'origine des causes de semblables maladies. Les renseignements que se procure l'observateur dans de pareilles missions, de quelque nature qu'ils soient, ne peuvent suffire pour l'éclairer et pour le diriger dans des voies si escarpées et si ambiguës. Il faut, pour réussir, que le missionnaire se promette de poursuivre son sujet, d'habiter et d'explorer les lieux lui-même, ou d'y revenir souvent pour s'y livrer avec ordre à des recherches comparatives incessantes ; enfin, si la vie ne lui permet pas de mettre fin à une si glorieuse entreprise, il devra léguer aux générations futures, le sujet en mérite la peine, la continuation de ses travaux déjà soigneusement élaborés.

Les observations que je fais ici sont également applicables à la médecine humaine. Ouvrez, en effet, les cartons du ministère ; consultez là et partout les différentes relations médicales à l'égard des *épidémies* et des *endémies* de toute nature, vous verrez que ces fléaux déciment impunément l'espèce humaine en face des facultés qui, après s'être fortement agitées, se regardent les bras croisés, sans savoir ni que faire ni que dire. Les résultats sont généralement la uste conséquence des moyens employés à les obtenir. Le désintéressement, l'oubli de soi-même n'est pas assez en relief, et les progrès de la médecine comparative seront toujours très-restreints tant que les hommes de génie fuiront les cultivateurs et leurs bestiaux pour se reléguer, par intérêt ou par agrément, dans les grandes cités, dans de grands établissements où tout est artificiel. Qu'on y songe bien, il y va du perfectionnement de l'art, de la sécurité de la vie et de celle de la fortune publique ; et le même état de choses ne cessera jamais, si le gouvernement, par quelques concours importants, ne parvient pas à attirer dans la province les hommes éminents.

J'ai cru, dans l'intérêt de l'éclaircissement du sujet que je traite, devoir produire ici par extraits, et comparativement, les rapports de MM. Renaud et Delafond au ministre de l'agriculture et du commerce ; et, pour faciliter les comparaisons, j'ai rassemblé les symptômes par paragraphes dans un ordre réciproque et correspondant entre eux et avec les paragraphes des deux espèces de charbon que j'ai distinguées. Le mémoire de M. Delafond aura ses paragraphes numérotés par des chiffres arabes qui correspondront avec les paragraphes que j'ai établis pour le charbon gangréneux. Le mémoire de M. Renaud aura ses paragraphes numérotés par chiffres romains qui correspondront avec les paragraphes du charbon virulent.

EXTRAIT DES SYMPTÔMES LES PLUS SAILLANTS DES RAPPORTS DE MM. DELAFOND ET RENAUD, CONCERNANT LES MALADIES ÉPIZOOTIQUES QUE M. LE MINISTRE DE L'AGRICULTURE ET DU COMMERCE LES AVAIT CHARGÉS DE COMBATTRE EN 1846 :

| *M. Delafond* (en novembre), dans le département de la Somme, commune de la Vicogne, village de Rosel, composé de trois fermes exploitées par MM. Wable, Hallot et Bouthor. | *M. Renaud* (en juillet et en août), dans le département de la Nièvre et dans celui de l'Allier, dans plusieurs communes. |
|---|---|
| *Nature de la maladie.* | *Nature de la maladie.* |
| 9. FIÈVRE CHARBONNEUSE. | IX. FIÈVRE CHARBONNEUSE. |
| *Symptômes.* | *Symptômes.* |
| 11. Les muqueuses de l'œil sont pâles et jaunâtres. | XI. Sans signes précurseurs dans la plupart des animaux dans l'origine. |
| 12. Les yeux s'enfoncent dans l'orbite ; marche chancelante. | XII. Yeux hagards, brillants, puis mornes ; affaissement rapide. |
| 13. — Frissons, tremblements généraux. | XV. — Ils éprouvent des tremblements. |

13. — Pulsations petites, vites et serrées; battements du cœur brusques.

27. — Tumeurs œdémateuses peu douloureuses prenant un volume considérable.

20. — Ceux qui sont guéris ont fait une longue convalescence et sont restés maigres; éruptions au ventre et aux flancs.

51. — Le flanc gauche des ruminants se gonfle.

*Autopsie.*

50. — Putréfaction rapide, odeur infecte.

54. — Les intestins, à l'extérieur, sont d'un rouge violacé dans certaines parties; à l'intérieur, liquide, sanguinolent, infect.

La muqueuse des gros intestins est noirâtre, infiltrée et fort épaisse.

Les muqueuses digestives parsemées d'ecchymoses brunes ou noires.

55. — Le mésentère, correspondant aux taches intestinales, présente des tumeurs noires au centre, jaunes à l'extérieur, et renfermant des ganglions lymphatiques dont le tissu est noir, marbré, gorgé de sang infect.

37. — La rate, souvent volumineuse, renferme un liquide boueux, noir, ou elle est parsemée de dépôts sanguins circonscrits.

58. — Cœur : taches brunes

XIII. — Le cœur bat violemment; le pouls devient petit et s'efface.

XXVII. — Tumeurs fermes très-sensibles; grossissent avec une grande rapidité.

XX. — La mort est presque inévitable; on ne cite pas d'éruptions, pas de guérison.

XXXI. — On ne cite rien à cet égard.

*Autopsie.*

XXX. — On ne cite rien à cet égard.

XXXIV. — Taches sanguines à l'intérieur des organes digestifs et de la poitrine.

L'intestin renferme du sang presque pur quelquefois.

On ne cite ni infiltration, ni hypertrophie, ni odeur.

XXXV. — On ne signale rien de particulier dans le mésentère.

XXXVII. — Augmentation de volume de la rate ramollie; elle contient une espèce de bouillie, un sang noir.

XXXVIII. — Cœur : taches

à l'extérieur et à l'intérieur.

noires sanguines à l'intérieur et à l'extérieur.

*Contagion.*

*Contagion.*

7. — La maladie s'est communiquée à tous les animaux : à trois moutons, à un chien et à un cochon.

VII. — Tout ce que j'ai vu et recueilli tend à faire rejeter toute idée de contagion.

*Inoculation.*

*Inoculation.*

Le sang inoculé a communiqué la maladie et causé une mort rapide à deux sujets.

On a assuré que deux chevaux ont péri par suite du contact de débris d'animaux morts du charbon.

Le rapprochement de ces deux rapports nous prouve que MM. Delafond et Renaud ont observé chacun une maladie différente ; ils les qualifient néanmoins l'un et l'autre du nom de *fièvres charbonneuses*, parce qu'ils n'ont pas les renseignements nécessaires pour en faire la différence. En comparant maintenant les symptômes de chacun de ces rapports avec les symptômes correspondants des deux distinctions que j'ai établies pour les maladies charbonneuses, on verra que :

M. Delafond a observé une maladie semblable à notre *charbon gangréneux épizootique.*

M. Renaud a observé une maladie semblable à notre *charbon virulent enzootique.*

Ces distinctions sont d'autant plus importantes, qu'elles doivent éclaircir la science, et que ces deux maladies exigent des traitements parfaitement opposés ; mais, dans ce travail, je ne parlerai que des caractères et des causes.

La maladie de M. Delafond avait un caractère éminemment meurtrier et contagieux

La maladie de M. Renaud, quoique beaucoup plus foudroyante, n'était pas conta-

qui nous fait penser qu'elle serait devenue le foyer d'une épizootie très-grave, si l'on n'avait pas su mettre un frein à sa propagation.

Les mesures sanitaires que prescrit M. Delafond étaient donc de la plus haute importance pour la sécurité publique ; elles ont évidemment préservé les pays voisins de grands malheurs, et la contagion communiquée à tous les animaux du village, jusqu'aux chiens et aux cochons, en fait concevoir toute l'étendue.

gieuse, et partant elle n'offrait aucun danger pour les fermes voisines.

Les mesures sanitaires que prescrit M. Renaud étaient donc inutiles ; mais, aux termes de la loi, elles devaient être recommandées et exécutées, puisqu'il s'agissait de charbon, et que la médecine vétérinaire, dans ses incertitudes, n'a pas encore pu renseigner le législateur positivement à cet égard. J'espère qu'à l'avenir il en sera autrement, le commerce l'exige ; les caractères que j'ai établis pour chaque espèce mettrons fin à toute incertitude.

### Causes.

M. Delafond reconnait trois ordres de causes :

1° *Causes originelles.* Elles sont produites par les eaux de la mare de la ferme de M. Wable ; ces eaux étaient devenues *vertes*, *limoneuses*, *troubles*, *putrides et infectes*, par l'action de la chaleur de 1846, et par le séjour et les excréments de plus de cent cinquante canards.

Cette mare était devenue commune aux bestiaux des trois fermes du Rosel, par suite de la dessiccation complète de celles des deux autres fermes.

2° *Causes déterminantes :* les variations atmosphériques.

3° *Causes d'entretien et de propagation :* la contagion.

### Causes.

M. Renaud reconnait aussi trois ordres de causes :

1° *Causes principales et déterminates.* Elles dépendent des chaleurs extraordinaires et prolongées qui ont succédé à des pluies continuelles et abondantes, et qui ont rendu plus abondants et plus énergiques les effluves marécageux.

2° *Causes locales.* Elles sont dues aux pacages marécageux.

3° *Causes secondaires :* « l'insuffisance des eaux et

M. Delafond, plus restreint dans ses causes, les désigne avec plus d'assurance ; c'est ce qui m'engage à entrer dans quelques détails propres à désabuser ce digne professeur.

M. Delafond dit, à l'égard de l'état de santé des bestiaux à son arrivée : « Les chevaux » de M. Bouthor sont dans » un très-bon état d'embon- » point et vigoureux ; ceux » de M. Wable sont en bonne » chair, *mais la plupart ont* » *les membranes pâles ou* » *jaunâtres*. Les vaches sont » en assez bon état ; toutes » ont les muqueuses de l'œil » assez *rosées*, à l'exception » cependant de celles de M. » Wable, qui les ont *pâles et* » *légèrement jaunâtres*. La » fièvre charbonneuse s'est » manifestée *d'abord* sur un » poulain appartenant à M. » Wable, puis sur les vaches » de M. Bouthor, et enfin sur » les chevaux de M. Hallot. »

D'après ces remarquables observations, il sera désormais clair, pour tout praticien non étranger à ces sortes d'affec- tions, que les animaux de M. Wable sont les seuls qui originellement aient été affec- tés de la maladie du Rosel.

L'état des membranes de l'œil ne laisse aucun doute sur ce point, et l'existence de cette maladie à l'état d'incu- bation était positive : ainsi c'est par les animaux de M. Wable que la maladie a commencé ; de là elle a été

» leur mauvaise qualité ; » l'exposition au soleil des » animaux qu'on fait tra- » vailler dans les champs ; » l'agitation et l'inquiétude » que causent aux bestiaux » des milliers d'insectes. »

M. Renaud ajoute : « Je ne » crois pas que les fourrages » vasés récoltés l'année der- » nière, en 1845, soient » étrangers à l'exagération de » la mortalité charbonneuse » observée cette année. »

Tout, de la part de M. Renaud, annonce de l'hésita- tion et de l'incertitude dans la désignation des causes de la maladie qu'il a observée.

Il n'y a donc pas lieu à combattre ici son opinion ; je serais entraîné trop loin dans des questions d'hygiène et de pathologie. M. Renaud rentre dans l'erreur com- mune des auteurs de notre époque, en redressant les erreurs de tous ; je signalerai naturellement les siennes, et lorsque j'aurai accompli cette tâche importante, M. Renaud pourra retourner dans les départements de l'Allier et de la Nièvre, et là, vu l'état des lieux qu'il a si bien dé- crits, vu les conditions des eaux et des fourrages, il reconnaitra que la cause de la maladie qu'il a observée git « *dans la nature argi-* » *leuse du terrain, et dans la* » *qualité âcre des fourrages* » *qu'il produit.* »

M. Renaud, sans s'en

communiquée aux animaux de M. Bouthor, puis à ceux de M. Hallot. M. Delafond le déclare lui-même en attestant que les conjonctives des bestiaux de ces deux derniers fermiers étaient *rosées*. Nul doute qu'il en était ainsi de l'état des membranes de tous les autres animaux des deux fermes ; quelques-uns ont néanmoins succombé à la contagion , *trois moutons , deux chiens et un cochon.* Il est incontestable que , si les animaux de M. Wable eussent été visités à temps et isolés , ceux des deux autres fermes n'eussent pas été plus malades que les 150 canards qui faisaient *des eaux meurtrières leur principale subsistance.* Non certainement la maladie du Rosel n'a pas pris sa source dans les eaux concentrées de l'abreuvoir Wable ; M. Delafond le reconnaîtra lui-même lorsqu'il aura pris connaissance de mes travaux ultérieurs ; il lui suffira, pour être convaincu , de réfléchir sur le passage suivant de son rapport :

« Les fourrages et l'avoine
» de la récolte de l'année
» 1845, qui ont été donnés à
» tous les animaux, n'étaient
» point, comme partout, de
» première qualité ; mais,
» lorsque la maladie s'est
» déclarée, les bestiaux étaient
» alimentés depuis *six se-*
» *maines* tant avec les ali-
» ments de l'année précédente

douter, les signale assez pour m'apprendre leur nature, quand il dit : « Les fourrages,
» qu'on tient entassés jus-
» qu'au toit sur un plancher
» de perches au-dessus des
» animaux , dans des lieux
» resserrés , répandent par
» la fermentation *une odeur*
» *qui enivre.* »

Que M. Renaud sache bien que la fermentation n'a aucune influence sur l'odeur de ces fourrages , car cette *odeur est naturelle aux produits bien réussis,* pacagés ou fauchés, de certains prés argilleux non fumés ou peu fumés. Je détaillerai toutes ces particularités amplement et avec la netteté digne du sujet.

» qu'avec ceux de la nouvelle
» récolte, que j'ai trouvés
» fort bons. »

M. Delafond sait, et il le dit lui-même dans sa Police sanitaire, qu'une maladie de ce genre *peut rester à l'état d'incubation pendant six mois*. Il n'était donc pas assez de six semaines d'intervalle pour écarter tout soupçon sur les fourrages de 1845 ; il fallait s'y arrêter davantage, et l'on eût découvert que les fourrages de M. Wable se sont trouvés, lors de la récolte d'abord, puis à la ferme ensuite, dans toutes les conditions favorables au développement des champignons microscopiques qui ont fait tout le mal.

## OBSERVATIONS SUR UNE DISCUSSION SCIENTIFIQUE CONCERNANT LE CHARBON.

Il était inévitable qu'en marchant ainsi dans l'incertitude, la science se trouvât exposée à une foule de controverses, à tel point que, dans l'état actuel de nos connaissances, il n'est pas possible de s'entendre à l'égard des affections charbonneuses. Ce conflit est surtout apparent dans les discussions orales ; et, s'il est utile de faire quelques citations, je choisirai préférablement une de ces discussions où des hommes scientifiques distingués ont émis leur opinion sur ce sujet, et où MM. Renaud et Delafond, dont j'ai déjà parlé, se sont trouvés en présence.

Dans une séance de la Société centrale vétérinaire, le 11

février 1847, l'auditoire était fort nombreux, et il comprenait beaucoup de savants qui ont successivement pris la parole au sujet du charbon. Cette question importante avait été soulevée à l'occasion d'un mémoire fait par un vétérinaire de St-Affrique, appelé Roche-Lubin. Selon cet écrivain, l'expression générique *typhoémie* doit comprendre toutes les affections charbonneuses et toutes les affections typhoïdes. Ce fait n'est pas contesté ; on ne discute que la contagion, avouée par quelques-uns, et niée par d'autres.

Voici, du reste, les conclusions du rapport de M. Roche-Lubin :

« *Virus fixe*. 1° Ce virus n'existe que dans le sang des » animaux infectés; la salive, les mucosités nazales, l'urine, » ne le contiennent pas.

» 2° La *malignité du virus fixe* est en rapport avec la pé-» riode de la maladie qui l'a produit; la durée de cette ma-» lignité du virus puisé dans les débris cadavériques encore » fumants a été de neuf à cent soixante-dix jours.

» 3° *L'inoculation* avec des portions de rate et de peau bien » lavées, prises sur des animaux morts depuis plusieurs » jours, a été sans résultat.

» 4° *Par des inoculations successives*, le virus fixe a gardé » son intégrité et son action du quatrième au vingt et unième » jour; il a moins résisté à l'action de l'humidité qu'à celle » de la chaleur.

» *Virus volatil*. 1° Le *virus volatil*, ou *atmosphère con-» tagieuse*, peut persister dans une étable d'un à quatre » mois, terme moyen, dans les porcheries, cette persistance » a été, dans quelques circonstances, de quatorze mois.

» 2° A une distance de huit mètres, l'atmosphère conta-

» gieuse qui entourait deux vaches infectées a fait suc-
» comber, du dixième au treizième jour, un bouc, et une
» brebis.

» 3° Le vent du midi transporte *à une faible distance* le
» principe *contagieux* ; le vent du nord semble, au contraire,
» le disperser et le détruire.

» 4° Les carnivores mangent et boivent impunément la
» chair et le sang des animaux infectés.

» 5° Les porcs résistent à l'inoculation du virus char-
» bonneux puisé sur des animaux d'autres espèces.

» 6° Enfin, dans beaucoup de circonstances, *l'impuis-*
» *sance de la contagion médiate ou par virus volatil a pu être*
» *parfaitement constatée.* »

M. Renaud ne nie pas que les maladies si soigneusement
observées par M. Roche-Lubin soient contagieuses par
virus volatil ; mais, sans faire de distinctions comparatives,
il déclare qu'il n'a jamais observé que les affections charbonneuses fussent contagieuses par virus volatil. Cet habile
professeur fonde son opinion, ce sont ces propres paroles,
*sur la cohabitation d'animaux sains avec des animaux atta-*
*qués du charbon, sans infection des premiers.*

M. le directeur de l'école d'Alfort, doué d'une grande
prudence, n'ose pas généraliser à l'égard des affections
charbonneuses ; il ne divise pas non plus, et cependant il
nie la possibilité de la contagion pour la maladie charbonneuse que M. Delafond a observée au Rosel, lorsque tout annonce que cette maladie est différente de celle qu'il a lui-
même observée dans la Nièvre, et avec laquelle il la confond. « Si ma mémoire est fidèle, dit-il, il me semble que
» la cause du charbon que M. Delafond a été appelé à ob-

» server lui a échappé ; et, si cette cause est restée ignorée ,
» qui peut dire que ce n'est pas elle qui a produit les faits
» généraux que l'on dit être une conséquence de la con-
» tagion ? »

M. Delafond, toujours moins réservé que M. Rénaud,
ose généraliser, parce qu'il se croit plus fondé dans ses opinions ; il dit : « Je ne doute pas , en raison des faits que j'ai
» observés , et d'une multitude d'autres rapportés avec dé-
» tail par les auteurs, *de la transmission possible du charbon
» par virus volatil.* La contagion par les émanations cadavé-
» riques est encore un fait prouvé, suivant moi. »

A l'appui de ce qu'il avance avec tant de conviction, M. Delafond cite les noms de vingt-huit auteurs qui admettent la
contagion volatile ou médiate, deux qui ne l'admettent qu'à
une très-petite distance, et cinq qui ne l'admettent point du
tout. M. Renaud est mis au rang de ces derniers. Quel conflit ! quelle confusion !! On conçoit que lorsque deux maladies sont confondues qu'il ne peut y avoir de l'accord que
de la part de ceux qui auront observé la même maladie , et
qu'il y aura mésaccord entre ceux qui auront observé les affections opposées.

M. Mague, autre professeur distingué de l'école d'Alfort,
se présente pour opposer quelques objections aux opinions de
MM. Delafond et Renaud. Ces opinions ne sont pas regardées
par ce savant vétérinaire comme étant également judicieuses, et, à son avis, l'une d'elles est nécessairement erronée. « Je ne pense pas , dit-il , que, *dans l'état actuel de
» la science,* il soit possible de déclarer positivement si les
» maladies charbonneuses peuvent ou non se transmettre
» par virus volatil, et *je suis effrayé des conséquences fâ-*

» *cheuses* qu'aurait la solution négative ou affirmative, si
» elle était erronée. »

Puis il continue : « Si M. Renaud se trompe, et si son
» opinion est prise pour règle générale par l'autorité et par
» les cultivateurs, on négligera l'adoption de mesures qui
» limiteraient peut-être la maladie; mais cette opinion
» place, jusqu'à un certain point, le remède à côté du mal ;
» car, en attribuant le mal *aux circonstances hygiéniques*,
» on excite le cultivateur à prendre des précautions, parmi
» lesquelles se trouvent la séparation des animaux sains des
» malades.

» Aussi serait-il plus nuisible de répandre l'opinion sou-
» tenue par M. Delafond, à cause des mesures de police sani-
» taires nécessitées, et *de l'erreur qu'elle propage sur les*
» *causes du charbon.* En effet, en interdisant le commerce
» des animaux pour arrêter la contagion, on nuirait au
» commerce, aux approvisionnements, aux cultivateurs. »

Ce digne professeur, tout en avouant que la science a besoin d'être éclairée sur ce point pour qu'on puisse se prononcer avec prudence, se montre tant soit peu partisan de
la non-contagion ; il combat le rapport et les observations
de M. Delafond dans le même sens que M. Renaud, et il
s'avance dans l'arène comme anti-contagioniste. Après une
longue dissertation, il ajoute : « Je pourrais encore invoquer
» *contre la contagion* les expériences qui se font annuellement
» par centaines sur des milliers de bestiaux dans presque
» tous nos départements; car la France perd tous les ans, du
» charbon, un certain nombre de bêtes à cornes, de mules,
» de chevaux, qui tombent au joug, aux pâturages, aux

» rateliers , et meurent à côté d'animaux de leur espèce
» sans leur communiquer la maladie.

» Il n'est donc pas possible de prouver *la contagion du
» charbon par le virus volatil.* Mais sommes-nous suffisam-
» ment autorisés à la nier ? On peut répondre : Nous le sa-
» vons, la contagion n'est pas prouvée, *donc elle n'existe
» pas.* Toutefois , en raison des conséquences que pourrait
» avoir cette opinion , n'est-il pas *plus sage de rester dans
» le doute ?* N'est-ce pas le meilleur moyen de contribuer aux
» progrès de la science en démontrant *la nécessité de nou-
» veaux travaux.* »

Tel devrait être , dans le doute, l'aveu sincère des hommes
de l'art qui sont appelés à se prononcer sur ces questions
importantes ; l'autorité serait ainsi mise en demeure de provoquer, sur les lieux de désastres , des concours capables
d'exciter l'émulation des vétérinaires de province, et de produire des résultats qui répondraient dignement aux recherches que , dans sa sollicitude , le gouvernement pourrait
provoquer de nouveau au sujet des épizooties.

Il faut bien se garder surtout d'adopter indistinctement les
différents traitements recommandés. Plusieurs doivent être
rejetés avec soin ; il y en a dont les applications seraient funestes au lieu d'être efficaces : cela est facile à comprendre
quand on ne s'entend ni sur la nature , ni sur les causes, ni
sur la transmission de ces funestes affections. Je me propose
de donner des détails sur tous ces points dans mon travail
général, où j'exposerai les moyens curatifs particuliers à
chaque affection. *On devra surtout éviter la saignée.*

Ces différents moyens , que j'ai souvent eu l'occasion de

vérifier, sont le résultat d'une expérience soutenue et couronnée par des succès multipliés. Mais il n'y a pas d'esquisse possible à cet égard ; on concevra fort bien que j'ai dû en retarder la publication, lorsque j'ai hâte de mettre la science à même *de fixer positivement l'autorité sur les causes de ces maladies et sur les moyens à prendre pour les empêcher de reparaître.*

Ces détails, tout en faisant ressortir l'insuffisance de la science sur ce point, ne sauraient atteindre les hautes capacités des professeurs dont j'ai cité les noms honorables. Si ces maîtres de l'art, malgré leurs travaux, n'ont pas rempli une lacune qui existe dans la longue suite des connaissances acquises, c'est qu'il y a eu impossibilité, puisqu'ils ne se sont pas trouvés dans des circonstances assez favorables à leurs recherches. N'ont-ils pas déjà boucoup fait ? Leurs lumières et leurs ouvrages ne les ont-ils pas rendus dignes de diriger la première école vétérinaire du monde ?

Les distinctions que j'ai établies relativement aux maladies charbonneuses, soit épizootiques, soit épidémiques ; les comparaisons que j'ai faites à l'égard de la médecine vétérinaire et de la médecine humaine, sont sans doute des questions capitales, puisqu'elles renversent tout ce qui existe sur ce sujet en médecine comparée, qu'elles posent de nouvelles bases, et qu'elles affranchissent les vétérinaires et les médecins de toute incertitude touchant les causes des maladies les plus graves.

## OBSERVATIONS QUI ONT MIS A DÉCOUVERT LES CAUSES DU CHARBON VIRULENT.

Depuis vingt-huit ans que je me suis fixé dans l'arrondissement de Niort, afin de m'y livrer à l'exercice expérimental de la médecine comparée, j'ai été appelé fort souvent pour traiter des bestiaux atteints du charbon, mais principalement par les habitants de la partie de ce territoire située au sud-ouest du chef-lieu, et mes soins ont été très-rarement réclamés au sujet de ce mal pour les animaux des localités qui sont au nord-est de la même ville.

Désirant circonscrire le lieu de mes observations, j'ai distingué, dans ma clientèle autour de Niort, vingt-deux communes qui, bien qu'elles soient voisines, peuvent être néanmoins opposées les unes aux autres par rapport au développement naturel du charbon virulent. Les unes ont éprouvé fréquemment de grandes pertes causées par cette affreuse maladie, et les autres, à part quelques cas, ont été continuellement à l'abri de ses funestes atteintes.

Ces différentes communes, qui figurent dans la carte annexée à cet ouvrage, offrent des particularités très-opposées, et se trouvent justement divisées en deux groupes égaux par la route de Nantes à Limoges. Au sud-ouest sont placées les communes où sévit particulièrement le charbon, et au nord-est on rencontre celles où cette affection mortelle est fort peu connue.

Je prendrai les communes alternativement deux à deux, une dans chaque groupe, puis je les mettrai en regard pour

mieux les examiner et les comparer entre elles. Celle de
Niort, étant centrale, ne sera opposée à aucune autre ; elle
sera la 23ᵉ ; et, comme je n'ai observé le charbon que dans
une seule de ses exploitations agricoles, qui du reste sont
peu nombreuses, son sol étant essentiellement calcaire, je
la placerai dans le groupe du nord-est, où le fléau n'a paru
que d'une manière exceptionnelle.

J'ai visité les plus intelligents parmi les plus anciens cultivateurs de l'arrondissement, et particulièrement des 23 communes ; je les ai questionnés sur ce qu'ils avaient vu et sur
ce qu'ils avaient appris de leurs ancêtres au sujet du développement du charbon dans les différentes fermes. Les renseignements que j'ai recueillis sont tous parfaitement d'accord avec mes observations. Il est remarquable que le
nombre des morts a été considérablement en décroissant
depuis ces temps reculés, et je démontrerai que cet inappréciable avantage est dû au progrès de l'art et à l'amélioration
de l'agriculture.

Puisqu'il y a deux groupes de communes, j'établirai deux
colonnes : l'une à gauche pour celles du sud-ouest, et l'autre
à droite pour celles du nord-est. Ces colonnes contiendront
les observations relatives à chaque groupe respectif.

Les exploitations où le charbon a été observé seront exposées et numérotées approximativement dans l'ordre de
leur susceptibilité.

| COMMUNES DU SUD-OUEST. | COMMUNES DU NORD-EST. |
|---|---|
| 1. *Prahecq.* | 1. *Mougon.* |
| De temps immémorial et à des intervalles plus ou moins | Le charbon est pour ainsi dire inconnu dans ce lieu ; la |

rapprochés, la commune de Prahecq a éprouvé par les affections charbonneuses des pertes considérables dans presque toutes les exploitations rurales :

1. Les Lois.
2. La Chaume.
5. Chiron-Malet.
4. La Gâchetrie.
5. Les Ardilliers.
6. L'Aumônerie.
7. Bellegarde.
8. Jules.
9. La Croix-Nalin.
10. Baigne-Chien.
11. Chambelle – le-Grand.
12. Chambelle-le-Petit.
15. Les Arpens.
14. Le Peu.
15. Belle-Croix.
16. Bel-Air.
17. Blanzay.
18. St-Ambroise.
19. Crissé.

## 2. *Aiffres.*

De tout temps le charbon a extraordinairement maltraité cette commune; dans une réunion des principaux habitants que j'avais provoquée, et qui se tint au lieu communal le **26** décembre 1826, il a été estimé d'une manière approximative que la valeur des bestiaux morts de ce mal depuis **20** ans, dans les principales métairies d'Aiffres, aurait suffi pour assurer une certaine aisance à chaque fermier. Presque tous les domaines de cet endroit ont été

ferme du Prieuré, qui est exploitée par le sieur Faucher, est la seule de toute la commune où l'on ait observé cette maladie.

## 2. *Vouillé.*

Ici, il n'y a que deux domaines qui aient eu à souffrir des atteintes du charbon :

La Cour-de-Vouillé,

Et la métairie de Champomnier.

le théâtre de nombreuses mortalités de ce genre :

1. Les deux fermes de Palais.
2. La Roche-Palais.
3. Égou-le-Vent.
4. L'Alouette.
5. Le Bouchet.
6. La Massatrie.
7. L'Ane-Cuit.
8. La Pierrière.
9. La Bélivandrie.
10. Le Portail-Rouge.
11. La Rousselière.
12. Le Perrot.
13. Coutaudeau.
14. La Ponnerie.
15. Le Buisson.
16. La Mothe-St-Denis.
17. La Merée.
18. St-Clément.
19. La Grange.
20. Ste-Neuril.
21. La Savonnerie.
22. Martigny.
23. De la Cure.

La Métairie de la Moie n'a pas été citée, parce qu'elle est exempte des coups du charbon.

### 3. *St-Florent.*

Cette commune est une de celles qui ont été le plus mal-traitées ; toutes ses exploitations ont eu à souffrir des atteintes du fléau :

1. Romagné.
2. La Pigeonnerie.
3. De l'Église.
4. La Gavacherie.
5. La Tranchée.

Et une foule de petites fermes qui tiennent des vaches et fournissent du lait à la ville.

### 3. *Échiré.*

Echiré n'a jamais éprouvé les rigueurs du charbon ; aucune de ses exploitations n'en a été frappée.

#### 4. *Bessine.*

Le charbon a fait de nombreuses victimes dans les métairies :
1. De Cramail.
2. Boisec.
3. Chamaillard.
4. Boisjard.
5. Charconnay.
6. Breuil-Marais.
7. La Grange.
8. La Chaîne.
9. Pierre-Levée
10. Le Preneau.
11. La Châgnée.

Et chez une foule de marchands de vaches.

La maladie, dans cette commune, n'a respecté qu'une seule métairie ; c'est celle qui est appelée la Cabane, appartenant à Jean Rousseau.

#### 5. *St-Symphorien.*

St-Symphorien a considérablement souffert du charbon dans la moitié de son territoire située au nord-est et baignée par la Guirande :
1. Galardon.
2. Beauchamp.
3. Souligny.
4. Chantigny.

L'autre moitié, placée au sud-ouest, et traversée par le ruisseau qui s'étend de Buffe-Ajasse à la Champanoise, semble inaccessible à ce mal.

#### 6. *Frontenay.*

Frontenay, dans sa vaste

#### 4. *St-Gelais.*

La Grange - St - Gelais et Bel-Air sont les deux seules métairies de la commune qui aient payé un tribut à cette cruelle maladie.

#### 5. *Souchet.*

Les deux métairies de la Grange - Vérine, exploitées par les sieurs Jeand et Péraud, sont les seuls domaines de cette commune qui aient connu le charbon. Quelques cas se sont aussi déclarés dans le bourg, chez Baudon.

#### 6. *Chaurais.*

Le fléau, dans cette grande

étendue, offre, sous le rapport du développement du charbon, trois variations bien distinctes :

1° Dans toute la partie sud-ouest, arrosée par la Courona, les bœufs et les vaches sont frappés par une maladie qui attaque les tissus plantaires, et qu'on appelle goutte.

2° Le nord-est, baigné par la Guirande et par les sources de Sars, semble être la patrie du charbon.

3° La route de Niort à la Rochelle, en traversant le centre, laisse à gauche une surface sujette à cette redoutable affection, et à droite une autre surface qui en est préservée, à l'exception néanmoins d'une métairie, où de nombreux cas se sont présentés.

commune, n'a fait des victimes que dans l'exploitation du cultivateur Jamouneau.

### 7. Magné.

Magné est complétement entouré par la Sèvre ; Verdonnier est la seule de toutes ses métairies qui n'ait point éprouvé le charbon.
1. Francgirouard-le-Grand
2. Francgirouard-le-Petit.
3. La Brumaudière.
4. La Chapelle.
5. La Mothe.
6. Chambrelou.
7. Maupassé.
8. Berliandrie.

### 7. St-Maxire.

La métairie d'Oriou, tenue par Moreau, est la seule qui ait à regretter des pertes causées par le charbon.

### 8. St-Ligaire.

Si l'on excepte Ché, le

### 8. Ste-Pezaine.

Ste-Pezaine a toujours été

charbon a passé par tous les domaines de St-Ligaire, et on peut, d'après leurs pertes, les classer dans l'ordre suivant :
1. Lamoucherie.
2. Sevreau.
3. Lagrange-Laidet.
4. Maison-Neuve.
5. La Fantaisie.
6. La Tiffardière.
7. Tout-y-Faut.
8. Moulin-Neuf.

### 9. *Coulon.*

Cette commune, remarquable à la fois par son étendue et par la grande quantité de bestiaux qu'elle renferme, est en même temps du nombre de celles que la maladie charbonneuse a le plus tourmentées. De toutes les métairies de Coulon, il ne faut excepter que la Sotterie et la Cabane, Maison-Madame ; les autres, eu égard à leurs pertes, pourront être classées dans l'ordre suivant :
1. Manté.
2. Courpenté.
3. Glande-Village.
4. Cour-de-Glande.
5. Baudichet.
6. Ste-Mégrine.
7. Ste-Catherine.
8. La Planche.
9. Villefolet.
10. Précolette.
11. Thorigné.
12. La Grange.
13. Maurepas.
14. La Coulonie.
15. Jumeau.

affranchie de cette funeste maladie.

### 9. *St-Remy.*

La plupart des fermes de St-Remy ont fait de grandes pertes par le charbon, et cette commune est l'unique de la série qui se trouve dans ce cas.

16. Peigland.
17. Périne.
18. Roche-Neuve.
19. Touvaireau.

### 10. *Sansais.*

Sansais est dans les mêmes conditions que Coulon : ses principales métairies éprouvent toutes les fureurs du mal qui nous occupe. Voici le nom des fermes classées suivant leurs pertes :
1. Brillauvin.
2. Volette.
3. Le Vieux-Moulin.
4. La Guignaudière.
5. Néron.
6. Jaguin.
7. La Garette.
8. Sansais.

### 11. *Le Vanneau.*

Le Vanneau se trouve dans les mêmes conditions que Coulon et Sansais ; toutes ses exploitations ont eu à souffrir de la présence du fléau destructeur :
1. Ste-Sabine.
2. Le Défand.
3. La Porte.
4. Irleau.
5. Le Vanneau.

### 10. *Siecq.*

Il n'y a dans cette commune que deux métairies qui ont fait des pertes par le charbon virulent.

### 11. *Villiers.*

Villiers n'a jamais été en butte aux fureurs de cette terrible maladie.

### 25. *Niort.*

Le charbon, dans la commune de Niort, n'est connu qu'à la métairie d'Antes. Cette ferme est située au Vivier, dont les sources multipliées sont assez abondantes pour faire tour-

ner un moulin à papier, et d'où une belle machine hydrau-
lique conduit à la ville les eaux, remarquables par leur lim-
pidité.

En résumé, on voit d'une part une vaste contrée où le
charbon a établi son siége, et de l'autre une surface non
moins grande qui touche à la première, et où cette maladie
ne paraît que par étincelle. Quelle est la cause de ces bizarreries? qui peut donner naissance à un mal si redoutable?
Voilà ce qu'il s'agit de déterminer.

Les deux séries de communes, l'ordre des détails qu'elles
renferment sur l'étrange singularité de la persévérance, vont
nous servir de bases pour ces importantes recherches.

On concevra que durant tous ces travaux, qui ne sont
qu'une faible partie de ceux que mon plan m'impose, j'ai
été contraint de marcher lentement. D'après mes prévisions,
il me semblait en effet apercevoir la voie directe pour arriver, sans encombre, à la découverte des causes du charbon virulent; mais je n'en abandonnais pas pour cela mes
études à l'égard des autres causes présumées; j'étais préoc-
cupé par la crainte de me trouver en face de quelque
obstacle invincible, et d'être forcé de revenir sur mes pas.

Je faisais tout marcher de front, j'agissais dans le silence,
persuadé que l'isolement serait pour moi un puissant auxiliaire.

Quoi qu'il en soit, les localités avaient fixé mon attention;
je m'y attachai, et j'explorai le pays et toutes ses fermes
dans leurs plus minutieux détails. Lorsque j'ai aperçu les
causes de ces terribles maladies, j'aurais pu les signaler
aussitôt; mais il ne me fut pas possible de me prononcer positivement, attendu que je me trouvais parfois en présence de

contradictions frappantes à l'égard des affections charbonneuses et des localités qu'elles affectaient. Je marchais ainsi dans l'inquiétude, dans l'agitation la plus indicible, lorsque enfin je fus complétement éclairé par la distinction définitive de deux natures de charbon, l'un *gangréneux*, et l'autre *virulent*, et tels que je les ai décrits plus haut.

Cet événement, dont je compris instantanément toute la portée, produisit sur moi une impression qui fixa toutes mes idées; je ne pus m'occuper de rien autre chose pendant quelques années ; mon imagination revint sur ses pas, parcourut tout le passé comparativement, suivant son mode de prédilection, et je fus désormais sûr d'arriver à une solution prompte et définitive.

## CONSIDÉRATIONS GÉNÉRALES SUR LES CAUSES PRÉSUMÉES DU CHARBON VIRULENT.

Fidèle à un principe que j'ai adopté, je vais considérer par groupes et comparativement l'ensemble des communes, tant sous le rapport *des espèces d'animaux qu'on y élève que sous ceux des travaux auxquels on les assujettit, des logements, des pansements, des abreuvoirs, de la nature du terrain, des prairies, des fourrages, etc.*

En épuisant tous ces articles, j'espère remonter à cette cause que je sens là, et qui ne peut plus m'échapper.

### DES ESPÈCES D'ANIMAUX.

Dans chaque commune on rencontre des mules, des juments, des bœufs et des moutons.

| *Communes du sud-ouest.* | *Communes du nord-est.* |
|---|---|
| Ici on élève le bœuf et la jument ; la mule est pour les habitants l'objet d'une moindre sollicitude. Les juments sont reléguées surtout dans les parties hautes, et les bœufs dans les lieux bas. | Là on élève des mules, des juments et très-peu de bœufs. Les mules se rencontrent particulièrement dans la plaine ; les juments se tiennent dans les contrées basses, dans le voisinage de la rivière et des ruisseaux. |

Le mal sévit sur toutes les espèces, y compris les moutons et quelques oiseaux de basse-cour.

### TRAVAUX.

Les animaux sont pour toutes les communes des objets d'une grande spéculation : on utilise le bœuf et la mule en les employant sans abus aux travaux agricoles; les juments, à l'exception de quelques jeunes bêtes, ne font aucun travail; elles sont en général livrées à la reproduction des mules.

| | |
|---|---|
| Ici on emploie particulièrement le bœuf. | Là on se sert plus souvent de la mule. |

Il n'y a de part et d'autre aucun abus sous ce rapport, de sorte qu'on ne peut attribuer au travail aucune maladie générale.

### HABITATIONS.

Si, de tout temps, les habitations ont été principalement accusées, on peut dire aussi qu'elles l'ont été fort gratuitement. En effet, les fermes sont partout établies sur le même modèle ; elles sont toutes construites en pierres et couvertes en tuiles, et, bien qu'elles ne soient pas très-aérées, elles le sont néanmoins plus que celles des trois quarts du reste de la France, et il n'y a pas d'exceptions entre elles.

Les propriétaires ont plusieurs fois démoli et reconstruit des écuries, afin de changer la direction des ouvertures, et cela sans qu'ils aient pu apporter un remède efficace aux nombreuses mortalités.

MM. Laboutrie et Aymont, entre autres, ont fait transporter les bâtiments de leurs *métairies de St-Florent* dans des champs dont le terrain est aéré, et ces grands sacrifices n'ont point empêché le mal de reparaître avec la même fureur. Il faut donc chercher la cause ailleurs.

Quelques cultivateurs, ne pouvant soupçonner la cause de ces malheurs qui semblent s'attacher d'une manière si mystérieuse à certaines demeures et qui les frappent si cruellement, accusent les maléfices des prétendus sorciers, et croient que la malédiction des devins est seule capable de jeter sur leurs habitations un sort si déplorable. Les vétérinaires, ne pouvant eux-mêmes donner aucun éclaircissement à l'égard des causes, sont forcés d'user des plus grands ménagements pour combattre ces absurdes crédulités.

### ABREUVOIRS.

La science a particulièrement signalé les abus des abreuvoirs stagnants et infectes : Ces amas d'eau, dans nos contrées, sont de diverses natures : si l'on trouve des mares dont les eaux croupissantes, vaseuses et verdâtres, sont le résultat des égouts de la pluie, il y en a quelques-unes provenant de sources vives et limpides, et d'autres qui sont directement alimentées par des ruisseaux, ou par la Sèvre elle-même ;

et, ce qui est digne de remarque, c'est que les communes du sud-ouest, où le charbon sévit d'une manière si particulière, sont précisément celles où les abreuvoirs ont les plus belles eaux et offrent le plus de garantie sous le rapport de la salubrité. Il faut donc chercher ailleurs les causes du mal.

### DES PANSEMENTS.

Dans notre arrondissement, les animaux ne sont soumis à aucun pansement régulier ; les écuries sont nettoyées une ou deux fois par semaine, suivant que les travaux sont plus ou moins pressants. La distribution de la nourriture est faite avec exactitude ; de là, les bestiaux sont partout en bonne chair, et rien, dans tout ce qu'on a pu remarquer jusqu'à présent, n'est susceptible d'une influence capable de faire développer le charbon dans telle ou telle commune.

### NATURE DES TERRAINS.

| *Prés argileux.* | *Prés calcaires.* |
|---|---|
| Ici le sol et le sous-sol sont généralement argileux, soit naturellement, soit par dépôt d'alluvion. | Là le sol est essentiellement calcaire, soit naturellement, soit par dépôt d'alluvion. |

Dans les deux groupes de communes, je n'ai trouvé de différence notable que dans la nature du sol : les communes du sud-ouest sont assises sur un terrain essentiellement argileux, et celles du nord-est sur un terrain calcaire.

Avant de chercher à reconnaître pourquoi le charbon se déclare particulièrement sur les terrains argileux, j'ai voulu me rendre compte des exceptions qui existent à cet égard dans les communes du nord-est ; mais j'ai été complétement arrêté dans ces recherches par des contradictions à l'égard des fourrages. Il a donc fallu abandonner un instant les terrains, pour m'occuper d'une manière très-détaillée des fourrages suivant les localités.

## DES PRAIRIES, DES FOURRAGES ET DES PACAGES QU'ELLES FOURNISSENT.

On peut distinguer trois classes de prairies dans chacune des séries des vingt-trois communes : *prés hauts*, *prés bas*, *prés-marais*. Les fourrages de ces différentes prairies varient réciproquement entre eux d'une classe à l'autre, sous le rapport des plantes qui les composent ; mais il y a une différence insensible entre une classe prise dans une série de communes et la classe correspondante prise dans l'autre série ; et, pour cette raison, je traiterai les trois natures de prairies d'une même série, ensemble et comparativement, avec les trois natures de prairies de l'autre série.

*Des prés hauts.* — J'entends par prés hauts tous ceux qui sont établis sur un sol naturel, sans dépôt d'alluvion. Ces prés fournissent le foin le meilleur et le plus nourrissant ; mais, à cause de leur position élevée, ils sont peu abondants, et partant très-rares, parce que les cultivateurs les convertissent en terres arables.

| *Prés argileux.* | *Prés calcaires.* |
|---|---|
| Ici est la patrie des poas et des vulpins ; le sol et le sous-sol sont argileux. | Là est la patrie de la flouve odorante, des légumineuses ; le sol et le sous-sol sont calcaires. |

*Prés bas.* — Cette nature de prés est la plus répandue ; ils résultent tous de dépôts d'alluvion apportés par les eaux qui proviennent des égouts des terres en pente, des ruisseaux et de la rivière.

|   *Prés argileux.*   |   *Prés calcaires.*   |
| --- | --- |
| Ici est la patrie de la colchique bulbeuse ( veratrum tuberosum ) et des petites laiches. Le sol, et souvent le sous-sol, sont en partie calcaires et en partie argileux. | Là est la patrie des légumineuses ; pas de colchique ; le sol et le sous-sol, tous deux d'alluvion, sont calcaires. |

*Des prés-marais.* — Ces prés, situés plus bas que les précédents, fournissent beaucoup de foin, des regains et des pacages en abondance ; la sécheresse leur est toujours favorable, et ils sont pendant une grande partie de l'année sujets à des submersions fréquentes et capables de troubler les récoltes comme d'en altérer les produits.

Les fourrages et les pacages qui ont souffert des inondations ne peuvent pas, comme on le pense généralement, être accusés de faire naître le charbon virulent, et cela par deux raisons capitales : la première, c'est que le charbon ne se déclare pas dans des marais d'alluvion calcaires, bien qu'adjacents aux marais argileux, où se développe le mal, bien qu'ils se trouvent dans les mêmes conditions de réussite et d'altération ; la deuxième, c'est que le charbon virulent sévit particulièrement dans les années où les fourrages sont le mieux réussis.

|   *Prés argileux.*   |   *Prés calcaires.*   |
| --- | --- |
| Ici est la patrie des carex et des laiches ; pas de colchique ; | Là est la patrie des joncs, des prêles ; pas de colchique. |

| la couche végétale est très-épaisse, et elle est composée, dans beaucoup de marais, de terres d'alluvion de nature argileuse. | Le sol consiste dans une couche très-épaisse de terres d'alluvion de nature calcaire. |
|---|---|

Si j'ai désigné ces prés comme la patrie de certaines plantes, on doit entendre qu'elles y croissent, non d'une manière exclusive, mais plus particulièrement que dans les autres terres, même les plus voisines.

Rien, dans les fourrages, n'a pu jusqu'ici me mettre sur les traces des causes du charbon virulent. De toutes les plantes signalées, telles que les carex, les laiches, les colchiques, les ivraies, les renoncules, etc., aucune n'est constante dans les localités les plus susceptibles ; mais partout les plantes de la famille des graminées se présentent en foule aux regards de l'observateur, avec des modifications particulières, là où sévit le charbon.

Faudra-t-il accuser de tant de maux une famille de plantes dont je suis prêt à reconnaître tous les bienfaits, et dont les sucs sont généralement doux et innocents? J'avais d'abord, par analogie, jeté mes soupçons sur le genre lolium ; on le rencontre en effet dans la plupart des prés hauts de toutes les natures de terres, et je l'ai suivi dans les cultures de rai-grass d'Angleterre, d'Italie, et du raigrass indigène, et rien n'a pu me porter à attribuer à ces plantes des effets si fâcheux; du reste, l'accusation tomberait d'elle-même, et tout soupçon disparaîtrait nécessairement, car il est incontestable que les troubles morbides occasionnés par l'ivraie ne ressemblent en rien aux lésions causées par le charbon virulent; et pour mettre le comble à mes investigations, malgré toute la confiance que m'inspire la famille des graminées, je me vois dans la nécessité de lui faire son procès, quand, d'un autre côté, pressé par une vive reconnaissance, je fais les souhaits les plus ardents pour qu'elle soit exempte de tout reproche.

Mais voyons ! Comme j'ai remarqué, à très-peu de différence près, de grands rapports et de la constance dans les espèces de graminées composant les trois variétés de prés calcaires, comparées avec les trois variétés de prés argileux, je les étudierai aussi ensemble et par groupe, en procédant de la même manière que pour les communes.

| *Fourrages des trois variétés de prés argileux.* | *Fourrages des trois variétés de prés calcaires.* |
|---|---|
| *Ici*, les fourrages convenablement réussis ont toujours une teinte verdâtre ; la plante est grêle et semble devancée. Ces produits ont généralement une odeur forte, irritante, et la saveur en est sensiblement âcre. | *Là*, les fourrages convenablement réussis ont toujours une teinte vert pâle, et la plante offre l'aspect d'un complet développement. Ces produits ont une odeur aromatique et suave, et la saveur en est douce et sucrée. |

Les praticiens distinguent aussi des fourrages de deux qualités différentes : ainsi ils connaissent le foin aigre (1) (âcre) et le foin doux.

_______

(1) Cette expression est inapplicable, parce que dans ces fourrages il y a très-rarement des plantes acides ; ce qui leur a valu le nom d'aigre, c'est sans doute la propriété qu'ils ont d'agir sur les dents et sur l'estomac des bœufs, des vaches et même des chevaux, mais avec moins d'intensité, de manière à les engager à manger les linges, les cuirs, les pailles les plus dures, de préférence au foin, lorsqu'ils débutent dans le pays. Les foins âcres qui produisent le charbon n'ont rien de cette propriété.

Mais ils ne se sont jamais expliqués sur la nature du terrain qui produit l'un ou l'autre ; ils n'ont pas dit non plus que le foin âcre offre des variétés bien distinctes, et qu'il y en a de deux sortes : l'un plus nourrissant et en même temps plus dangereux, et que j'ai décrit ; l'autre, plat, rabougri, souvent desséché avant la maturité et peu nourrissant. Les bestiaux qui vivent de ce dernier sont dans un état constant de maigreur, et les bœufs et les vaches sont pour la plupart affectés d'une maladie qui, dans le pays, est appelée *la goutte*. Cet aliment ne produit pas d'effets mortels et il ne cause pas de charbon ; il constitue le fourrage qu'on signale particulièrement partout comme aigre ; il croît dans des prés ayant à la surface une légère couche de terre argileuse assise sur un banc argilo-calcaire, lamelleux ou sablonneux et très-compacte. Cette espèce de foin âcre, dans beaucoup de contrées, croît souvent à côté de l'autre espèce ; comme l'autre, il a ses vallées sur le cours des ruisseaux ; par exemple, dans les communes d'Épanne et de Vallans, et dans les prairies de Faugerie et de Bassaye, commune de Frontenay ; à la Blatière, commune de Marigny. Toutes ces communes sont situées au sud des communes argileuses dont il a été question, et elles formeront une troisième classe dans mon Traité général. J'ai rencontré ce genre de prairies sur plusieurs points de la France ; mais, comme leurs produits sont étrangers à la maladie dont je parle, je les distrairai provisoirement de ces extraits, afin d'en faciliter l'intelligence.

L'homme d'expérience, en général, reconnaîtra aisément ces différentes variétés de fourrages. Il est néanmoins très-difficile de les bien décrire ; les détails en sont minutieux, et, quelles que soient les connaissances acquises à ce sujet, j'ai cru qu'il n'était pas hors de propos de consulter les animaux eux-mêmes sur ce point. J'avoue que j'ai pleine confiance en leur opinion à cet égard, attendu qu'ils ne m'ont jamais trompé ; on conviendra d'ailleurs qu'ils sont parfaitement compétents pour déterminer et apprécier les qualités intimes de ces différents fourrages. J'ai pensé que le public tiendrait compte de leur avis, et qu'il le préférerait même à celui de l'homme le plus scientifique. Voyons donc ce qu'ils en pensent :

| *Prés argileux.* | *Prés calcaires.* |
|---|---|
| Si l'on donne *ici* aux animaux du foin doux des prairies calcaires, ils le saisissent avec avidité, et laissent le leur, qu'ils n'attaqueront plus avec confiance, comme ils le faisaient avant d'avoir connu celui-ci ; ils n'y reviennent même que lorsqu'ils sont vivement pressés par la faim. | Si l'on donne *là* aux bestiaux du foin de prés argileux, ils s'en abstiennent premièrement, puis ils cherchent et attendent le leur ; une faim violente peut seule les décider à manger. Si l'on continue à leur distribuer le même foin, ils maigrissent dans le principe, et finissent par s'y habituer. |
| Si l'on continue à leur distribuer du foin doux avec les mesures en usage pour celui dont ils étaient d'abord nourris, ils le mangent avec plus d'appétit ; leur poil devient lustré, ils prospèrent rapidement, et les mortalités cessent. On éprouve de grandes difficultés à les ramener à leur ancienne nourriture, et ils sont presque toujours victimes de ce retour, car souvent elle fait développer le charbon, qui les frappe de mort. | Ils reprennent ensuite leur état d'embonpoint naturel. Enfin, si on leur fournit beaucoup de ces mêmes fourrages bien récoltés dans certaines années et soigneusement conservés, ces animaux périssent du charbon, et les premières victimes sont généralement celles qui mangent le plus. |

Je vais citer, comme venant à l'appui de ces importantes

observations, plusieurs faits pratiques d'un grand poids. Au lieu de porter des fourrages aux animaux, nous les transporterons sur les lieux.

1° En septembre 1826, le sieur Porcheron quitta la métairie de Murçais, *commune d'Échiré*, pour venir exploiter celle de la Roche-Palais, située dans la *commune d'Aiffres*. Ce cultivateur perdit, quelques mois après son arrivée, pour environ 5,000 fr. de bestiaux; ensuite les pertes continuèrent toute l'année, mais suivant une progression décroissante, au fur et à mesure que les animaux s'habituèrent aux fourrages et aux pacages; et Porcheron, accablé de tant de pertes, et pour ainsi dire démoralisé, obtint de son maître grâce d'une année sur six, et retourna dans son pays, où il n'avait jamais entendu parler de choses si effrayantes; il rentra dans un moulin dépendant de la ferme de Murçais, qu'il avait d'abord tenue, et se releva peu à peu de ses malheurs.

Avant Porcheron, un pareil événement arriva dans le même lieu avec les mêmes circonstances.

2° Le sieur Gibaud, cultivateur, quitta, en septembre 1806, la même métairie de Murçais, dont il était fermier, pour venir exploiter celle de Romagné, *commune de St-Florent*. Dans les six premiers mois, ce malheureux perdit toute sa *montée* de bestiaux, et, comme il était trop épuisé pour pouvoir se remonter complétement, il en résulta que Gibaud, ayant continué à éprouver des pertes, se trouva entièrement ruiné, et qu'il alla mourir misérable aux Pierrières, commune d'Aiffres, auprès de son frère.

3° En mars 1833, Gatineau remplaça Porcheron à la métairie de la Roche-Palais : la même maladie lui fit éprouver de grandes pertes, et, la première année, à partir du mois de juillet jusqu'en octobre, il a enfoui pour 1,500 fr. de bestiaux. S'il fut moins maltraité que son prédécesseur, c'est qu'il venait d'un pays argileux mixte, et que, dans la distribution des fourrages, il était plus parcimonieux que Porcheron, originaire d'un pays d'abondance et calcaire. La constitution des animaux a été moins surprise.

4° En mars 1826, le sieur Favreau partit du moulin de Murçais, *commune d'Échiré*, et situé près de la ferme de ce nom, déjà citée, pour aller dans la *commune d'Aiffres, à la Massatrie;* peu de temps après son arrivée dans ce lieu, il perdit, par le charbon, plusieurs pièces de bétail évaluées à un prix considérable pour ce malheureux.

Ses bestiaux s'acclimatèrent, et Favreau put rester dans la métairie, en supportant de temps à autre, comme les autres habitants, des pertes bien moins onéreuses.

5° Babin sortit de la Leu, commune de Bénet, pour aller à la Brenaudière, commune de Magné, et il ne fut pas plutôt arrivé, qu'une maladie charbonneuse lui enleva douze pièces de bétail : cette perte fut estimée 2,800 fr. Les prés de la Leu sont calcaires.

6° Le sieur Péraud partit en mars 1830 de la Groie-l'Abbé, commune de Celles, près de Mougon, pays *essentiellement calcaire*, pour venir exploiter une des métairies de Coutaudeau, *commune d'Aiffres*. Péraud perdit aussi plusieurs pièces de bétail par le charbon.

Les gens du pays ont pu reconnaître que les animaux nés dans les contrées où sévit le charbon sont moins exposés à périr victimes de cette triste maladie ; il en est de même de ceux qui sont habitués à la nourriture.

*Pacages.*

Lorsqu'on met les animaux en liberté dans des pacages composés des deux natures de terrains dont il est ici question, ils abandonnent les prés argileux pour rechercher les terres calcaires. Les prairies de St-Ligaire et de Galuchet, appartenant à la même commune, ont des pacages de l'une et l'autre espèce, et on peut remarquer que ceux qui sont calcaires, les plus doux, sont toujours mangés les premiers.

Le Breuil-Marais, commune de Bessine, possède des prés bas argileux, résultant du dépôt des eaux venant de St-Florent, après avoir passé par le marais de Bessine ; ces prés sont séparés, par un chemin, des prés hauts naturellement posés sur une couche argilo-calcaire. Lorsque les bêtes de cette ferme paissent dans les prés hauts, il n'en périt aucune du charbon, tandis qu'il y a toujours quelques victimes de cette maladie parmi celles qui pacagent dans les prés bas argileux. Les pertes sont encore bien plus fréquentes lorsque ces mêmes bestiaux vont paître dans le marais communal de Bessine.

Le sieur Rousseau eut pour prédécesseur à la métairie du Breuil un fermier nommé Guibert ; ce malheureux s'est complétement ruiné, parce qu'il avait trop peu de bétail pour l'exploitation, et qu'il était moins soigneux que Rousseau pour ses prés.

Les métairies de Pierre-Levée et la plupart des exploitations du village de Chanteloup, commune de Bessine, possèdent des marais calcaires formés par les dépôts de la Sèvre; tant que les bestiaux paissent dans ces lieux, ils sont affranchis du charbon; il en périt au contraire toujours quelques-uns de ce mal, lorsqu'on les met dans les prés hauts argileux ; et le nombre des victimes est encore plus grand quand ils vont paître dans le marais communal de Bessine, qui est le point le plus dangereux que je connaisse.

Le malheureux Chabot, relégué sur un des coins du marais, est continuellement écrasé par les pertes, et il ne peut se relever dans une petite ferme qui lui procure le droit d'une immense pacage.

J'ai pu faire les mêmes remarques dans la commune de St-Ligaire : lorsque les bêtes de la métairie de Soulice pacageaient dans la partie haute de la prairie, ou qu'ils mangeaient les fourrages provenant de ce lieu, il n'y avait pas de mortalités causées par le charbon ; mais il en était autrement aussitôt que les pacages de la prairie à regains étaient ouverts, et qu'on distribuait aux animaux le foin récolté dans ce même endroit.

Je pourrais encore faire une infinité de citations du même genre non moins concluantes ; mais, pour ne pas fatiguer l'attention du lecteur, je m'abstiendrai d'en produire un plus grand nombre. D'ailleurs je vais rapporter des faits qui viennent à l'appui : il s'agit de l'action des fumiers sur les plantes.

| *Prés argileux.* | *Prés calcaires.* |
|---|---|
| Ici, si l'on présente aux bestiaux du foin provenant de prés fumés préalablement, à côté de foin récolté sur des prés non fumés, et se trouvant du reste dans les mêmes conditions, ils préféreront le *premier*, parce qu'il aura perdu un peu de son âcreté. | Là, si l'on présente aux bestiaux du foin provenant de prés fumés préalablement, à côté de foin récolté sur des prés non fumés, et se trouvant du reste dans les mêmes conditions, ils préféreront le *deuxième*, parce que l'autre possède à un moindre degré |

Les animaux nourris avec du foin de prairies fumées engraisseront plus vite que d'autres animaux de la même espèce alimentés avec les produits des mêmes prés dépourvus de tout fumier. Cela tient à ce que ces fourrages deviennent plus appétissants à mesure qu'ils perdent de leur âcreté.

Les prés amendés avec des débris calcaires donnent du foin que les bêtes préfèrent aux fourrages provenant de terres qui n'auraient pas subi cette opération. On doit conseiller l'usage de ces sortes d'amendements, très-avantageux pour les terres argileuses, et favorables à l'engraissement des bestiaux attachés au sol.

cette odeur suave qui caractérise les fourrages de ces contrées.

Des animaux nourris avec du foin de prairies fumées engraisseront moins vite que d'autres animaux de la même espèce alimentés avec les produits des mêmes prés dépourvus de tout fumier. Cela tient à ce que ces fourrages deviennent moins appétissants à mesure qu'ils perdent de leur suavité, et que les tissus sont moins serrés.

Les prés amendés avec des débris calcaires donnent du foin que les bêtes ne distinguent point des fourrages provenant de terres qui n'auraient pas subi cette opération. Ces sortes d'amendements doivent être rejetés, parce qu'il n'en résulte aucun avantage sans humus.

Je vais citer aussi plusieurs faits remarquables à l'appui des observations que j'ai faites, dans presque toutes les communes, au sujet des résultats obtenus par les engrais et les amendements :

1º La métairie de la Grange-Laidet, tenant au marais de Bessine, a été occupée longtemps par Guitard. Ce cultivateur fit par le charbon des pertes si considérables, qu'il était presque ruiné, lorsqu'il lui survint un héritage. Cet événement lui ayant permis de faire l'acquisition d'une quantité de bestiaux suffisante pour engraisser les terres, charroyer dans les prés des fumiers et des terreaux, les sinistres se calmèrent aussitôt, et Guitard prospérait lorsqu'il mourut, en **1830**.

2o Guitard fut remplacé dans le même domaine par Ortion. Ce dernier, ne possédant pas assez de bestiaux pour une exploitation si étendue, vit, dès la deuxième année, son bétail décimé par cette cruelle maladie. Les prés avaient alors perdu les avantages qu'ils devaient aux soins de leur premier maître, et le malheureux Ortion, après trois ans, fut obligé d'abandonner la Grange-Laidet.

3° Ribreau, homme aisé et adroit cultivateur, succéda à Ortion. La grande quantité d'animaux qu'il possédait à son entrée dans la ferme lui permit de la cultiver avec toute l'intelligence dont il est doué ; il couvrit les prés de terreaux ; et si, depuis huit ans, il a perdu quelques pièces de bétail, il faut, pour trouver les époques des sinistres, remonter jusqu'aux premières années de sa ferme.

4° La métairie de la Butaudrie, à St-Florent, fut vendue après avoir ruiné la plupart des fermiers qui l'avaient exploitée. Les acquéreurs, dont les prés ont été soignés, n'ont éprouvé aucune perte par le charbon; mais le sieur Favriou, ayant conservé en face de son habitation un grand pâturage où il ne mettait jamais de fumier, fit des pertes telles, qu'il renouvela plusieurs fois ses juments et ses bêtes à cornes ; mais, docile aux conseils que je lui ai donnés, Favriou laboura cette pièce de terre et la cultiva ; et, comme il avait soin de ses autres prés, il n'éprouva désormais aucune perte.

5° La Belivaudrie, commune d'Aiffres, a vu se renouveler plusieurs fois par les mortalités les bestiaux du sieur Rabeau. Cette métairie ayant été vendue, deux des acquéreurs, les frères Berton, sortis des mêmes lieux que Rabeau, perdaient de temps à autre quelques animaux par le charbon;

mais, lorsque les terres eurent été engraissées, et que les produits eurent fourni assez de fumier pour que ces cultivateurs pussent soigner convenablement leurs prés, la maladie disparut. Il est à remarquer que si dans les mutations il y a de grandes pertes, c'est toujours quand on passe brusquement d'un terrain calcaire à une terre argileuse.

6° Plusieurs fermiers qui se sont succédé à la Grange, commune de Coulon, ont été contraints d'abandonner cette ferme, après avoir été entièrement ruinés par des pertes causées par le charbon. M. Faribeau, riche propriétaire du pays, acheta ce beau domaine à bas prix, par suite du discrédit dans lequel il était tombé. M. Faribeau, sans se rendre compte des causes de ces mortalités, qui d'ailleurs n'étaient pas constantes et ne sont pas soupçonnées, se décida à faire valoir la métairie.

Il y attacha un nombre considérable de bestiaux de toute espèce, en cultiva les champs et les prés avec des soins et une activité soutenus. La culture des fourrages artificiels entra dans l'assolement avec des proportions telles, que les foins naturels, déjà dégagés d'une partie de leur âcreté, ont perdu toute influence, et le nombre des animaux a triplé. M. Faribeau peut être sûr qu'en cultivant de cette manière, il ne perdra à la Grange aucune bête par le charbon, pourvu néanmoins qu'il ait soin d'éviter les pacages communaux.

Je pourrais faire une foule de citations relatives aux impressions que les animaux éprouvent par les fourrages qui, avant la maturité, auraient été dans telle ou telle condition, si je n'avais pas assez dit pour mettre leur avis à découvert et pour signaler ceux qu'ils regardent comme les plus salutaires. Je ne sache pas qu'on puisse en aucune manière infirmer un jugement émanant de leur instinct et dégagé de toute crainte à cet égard.

A l'état de nature, il n'y a point de charbon, parce que, dans cette condition, les animaux sont libres de choisir les meilleures contrées, et que, les terrains n'étant pas fauchés, les plantes reçoivent toujours de l'engrais des débris de celles auxquelles elles succèdent.

*Explications tendant à prouver pourquoi les années de pluies continues sont quelquefois dangereuses, ainsi que les années de chaleur prolongée.*

Tout le monde sait que les terres argileuses retiennent les eaux à la surface, tellement que les pluies abondantes et prolongées enlèvent, par les courants qu'elles occasionnent, les engrais des terrains inclinés, ainsi que ceux des prés situés sur le bord des ruisseaux. Il suit de là que les métairies qui ont éprouvé les plus grandes pertes sont toujours celles dont les prés se trouvent exposés à de pareils dégâts.

Lorsque les pluies n'arrivent qu'après des intervalles assez distants, les inondations qu'elles causent produisent des effets favorables, parce que les débris organiques et les alluvions qu'elles y déposent peuvent s'identifier avec le sol et avec la plante avant l'arrivée de nouvelles submersions. L'argile étant très-peu soluble, les débordements secondaires sans détritus sont seuls à redouter.

Aussi les fumiers produisant les effets les plus utiles et les plus salutaires sont-ils ceux qu'on dépose sur ces terres immédiatement après la récolte des fourrages, vu qu'ils ont le temps de pénétrer le sol avant les inondations.

LES GRANDES SÉCHERESSES, en refusant à la plante l'humidité qu'exige son développement, la forcent d'emprunter au sol tous les éléments nécessaires à sa croissance. Or, si cette terre se trouve naturellement dans des conditions susceptibles de lui communiquer des principes délétères, les fourrages n'échapperont pas à ces funestes atteintes aussi aisément qu'ils le font lorsque la végétation est favorisée par la pluie, les rosées, les brouillards doux et convenablement survenus.

Les foins des prés argileux sont d'autant plus redoutables dans leurs effets pernicieux, qu'ils ont supporté plus de chaleur et de sécheresse pendant les différentes phases de leur végétation ; ils sont au contraire dépourvus de tout principe nuisible quand les chaleurs ne se font sentir qu'après leur parfaite maturité.

De nombreux faits signalent aussi comme les fourrages les plus dangereux, ceux qui, après avoir été exposés à toutes les rigueurs d'une sécheresse excessive durant leur croissance, seraient récoltés dans un temps de grande chaleur, et serrés sans avoir été heureusement arrosés par une légère pluie ; on fera bien, dans ce cas, de laisser humecter les foins à la première occasion, dussent-ils même en souffrir dans leurs qualités nutritives ; et, s'il ne fait pas de pluie, on les laissera sur le lieu à plat durant plusieurs nuits consécutives.

Pendant la récolte, les animaux employés aux charrois des foins en mangent à discrétion ; aussi, dans ces circonstances, les bœufs, au sein des localités argileuses, sont-ils fort souvent frappés par le charbon. J'ai été appelé pour donner des soins à un très-grand nombre de ces ruminants ;

et, ayant toujours fait l'autopsie des cadavres de ceux qu'une prompte mort avait dérobés à mon traitement, mes observations multipliées m'ont mis à même d'apprécier l'intensité du principe morbide inhérent à ces fourrages. Les victimes ne seront point accusées d'avoir préalablement porté le germe du mal à l'état d'incubation, car je n'entends parler ici que de celles qui, après avoir été d'abord nourries de foins doux, seraient venues chercher des fourrages dans des prés argileux, ou de celles qui, ayant été achetées tout récemment, sortaient de pays essentiellement calcaires, où elles vivaient depuis longtemps des produits de ces mêmes contrées.

L'homme auquel une longue expérience n'a pas permis de connaitre et de suivre les différentes variétés de ces phénomènes curieux est arrêté à chaque instant dans ses observations, et s'il est pressé de faire de la science, ou il prend la controverse, ou il abandonne le sujet pour se livrer à un autre d'un plus rapide expédient.

Mais, sans me laisser entraîner à des considérations à cet égard, je ne dois pas perdre de vue que j'ai laissé en arrière de grandes contradictions dans les deux groupes de communes, les unes calcaires et offrant quelques exemples de mortalités par le charbon virulent, et les autres argileuses où le mal est permanent, avec des exceptions de part et d'autre. Je dois éclaircir ces différents points ambarrassants, et, comme c'est ici le cas, si je veux être compris, je saisis l'occasion et je vais reprendre toutes les communes comparativement.

*Explications des particularités et des différentes contradictions rencontrées dans les deux groupes des communes que j'ai prises pour le centre de mes opérations.*

Le charbon virulent ayant évidemment établi son siége dans les communes argileuses du sud-ouest, il n'y a pas de doute que toutes les conditions favorables à son développement ne soient complétement réunies dans ces localités ; et les cas observés dans les communes du nord-est, loin d'être des contradictions, comme ils sembleraient l'annoncer, ne sont que des exceptions, et, grâce à mes heureuses recherches, je puis les expliquer aisément.

RÉVISION DES COMMUNES DU NORD-EST. ( Voir la carte. )

### Commune de Mougon.

1° J'ai été appelé dans la commune de Mougon par le sieur Faucher, en février 1826, en décembre 1855, en janvier 1859 et en août 1844, pour y traiter des animaux atteints du charbon virulent. M. Levrier, de Celles, mon confrère, avait été appelé avant moi pour ce dernier cas ; il s'agissait d'une jument prise au jarret ; la bête mourut au bout de 24 heures. Faucher a éprouvé beaucoup de pertes par le charbon, et dans le nombre il compte plusieurs mules d'une grande valeur.

Les recherches que j'ai faites pour remonter à la cause m'ont conduit à la découverte d'un fourrage âcre ayant un aspect différent de celui de la contrée. D'après l'aveu de Faucher, ce foin provenait d'un pré que la métairie possède dans la *commune de Prahecq.* Ce pré est baigné et lavé par les eaux de la source de Paix, commune d'Aiffres, assez abondantes pour faire, à leur sortie de la terre, tourner un moulin. De là, elles arrosent tous les prés argileux qui longent le ruisseau, et dont il sera très-souvent fait mention dans ces extraits : pâturages dangereux sous le rapport du charbon virulent, et parmi lesquels se trouve le pré de Faucher, fort éloigné de la ferme, et partant très-négligé relativement aux engrais.

### *Vouillé.*

Comme je l'ai déjà fait remarquer, la métairie de la Cour et celle de Champomnier sont les seules de la commune où le charbon ait sévi. Cette pernicieuse maladie a causé dans ces deux domaines des pertes considérables en mules et en juments ; les fermiers ont souvent réclamé mes soins pour des animaux atteints du même mal, et mes investigations m'ont fait découvrir un fourrage âcre à l'odeur et provenant d'un pré calcaire situé sur le cours du Lambon, et dont le sous-sol argileux a été mis à découvert par le ravinement des eaux qui ont détruit les couches calcaires supérieures.

### *Échiré.*

Bien que dans cette commune je n'aie jamais entendu citer un cas de charbon, j'ai néanmoins cherché à découvrir s'il n'y existait pas de foin âcre ou des prés argileux, attendu que la ferme de Murçais se trouve dans cette commune ; mais je n'y ai rencontré rien de semblable.

### Saint-Gelais.

La commune de Saint-Gelais, essentiellement calcaire, est traversée par un banc argileux qui, étant très-étroit au moment où il coupe la commune de Sainte-Pezaine, prend une largeur d'un demi-kilomètre dans celle de Saint-Gelais, et enfin, après avoir coupé en deux la commune de Chauray, il parvient jusqu'au delà d'Argentière, lieu où sont établies d'importantes fabriques de tuiles.

Les pâturages de la métairie de la Grange-St-Gelais et de celle de Bel-Air étant établis sur cette couche argileuse, il est facile d'expliquer les pertes que le charbon a causées dans ces deux domaines.

### Souché.

J'ai remarqué que dans cette commune les deux métairies de la Grange-Vérine, assises sur un sol calcaire, au milieu d'un pays de plaines de même nature, ont été de tout temps exposées aux coups mortels du charbon virulent : des cas se sont présentés en 1823, en 1829, en 1854, en septembre 1847 et en mai 1848. Mes recherches m'ont encore amené à la découverte d'un foin âcre, et les prés argileux qui le fournissent touchent les prés argileux de la métairie d'Antes, commune de Niort, exploitation que j'ai déjà désignée comme ayant été fort maltraitée par cette redoutable affection.

Le sieur Baudou, de cette même commune, m'appela en 1830 et en 1838, septembre et octobre, pour traiter des bœufs et des veaux affectés du charbon. Lorsque je voulus remonter à la source, je fus d'abord inquiet de ne rencon-

trer ni prés argileux ni foins âcres ; mais, après de minutieuses recherches, et à la suite d'une foule de questions
que j'adressai aux gens de la ferme, je découvris que le sieur
Baudou mettait ses bestiaux au pacage dans un pré argileux
situé sur la même couche argileuse que les prés de la Cour-
de-Vouillé, dont j'ai déjà parlé.

### Chauray.

Jamonneau est le seul fermier de cette commune chez qui
le charbon virulent ait fait sentir ses funestes effets, parce
qu'il possède des prés et des pâtis sur cette même bande de
terre argileuse qui traverse la contrée. Du reste, toutes les
terres de Chauray sont essentiellement calcaires.

### St-Maxire.

La métairie d'Oriou est la seule, dans toute la commune,
qui ait perdu des bestiaux par le charbon. Moreau, fermier
de ce domaine, vit périr en y entrant, en 1819, presque
toute sa montée. Découragé alors, il eut recours au devin ;
ce dernier lui annonça la fin prochaine de ses malheurs. Les
pertes se calmèrent en effet, et si Moreau en essuya d'autres dans la suite, elles furent bien moins considérables.
Tout récemment encore, en septembre 1847, j'ai opéré
à la ferme d'Oriou une énorme tumeur survenue subitement au poitrail d'un mulet. Moreau a un pré dans un
banc argileux mis à découvert par le cours de la Sèvre, et
il possède à Magné un autre pré également argileux. La
culture de prés artificiels et la grande quantité des bestiaux
ont pallié depuis longtemps les pertes essuyées au commencement.

*Ste-Pezaine.*

Le terrain de cette commune est complétement calcaire, et, comme dans toutes les exploitations qui en dépendent, les animaux sont nourris avec du fourrage doux ; le charbon n'y est pas connu par conséquent.

*St-Remy.*

St-Remy est situé dans une plaine dépourvue de tout cours d'eau et entièrement calcaire ; cependant toutes les fermes de cette contrée ont perdu des bestiaux par le charbon. De temps immémorial, la commune, n'ayant aucun pré naturel, possède une prairie communale appelée marais de St-Remy, située dans la commune de St-Ligaire, à une distance de six kilomètres, et dans le voisinage des métairies de la Moucherie, où le charbon a fait tant de ravages. Les prés de ces domaines touchent au marais de St-Remy, et sont de même nature.

Je vais citer quelques faits propres à donner une idée des pertes que le charbon a fait supporter à cette partie de l'arrondissement.

Lucas, de la métairie de la Cour, a perdu, en 1825, une belle montée, ce qui m'engagea à faire des recherches.

J'ai appris que Richard, il y a 25 ans, fut entièrement ruiné à la Pigeonnerie.

Guilloteau perdait, il y a 20 ans, tous ses bestiaux à la métairie de la Barrière.

Broua a été complétement ruiné à la même époque ; le propriétaire, démoralisé, a vendu la ferme en détail.

Caillé, il y a 27 ans, perdait tout son bétail à la métairie de la Mare. Ce cultivateur tirait son foin de la commune de Magné.

Lucas, il y a 25 ans, perdait à Lonoric un nombre considérable de bestiaux (1).

Bouteille, en entrant au Prieuré, a perdu presque toute sa montée ; et, depuis ce temps, il n'a pas cessé de payer quelque tribut à cette cruelle maladie.

Les pertes de Lucas, de la Cour, en 1825, se sont élevées à 2,500 fr. ; en 1827, elles ont dépassé 1,800 fr., et j'ai opéré chez ce fermier des tumeurs charbonneuses en juillet et en août de l'année 1841.

Chauvin, qui a succédé à Lucas, perdit de la même maladie, en 1845, deux juments et une vache ; en 1846, Chauvin perdit une autre jument par une énorme tumeur charbonneuse au poitrail. Il me dit : Vous aviez bien raison, monsieur Plasse, c'est le marais de St-Remy qui fait périr mes bêtes ; comme celles de l'année dernière, cette jument a été dans les pacages de mon pré du marais de St-Remy.

Les pertes ont considérablement diminué dans cette commune, et de jour en jour on voit le mal disparaître. Cela tient à ce que les marais de St-Remy ayant été entourés de fossés et traversés en tous sens par des rigoles, ils ne reçoivent plus les égouts des terres argileuses qui les dominent. S'ils sont submergés, cela n'est que par les eaux de la Sèvre, qui élèvent le sol en y déposant un limon calcaire

---

(1) Eu égard à la distance des pacages, et attendu que la commune ne possède point de pré d'une autre nature, on ne pouvait y faire d'élèves afin de réparer les pertes, et cette localité était ainsi la plus misérable de toutes.

et bienfaisant. Les nombreuses plantations faites de toutes parts ont aussi contribué à l'amélioration tant par leurs racines que par leurs feuilles, qui se consument sur le terrain.

Les nombreuses prairies artificielles qui couvrent aujourd'hui l'immense plaine calcaire de St-Remy sont très-favorables aux bestiaux; les fourrages qu'elles fournissent deviennent une source de fertilité pour le sol, et ils entravent les dispositions malfaisantes des produits des marais qui, par leur exhaussement, devenant assez solides en été pour résister aux trains des charrettes, reçoivent maintenant des fumiers dont ils étaient privés naguère.

Il résulte de ce nouvel état de choses qu'aujourd'hui la plupart des fermiers de St-Remy sont tous très-bien montés en superbes animaux; cette commune, par la bonne culture qu'elle a pu appliquer au sol, qui est substantiel, est devenue une des plus riches de la plaine qui l'entoure.

St-Remy étant la seule qui, dans la circonscription des vingt-trois communes, présente une position si exceptionnelle par son marais commun, je pourrais m'y arrêter, car seule elle devrait suffire pour démontrer les causes du charbon virulent; mais, en égard à une si haute question, et considérant que j'ai à éclairer la faculté tout entière, je ne veux me présenter qu'armé de toutes pièces, et de manière à rester maître du terrain.

### Siecq.

La commune de Siecq, dont le sol est entièrement calcaire, n'eût jamais vu naître le charbon virulent dans son sein, si la Sèvre n'eût mis à découvert un terrain argileux constituant un pré divisé en deux parties, appartenant, l'une à la métairie de la *Chambre-Basse*, et l'autre au moulin de *Sale-Bœuf*. Ces deux domaines sont les seuls de la commune qui aient eu à souffrir des cruelles atteintes de ce mal redoutable ; mais, comme ce terrain argileux retient les eaux, M. Bouchon, propriétaire de *Sale-Bœuf*, voulant y remédier, eut l'heureuse idée d'exhausser la partie qui lui appartient avec des terres prises sur le coteau, lequel est de nature calcaire : ainsi cet homme laborieux, en faisant disparaître un inconvénient, a affranchi sa propriété d'un fléau dévastateur, je lui en donne l'assurance.

### *Villiers.*

Villiers, située dans une vaste plaine calcaire, n'a aucune prairie argileuse ; aussi les habitants de cette commune, même les plus vieux, en rappelant leurs souvenirs, et en remontant aux époques les plus reculées, n'ont pu me citer un seul cas de charbon virulent dont ils aient été témoins.

### *Niort.*

Cette commune est assise sur un terrain calcaire, et la plus grande partie de ses prés, situés sur les bords de la Sèvre, ne sont point argileux, et ils ne reçoivent les égouts d'aucune terre argileuse. La métairie d'Antes est la seule ferme qui ait des prés sur une couche d'argile mise à découvert par le ravinement des eaux du Lambon ; aussi est-elle l'unique domaine de la commune de Niort où l'on rencontre des cas de maladies charbonneuses : c'est sur ce même terrain que sont établis les prés de la métairie de la Grange-Vérine, du bourg de Souché, comme je l'ai déjà fait observer.

Il est désormais acquis que les terres calcaires sont affranchies de toute participation au développement du charbon virulent, et que la responsabilité d'une cause si désastreuse retombe entièrement sur le compte des terres argileuses.

Je n'ai point parlé ici des autres natures de terres ; le parallèle que j'ai établi entre deux espèces a suffi pour mettre au grand jour la source du mal et pour démasquer l'auteur de cette maladie foudroyante.

Je dirai seulement, pour mémoire, que les autres terrains, de quelque espèce qu'ils soient, comparés aux terres argileuses, n'ont jamais pu, dans leurs effets, me faire soupçonner, en quoi que ce soit, qu'ils tendaient à engendrer le charbon virulent.

Ainsi s'explique la naissance du charbon dans quelques communes du nord-est. Ces exceptions, suivant mon système, m'avaient au premier abord paru des contradictions capables d'arrêter mes travaux relatifs aux communes du sud-ouest ; et je puis maintenant poursuivre toutes mes opérations avec un esprit libre de toute inquiétude à cet égard. J'accuserai donc sans hésiter, comme auteurs de tant de maux, les fourrages et les pacages naturels qui croissent sans culture sur les terrains argileux, soumis, dans différentes conditions, à certaine influence. Je pourrais établir ici mes conclusions ; mais je veux, pour compléter mon œuvre, continuer le développement de mes observations dans les fatales communes du sud-ouest, et expliquer les exceptions qui s'y sont rencontrées sur plusieurs points.

RÉVISION DES COMMUNES DU SUD-OUEST.

Par une esquisse rapide de mes observations sur les maladies charbonneuses dans les communes du sud-ouest, je mettrai complétement en évidence le ver rongeur qui, depuis des siècles, décime d'une manière inconstante les bestiaux des plus belles contrées du monde civilisé. J'exposerai ensuite les moyens les plus sûrs de procéder à la destruction de ce fléau, et j'ose espérer que mes raisons seront écoutées et qu'on agira en conséquence; l'intérêt général et l'humanité l'exigent ! On verra que les terres argileuses *les plus froides* sont celles qui sont les plus favorables au développement du charbon ; on doit aussi regarder comme très-susceptibles, celles qui sont voisines des cours d'eau issus de terrains argileux.

En consultant la carte annexée à l'ouvrage, on reconnaîtra que je côtoie les cours d'eau , en partant de leurs sources jusqu'aux dépôts d'alluvion, qui constituent notre troisième classe de prés-marais. La cause des mortalités, comme on peut en juger déjà par ce qui précède, est subordonnée à une foule de circonstances capables d'avancer , de reculer ou même de détruire le mal d'une manière très-variée.

On compte dans ce groupe de communes différents cours d'eau et plusieurs marais:

La Guirande prend naissance dans la commune de Prahecq. Cette petite rivière, formée par plusieurs ruisseaux découlant des terres argileuses et inclinées d'alentour, et grossie de la source de Paix, parcourt les communes d'*Aiffres*, de *St-Symphorien* et de *Frontenay* , et, après avoir reçu les deux cours d'eau de ces localités, ainsi que ceux de Sars et de la Tranchée, elle forme les marais de Cléria et de Gloriette, et va se décharger dans la Sèvre, au port du Noyer.

On ne rencontre plus dans la suite aucun cours d'eau, excepté les marais de Bessine, formés des *égouts de St-Florent.* Toutes les autres communes sont de vastes marais presque tous calcaires, formés par les alluvions de la Sèvre, et tous étrangers à l'accusation. Ce mal agit dans un grand nombre de prés argileux formés aux pieds de champs argileux par les égouts de ces mêmes champs.

### Prahecq.

Des dix-neuf fermes que j'ai signalées, les dix premières sont celles qui de tout temps ont le plus souffert de ces maladies, parce que d'abord leurs prés sont voisins des cours d'eau, et qu'ensuite elles possèdent une plus grande quantité de terres labourables argileuses, sur lesquelles elles récoltent très-peu de foins artificiels.

Les neuf dernières, au contraire, comparées aux autres communes, sont beaucoup moins susceptibles, parce qu'elles ont une assez grande quantité de terrains entièrement calcaires ou plus ou moins mélangés, sur lesquels pacagent souvent leurs bestiaux, et qu'on y cultive toujours des prairies artificielles.

Quelques-unes de ces métairies ont présenté des particularités qu'il sera fort aisé d'expliquer; je ne citerai néanmoins qu'un ou deux faits par commune, afin de pouvoir les passer toutes en revue.

*Les Lois*, métairie située entre le cours de *la fosse de*

*Paix* et la *Guirande*, est exploitée depuis de longues années par le sieur *Valentin*. Ce fermier a été ruiné par les nombreuses pertes de bestiaux qu'il a éprouvées, et au lieu d'abandonner, comme on le lui conseillait, le théâtre de ses malheurs pour aller vivre plus paisiblement dans un autre lieu, *Valentin*, soit par attachement au sol, soit par cette superstition qui le portait à attribuer ces événements à un prétendu sort, manifesta le désir de rester. Alors il trouva dans son maître un homme généreux et compatissant qui retrancha de la métairie une partie des terres, et la mit à la portée de la fâcheuse position de *Valentin*.

Parmi les terres supprimées, il se trouvait un grand pré trop éloigné du manoir pour qu'il pût en recevoir du fumier. A partir de ce moment, ce fermier ne fit plus de pertes graves. Ainsi peu à peu il s'est relevé, et il a pu élever sa famille et payer son maître.

### *Aiffres.*

Je ferais un volume entier, si j'entreprenais de raconter la marche du charbon virulent dans cette vaste et belle commune, l'une des plus susceptibles sous ce rapport; et, comme toutes les métairies ont été fortement maltraitées par cette affreuse maladie, je ne parlerai que des exceptions.

*La Moie* est le seul de tous les domaines de la commune qui n'ait point ressenti les atteintes du charbon.

Cette ferme n'a que des terres calcaires ; ses bestiaux ne vont jamais paître dans les prairies d'*Aiffres*, et ses prés et ses pâturages sont établis sur de bons terrains.

La métairie de *Martigni* (1) éprouve peu de pertes par le

(1) Martigni et la Rousselleric, en changeant de fermier, ont éprouvé une perturbation dans la culture des prés, et par suite, des mortalités notables.

charbon, quoiqu'elle possède des prés dans les mêmes conditions que ceux des autres domaines de la commune ; mais on peut remarquer que les prés et les pâturages élevés de cette exploitation sont argilo-calcaires et bien soignés.

La métairie de *la Cure* et celle qui touche le château de Mme de la Roche sont encore moins susceptibles, parce que ces deux fermes ont au midi un vaste pâturage mixte, élevé et incliné, qui se laisse pénétrer par les eaux.

### *St-Symphorien.*

Toutes les exploitations de cette commune, situées sur les deux rives de la *Guirande*, telles que *Galardon, Beauchamp,* toutes les fermes de *Souligny,* puis les domaines de *Chantigny,* du *Plessis,* de *Crameuil* et *Charconnais*- ont perdu un nombre considérable de bestiaux par le charbon ; tandis que cette maladie n'est point connue dans les métairies de la même commune dont les prés sont baignés par le ruisseau qui passe à *Buffe-Ajasse, Egonnais, Charve, Chadeau,* et qui va se jeter dans la *Guirande* au *Pont-Roi,* au-dessus de *Crameuil :* cela tient à ce que ces dernières eaux viennent de sources chaudes et qu'elles parcourent des terres argilo-calcaires.

### *Frontenay.*

Le bourg de *Frontenay* est assis sur un terrain argilo-calcaire où pullulent un grand nombre de sources chaudes ; ces eaux sont une garantie pour les prés qui entourent ce riche bourg, très-peuplé en bestiaux.

La métairie d'Écarlat Benoit fait exception à cet état sanitaire ; elle a des prés argileux baignés par les eaux froides du *Maréchais* et de *Sars.*

Les prés de la *Kièle* et de la *Broute* sont argileux et arrosés par des sources froides ; aussi ces fermes ont-elles perdu des bestiaux par le charbon.

Sur le cours d'eau situé au sud, et appelé *Courona*, on ne rencontre point le charbon, mais les bœufs et les vaches des fermes dont il traverse les prairies sont sujets à être affectés de la goutte ; du reste, les prés situés sur le cours de la *Guirande* et ceux qui sont baignés par les eaux de source de *Sars* sont essentiellement argileux ; la métairie de la *Fragnée* a été fort maltraitée par le charbon ; il en est de même des fermes qui envoient leurs bestiaux pacager dans les prairies traversées par ces deux cours d'eau.

La prairie de *Frontenay* offre deux parties bien distinctes : l'une, baignée par la *Guirande* est argileuse ; le foin en est âcre et très-favorable au développement du charbon, et partant, les métairies de *Charconnais*, de *Boijard* et de *Cléria* éprouvent fréquemment des pertes par cette maladie ; l'autre partie, au contraire, arrosée par les eaux chaudes de *Frontenay*, ne produit que du foin doux et est exempte du charbon virulent.

Enfin les marais de *Gloriette*, formés par la *Guirande* grossie des eaux de *Sars*, sont essentiellement argileux, et engendrent le charbon à tel point, que les quatre métairies de *Gloriette* ont de tout temps fait des pertes considérables. En 1847, au mois d'août, la maladie a éclaté à la fois dans les quatre métairies ; trois bœufs tombés malades le 5 sont morts le même jour. La plupart des bestiaux ayant été atteints de ce mal, six ont succombé dans le même temps d'août, huit autres furent en grand danger et ne durent leur salut qu'à un traitement énergique ; la saignée a été surtout évitée. L'an 1848 a vu reparaître le mal dans le même village (1). M. Pévreau, en présence d'une telle épizootie, mani-

(1) Les deux années de sécheresse 1846 et 1847 ont été excessivement favorables au développement du charbon virulent. J'ai enregistré, dans cette période de temps, un grand nombre de sinistres ; et, pour donner une idée de ces malheurs, je vais transcrire ici la pétition qui fut adressée, à ce sujet, à M. le préfet des Deux-Sèvres par les habitants de Gloriette et de la Fragnée :

*Au citoyen Préfet de la République, à Niort.*

CITOYEN PRÉFET,

Les soussignés, cultivateurs exploitant les petites métairies de la Fragnée et du village de Gloriette, commune de Frontenay, ont l'honneur de vous exposer que, de temps immémorial, il périt presque tous les ans dans leurs exploitations, d'une manière foudroyante, beaucoup de bestiaux par les maladies charbonneuses, sans qu'il soit possible de leur apporter aucun secours.

Ces pertes, qui enlèvent le revenu des propriétés sans en diminuer les charges, entravent nos travaux en nous ruinant. Découragés par les insuccès de nos premières démarches en indemnités, nous avons toujours végété sans nous plaindre de nouveau ; cependant, vu la révolution qui vient de s'opérer en France, vu le calme qui s'établit et la confiance qui renaît dans le nouveau gouvernement qui se constitue, nous nous sommes réunis sept voisins pour faire le relevé des pertes que nous avons éprouvées cette année, pour les soumettre, par vos auspices, citoyen Préfet, au gouvernement de la République.

Telles ont été nos pertes :

1° Bouricault Jacques, exploitant la Petite-Fragnée, a perdu en décembre 1847 une jument de 6 ans, en 1848 une de 4 ans et une autre de 5 ans, estimées ensemble. . . . . . . . . . .   1,500 fr.

Plus, en décembre 1847, trois veaux de 3 ans. . . .   400

Un autre veau d'un an et trente moutons, à 12 fr. l'un, le tout estimé. . . . . . . . . . . . . . . .   420

Total. . . .   2,320

Il lui restait après ces pertes quatre bœufs, un veau et une jument.

festa des craintes au sujet des bestiaux de sa métairie du

2° Baudin Pierre, exploitant la Grande-Fragnée, a
perdu, en août 1847, une jument. . . . . . . . .    300
  En décembre, deux juments. . . . . . . . .    560
  En janvier 1848, deux bœufs. . . . . . . . .    550
  Plus 15 moutons, à 12 fr. l'un. . . . . . . .    180

                      Total. . . .  1,590

A l'époque où il a essuyé ces pertes il ne lui restait que
trois bœufs, une vache et deux juments.

3° Mercier François, à Gloriette, a perdu, en novembre
1847, deux bœufs. . . . . . . . . . . . . . . .    550
  Une vache. . . . . . . . . . . . . . . . .    100
  En juillet 1848, une vache et un veau. . . . . .    350

                      Total. . . .  1,000

Il lui restait, à l'époque de cette perte, deux bœufs,
une vache et une jument.

4° Rousseau Louis, à Gloriette, a perdu, en septembre
1847, un bœuf, une génisse pleine, estimés ensemble. .    450
  En août 1848, un cochon. . . . . . . . . .    50

                      Total. . . .  500

Il possédait encore à cette époque quatre bœufs et une
vache.

5° Rousseau Pierre, à Gloriette, a perdu, en septembre
1847, un bœuf et une génisse pleine. . . . . . . .    320
  Plus un veau de 2 ans. . . . . . . . . . .    100
  Et un cochon. . . . . . . . . . . . . . .    45

                      Total. . . .  465

Il possédait, à l'époque de cette perte, un bœuf, deux
vaches et deux juments.

6° Métayer Jean, à Gloriette, a perdu, en septembre
1847, un bœuf et une jument, estimés. . . . . . .    450
  En août 1848, un bœuf. . . . . . . . . . .    260

                      Total. . . .  710

Après cette perte il lui restait trois bœufs.

*Gué*, située à environ un demi-kilomètre de *Gloriette*, à l'ouest, parce que les bêtes pouvaient communiquer dans les chemins. Le sieur *Rousseau*, de la Cabane, située à la même distance, au nord-est, éprouva les mêmes craintes. Tous deux me consultèrent relativement aux précautions à prendre pour se préserver du fléau qui avait frappé les bestiaux des métairies de *Gloriette*, et qu'on attribuait généralement à la grande sécheresse qu'il a fait.

Mais attendu : 1° que la maladie n'est pas contagieuse ; 2° que les marais des sieurs Rousseau et Pévreau sont formés par les alluvions de la Sèvre, dont le dépôt est complétement calcaire ; qu'ils sont situés à droite et à gauche des marais de Gloriette, sans communication aucune avec les eaux de la Guirande, et que leurs fourrages, bien qu'ils soient de la même composition, sont doux ; 3° que les autres prés hauts de ces

7o Rousseau François, en venant habiter Gloriette en mars 1848, a perdu un veau un mois après son arrivée, d'une valeur de. . . . . . . . . . . . . . .            100

Après cette perte il lui restait encore quatre bœufs, une vache et un veau.

Accablés par de tels malheurs, sans espoir, sans sécurité pour l'avenir, nous vous prions, citoyen Préfet, de les prendre en considération et de nous faire obtenir une indemnité proportionnelle à nos malheurs.

Salut et fraternité.

Les citoyens Bouricault, Rousseau Louis et Rousseau Pierre, ainsi que Rousseau François, déclarent ne savoir signer.

Ont signé :

FRANÇOIS MERCIER, PIERRE BAUDIN, JEAN MÉTAYER.

Le maire de Frontenay, soussigné, vu la pétition ci-dessus ;

Considérant qu'elle est l'expression de l'exacte vérité, prie le citoyen Préfet de l'appuyer de tout son crédit.

Frontenay, le 11 septembre 1848.

*Le Maire*,<br>CHAIGNEAU.

deux propriétaires, quoique argileux et de même nature que ceux des fermes de *Gloriette*, sont mieux fumés et amendés, j'ai conseillé à ces messieurs, au moment où l'épizootie avait le plus d'intensité, de ne faire aucun remède préservatif, et de n'avoir aucune inquiétude sur ce point. En effet, MM. Pévreau et Rousseau n'ont eu aucune pièce de bétail frappée par cette redoutable maladie.

Les métairies de la *Fragnée* et celles de *Gloriette* ont été victimes de ce mal, parce que les marais situés au confluent de la *Guirande* résultent des alluvions provenant des communes de *Prahecq*, *Aiffres* et *Saint-Symphorien*, et que la prairie communale est argileuse et arrosée par les sources froides du Maréchais et de Sars, commune de Frontenay. Là est toute la cause de la persistance du charbon enzootique dans ce village et aux métairies de la *Fragnée*.

### *Saint-Florent.*

La plupart des métairies de St-Florent furent vendues par suite du découragement que les terribles effets du charbon avaient fait naître chez les propriétaires et chez les fermiers. Le domaine de Romagné, le plus considérable, appartenait à M. de Saint-Hermine, ex-pair de France ; et les acquéreurs de cette propriété, ayant amélioré les terres par la culture et les engrais, ont éprouvé proportionnellement moins de sinistres en bestiaux que n'en avaient supporté les fermiers leurs prédécesseurs ; mais ils ont néanmoins toujours essuyé quelques pertes.

Le sieur Jacquet, ancien maître de poste à Niort, prit à ferme le plus grand pré de cette métaire, lequel était de la contenance de huit hectares; il le fuma bien, et le charbon ne lui causa aucun dommage.

L'avoine que les chevaux de M. Jacquet mangeaient était aussi un correctif contre la maladie.

Après Jacquet, Babou, de St-Florent, eut le même pré et ne le fuma pas. Durant les deux premières années, ce cultivateur ne paya que de faibles tributs au charbon; mais ses malheurs se multiplièrent à mesure que s'évanouissaient les effets de l'engrais déposé par le maître de poste, et il perdit toute sa montée, composée d'une filiation de très-belles juments poulinières, avec des bœufs et des vaches. Babou, ruiné de la sorte, est tombé à la charge de ses enfants.

La métairie de l'Église et celle de la *Pigeonnerie* ont été l'une et l'autre le théâtre de grandes mortalités par le charbon. Ces deux fermes ont de vastes prés argileux, situés sur un cours d'eau qui va former les marais de Bessine. Ce ruisseau rencontre bien les prés de la métairie de Pied-de-fond ; mais il n'a pas sur eux une grande influence, parce qu'ils sont formés naturellement d'une couche calcaire épaisse et abreuvée partout par des sources chaudes dont les eaux constantes sont saturées de carbonate calcaire ou mixte.

La métairie de Pied-de-Fond ne perd aucune bête par les affections charbonneuses, tandis que toutes les fermes qui l'entourent, Maison-Neuve, Grange-Laidet, Chabot, Chamaillard, etc., ont été très-maltraitées par cette sorte de maux.

### *Bessine.*

Dans toute la commune de Bessine, il n'y a que la Cabane, à Jean Rousseau, dont les animaux ne soient point atteints par le charbon ; et cela tient à ce que les marais de ce domaine sont formés par les alluvions de la Sèvre, et qu'il a toujours bien fumé les prés argileux.

La métairie de la *Chaîne*, située sur le bord de la Sèvre, et tenue par Berton, a une grande quantité de marais d'alluvion calcaire; elle possède aussi au loin beaucoup de prés situés au midi de la commune, et formés par les égouts des terres argileuses. Cette ferme éprouvait des pertes, parce qu'elle était en effet dans les conditions nécessaires pour cela ; mais, depuis qu'on a ôté de la Chaîne les prés argileux pour les joindre à une petite ferme tenue par Gelin, les bestiaux de Berton ne sont plus frappés par le charbon , tandis que Gelin est ruiné par la maladie.

Ce fléau destructeur exerçait ses ravages dans les métairies de *Crameuil*, *Plessis*, *Charconnais*, etc.; mais il a disparu aussitôt que les fermiers eurent transporté dans les prés des fumiers et des terreaux.

La métairie de *Plessis* fit, en 1859, des pertes qui nécessitaient un traitement curatif général. Le fermier *Laigneau* tenait beaucoup à huit bœufs qui travaillaient tant , qu'ils en étaient maigres. *Laigneau* insista pour qu'on leur appliquât un traitement ; je m'y refusai , en donnant pour raison que l'excès du travail est, dans ce cas , un préservatif sûr, à cause de la transpiration. Il meurt, en effet, du charbon très-peu d'animaux livrés à un rude travail ; la déperdition, dans cette circonstance, dégage heureusement l'assimilation.

Après avoir suivi les cours d'eau , je passe aux communes situées au sein des marais.

## *St-Ligaire.*

La belle et considérable métairie de *Chaix*, peuplée en bons et superbes bestiaux, est le seul domaine de cette contrée qui n'ait jamais connu le charbon : il ne faut pas perdre de vue que cette ferme est séparée du reste de la commune par la Sèvre, qui seule arrose ses prés, et que les trois quarts de ses terres labourables, portées à 60 hectares, sont de nature calcaire.

## *Magné.*

La Sèvre, au village de Sévreau, se divise en deux bras qui, après avoir entouré Magné, vont se réunir à Coulon. Les marais formant les rives des deux bras de la rivière, dans cette commune, formés d'alluvion calcaire et jadis continuellement submergés, ne produisent que des foins et des regains doux et d'excellente qualité. Ces fourrages, comme ceux des prairies de *Chaix*, n'engendrent jamais le charbon. Si ces marais aujourd'hui sont quelquefois inondés, ce n'est que par suite des grandes crues, encore les eaux s'en écoulent-elles promptement ; et, dans les années ordinaires, ces terrains sont pacagés depuis le 15 septembre jusqu'au 15 mai, époque à laquelle on en retire les bestiaux afin d'y laisser croître l'herbe, que l'on fauche toujours du 25 au 30 juin.

Le centre de la commune présente un monticule argileux très-élevé, très-étendu et cultivé en céréales ; les égouts qui en découlent de toutes parts se rendent dans la rivière de Ceinture, après s'être répandus sur la surface entière des nombreux prés argileux situés au pied du monticule. Ces prés ne produisent que des foins âcres, et, lorsqu'ils ne sont pas bien amendés et récoltés, ils causent tout le mal, auquel les fourrages des marais ne participent en rien.

J'appelle à témoin la ferme de Verdomnier, qui, bien qu'elle soit située exclusivement au milieu des marais, n'est pas, comme les autres, exposée aux coups mortels et multipliés des maladies charbonneuses, parce qu'elle est seule d'entre toutes les exploitations de Magné qui n'ait point de prés formés par les égouts des champs labourables argileux.

Bouroleau a fait à Chambrelou, dans les années 1825 et 1826, des pertes qui lui ont enlevé les trois quarts de ses bestiaux.

Son frère, à Francgirouard, a perdu sa montée trois fois de suite ; mais les sinistres sont beaucoup moins fréquents depuis que dans la commune on travaille les prairies, et qu'on y transporte des fumiers.

Le sieur Dupont, de Francgirouard, ayant négligé ses prés pendant les années 1828 et 1829, perdit en 1830, par le charbon, six juments.

### Coulon.

Cette belle et très-riche commune offre, dans sa partie essentiellement argileuse, un cours d'eau sortant des sources de la métairie de *Mantais*, et arrosant les prés du village de *Glanze*, ceux de la ferme du même nom, ceux de *Courpanté* et de *Baudichet*. J'ai été appelé très-fréquemment à ces fermes pour y traiter des animaux atteints du charbon, ainsi qu'au domaine de *Maurepas*, qui perdit, en 1825, dix-huit pièces de bétail en deux mois. Si les ressources n'étaient pas si puissantes dans cette fertile contrée, et si la culture ne s'était pas améliorée, les pertes considérables et répétées auraient infailliblement entrainé la ruine de tous les fermiers.

En 1846, Lucas de Malécot a perdu encore ses plus belles juments, toujours par cette cruelle maladie et par la même nature de prés. La commune possède sur la rive gauche de la Sèvre un marais argileux et redoutable.

*Sansais et le Vanneau.*

Ces deux communes, les dernières de la série argileuse, se sont partagé un immense marais en deux parties à peu près égales, et, ce qui est digne de remarque, les animaux des deux communes, vivant dans ce marais, ou se nourrissant exclusivement de ses produits, ne fournissent jamais de victimes au charbon ; tandis que ceux des fermes éloignées de ce terrain, nourris avec les produits des prés bas situés au pied des terres argileuses, sont souvent décimés par cette funeste maladie. Ainsi les domaines d'*Irlau*, du *Vanneau*, de la *Guérette*, de *Néron*, de *Jacquin*, n'ayant pas d'autres prairies que le marais, ne sont nullement exposées au fléau, lorsqu'il en est tout autrement de *Brillauvin*, de *Vallette*, de la *Guignaudière*, du *Vieux-Moulin*, de *Sabine* et du *Défand*, dont une partie des prés sont formés par les égouts des terres argileuses.

Le bourg de *Sansais*, situé dans une contrée inclinée à l'horizon et sans cesse amendée par les habitants, qui s'en partagent les terres, offre très-peu de cas de mortalité.

Je puis citer des preuves puisées dans des localités éloignées de nos contrées ; elles ajouteront encore à l'éclat de celles que j'ai produites , parce qu'elles sont tracées sur une plus grande échelle.

Les marais de Douar, situés dans l'arrondissement de Fontenay-le-Comte, sont un pays très-fréquent en épizooties ; le charbon virulent y fait périr une grande quantité de bestiaux , parce que les terres résultent d'alluvions essentiellement argileuses déposées par une petite rivière qui vient du Bocage.

Les marais de *St-Michel* , ceux de *Benêt* et de *St-Hilaire* , n'ont point été le théâtre du développement de cette maladie, et ils ne le seront jamais, dans les parties formées par les dépôts d'alluvions calcaires de la Sèvre.

Les montagnes des Pyrénées, étant généralement calcaires, à quelques exceptions près, ne peuvent pas engendrer d'épizooties charbonneuses virulentes.

Les monts d'Auvergne et ceux du Limousin sont essentiellement argileux; aussi ont-ils été de tout temps ravagés par le charbon virulent. Ces contrées sont la terre classique de cette cruelle maladie , et c'est aussi dans ces lieux que les gouvernements ont envoyé plus particulièrement des secours.

## CONSIDÉRATIONS GÉNÉRALES.

En voulant apprécier les effets des terres argileuses sur les grandes végétations , j'ai remarqué que les chanvres présentent dans leur croissance plus de lenteur et moins d'orgueil que ceux des terrains calcaires ; que leur contexture a des fibres plus serrées , plus entortillées , et que conséquemment ils forment des toiles de plus de résistance, mais qui sont rudes et irrégulières.

Les chanvres des terres calcaires ont au contraire plus de beauté dans leur végétation et plus de parallélisme dans les fibres; les toiles en sont plus unies; elles offrent plus d'apparence, mais elles résistent moins au service.

Sur les arbres l'effet est le même, sans exception. J'ai vu, dans les marais argileux de Gloriette, huit hommes mettre à exploiter et à fendre cinquante arbres, souches de frêne, plus de temps qu'ils n'en avaient employé dans les marais calcaires de la Cabane pour travailler pareillement cent arbres de même nature et dans les mêmes conditions.

Les produits d'un sol argileux exercent une influence notable sur le développement des êtres qui s'en nourrissent exclusivement. Les hommes et les bestiaux des communes de Vouillé, Mougon et au delà, sont plus grands, mieux formés que ceux des communes d'Aiffres, Saint-Symphorien, Sansais et au delà. On recherche l'orme qui croit dans ces localités argileuses pour faire de bons moyeux de roues de voitures.

Je donnerai dans mon traité sur l'éducation des bestiaux de plus amples détails sur ce sujet et sur l'influence des autres natures de terrain.

## CONCLUSIONS.

En résumé, l'existence d'un charbon virulent est désormais prouvée d'une manière incontestable, et la famille des graminées sera accusée de tout le mal que cette affection cause par l'influence de certains terrains argileux sur son organisation et sur ses propriétés intimes.

*Le charbon virulent est engendré par les fourrages ou par les pacages âcres de prairies dont le sol et le sous-sol sont argileux, et qui, étant constamment rasées par la faux et par les dents du bétail, ne reçoivent ni amendements ni engrais capables d'annuler l'influence pernicieuse du terrain sur les produits.*

Les particularités ci-après énumérées exercent sur le germe et sur le développement du charbon virulent une influence telle, qu'elles sont puissamment contribué à couvrir les causes de cette maladie du voile impénétrable qui les a dérobées jusqu'à ce jour aux recherches opiniâtres des savants :

1° Les chaleurs excessives et prolongées pendant la végétation des plantes.

2° Les pluies excessives et prolongées avant la végétation des plantes, parce qu'elles enlèvent alors les engrais apportés par l'homme et les alluvions déposées par les premières eaux.

3° Les fourrages sont plus dangereux lorsqu'ayant emprunté au sol un principe délétère, ils sont récoltés durant une grande sécheresse.

4° Les fourrages âcres et fortement influencés par un sol argileux perdront complétement ou en partie leur propriété virulente, s'ils ont été mouillés, rouillés, vasés et récoltés dans des jours humides, par un temps de pluie, ou s'ils ont été soumis aux fraîcheurs de la nuit.

5° L'habitude des localités de la part des bestiaux a aussi une grande part d'influence.

6° L'état d'incubation est la circonstance la plus trompeuse ; souvent la cause déterminante est prise pour la cause du développement.

Si, dans une bonne condition, la nature peut se débarrasser du principe morbide, il peut arriver aussi que, par une suppression plus ou moins grande de la transpiration ou de la sueur, le mal se développe dans des circonstances ou dans des lieux éloignés de la véritable cause; et ces événements sont variés à l'infini.

7° Une bonne nourriture, succulente, peut aider la nature à se débarrasser du mal.

8° L'émigration est un puissant moyen contre le mal; mais il faut avoir soin de choisir des terrains substantiels et de toute autre nature que l'argile; et, dans le cas où cela ne serait pas possible, on doit du moins s'assurer que les prés ont été préalablement fumés ou amendés.

9° Un travail régulier et gradué, fùt-il forcé peu à peu, est un moyen sûr de seconder la nature.

10° Lorsque toutes les conditions favorables au développement du mal sont réunies, la circonstance la plus funeste est l'arrivée sur des terrains argileux de bestiaux actuellement élevés et nourris dans des terres substantielles de toute autre nature que l'argile.

11° Le petit nombre des bestiaux est funeste.

12° Les terrains argileux qui ne sont fréquentés que par un trop petit nombre d'animaux, et dont les produits périssent en partie sur pied, n'offrent aucun danger pour le développement du charbon virulent.

Pour établir mes points de comparaison, j'ai voyagé dans la Vendée, dans les marais de Douar, dans la Beauce, dans la Sologne, et partout j'ai rencontré les mêmes conditions de terrains et de fourrages.

J'entrerai plus tard dans des détails très-curieux et très-importants sur la composition et les proportions des différentes natures de terrains; je produirai de nombreuses analyses du sol et des fourrages, eu égard aux variétés des plantes, à leur composition chimique, ensemble et séparément; je signalerai l'influence de l'exposition du sol sur chacune d'elles, et le produit de leur distillation, etc.

## MOYENS DE RENDRE LE CHARBON VIRULENT IMPOSSIBLE DANS UNE LOCALITÉ OU IL RÈGNE ENZOOTIQUEMENT.

1° Encaisser les eaux de manière à faciliter leur écoulement des prés, lorsque leur présence peut devenir nuisible;

2° Conserver les moyens de profiter des premières eaux troubles et bienfaisantes, en les répandant d'une manière uniforme sur la surface des prés ;

3° Avoir soin de fumer les prairies immédiatement après la récolte ;

4° Amender les prés avec des débris calcaires, avec des terreaux, des fumiers, etc ;

5° Avoir soin de fumer et d'amender aux époques les moins susceptibles d'amener des submersions capables d'entraîner les substances bienfaisantes avant qu'elles aient pu s'identifier avec le sol ;

6° Recommencer ces opérations au printemps, si elles avaient été suivies de longues et fréquentes inondations qui en auraient troublé les effets.

Lorsque mon opinion a été appuyée sur l'expérience d'une manière complète et inébranlable, j'ai voulu, dans l'intérêt de la science et des habitants des campagnes, la mettre à profit d'une manière éclatante. J'avais remarqué qu'en 1841 et en 1843, les cultivateurs, en raison des pluies prolongées et incessantes, n'avaient pu conduire ni fumiers ni amendements dans leurs terres argileuses; et considérant que les eaux, pendant ces deux années, avaient lavé les engrais des années précédentes ; qu'en 1844, les chaleurs ont commencé dès le printemps, qu'elles se sont soutenues de la manière la plus intense pendant la végétation des plantes, et que cet état de choses, en resserrant les pores absorbants des végétaux, les contraignait à prendre tous leurs principes nourriciers dans le sol argileux qui les alimentait, 'j'ai compris que le charbon devait se déclarer, aussitôt après la récolte, tant par les fourrages que par les pacages, et j'ai eu soin d'informer l'autorité supérieure de ces prévisions, en adressant à M. le préfet du département un rapport qui a été rendu public. J'ai aussi informé l'autorité locale d'une commune qui, par la nature du sol et son genre de culture, m'a paru la plus exposée ; j'ai même convoqué en assemblée générale tous les cultivateurs de cette contrée, afin de leur faire connaître de vive voix les malheurs dont ils étaient menacés et les moyens préservatifs qu'il fallait employer.

Je m'étais bien attendu que tous ne tiendraient pas compte de mes fâcheuses prédictions, et j'en étais d'autant plus affecté, que quelques-uns devaient payer cher leur incrédulité.

La maladie se déclara en effet, comme je l'avais prévu, quelques mois après mes avertissements, et les cas furent si nombreux dans la petite commune de St-Florent, qui avait été particulièrement l'objet de mes attentions, qu'en six semaines, sur 48 malades, 18 périrent subitement : tous ceux qui ont succombé avaient été saignés par des gens de la campagne avant même l'arrivée des secours, tandis que les autres n'ont supporté aucune effusion sanguine.

Les mortalités ont continué en hiver, et elles n'ont cessé qu'avec les fourrages de 1845, qui, par leur mauvaise qualité, ont causé d'autres maladies.

Dans les années favorables aux épizooties de ce genre (1), le foin est toujours en petite quantité, et les cultivateurs sont heureusement contraints de le distribuer avec parcimonie, et de le remplacer par des nourritures accessoires qui souvent contrarient la marche du mal.

Enfin les événements que j'avais prévus sont arrivés comme je l'avais annoncé ; et, chose extraordinaire, ils se sont présentés avec des caractères si alarmants, qu'ils ont mis en éveil le gouvernement lui-même, qui alors a envoyé, à cet effet, sur différents points de la France, les hommes les plus distingués dans l'art vétérinaire, avec mission d'étudier et d'arrêter la marche de ces étonnantes maladies.

Les annales de la science médicale n'offrent pas d'exemple d'un praticien ayant eu une opinion arrêtée d'une manière assez certaine sur les causes des maladies générales pour les annoncer publiquement à l'avance, et d'une manière si positive.

### RAPPORT

*Fait le 12 juillet 1844 au sujet des épizooties qui devaient se déclarer durant la consommation des fourrages de cette année.*

Ce rapport fut adressé à M. le préfet des Deux-Sèvres, le 9 août 1844, dans les termes suivants :

Monsieur le Préfet,

Un des plus grands services que la médecine vétérinaire

(1) Deux années de sécheresse sont la condition la plus convenable au charbon virulent.

puisse rendre à la société consiste à prévoir les maladies épizootiques, enzootiques, etc., et à indiquer les moyens propres à en prévenir le développement.

Dévoué de tout cœur à une profession dont les avantages pour le bien public peuvent être multipliés à l'infini, j'ai toujours dirigé mes investigations et mes observations comparatives, dans les Deux-Sèvres, de manière à soulever le voile impénétrable qui cache aux yeux des hommes de l'art les causes des maladies effrayantes auxquelles les bestiaux de nos fertiles contrées sont sans cesse exposés.

Avec de la persévérance et un long exercice non interrompu, j'ai acquis l'expérience des lieux, et, secondé par l'autorité, j'ai pu, dans beaucoup de cas, rendre sous ce rapport des services signalés aux habitants de localités bien différentes par leur nature :

1° Sur des terrains calcaires, telles que les communes de St-Remy, Souchet, Niort, Vouillé, etc. ;

2° Dans des contrées argileuses, telles qu'Aiffres, St-Florent, Prahecq, Sansais, etc. ;

5° Sur des terres d'alluvion, comme Bessinc, Magné, Coulon ;

4° Dans des localités siliceuses et de même nature que Champeau, Fressine, etc.

Pour l'année que nous allons parcourir, il ne s'agit pas de telle ou telle commune actuellement menacée; mes prévisions embrassent une trop vaste étendue, et les contrées intéressées sont trop nombreuses, pour ne pas en faire l'objet d'un avertissement général.

Je devais donc, Monsieur le Préfet, devancer le mal et vous signaler les causes, la nature et les moyens préservatifs des maladies que nous avons à redouter pour les bestiaux du département durant le cours de cette année agricole; et, si mes raisons sont convenablement écoutées et comprises, on pourra ainsi dérober la fortune des cultivateurs aux coups qui la menacent.

*Causes.* —Les raisons qui ont fait naître en moi un pronostic si fâcheux sont le résultat d'une longue expérience, et elles découlent toutes des observations suivantes :

1° La sécheresse, qui, occasionnée par un vent du nord, a présidé à la végétation pendant le printemps ;

2° La dessiccation rapide des fourrages ;

3° La sécheresse extrême des pacages ;

4° La pénurie des eaux d'abreuvoirs ;

5° L'ardeur excessive du soleil, qui a accéléré la maturité des récoltes ;

6° La grande quantité de principes nutritifs contenus dans les aliments de toute nature;

7° Les principes âcres inhérents à certains terrains, et communiqués aux plantes à la faveur des conditions atmosphériques si sévères et si constantes.

*Caractères des maladies.* — La surexcitation causée dans l'économie animale par l'action combinée des conditions fâcheuses que nous venons d'énumérer, doit, par l'idiosyncrasie des animaux, des plantes et des localités, engendrer les fièvres inflammatoires, les fièvres adynamiques, les fièvres charbonneuses, les coups de sang, etc.

*Moyens préservatifs.* —Les causes une fois connues, nous pouvons, à coup sûr, avoir recours aux moyens propres à prévenir les attaques de ces maladies.

Toutes les craintes surgissent de l'action directe des vives

impressions atmosphériques produites cette année sur les
animaux, et particulièrement sur les substances alimentaires.
Il suffira donc, pour atténuer le mal qui doit en résulter, de
diminuer l'action directe de ces conditions fâcheuses : ainsi
on devra distribuer les aliments par petite quantité et régu-
lièrement, et l'on mélangera le foin avec la paille, qui sera
aussi beaucoup ménagée.

Quant aux pacages, le temps devra être mesuré suivant
les localités; les plus secs, les plus arides sont les plus dangereux, et souvent plus nourrissants qu'on ne le pense; cela
est si vrai, que les bestiaux prennent dans les pacages, cette
année, plus d'embonpoint qu'ils n'en acquéraient l'an passé
dans les mêmes lieux, où l'herbe était très-abondante parce
qu'elle avait été favorisée dans sa croissance par des pluies
continuelles.

On fera souvent boire les animaux ; on les y excitera, autant que possible, en jetant un peu de sel dans les timbres,
afin de rendre l'eau plus sapide et plus salutaire.

Il est important que le bétail soit tenu dans un état moyen
d'embonpoint, et plutôt maigre que gras. Les maladies dont
je prévois les tristes effets et dont je viens vous annoncer la
venue, monsieur le Préfet, ne font point périr d'animaux
maigres; elles attaquent particulièrement les plus jeunes et
les plus vigoureux, et ce sont toujours les plus gras qui
courent le plus de risques.

Ceux qui seront livrés au travail en seront d'autant mieux
préservés qu'ils auront été plus fatigués, pourvu qu'ils aient
été alimentés avec une sage parcimonie.

Les fermiers contraints d'engraisser leurs bestiaux pour
la vente feront barboter fréquemment les solipèdes, et ils ad-

ministreront aux bœufs, avec la bouteille, des breuvages d'eau salée.

Ces soins hygiéniques, bien que très-simples, suffiront pour détruire le germe des maladies qui menacent les campagnes, et je les recommande d'autant plus, qu'ils sont en même temps salutaires et économiques.

Les cultivateurs qui, par tradition, auront à craindre le charbon, le sang-de-rate, se tiendront pour avertis de tout le danger dont ils sont menacés cette année ; outre les soins hygiéniques généraux, ils feront prendre tous les 15 jours, pendant trois matins consécutifs, à jeun, aux animaux de moyenne taille, deux cuillerées de sel et trois ou quatre têtes d'ail pilées et mélangées avec deux litres d'eau.

Si, dans tous les cas, ces maladies venaient à faire périr quelques bêtes dans une ferme, il faudrait, afin de connaître l'état sanitaire, poser à tous les bestiaux du domaine un séton animé avec du vinaigre. Les sétons d'où découlera une eau rousse ou d'un jaune d'or feront considérer comme malades les sujets qui en seront porteurs, et ces animaux devront sans retard être confiés aux soins des vétérinaires, qui pourront leur appliquer immédiatement la méthode curative des fièvres charbonneuses.

Dans les cas où les sétons parcourraient toutes les phases inflammatoires ordinaires, on sera fixé sur le bon état de santé actuel des animaux. On se tiendra néanmoins sur le qui vive, eu égard aux accidents qui auraient fait agir, et, tous les dix jours, les trois breuvages d'eau, d'ail et de sel devront être administrés comme je l'ai prescrit plus haut. Les moutons seront soumis à une alimentation non moins parcimonieuse, et des boissons d'eau salée leur seront préparées avec mesure dans des baquets en commun. *C'est à la St-Michel*, l'hiver prochain, au changement subit de température et de saison, que ces redoutables affections doivent sévir avec le plus de fureur.

Je regrette, monsieur le Préfet, d'être obligé de vous dire, en terminant, que je crains qu'un intérêt ou une incrédulité coupable ne fasse négliger mes utiles avertissements, et que nos belles contrées ne deviennent alors la proie du fléau destructeur qui les menace.

Agréez, monsieur le Préfet, mes très-humbles et respectueuses salutations.

**PLASSE,**

Médecin-vétérinaire.

Si j'ai mis tout en œuvre pour que les cultivateurs fussent informés des dangers imminents qui menaçaient leurs bestiaux, si j'ai fait tous mes efforts pour les convaincre de cette effrayante vérité et mettre à leur portée les moyens préservatifs les plus efficaces, je dois avouer ici qu'en cela j'ai toujours agi suivant l'état actuel de la science et en dehors de mes découvertes. On n'osera point accuser mes intentions, lorsqu'on saura qu'un but unique me guidait : celui de me livrer plus paisiblement à des travaux destinés à être publiés peu après avec un cortége nombreux de preuves incontestables. Mais, j'ai été bien trompé dans mes désirs de paix ; car ce rapport a excité l'envie et m'a entraîné dans une polémique (1) déplorable qui a rendu suspectes les intentions de mes adversaires.

_______________

(1) Des confrères, que ce rapport n'avait pas convaincus, furent assez mal inspirés pour en faire la critique et pour publier qu'*avec la*

## CERTIFICAT

*Délivré par le maire de Saint-Florent, et relatif à l'épizootie*
*de 1844.*

Le soussigné, François Couhé, maire de la commune de Saint-Florent, arrondissement de Niort (Deux-Sèvres), cer-

*bonne qualité des fourrages de 1844, il y aurait partout état sanitaire parfait.* Une explication scientifique à ce sujet leur aurait certainement dessillé les yeux ; et, au lieu de l'accepter franchement, comme je la leur proposais, ils mirent tout en œuvre pour que mes avertissements devinssent suspects aux cultivateurs et à l'autorité.

Il donc fallu douloureusement se résoudre à attendre la venue d'événements qui, pour moi, s'étaient annoncés d'une manière aussi claire que le jour. Les sinistres alors se multiplièrent de toutes parts, comme chacun le sait, et mes détracteurs n'ont pas répliqué à un écrit qui en donnait les détails.

Un tel succès leur causa des insomnies ; et, lorsque j'eus lu à la société des vétérinaires du Poitou un programme où j'annonçais :

1º La découverte d'un traitement pour guérir sans retour la maladie du crapaud (jugée incurable) ;

2º Les causes de l'affection du sang-de-rate ;

3º L'origine de la fluxion périodique ;

4º Les causes du désaccord des vétérinaires dans les procès touchant la *pousse*, expliquées par la connaissance d'une *pousse* particulière, inconnue, très-curable, et que l'on confond avec le cas rédhibitoire,

Le *président* et le *secrétaire*, mus par d'autres sentiments que ceux du progrès, et peu touchés du service que je rendais à la science en expliquant à des confrères la première des quatre questions ci-dessus énoncées, n'attendirent pas la communication des trois autres, et, donnant un libre essor à leur instinct, ils se crurent, avec dix des leurs, assez forts pour ajouter un article au règlement d'une société composée

tifie à qui il appartiendra que, immédiatement après la récolte de 1844, M. Plasse, médecin-vétérinaire du département des Deux-Sèvres, demeurant à Niort, a informé nos cultivateurs que, jusqu'à la récolte de 1845, leurs bestiaux en général seraient exposés extraordinairement à des maladies très-graves, et que notre commune en particulier deviendrait le théâtre d'affections charbonneuses. Sur l'invitation de M. Plasse, nous avons réuni en assemblée générale nos administrés le 14 juillet 1844, et M. Plasse s'est rendu au milieu de nous, et nous a répété ses fâcheuses prédictions. Il est entré dans de grands détails sur les moyens que nous avions à suivre pour nous préserver du fâcheux fléau dont il annonçait la venue.

J'avoue que, vu la bonne qualité des fourrages de 1844, beaucoup de nos cultivateurs ont été très-surpris de cette prédiction. Cependant nous avons la douleur d'avouer que, y compris l'année 1806, qui a été la plus féconde en victimes, nos plus anciens habitants n'ont pas encore vu dans notre petite commune tant de mortalités en bestiaux que cette année par *le charbon*. La plupart ont été enlevés presque subitement. Les pertes les plus frappantes ont eu lieu surtout *vers la Saint-Michel*, comme M. Plasse l'avait annoncé.

Sur 42 malades, 18 sont morts presque subitement, et cela dans l'espace d'un mois. Nous avons fait, à cet égard, des réclamations à l'autorité supérieure, qui y a répondu par des indemnités proportionnelles.

de plus de soixante membres, et pour en faire, séance tenante, l'application afin d'exclure l'un des principaux fondateurs.

Cet acte inouï m'avait fait présager la ruine prochaine d'une association que je considérais comme susceptible de produire d'heureux résultats, et mes prévisions se sont encore malheureusement réalisées

M. Plasse nous avait recommandé la sobriété et nous défendait la saignée. Il est de fait que les animaux qui nous ont donné le temps de pratiquer cette opération sont morts immédiatement, et que, de tous ceux qui ont été guéris, aucun n'a subi la moindre effusion sanguine.

En foi de quoi j'ai délivré le présent certificat pour servir et valoir ce que de droit.

Fait à St-Florent, le 29 septembre 1845.

F. COUHÉ.

Vu pour légalisation de la signature de M. Couhé, maire de St-Florent, par nous, préfet des Deux-Sèvres, qui certifions en outre que, dans un rapport qui nous a été adressé par M. Plasse, vétérinaire à Niort, le 9 août 1844, ce praticien signalait par prévision les maladies qui, selon lui, devaient avoir pour cause la nature des fourrages de la récolte de 1844.

Niort, le 1er octobre 1845.

*Le Préfet,*
DE ST-GEORGES.

# MALADIES CRYPTOGAMIQUES.

Je m'étais momentanément détourné du sujet des maladies cryptogamiques, parce que, dans les rapprochements que j'ai établis entre elles et les affections charbonneuses, j'avais remarqué alternativement de l'analogie et de la dissemblance, particularités qui tendaient à troubler les caractères d'uniformité que je me plaisais à y rencontrer.

Désireux d'expliquer ces contradictions, je me suis livré à des recherches très-étendues qui, à ma grande surprise, ont soulevé plus de difficultés que n'en a présenté aucun des sujets traités dans le cours de mes travaux. Mon courage a été souvent mis à l'épreuve ; mais, avec de l'ordre et de la persévérance, je suis parvenu à lever des obstacles qui avaient défié l'expérience des siècles passés.

En reconnaissant deux sortes d'affections charbonneuses, les unes cryptogamiques et les autres virulentes, j'ai éclairci le point le plus obscur et le plus important de la médecine vétérinaire, celui qui avait le plus sérieusement entravé l'uniformité que j'ai reconnue à l'ensemble des maladies qui m'occupent.

Les symptômes généraux de ces affections se trouvent exposés tout au long dans le parallèle que j'ai établi entre les maladies charbonneuses cryptogamiques et les maladies charbonneuses virulentes.

Je pourrai donc désormais revenir librement à l'unité qui

caractérise les épizooties et les épidémies cryptogamiques sous le rapport de leur nature et de leurs causes. Je leur ai donné une dénomination propre à rappeler leur origine, en même temps qu'elle fait disparaître pour toujours des nomenclatures nosologiques ces nombreuses qualifications qui leur ont été appliquées tour à tour.

Il y a longtemps que cette uniformité serait admise en médecine comparée pour les épizooties et les épidémies, sans les nombreuses difficultés qui ont arrêté nos devanciers, ou qui les ont induits en erreur en leur donnant le change sur l'origine de ces maladies.

Je citerai, en passant, les noms de quelques auteurs dont les opinions tendraient à se rapprocher de cette uniformité des épizooties, sans qu'ils aient pu néanmoins surmonter les obstacles qui jusqu'à ce jour ont entravé la science.

Le célèbre Darboval, après avoir donné des détails sur les maladies épizootiques, termine en disant : *Leur concordance est telle, que nous pouvons avancer sans hypothèse qu'il n'y a qu'une seule épizootie véritable, et que toutes les autres prétendues telles n'en sont que des variétés.*

Darboval avait tellement senti de l'uniformité dans les épizooties, que, dans son épanchement, comme il ne pouvait faire aucune distinction, il a été entraîné à passer d'une extrémité à l'autre; il a tout enveloppé dans sa généralité : *affections charbonneuses, affections inflammatoires et affections typhoïdes.* A l'article des causes, cet auteur tombe dans l'erreur commune : il reproduit sous la même formule, comme cela s'est toujours fait, les causes occasionnelles et les causes déterminantes, qu'il confond entre elles.

D'autres auteurs ont aussi eu l'idée de l'uniformité à

l'égard des causes des épizooties. Numan, directeur de
l'école vétérinaire des Pays-Bas, est l'un des écrivains qui
ont le plus généralisé à ce sujet. Il dit : « Les maladies char-
» bonneuses surtout, et un grand nombre de celles dont la
» nature est restée *un peu douteuse*, ne sont jamais plus fré-
» quentes et plus meurtrières que dans les années où les
» plantes fourragères, par suite de l'intempérie des saisons,
» ont été plus chargées de cryptogames. » Il ajoute : « Plus
» nous nous familiariserons avec les recherches de ces êtres
» parasites, plus nous approcherons de la vraie cause de
» beaucoup de maladies de nos herbivores. »

Numan est un des observateurs qui ont le mieux compris
les maux causés par les cryptogames à nos animaux herbivores; mais il lui manquait une saine expérience, seule
capable de l'empêcher de confondre dans sa généralité les
épizooties charbonneuses virulentes, les épizooties inflammatoires et les épizooties dites typhoïdes. Cet homme remarquable avait également un pressentiment d'uniformité qu'il
ne pouvait confirmer. Il borne aussi sa généralité aux herbivores, sans y faire participer les carnivores et les omnivores.
Cette particularité est d'autant plus saillante, que Numan
était docteur en médecine humaine et directeur d'une école
vétérinaire ; car ces deux qualités le plaçaient dans les meilleures conditions pour qu'il pût se livrer à la médecine comparée.

Cette tâche a paru immense, décourageante même, à
Numan comme à bien d'autres. Ne semble-t-elle pas en effet
capable d'absorber le cours de la vie d'un homme laborieux?
Comment concevoir qu'il soit possible de poursuivre et d'a-
chever chaque chose alternativement? Avec une pareille

manière d'agir, eût-on même recours à la médecine comparée, les progrès deviendront insensibles. Mais il en sera bien autrement lorsqu'on adoptera avec confiance une méthode à l'aide de laquelle on puisse embrasser à la fois toutes les branches de la médecine comparée pour les faire marcher parallèlement, et l'on verra les grandes difficultés du travail s'aplanir considérablement pour donner des résultats homologues également satisfaisants.

J'ai bien parlé de ma méthode et des quatre années qu'il m'a fallu pour en faire l'installation; qu'on ne pense pas pour cela l'avoir parfaitement comprise, car mon imagination seule en possède la clef; il ne me serait pas plus aisé de la mettre entièrement à découvert qu'il ne serait possible au pâtre calculateur Mondeux d'exposer une théorie complète de la méthode au moyen de laquelle il obtient, avec la rapidité de la pensée, les solutions des questions les plus ardues et des problèmes les plus compliqués sur les nombres.

Les praticiens, comme je l'ai déjà dit, ont toujours ramené la science dans la véritable voie; tous se sont présentés à la brèche, et, arrêtés par les subtiles argumentations de leurs adversaires, ils ont échoué au port, et se sont retirés en abandonnant sur le terrain le fruit de leur pénible expérience.

Ouvrons, en effet, les annales de la science; nous verrons que les auteurs dont le style est le plus facile, et qui ont su le mieux suppléer à l'expérience par une adroite controverse, sont aussi ceux qui ont le plus contribué à faire changer la science de direction, malgré les efforts des hommes qu'une longue pratique avait conduits vers une saine distinction et vers l'uniformité relative.

Les observations positives ont accablé les théories par des faits ; mais, bientôt forcés de céder à la plume des plus hardis théoriciens, ils n'ont eu eux-mêmes qu'un passage éphémère, tant l'expérience est frêle si son sujet manque de base solide.

C'est ainsi que le *typhus, les fièvres bilieuses, adynamiques, pernicieuses, les systèmes des humeurs, des inflammations, des gastro-entérites*, etc., ont eu alternativement ou ensemble leur règne, et que les fièvres typhoïdes, dont la nature dès leur naissance a été entachée d'un cachet d'incertitude, sont venues enfin succéder à ces théories multipliées.

Désireux d'affranchir la science d'un tel état d'oscillation, j'ai pris l'édifice à sa base, et, en adoptant un ordre, j'ai confié tous les matériaux au creuset de l'expérience et au burin de la raison.

Mes succès eurent bientôt dépassé mes espérances ; mais, au milieu de mes triomphes, au lieu de publier mes découvertes et d'en doter mon pays, à mesure que je les avais déterminées, j'ai jugé, par la connaissance que j'avais du cœur humain, important de les renfermer dans des cartons, pour ne songer à les mettre au jour que conjointement avec d'autres sujets que je poursuivais, et qui, avec les premiers, devaient constituer un ensemble inattaquable et indestructible.

En vue de l'intérêt général et de l'humanité, j'étais sincèrement affecté d'une telle contrainte, en songeant aux nombreuses pertes causées à la société, chaque jour, en hommes et en bestiaux, malheurs auxquels j'aurais pu opposer un salutaire préservatif. J'étais même vivement pressé par les instances réitérées d'un des membres de ma famille, à qui, pour la satisfaction de mon âme, j'avais communiqué le plan de mes travaux et une grande partie de mes découvertes.

Mais rien n'a pu me faire céder, pas même les nombreuses victimes qui à chaque instant tombaient sous mes yeux. Le calme était indispensable à mon imagination allant sans interruption à l'encontre de vérités que je n'eusse peut-être jamais atteintes au milieu des discussions soulevées par des sujets isolés. Mon organisation me faisait prévoir que mes forces morales et pécuniaires seraient bientôt immolées à la défense de principes vrais et mutilés par le défaut d'ensemble, tandis que j'avais la confiance que réunis ils suffiraient seuls pour faire face à une attaque quelconque.

Je ne tairai pas cependant que, pressé par des motifs d'intérêt public, j'ai voulu sacrifier une partie de la reconnaissance à laquelle, je l'espère, mes travaux me donneront des droits ; j'ai écrit deux fois à un jeune professeur d'une école vétérinaire, pour lui proposer de publier en commun des faits pratiques de la plus haute importance, parce que j'aurais laissé à ce théoricien distingué le soin de les défendre contre la critique qu'ils auraient nécessairement soulevée ; et j'attends encore la réponse à ma proposition. J'avoue que j'ai peine à m'expliquer qu'un homme de sens ne cherche pas à vérifier toutes les questions d'intérêt général, de quelque part qu'elles viennent.

### DIVISION DES MALADIES CRYPTOGAMIQUES.

A la suite de l'ingestion plus ou moins considérable, dans l'économie animale, de champignons microscopiques avec les aliments, il y a absorption du principe toxique, qui passe dans le torrent de la circulation. Ce phénomène peut être suivi de différents états, dont je vais retracer les principaux.

1<sup>er</sup> *état*. Le principe toxique peut séjourner dans l'économie pendant un temps plus ou moins long, sans occasionner aucun trouble fonctionnel ; cet état constitue l'*incubation cryptogamique*.

2<sup>e</sup> *état*. Le principe toxique peut s'échapper du corps par les voies excrétoires, ou par le fœtus en provoquant l'avortement, sans occasionner, du reste, aucun trouble fonctionnel. C'est là ce qui constitue l'*élimination cryptogamique*.

3<sup>e</sup> *état*. Le principe toxique peut être éliminé de l'intérieur sans trouble fonctionnel apparent, et se fixer d'une manière plus ou moins grave sur quelques points extérieurs ; de là la *cryptogamie externe*.

4<sup>e</sup> *état*. Le principe toxique peut être précipité dans les liquides circulatoires et se fixer à l'intérieur sur quelques points, ou envahir tout le système avec des symptômes d'atonie, ou avec une fièvre de réaction plus ou moins intense. Ces différents caractères déterminent la *cryptogamie interne*.

*Incubation cryptogamique*. — Pendant ce premier état, le principe toxique séjourne dans l'économie animale sans qu'aucun signe ne trahisse sa présence.

Quelquefois l'incubation ne peut être connue que par prévision, ou par des renseignements fournis par la mort, ou par l'état maladif de quelques sujets qui auraient été en contact avec ceux que l'on considère ou qui se seraient trouvés dans les mêmes conditions d'alimentation. Souvent les membranes sont pâles ou jaunâtres.

Dans tous les cas, cet état est important à connaître ; le

médecin, après l'avoir apprécié, pourrait seconder la nature et prévenir des maladies graves. Et, faute de renseignements, on prend les événements pour de la prédisposition, pour de l'idiosyncrasie.

Dans le cas qui nous occupe, lorsqu'il n'y a à l'intérieur ni champignons ni contagion, il n'y a pas de maladies possibles.

*De l'élimination cryptogamique.* — *Dans ce cas, le principe toxique serait éliminé du corps sans trouble apparent par les voies excrétoires, ou par le fœtus dans la gestation.* Cet état constitue le passage de l'incubation à un état de sécurité complet, c'est-à-dire l'instant où le principe délétère est éliminé du corps sans trouble fonctionnel grave. Ce passage, qui peut être prévu lorsqu'il résulte des secours de l'art pour seconder la nature, demeure le plus souvent inaperçu, si ce n'est dans deux cas particuliers :

1° Lorsque les femelles, étant en état de gestation, la nature fixe le mal sur le fœtus et provoque immédiatement son expulsion au dehors. Cet événement constitue l'*avortement cryptogamique* ;

2° Si, dans les femelles nourrices, la nature se débarrasse du principe délétère par le lait, et qu'il passe par cette voie dans l'économie animale du petit être, qui, après avoir sucé ce poison, en éprouve un dérangement plus ou moins grave. Cet état constitue la *cryptogamie lactée.*

*Avortements cryptogamiques.* — Lorsque, dans les femelles en état de gestation, le principe toxique se fixe sur le fœtus, il arrive le plus souvent que celui-ci est expulsé au dehors sans que la mère en éprouve le moindre dérangement. Dans nos contrées agricoles, les femelles pleines, par un faux calcul d'économie, sont généralement mal nourries ; les meilleures substances sont prodiguées aux animaux de travail et d'engrais ; et il résulte de ce fâcheux état de choses, qui du reste pourrait être mieux compensé, que les fourrages de rebut ou entachés de poussière de cryptogames, ou détériorés de toute autre manière, sont administrés aux femelles de reproduction. La nature alors, dans ses dispositions éliminatrices, prend souvent le fœtus pour le véhicule éliminateur ; et ce dernier, par suite des dérangements qu'il éprouve, meurt dans la plupart des cas, et est promptement entraîné au dehors.

D'après un nouveau recensement fait dans ma clientèle et à l'aide du microscope, j'ai compté cent et quelques juments ou ânesses qui ont avorté par l'influence des fourrages entachés de champignons, et cela dans l'espace de temps qui s'est écoulé depuis octobre 1847 jusqu'au 20 janvier 1848. C'est surtout pendant les derniers froids qui ont succédé au temps chaud que les avortements ont été le plus nombreux. Je pourrais citer beaucoup d'autres exemples de ce genre ; car, à la suite d'années humides, le nombre des avortements est énorme ; les praticiens se tiendront pour avertis dans les pays d'élèves. Flandrin s'est inutilement livré à une foule de recherches à cet égard. Les femelles en général n'éprouvent aucun malaise par ce genre d'avortement.

Hippocrate, dans son Traité des épidémies, cite, à la suite d'une température alternativement chaude, humide et froide, à peu près semblable à celle dont je viens de parler, une grande quantité d'avortements observés sur les femmes de Cos, et cela, sans que les mères aient été assujetties à des suites fâcheuses ou même à quelques dérangements.

J'ai remarqué qu'il existe beaucoup d'avortements de cette

sorte chez les femelles de grandes espèces d'animaux domestiques, toutes les fois que les épizooties se déclarent à
l'époque où la gestation est dans son sixième mois.

Pour faire ressortir l'influence des cryptogames sur la
gestation, je prendrai deux années de mortalités dont l'état
atmosphérique général a été de nature opposée.

Je citerai les années 1843 et 1847. La première, fort plu-
vieuse, a fourni beaucoup de foins altérés; la seconde,
excessivement sèche, a donné très-peu de fourrages, mais en
bonne qualité. Les mois de septembre et d'octobre de ces
deux années ont présenté des conditions atmosphériques également favorables au développement des cryptogames : vent
du sud-ouest régulier, avec alternat de pluies douces ; puis
de temps à autre il survenait des bourrasques de vent froid
du nord-ouest qui étaient suivies de l'avortement de beaucoup de juments ou de toutes autres maladies, et entre autres
du charbon virulent, très-fréquent en 1847.

L'autopsie du fœtus, aussi bien que celle de l'adulte,
donne le moyen de faire la distinction des maladies inflammatoires, cryptogamiques ou virulentes.

Les brebis présentent aussi de nombreux avortements cryptogamiques. L'année 1843 compte un grand nombre d'avortements éprouvés par cette espèce, mais dans des circonstances
différentes. Ici ce sont les pailles d'avoine, sur lesquelles on
remarque l'*uredo-segetum* (charbon) provenant de la récolte
où les grains de cette plante en ont présenté une grande
quantité et dont les tiges étaient tachées.

Les avortements ici ont eu lieu en novembre et décembre,
époques auxquelles on distribue cette paille, par suite de la
pénurie des pacages. Les brebis, ne mangeant pas de foin
dans la plupart de nos fermes, ne pouvaient être assujetties

aux avortements de septembre et d'octobre. Pour confirmer l'influence de la paille, j'ai fait des observations dont je vais rapporter les principales circonstances.

Le sieur Cardinaux, fermier, commune de l'Arvétison, se plaignit de l'avortement de beaucoup de ses brebis. Je remarquai que ces événements coïncidaient avec la distribution de la paille d'avoine; je fis remplacer cette nourriture par de la paille de froment, et les avortements cessèrent; mais Cardinaux revint bientôt à la paille d'avoine, parce qu'elle convenait mieux aux brebis, et cette infraction à mes prescriptions fut suivie de nombreux avortements.

Le même fait se reproduisit chez Berton, à *Pierre-Levée*, commune de *Bessine;* la paille d'avoine était établie par couches dans les tas, et les avortements coïncidaient avec les moments où l'on arrivait à l'emploi des couches de paille d'avoine. J'ai fait les mêmes observations chez Martin, à *Galardon*, et chez Chauvin, à *l'Ane-Cuit*, commune d'*Aiffres*, à la même époque. Cette cause d'avortement est très-fréquente chez les femelles domestiques herbivores. L'action des cryptogames à petite dose sur l'utérus ne fait aucun doute en médecine, car on recommande imprudemment le seigle ergoté pour faciliter le part chez les femmes.

*Cryptogamie lactée.* — Lorsque je débutai dans la pratique de la médecine vétérinaire, j'ai éprouvé de grandes difficultés pour remonter aux causes des nombreuses mortalités qui régnèrent dans certaines années sur les poulains à la mamelle. Comment, en effet, aurais-je osé accuser la mauvaise qualité du lait, puisque les mères ne paraissent point sensiblement affectées lorsque la nature choisit la sécrétion du lait pour l'écoulement des cryptogames qui l'embarrassent? Du reste, comme on le verra, j'ai été trompé par l'expérience, et toujours par les causes déterminantes.

Les relevés de mes observations m'ont démontré que les plus grandes mortalités des poulains à la mamelle ont eu lieu, proportion gardée :

1° Dans les premiers jours de mars, époque la plus froide;

2° Qu'elles ont été en diminuant jusqu'en juillet, époque la plus chaude;

3° Qu'elles ont été plus fréquentes dans les temps humides et froids que dans les temps secs et tempérés;

4° Que les habitations mal closes sont plus favorables à la maladie que les lieux bien fermés;

5° Que ces petits animaux sont plus sujets à cette affection dans les écuries orientées à l'ouest ou au nord, qu'ils ne le sont dans celles qui regardent le midi ou l'est;

6° Que les poulains qu'on laisse sortir lorsqu'ils sont avancés en âge sont beaucoup plus exposés que ceux qui sortent dès leur naissance, quand le temps le permet; les premiers, étant plus forts, gambadent, courent et sont plus sujets aux suppressions de la transpiration.

J'avoue avoir été dominé ici par la sécurité que m'offrait le lait; je m'arrêtai à l'idée de suppression de transpiration, et je traitai longtemps ces êtres fragiles comme affectés de maladies inflammatoires; j'attribuais l'état jaune des membranes à une altération du foie. Cependant j'ai été ramené dans la voie par quelques observations faites sur les cadavres; j'ai été poussé, dans diverses circonstances, à des recherches sur l'alimentation des mères; et ce travail m'a conduit à des remarques concluantes dont je donnerai plus loin les détails.

J'ai reconnu la cryptogamie lactée à la lenteur, à l'inter-mittence du pouls, à son agitation extrême, suivant le siége du mal, à l'état pâle ou jaunâtre des membranes apparentes ; ce symptôme est fixe et dirigera l'observateur. Dans les varia-tions du pouls, l'accélération des flancs ne présente ni l'abat-tement ni l'inappétence qui accompagnent ordinairement ces agitations lorsqu'elles sont les signes de maladies aiguës ; les malades se couchent même sans paraître en souffrir davantage.

A la mort, l'hypertrophie, la désorganisation des tissus, la rapidité de la putréfaction me faisaient distinguer la cryp-togamie de l'inflammation.

Mes observations m'avaient donc primitivement trompé en me présentant, dans l'examen de ces affections, comme causes directes occasionnelles, celles qui n'étaient qu'indi-rectes et déterminantes.

Je pus facilement remonter à la source du mal en obser-vant l'alimentation des mères; mais, en considérant le lait, qui ne présentait aucun caractère d'altération, je fus tenté de croire à la contagion : telle était ma première idée, lors-que les expériences les mieux suivies et de nombreux cas isolés sont venus accuser d'une manière indubitable le lait de tout le désordre. Je ferai quelques citations à cet égard, et, pour bien me faire comprendre, j'aurai soin de comparer entre eux quelques faits frappants.

Je mettrai d'un côté la ferme du sieur Tristan, à *Bois-Bertier*, commune d'*Échiré ;* celles des cultivateurs Vésien, Chaigneau et Farand, à *Surimeau*, commune de *Sainte-Pezaine*, dont les granges sont favorablement disposées pour le développement des cryptogames; et, d'un autre côté, les domaines du sieur Gautier, à la *Tour-Chabot*, commune de

*Niort*; Sagot, à la Mellaiserie, commune d'*Échiré*, et Ribreau, commune de *St-Ligaire*, dont les granges sont situées entre des écuries, et ouvertes de manière que les fourrages qu'elles renferment ne touchent que le mur de fond et se trouvent soumis à un courant d'air vers la partie par où on a à les livrer à la consommation; de telle sorte que les cryptogames sont contrariés dans leurs semis et dans leur développement.

Chez les uns comme chez les autres, les fourrages de rebut sont distribués aux poulinières; mais, pour ce qui a rapport aux derniers, chez qui les cryptogames n'existent pas, si ce n'est en petite quantité, je n'aurai à produire que des maladies inflammatoires, tandis que chez les premiers j'ai pu observer les unes ou les autres ensemble ou séparément.

En choisissant parmi mes années d'exercice celles qui se sont montrées favorables aux cryptogames, je rencontre de nombreux cas de fièvres cryptogamiques (typhoïdes) dans la même localité; mais, les affections inflammatoires étant plus rares et plus générales, je choisirai mes exemples dans différentes années. J'adopterai toujours la colonne de gauche pour y inscrire ce qui est relatif aux affections inflammatoires, et celle de droite sera réservée pour les maladies cryptogamiques.

| INFLAMMATION DE POITRINE. | FIÈVRES CRYPTOGAMIQUES. |
|---|---|
| En mai 1839, chez Sagot, et en mai 1840, chez Gautier, sur chacun un poulain. | En avril 1844, chez Vésien, Farand et Chaigneau, en même temps sur chacun un poulain. |
| Pouls agité, régulier. | Pouls lent, intermittent. |
| Membranes apparentes rouges. | Membranes apparentes pâles ou jaunâtres. |
| Agitation des flancs. | Agitation des flancs. |

Stations debout, jambes écartées; l'agitation augmente si les animaux se couchent, et ils se relèvent aussitôt.

Oreilles et membres souvent froids.

Inappétence ; tettent rarement.

Le lait, dont la sécrétion est la même, a été comparé pendant et après la maladie :

Dans les deux cas, il a été reconnu bon et beau en apparence.

Continuation du lait ; traitement antiphlogistique.

Je n'ordonne jamais, dans les inflammations, la diète pour les animaux à la mamelle.

Les malades ont souvent succombé chez Gautier. Dans cette ferme, les juments et les poulains étaient continuellement exposés à un courant d'air.

*Ici*, les fourrages pris dans toutes les fermes n'ont offert au microscope que quelques cryptogames isolés, et cela dans les parties prises contre les murailles et à la surface supérieure des tas. La partie tranchée au milieu n'offre rien de suspect.

Les animaux sont souvent couchés, sans paraître pour cela souffrir davantage.

Oreilles et membres généralement tempérés.

Tettent souvent, mais ils avalent moins de lait qu'à l'ordinaire:

Les mamelles sont pleines, et la sécrétion est augmentée. Le lait est beau et bon en apparence, quoique la jument de Farand soit malade.

Retranchement du lait en trayant les mères; le lait est remplacé par des breuvages nutritifs; traitement tonique. Même maladie chez Chaigneau et Vésien en avril 1846.

Guérison chez tous.

*Là*, les fourrages de chaque domaine, pris toujours dans les mêmes parties, comme dans la série de gauche, et examinés au microscope, ont fait découvrir beaucoup de mucors et quelques autres espèces indéterminées.

Chaigneau avait deux juments au même régime; l'autre a eu dans le même temps, 1844, une fièvre cryptogamique qui s'est terminée par les eaux-aux-jambes, lesquelles ont reparu en 1846; application du même traitement.

Les symptômes généraux se rapportent à ceux des adultes.

La cryptogamie lactée est très-fréquente chez les enfants, et elle se comporte de la même manière. J'ai été fort souvent à même de l'observer, et, dans plusieurs circonstances, les avis que j'ai donnés, dans un but unique d'humanité, ont été suivis d'un plein succès, bien qu'en médecine humaine les conseils des vétérinaires soient généralement mal reçus.

| GOURME DE LAIT INFLAMMATOIRE | GOURME DE LAIT CRYPTOGAMIQUE. |
|---|---|
| *Catarrhe.* | *Catarrhe.* |
| Chez Gautier, à la Cour-Chabot, en avril 1843, deux muletons. | Chez Tristan, à Bois-Bertier, en mai 1838, deux pouliches; en avril 1847, plusieurs poulains et muletons. |
| Chez Rousseau, à la Cabane, commune de Bessine, deux poulains. | Chez Bonnin, à Vouillé, en 1835, deux muletons. |
| Les fourrages de Rousseau sont dehors. | Les granges de ces deux cultivateurs sont closes et favorables au développement des cryptogames. |
| Fièvre, inappétence, engorgement à la ganache très-douloureux; les autres parties en sont rarement affectées. | Pouls lent; tettent peu, mais souvent. Engorgements à la ganache et aux articulations peu sensibles; flancs légèrement agités. |
| Flancs calmes; le séton suit la marche ordinaire : engorgement douloureux, suppuration blanche, prompte, plus ou moins abondante, odeur ordinaire; membranes apparentes rouges. | Les sétons enflent peu d'abord; ils n'augmentent que vers le quatrième ou le cinquième jour; toujours peu sensibles; suppuration jaune ou ichoreuse, lente, infecte, cadavéreuse; membranes apparentes jaunes. |
| Hyovertébrotomie chez Rousseau après la sortie du pus. | Hyovertébrotomie chez Tristan après la sortie du pus. |
| Tissus, épaisseur naturelle; | Tissus très-épais; veines cachées; le soulagement a été |

veines apparentes; pus blanc; rétablissement immédiat.

Avant l'opération, l'animal paraissait assez agité.

Les fourrages de Gautier, considérables dans leur ensemble, ne présentaient point de cryptogames, si ce n'est quelques mucors à la surface des tas.

Les juments de Rousseau étaient alimentées avec des fourrages entassés dehors et n'offrant aucune trace de ces parasites.

prompt, mais l'état maladif a continué quelques jours.

Avant l'opération, l'animal paraissait assez agité.

Les fourrages de Tristan, envahis par ces petites végétations, étaient fortement entachés par les mucors et les bisses; on y remarquait aussi quelques puccinies.

Tristan néanmoins n'a jamais fait de grandes pertes, parce que sa grange, étant petite, il a toujours eu une partie de ses foins entassés dehors; mais, dans certaines années, aux époques où il distribuait ceux contenus dans sa grange, j'ai eu à traiter des fièvres cryptogamiques. En septembre 1839, plusieurs poulains, à la suite de fièvres typhoïdes, ont eu des parties gangrénées à la face et à la gorge. Une jument a perdu de la même manière un pied et un canon.

Dans le cours de ma clientèle, j'ai eu à opérer, chez Tristan, un grand nombre de verrues.

En 1835, les fourrages de Bonnin présentaient beaucoup de mucors, de botrytis et de gérites; et, dans les nombreux traitements que j'ai faits chez ce cultivateur pendant une longue suite d'années, j'ai enlevé à ses bestiaux une grande quantité de verrues.

Le sieur Gelin père, demeurant à Chanteloup, commune de Bessine, me fit appeler le 2 mai 1844 pour donner des soins à trois petits muletons à la mamelle, affectés d'un *bat-*

*tement de flancs* (tels étaient les termes de Gelin). Je me transportai sur-le-champ à l'habitation de ce cultivateur, et je reconnus la maladie cryptogamique dont j'ai donné plus haut les détails dans la colonne établie à droite. L'une des mères était légèrement atteinte du même mal. Le lait des unes et des autres était beau en apparence; je me propose, du reste, de le soumettre à des expériences sous le rapport de ses parties caséeuses, butyreuses et séreuses, dont je ne me suis pas encore occupé. J'ai néanmoins plusieurs fois fait crémer comparativement du lait des juments nourrices, et ayant placé les crèmes dans des placards obscurs et frais, celles qui provenaient de bêtes affectées de cryptogamie moisissaient toujours les premières.

Les fourrages que mangeaient les mères étaient de l'année 1843, et couverts de mucors et de quelques urédos imperceptibles à l'œil nu. J'ai fait changer la nourriture, et les quatre malades se sont rétablis à l'aide d'un traitement tonique.

J'ai remarqué que les vents du sud et ceux du sud-ouest, avec pluies, précèdent l'apparition de ces affections chez les animaux, et que les vents du nord-est ou du nord-ouest, qui surgissent de temps à autre, sont le signal de leur développement; enfin, que les froids vifs achèvent les malades et arrêtent les maladies.

Telles furent les observations qui ont arrêté les idées d'Hippocrate sur les perturbations atmosphériques.

Tel est le langage que tiennent encore aujourd'hui les partisans de ce grand praticien; principes qui, depuis des siècles, plongent la médecine dans l'erreur et dans les contradictions.

Mais tout s'explique et s'éclaircit par les preuves multipliées que je produis dans cet ouvrage.

En effet, il est facile de reconnaître que la croissance des champignons est favorisée par la chaleur et l'humidité, tandis qu'un temps froid et sec arrête la végétation de ces plantes microscopiques.

C'était perdre son temps que d'entretenir les fermiers des inconvénients des fourrages avariés, et, généralement parlant, je n'ai pas pu obtenir de changements dans leurs habitudes sous ce rapport.

Les exemples que j'ai cités sont simples et tranchés ; les cas compliqués des deux maladies sur le même sujet sont très-multipliés et fort embarrassants. Toutes les fois néanmoins que l'on distingue la cryptogamie, il faut incliner pour elle et secourir la réaction.

Les gourmes cryptogamiques attaquent les animaux sevrés aussi bien que ceux qui tettent. Quand il ne survient pas de complications, ces maladies ne sont pas ordinairement plus mortelles que les gourmes inflammatoires, quoique plus lentes à la résolution ; mais ce qui leur donne de la gravité, c'est qu'elles sont plus ou moins contagieuses, comme toutes les affections cryptogamiques.

MM. les vétérinaires reconnaîtront qu'avec de l'ordre ( il n'était pas possible de rien faire sans cela ), j'ai peu à peu éclairci les parties les plus obscures de la science, et que je les mets eux-mêmes d'accord sur les points en litige. Ainsi les uns proclament hautement que la gourme est contagieuse, les autres soutiennent le contraire ; chacun même produit des preuves à l'appui de ce qu'il admet ; et, comme il y a deux espèces de gourmes, et qu'elles n'ont pas encore été distinguées, il en résulte de la confusion, et ils ne peuvent pas s'entendre plus sur ce mal que touchant le charbon.

Ainsi, j'ai tranché la difficulté, et l'on pourra désormais

distinguer chacune de ces maladies en les comparant entre elles et aux caractères que je viens de tracer; on s'apercevra bientôt qu'il y a en effet deux espèces de gourmes, et qu'il n'y a que la gourme cryptogamique qui soit contagieuse.

Les discussions au sujet de l'importante question de la morve sont bien autrement bruyantes ; et, si l'on veut me suivre, on verra que cette grande rebelle cède à ma plume comme les plus dociles.

C'est dans le silence de la nuit que je rassemble mes idées et que je coordonne mes travaux ; trois ou quatre heures de sommeil me suffisent. Le jour est consacré aux observations ; ma loupe ne me quitte pas, et je trouve toujours en rentrant un microscope dressé et dispos.

5ᵉ *état* (1). — *Cryptogamie extérieure.* — Ici le principe toxique est éliminé du corps sans trouble sensible à l'intérieur, et il se fixe d'une manière plus ou moins grave sur quelques parties extérieures.

Quel état que celui-ci ! quelles angoisses il a causées à l'espèce humaine ! que de tablature il a suscitée aux deux facultés médicales ! quand on songe qu'il comprend : le *lupus*, la *morve*, les *scrofules*, le *farcin*, la *lèpre*, l'*éléphantiasis*, les *dartres*, les *eaux-aux-jambes*, le *crapaud*, etc.

Oui, cet état qui attaque l'extérieur *parasitement*, et qui n'arrive au centre de la vie que lentement et par des sentiers détournés, est bien plus redoutable *individuellement* que celui qui concentre son siége à l'intérieur pour en finir rapidement avec la vie, ou pour libérer promptement le sujet.

(1) Cet état devrait être placé le quatrième, parce qu'il est la conséquence plus ou moins sensible de celui qui occupe ici ce rang ; j'ai interverti l'ordre pour faciliter l'étude.

J'ai lâché le mot *parasitement* à l'égard du principe qui constitue ces maladies. En appliquant la loupe sur les ulcères, sur les plaies hideuses de ces affections, on voit des parties détruites, ulcérées, rongées, puis des paquets d'excroissances fongueuses, douées d'une vie végétative, plus ou moins développées, qui vivent aux dépens des tissus; la nature s'efforce de les expulser en provoquant une réaction. En observant avec soin, on découvre ces excroissances à leur naissance sous l'épiderme ou sous le derme dans le tissu cellulaire, où elles se développent sous forme de masses arrondies plus ou moins volumineuses; mais, aussitôt qu'elles se sont fait jour, elles s'épanouissent sous l'aspect que nous venons d'indiquer, et l'on observe au microscope, sur les plus développées, des ramifications qui semblent se multiplier pour joindre les mailles assimilatrices et pour s'emparer des matériaux réparateurs qui y sont apportés. Il en résulte un trouble, une désorganisation que la force vitale s'applique à réparer. Cette lutte continuelle est suivie de phénomènes subordonnés à l'énergie, à la réaction de l'individu, et l'issue, le plus souvent funeste, deviendra favorable chez les sujets sains, si l'on surveille continuellement les subsistances pour ne laisser introduire aucuns nouveaux cryptogames, et si l'on attaque ceux-ci de manière à leur trancher insensiblement la vie. ( *V.* l'article *contagion.* )

Je distinguerai les affections de cette classe, suivant la marche qu'elles affectent, par les qualifications *lente, rapide,* pour remplacer les mots impropres *chronique, aiguë,* qu'on applique à ces maladies; je dis impropres, parce qu'un mal ne peut pas être chronique avant d'avoir été aigu, et qu'une affection ne peut pas rester si longtemps sous le type aigu, lorsqu'elle est simplement inflammatoire.

D'ailleurs ces maladies se terminent généralement telles qu'elles débutent, parce qu'elles dépendent du degré de vitalité des végétations et de celui de la réaction vitale du sujet. Elles sont *rapides* pour les individus énergiques, chez qui cette réaction est incessante; elles sont *lentes* chez ceux qui se laissent dévorer sans opposer les mêmes moyens.

La morve et le farcin *rapides* se développent particulièrement chez les animaux doués de la plus grande énergie, chez les chevaux de races distinguées, chez les ânes, chez les mulets; la morve et le farcin *lents* sont au contraire les maladies des bêtes les plus calmes et les moins énergiques. Il est positif que le principe rongeur de l'une et de l'autre nature peut, dans le même temps, communiquer les deux variétés à différents individus.

MM. Renaud et Bouley, directeur et professeurs à l'école d'Alfort, prétendent que ces affections peuvent alternativement passer de l'état chronique à l'état aigu, et *vice versâ;* et, au moyen de cette métamorphose, ils expliquent la possibilité de contagion de la morve chronique dans certains cas.

Cette théorie, très-ingénieuse du reste, est désormais *inhumée*. J'expliquerai plus loin les véritables causes de ces alternatives de contagion de la morve.

Il faut convenir cependant qu'il y avait à s'y tromper; car les animaux éprouvent, par les différents régimes, par les variations du sec au vert dans l'alimentation, par le passage de l'inaction au travail, du travail à la fatigue, des effets plus ou moins favorables à la constitution de l'individu, et qui impriment à sa vitalité un degré de réaction plus ou moins puissant.

On verra que la susceptibilité des êtres à contracter les maladies est subordonnée au plus ou moins d'énergie de la constitution et de la force vitale, qui repoussent l'attaque ou cèdent à ses effets : c'est d'après les mêmes lois que les plantes les plus vigoureuses défient les nombreux parasites qui minent jusque dans leur base les autres végétaux dépourvus des forces nécessaires pour leur résister.

C'est ici le cas de reprendre notre régiment de cavalerie auquel nous avons fait avaler des cryptogames, conformément au régime alimentaire suivi pour les chevaux de l'armée. Ces champignons étant depuis lors passés de l'estomac dans l'économie animale à l'état d'incubation, il surviendra des affections cryptogamiques plus ou moins graves, si les animaux sont soumis à des arrêts de transpiration dans les bivouacs, par un temps de pluie, un changement de température, un exercice forcé, des *pansages en plein air*, ou toutes autres causes déterminantes.

On a vu la morve et le farcin se déclarer à la suite de coups sur le nez, de chutes graves, de sétons, etc., et en général à la suite de tout ce qui provoque une réaction d'une manière quelconque sur quelque point déterminé des individus chez lesquels le mal est à l'état d'incubation.

J'ai remarqué que la cryptogamie prend particulièrement les caractères de la morve ou du farcin chez les individus qui sont exposés à une suite d'arrêts de transpiration réitérés : par exemple, les chevaux de rouliers, de voitures publiques, d'attelages, et surtout ceux de la troupe.

Mais dans l'armée il existe une cause puissante de suppressions réitérées qui déterminent la forme de la morve et celle du farcin, et sur laquelle je vais entrer dans quelques détails.

Je veux parler de l'*étrille*. Je serai sans doute mal reçu en venant accuser un instrument d'une si heureuse invention (la moitié de la nourriture), et je puis soulever contre moi une foule de gens qui prétendent que dans les régiments elle ne fait que du bien, et que dans les haras elle ne fait pas plus de mal que dans les maisons particulières.

L'homme, en perfectionnant le luxe, a voulu que le cheval, qui est pour lui un objet de prédilection, fût maintenu dans un bon état de propreté; et c'est à cet effet qu'au bouchon et à l'époussette succéda l'*étrille*, afin de débarrasser plus complétement la peau de ces animaux de la poussière et de la crasse qui leur nuisent, en même temps qu'elles ternissent les vêtements du cavalier.

Il est bien certain qu'avec l'étrille on atteint une poussière qui semble braver le frottement du bouchon, et qui s'est toujours dérobée au passage réitéré de la brosse. Comment s'en étonner, si le résidu qu'on enlève avec la mordante *étrille* n'existe réellement pas sur les chevaux à l'état de poussière, s'il résulte de la destruction, du bris de l'épiderme et du derme lui-même par les dents du fatal instrument ?

Cette manœuvre exaspère les bêtes les plus irritables, qui se défendent et se ruent contre l'étrilleur, qu'une surveillance assidue contraint à l'appui et à la persévérance. J'ai été souvent touché en voyant quelques animaux assujettis à de pareilles tortures; la plupart néanmoins, toujours disposés à se plier à nos mauvais traitements, s'y soumettent et s'y habituent.

En analysant cette prétendue poussière, on la trouve toute composée de matières animales, et en observant le derme à la loupe et au microscope, on y reconnait du désordre et de nombreuses cicatrices qui trahissent le passage des dents du cruel instrument ; et, si l'on eût songé plus tôt à se rendre compte des nombreux efforts que fait chaque jour la nature pour guérir les plaies multipliées dont le corps des chevaux est sillonné, et qu'on eût réfléchi mûrement sur le mal qui résulte de la continuation d'une si pernicieuse pratique, il y a déjà longtemps que l'étrille aurait été réformée, brisée, anéantie à tout jamais.

Cependant le mal physique que l'on fait ainsi n'est pas ce qui est le plus à redouter, c'est l'affaire de l'habitude ; mais il faut bien se figurer que les papilles *nerveuses* et *vasculaires* de la peau mise à nu par l'enlèvement de l'épiderme sont beaucoup plus sensibles aux impressions atmosphériques que dans leur état d'abritement naturel, et elles éprouvent de jour en jour, et à la moindre occasion, des arrêts réitérés de transpiration insensible, et des reflux des liquides excréteurs qui s'accumulent peu à peu dans l'économie animale, et dont l'association avec les principes toxiques dont j'ai parlé contribue, à la moindre cause déterminante qui se fait sentir, au développement des maladies qui déciment les chevaux de l'armée, et particulièrement à celui de la morve et du farcin.

Les jeunes chevaux n'étant point habitués à la régularité de l'enlèvement de l'épiderme et à l'ingestion mesurée et réitérée des cryptogames, ils en éprouvent des sensations bien plus vives que ceux qui sont déjà façonnés à ces rudes épreuves. Aussi l'habitude les ramène bientôt dans les conditions des plus anciens.

On s'est de tout temps torturé l'imagination pour expliquer les causes de ces effrayantes maladies, et l'esprit des observateurs ne s'est pas moins agité lorsqu'il a été question de se rendre compte de la cessation de ces désastreuses mortalités aussitôt que la cavalerie entrait en campagne, et de leur réapparition lorsque les chevaux rentraient dans les garnisons, et principalement dans les lieux où ils se trouvaient réunis en grand nombre. Dans ce dernier cas, l'on n'a pas été embarrassé pour donner une solution. *Des animaux entassés dans un même local, dit-on, vicient l'air et engendrent des maladies.* Telle est l'explication, sans plus de façon. C'est absolument comme si l'on disait : *C'est à cause de parce que.* L'air concentré des écuries n'occasionne pas de maladies de désorganisations gangréneuses. Qu'on les suive donc avec attention avant de se prononcer.

Si en campagne il y a une diminution sensible dans le nombre des victimes de ces maladies, cela tient à ce que dans ces circonstances les grands locaux d'approvisionnement et l'*étrille* de la garnison sont introuvables. Ensuite, les réparations des pertes causées par les transpirations réitérées par les marches forcées sont des causes notables d'élimination ; les divisions par petits corps, les changements de greniers à fourrages, la rapidité des transports des subsistances, leur exposition en plein air, sont autant de raisons défavorables aux cryptogames.

Les soins, les petits détails de précautions, de couvertures et de régimes, en temps de paix, sont des moyens minutieux pour des chevaux de guerre; mais aussi souvent ils deviennent des palliatifs trompeurs contre les affections cryptogamiques.

Jamais aucune question n'est restée sans solution ; on a accusé tout ce qui a pu être soupçonné de porter la plus légère atteinte à la santé. L'heureuse paix dont la France jouit depuis longtemps a permis de remarquer et de suivre les influences de toute nature, et l'on en est venu aux exagérations. Enfin, de guerre lasse, on s'est arrêté naguère au défaut d'air, aux exhalaisons des interstices des pavés des écuries, au mauvais casernement; on a fait construire de vastes casernes, *on a renfermé avec les chevaux la provision d'air nécessaire pour le temps que les écuries doivent rester fermées;* on a fait, refait, cimenté, asphalté, etc., les pavés, et le mal n'a pas moins sévi; des millions ont été consommés inutilement en recherches, en constructions, en expériences de toute nature, et nous ne sommes pas plus avancés. On perdra des chevaux, et on dépensera encore des millions inutilement, si on ne change pas la voie dans laquelle on est engagé, comme je l'ai prédit à M. le ministre de la guerre, dans son cabinet particulier, en octobre 1858, où j'ai été gracieusement reçu pour obtenir la faveur de renseignements sur la morve dans l'armée en Algérie, en Morée, en Espagne, etc.

Les observateurs ont été entraînés à de nouvelles recherches; puis ils sont revenus sur leurs pas, en alléguant toujours pour causes les suppressions de transpiration. Enfin ils se sont tournés vers les soins hygiéniques; alors ils ont pu remarquer que les grandes précautions, sous ce rapport, diminuent les cas de mortalité; et, s'étant encore laissés aller à l'exagération, ils ont perdu de vue le but principal, qui est de faire des chevaux de guerre toujours prêts pour tous cas échéants.

Du train que l'on va, d'observations en observations, de succès en succès, on arrivera bientôt au résultat de la fashion : *appartements de luxe, vestiaire complet, régime mi-*

*nutieux , pansements et exercices réglés montre en main.* Je ne doute plus alors de l'impuissance des cryptogames ; les excrétions de la peau et les autres fonctions n'étant plus contrariées, elles auront toujours raison du poison, dont on pourra même augmenter tant soit peu la dose ordinaire sans qu'on ait rien à redouter.

Mais alors la fragilité sera à son comble ; le moindre écart dans le régime , dans les habitudes ou dans les exercices, entraînera de bien plus grands inconvénients , l'impossibilité d'un service pénible. Il me semble que si la cavalerie n'en est pas rendue là , elle est beaucoup trop avancée, car elle ne fait ni les bêtes de fatigue ni les chevaux robustes qu'il nous faut ; et il est connu de tout le monde que les changements de garnison épuisent les chevaux de notre armée. Comment entrer en campagne alors ? Que signifient tous ces minutieux détails , tels que barrages , services à part ? Les bêtes ne sont-elles pas alors , par le défaut d'habitude, exposées à se briser les jambes dans les camps ? Pourquoi ces précautions de tout genre , et ces couvertures de laine partout et toujours ? Quoi ! les pansages sont faits dans les écuries , parce qu'en les faisant à l'air libre les animaux en sont indisposés ! Je m'arrête là ; c'est par trop fort pour des chevaux de guerre ! il est temps de rétrograder. Il n'est que trop vrai que plusieurs vétérinaires, en judicieux observateurs, ont remarqué que les pansages faits dehors leur donnaient beaucoup plus de malades que les pansages faits dans les écuries ; ils ont signalé le fait, on a suivi leur avis, et les pertes ont diminué.

Les chevaux de l'armée ne sont certainement pas dans les conditions voulues , s'il n'est pas permis de les panser à l'air libre, et il faut de toute nécessité apporter un prompt remède à un si grand inconvénient. Eh bien! que faire, si l'on ne peut rétrograder sans être exposé à voir renaître les mortalités? La réponse est impossible, et l'on doit avouer que, dans l'état actuel des choses, la question est inconnue. Il ne faut cependant pas désespérer d'en obtenir la solution; car je déclare hautement que je puis, à l'aide des moyens fournis par mes découvertes, sortir notre cavalerie de cette fâcheuse position, et résoudre victorieusement un problème qui a défié les hommes les plus versés dans les recherches scientifiques.

Je ferai cesser la source des mortalités par une meilleure manutention dans le régime, comme je l'ai indiqué plus haut: alors plus de cryptogames, et partant, plus de fièvres typhoïdes, plus de farcin, plus de morve!!

L'étrille, qui n'est qu'une cause indirecte très-funeste, devra néanmoins être supprimée, et remplacée par un instrument qui respectera l'épiderme, tel qu'une seconde brosse d'une contexture qui sera ultérieurement déterminée; car, désormais impuissante à provoquer le développement des maladies cryptogamiques, dont le germe serait anéanti, elle pourrait encore, par la même influence, susciter des affections inflammatoires.

A l'avenir, on ne sera gêné ni dans les soins, ni dans l'exercice, ni dans le logement. Les chevaux de troupes pourront hardiment être soumis à de rudes travaux, et cela avec la plus grande sécurité. Ces généreux animaux deviendront aussi plus robustes, et il y aura économie, et honneur pour la science!

Pressé par le temps, et obligé de laisser cette importante classe cryptogamique, c'est à mon grand regret que je ne fais que l'efflurer ici ; je ne devais, du reste, l'aborder que pour ce qui est relatif à la morve et au farcin. Je parlerai néanmoins plus loin du crapaud du pied du cheval, parce que j'ai déjà publié une partie de mon travail sur cette question.

4ᵉ *État.* — *Des fièvres cryptogamiques.* — Ici, le principe toxique est précipité dans les liquides circulatoires par une cause déterminante quelconque, et il se fixe à l'intérieur d'une manière plus ou moins grave.

Cette classe renferme toutes les épizooties et toutes les épidémies générales internes qui sont liées par des caractères communs de désorganisation, et dont j'ai esquissé les symptômes généraux à l'article charbon gangréneux, où ces mêmes symptômes ont été mis en parallèle avec ceux du charbon virulent.

Autant les affections de la phase précédente causent d'angoisses aux individus, autant les maladies qui composent celle-ci deviennent funestes par les perturbations qu'elles suscitent dans le sein des populations qu'elles exploitent. Qu'on se rappelle toute l'étendue des maux qu'ont causés à la société *les fièvres dites typhoïdes, la péripneumonie gangréneuse, la fièvre scarlatine, le typhus contagieux des bêtes à cornes, la suette miliaire, les épizooties aphtheuses, la grippe* et toutes les affections qui se rapportent à quelques-unes de celles-ci, et l'on aura une idée des maladies qui composent cette quatrième phase, la plus considérable de toutes.

Les quatre classes que j'ai établies au sujet des maladies qui nous occupent ici m'ont été inspirées par les résultats de mes recherches sur les moyens les plus sûrs d'en faciliter l'étude ; elles n'en sont pas pour cela moins liées entre elles par des caractères communs qui en font une même famille dont toutes les divisions reconnaissent une seule cause.

Je vais entrer dans des détails circonstanciés sur cette cause unique et sur les observations qui m'ont amené aux découvertes importantes qui font le sujet de cette partie de mon ouvrage.

C'est toujours dans les années les plus abondantes en pluies que j'ai recueilli mes observations les plus concluantes, et surtout lorsque ces intempéries ont eu lieu pendant la végétation ou la maturité des plantes et au moment de l'enlèvement des récoltes.

Les vents d'ouest et de sud-ouest ont la plus grande part dans les observations que j'ai réunies; car ils répandent dans l'atmosphère et dans les lieux d'approvisionnement la chaleur et l'humidité nécessaires à la végétation des cryptogames. Si la proximité de la mer, des marais, des rivières, des étangs; si les constructions neuves, les cloaques, etc., sont des complications aux circonstances générales, je saurai en tenir compte.

Les années extrêmement pluvieuses de 1824, 1829, 1841, 1843 et 1845 sont sans contredit celles qui, durant le cours de mes travaux, ont été les plus sinistres et les plus fécondes en maladies tant sur les hommes que sur les bestiaux; les affections qui ont sévi à ces époques se sont généralement propagées dans les années respectivement consécutives, et cela par la contagion, et particulièrement par la consommation des denrées abondantes qu'elles ont fournies et qui ont apporté des champignons microscopiques dans les lieux d'approvisionnement.

Des cinq années que j'ai signalées, 1824 a été la plus

abondante en pluies comme elle a été aussi la plus féconde en maladies meurtrières ; elle a entre autres , dans nos contrées , donné naissance à la maladie la plus grave de notre temps, à celle dont le retentissement s'est fait sentir à l'étranger comme par toute la France. Ainsi , je ne saurais trop le répéter, ce n'est point durant les grandes intempéries que se déclarent ces désastreuses affections, mais bien lorsque sont consommés les cryptogames qui se développent sur les denrées exposées à ces mêmes intempéries.

L'époque de l'apparition de ces fléaux destructeurs peut encore différer de celle de la présence des intempéries auxquelles ils doivent leur existence, lorsque les cryptogames ne sont pas en assez grande quantité pour produire une intoxication immédiate, et qu'ils s'accumulent dans l'économie animale pour faire irruption plus tard par l'influence de quelques causes déterminantes.

Une chose bizarre, qui a contribué à détourner l'observateur de la découverte de la source de ces maux , c'est que les intempéries sont quelquefois doublement des *causes indirectes* : 1° en faisant naître les champignons par leur action sur les plantes , 2° en devenant causes déterminantes par leur influence sur les animaux qui consomment une quantité plus ou moins considérable de ces plantes : de sorte que la même intempérie, qui actuellement ferait développer une maladie générale à l'état d'incubation, peut en préparer, par les denrées, une plus ou moins grave pour un temps plus reculé.

Ainsi donc les intempéries seront toujours *causes indirectes* pour les maladies qui nous occupent ici , tandis qu'elles peuvent être causes directes ou indirectes pour les maladies in-

flammatoires : causes directes par les arrêts de transpiration,
et causes indirectes par les aliments altérés, qui peuvent aussi
occasionner le marasme, etc.

Les cinq années que je viens de signaler furent suivies
chacune d'une année très-sèche, et ces années sèches ont
produit d'excellents fourrages qui ont arrêté le cours des maladies engendrées par ceux des récoltes précédentes. Mais
les personnes qui avaient conservé pendant plusieurs années
des denrées altérées ont été victimes de quelques maladies
dont se sont trouvées exemptes celles qui n'ont fait consommer que de bons produits.

Les fermiers de nos contrées ayant l'habitude d'entasser
sur les vieux foins les nouveaux fourrages, plusieurs d'entre
eux ont vu naître chez eux des épizooties qui avaient disparu. Le principe contagieux peut rester ainsi enveloppé ou
enfoui pendant un temps plus ou moins long, pour faire re-
vivre le mal après sa disparition. On verra, à l'article *contagion*, que ce phénomène dépend de ce que les atômes des
champignons, qui sont des germes reproducteurs, s'identifient
avec la maladie qu'ils engendrent, et qu'ils l'inoculent aux
animaux chez lesquels ils rencontrent toutes les conditions
favorables à leur germination.

L'an 1824 ayant été, de tous ceux que j'ai cités, le plus
humide et le plus fécond en denrées altérées et envahies par
les champignons, il a présenté bien plus que les autres des
maladies générales de la plus haute gravité ; c'est pour cette
raison que j'entrerai dans quelques détails à l'égard de l'épizootie qui a régné à cette époque sur les solipèdes, et qui a
envahi la France et plusieurs autres États de l'Europe.

Les ravages causés par ce fléau se sont étendus jusqu'à 1825, et l'épizootie a conservé partout à peu près les mêmes caractères sous la dénomination de gastro-entérite ; et bien que cette qualification indique le siége de la maladie, elle n'a pas été plus constante, sous ce rapport, que les autres grandes épizooties et les épidémies.

Il y a eu de nombreux et excellents mémoires faits sur cette affection ; et désirant rapprocher comparativement ce qui a été observé avec ce que j'ai vu, et afin d'éviter les répétitions, en un mot pour être plus laconique, je transcrirai ici en entier le meilleur rapport qui ait été fait sur cette maladie, celui de M. Girard, alors directeur de l'école d'Alfort, lequel rapport a été inséré dans le tome deuxième, page 184, du Recueil de médecine vétérinaire.

Je laisserai passer sans faire d'observations les articles de cet écrit qui seront conformes à ce que j'ai remarqué moi-même ; j'ajouterai les choses que j'ai vues et qui ne s'y trouvent pas ; enfin je m'empresserai de signaler tout ce qui sera capable d'éclairer la question.

C'est l'intérêt seul de la science qui me guide dans cette affaire ; qu'on ne m'accuse donc pas de m'être livré à la critique, car de pareils sentiments n'ont jamais pu pénétrer dans mon âme.

## NOTICE

*Sur la maladie qui a régné épizootiquement sur les chevaux en 1824,*

PAR J. GIRARD,

Alors directeur de l'école vétérinaire d'Alfort.

La maladie dont nous nous proposons d'esquisser l'histoire a déjà pris tous les caractères d'une épizootie aux ravages de laquelle il est difficile d'assigner un terme. Elle attaque indistinctement *tous les chevaux, se montre aussi sur les ânes* (1), règne dans beaucoup de départements, y fait tous les jours de nouveaux progrès et moissonne de nouvelles victimes. Le nombre des malades et celui des animaux qui y succombent à Paris augmente très-sensiblement depuis le commencement de ce mois, à tel point qu'elle a fait concevoir au gouvernement et aux particuliers les inquiétudes les plus vives et les plus fondées.

Quoiqu'on ne soit pas généralement d'accord sur le lieu précis où l'affection *a pris naissance* (2), il paraît constant que du côté du nord elle s'est d'abord manifestée aux environs de la ville de Rouen, d'où elle s'est propagée successivement dans les divers arrondissements de la Seine-Inférieure, et a été portée par la voie du commerce

## OBSERVATIONS

DE M. PLASSE

*Sur la notice de M. Girard.*

(1) Dans cette espèce, le mal a particulièrement sévi sur les races les plus précieuses de notre pays, sur des animaux d'une valeur de 3 ou 4,000 fr. Les grandes mules, qui, dans nos contrées, composent plus de la moitié de la population des bestiaux, ont été aussi très-maltraitées par la même maladie.

(2) Il est bien reconnu aujourd'hui que cette affection a pris naissance sur plusieurs points, tant en France qu'à l'étranger, comme je le démontrerai ci-après.

| NOTICE. | OBSERVATIONS. |
|---|---|

dans les *départements circon-voisins* (5). A la fin du mois de mars, elle avait gagné ceux de l'Eure, du Pas-de-Calais, de la Somme, de l'Oise, de Seine-et-Oise, de la Seine et de Seine-et-Marne.

(5) Je l'ai observée dans des fermes isolées de mon arrondissement avant qu'il fût question qu'elle eût été introduite dans le pays, et, de même que M. Girard, j'ai observé des faits de contagion.

D'après des renseignements recueillis et communiqués par MM. Prévost père et fils, médecins vétérinaires à Rouen, les premiers chevaux affectés auraient été observés dans le commencement de l'hiver dans la vallée de Fleury, distante de deux myriamètres environ du chef-lieu de la Seine-Inférieure. Cette vallée, au fond de laquelle coule une rivière, et qui est entourée de coteaux élevés, boisés du côté du nord-ouest, semble avoir été non-seulement le foyer d'origine de la maladie, mais encore le théâtre de ses plus grands ravages. Un seul habitant de cette vallée, M. Cerf, a perdu quarante chevaux, et les autres propriétaires ont tous éprouvé des pertes proportionnées. En considérant la manière dont cette affection s'est répandue, la marche qu'elle a suivie jusqu'à présent, les caractères particuliers qu'elle présente, les désordres intérieurs qu'elle occasionne, l'on est porté à regarder la contagion comme la cause principale de sa propagation. Nous discuterons plus bas cette question impor-

Le mal a été aussi beaucoup plus rebelle dans les vallées près des bords de la Sèvre, que dans la plaine.

tante, et nous rapporterons les faits qui pourront appuyer ou infirmer une telle opinion.

### Marche et caractères de cette maladie.

Il est nécessaire de commencer par donner quelques détails sur sa nature, sur les symptômes qui la caractérisent, sur les terminaisons dont elle est suivie, et de rechercher si elle ne présente pas d'analogie avec les épizooties observées et décrites par quelques auteurs.

« D'après ce que rapportent
» *Lancisci, Ramazzini, Golik,*
» *Sauvages et autres* (4),
» il ne peut guère rester de
» doute sur la nature des
» épizooties dont ils ont donné
» l'histoire. »

Tantôt les symptômes étaient ceux d'une *pneumonie;* d'autres fois, *d'une angine, d'une gastrite, d'une entérite,* etc. (5).

La bouche et l'arrière-bouche étaient couvertes d'ulcères; les viscères de la poitrine, ceux du ventre, étaient gangrénées dans l'épizootie de 1744, 1745, 1746; une constipation opiniâtre, suivie d'une diarrhée fétide, était un des principaux caractères de la maladie. On trouvait, à l'ouverture des cadavres, des



(4) M. Girard, après s'être demandé si cette épizootic ne présente pas d'analogie avec celles qui ont été observées par les auteurs, trouve, à juste titre, qu'elle a beaucoup de rapport avec celles qui furent décrites par Lancisci, Ramazzini, Golik, Sauvages, et même avec la fièvre charbonneuse de Chabert. Nous reviendrons sur ce judicieux rapprochement.

(5) Je ne passerai pas sous silence un exemple remarquable de ces variations, ou plutôt de la transformation, sous l'influence du travail, de cette affection en maladie de poitrine. En septembre 1825, M. Russeil, commissionnaire de roulage à Nantes, eut sur des relais qui se croisaient à Niort pour Bordeaux environ dix chevaux sur lesquels le mal s'est développé avec tous les caractères bénins ordinaires : inappétence et membranes apparentes tuméfiées, pouls plein et lent. Les malades, en attendant du renfort, furent forcés de continuer leur service, d'où il est résulté sur la poitrine de ces animaux une métastase qui les a fait tousser, et qui est devenue assez sérieuse pour en arrêter alternativement quatre, deux par deux. Les deux premiers, après avoir essuyé une fièvre de quelques jours, en ont été

NOTICE.

marques d'inflammation violente des estomacs et des intestins ; les poumons parais-
saient quelquefois enflammés, etc. (*).

Toutes ces affections ont
plus ou moins de rapport avec
celle dont nous allons parler;
mais aucune ne lui ressemble
plus que la maladie décrite
par Chabert dans les instructions vétérinaires, sous le nom
un peu vague de *fièvres charbonneuses*.

(*) Existe-t-il en médecine vétérinaire des exemples bien constatés de fièvres essentielles ? Par
M. Girard fils. (Rec. de méd. vét.
tom. 1, page 307.)

OBSERVATIONS.

quittes pour une éruption
générale à la peau. Une toux
sèche de quelque temps a
succédé au rétablissement,
dont les précurseurs avaient
été des ulcères survenus aux
naseaux et aux lèvres. Les
deux derniers ont éprouvé
une maladie grave des poumons, avec des ulcérations
profondes sur la membrane
pituitaire. Le mal a cédé à
des sinapismes et à un traitement stimulant et puissant;
mais, chez l'un de ces deux
derniers malades, les ulcérations se sont établies plus
profondément dans les cornets du nez et dans les sinus
frontaux du côté gauche ;
puis la morve lente a été
une suite de leur persévérance, et elle s'est caractérisée
par l'apparition de tous les
symptômes qui composent son
cortége ordinaire.

L'animal a été abattu, et
l'autopsie a présenté, en sus
des lésions que je viens de décrire, des traces d'ulcérations
cicatrisées dans la trachée et
dans les premières ramifications des bronches.

La nourriture de ces che-
vaux se composait de foins de
la récolte de 1824 transportés
en bottes de 5 kilogrammes,
et lorsqu'on secouait ces fourrages, ils répandaient dans
l'atmosphère une poussière
âcre qui irritait le larynx, ce
qui n'était rien autre chose

NOTICE.

Celle qui sévit maintenant nous paraît cependant devoir être plutôt considérée comme une *gastro-entérite* (6) presque toujours compliquée *d'angine*, *d'épiploïte*, *de cardite*, *de péricardite*, parfois aussi de pleurésie, de pulmonie et d'hépatite. Elle s'annonce par une inappétence subite, par la pesanteur de la tête, par la roideur de la colonne dorso-lombaire et des extrémités postérieures.

Les mouvements de ces parties deviennent gênés, la marche embarrassée; l'animal traîne les membres abdominaux et ne tarde pas à chanceler. Dès le début, le pouls augmente de vitesse et donne de soixante à quatre-vingts pulsations par minute; il est tantôt plein et dur, d'autres fois faible et presque effacé. Le ventre devient tendu sans se météoriser, la respiration laborieuse, la bouche sèche et pâteuse, et la marche de plus en plus difficile. La plupart des chevaux ne peuvent se coucher; plusieurs ne se soutiennent debout qu'à peine, et quelques-uns n'osent changer de place, dans la crainte de tomber. *Au fur et à mesure que l'affection fait des progrès, les forces semblent se concentrer a l'intérieur, et la peau perd presque toute sa sensibilité* (7), au point qu'il arrive

OBSERVATIONS.

que les débris des cryptogames. Cette cause, que je signalerai désormais comme la seule et unique source de ce mal, je n'y pensais pas plus, à cette époque, que je ne croyais à toutes celles qui étaient accusées par la science.

(6) La médecine physiologiste de Broussais, qui alors était en pleine vigueur, avait tourné toutes les têtes, du moins la plupart, aux inflammations. On ne voyait partout que stimulus et que fluxus; les principales lésions, dans cette affection, se rencontraient généralement dans le tube digestif; c'est pourquoi on la distingua par la qualification de *gastro-entérite*.

Aujourd'hui, d'après la nouvelle nomenclature, on lui donnerait le nom de *fièvre typhoïde*. Pour moi, je l'appelle *fièvre cryptogamique;* et si le nom change encore une fois, il est désormais invariable comme la cause, qui m'est parfaitement connue.

(7) Cette insensibilité n'était pas particulière à la peau; elle embrassait tout le système nerveux par suite de lésions profondes au cerveau, mal qui ne laissait aucun espoir de guérison.

NOTICE.

une époque où le cheval ne témoigne aucune douleur.

Lorsqu'on pratique des incisions à l'effet d'obtenir des points de dérivation capables de rappeler les forces à l'extérieur, et de déterminer une révulsion avantageuse, les évacuations alvines deviennent rares et difficiles ; les crottins, secs, sont couverts d'un enduit muqueux et glaireux ( coiffés ).

L'urine, qui est tantôt chargée et colorée en rouge, tantôt limpide et crue, s'accumule dans la vessie, et l'animal ne peut l'expulser malgré les efforts continuels qu'il fait pour y parvenir. La plupart des chevaux font entendre, dans le fort de la maladie, des grincements de dents qui se renouvellent à certains intervalles ; tous éprouvent *une chaleur considérable au bas de la crinière et sur toute la région pariétale* (8).

Les symptômes pathognomoniques que nous venons de faire connaître sont constants, mais variables dans leur intensité, et presque toujours accompagnés d'autres phénomènes particuliers. Ainsi le larmoiement annonce souvent l'invasion de la maladie ; les conjonctives s'infiltrent, prennent une couleur pourprée dont le fond est souvent jaunàtre ; elles offrent des phlyctènes ; les humeurs de l'œil se

OBSERVATIONS.

(8) Je n'ai pas remarqué la chaleur de la base de la crinière et de la région pariétale que signale M. Girard, mais j'ai observé ce qu'il ne signale pas :

1° Quelquefois tremblements généraux, ou sueur chaude au début, sueur froide au déclin ;

2° Le pouls souvent plein et lent ;

3° Des engorgements spontanés, gangréneux ou adynamiques, survenus sans sétons, se terminant par suppurations , indurations ou gangrène, et par la mort ;

4° Des paraplégies, des métastases de différentes natures.

troublent, et la cornée lucide perd quelquefois sa transparence. Assez ordinairement le fourreau où sont les mamelles est œdématisé ; le pénis sort du fourreau, reste pendant, comme paralysé, et le scrotum, au lieu d'être enduit d'une humeur onctueuse, se recouvre d'une matière desséchée. Dans beaucoup de sujets, les membres postérieurs s'engorgent et rendent la marche d'autant plus difficile. Le battement des flancs, qui se remarque fréquemment, n'est jamais continuel ; il s'établit pour un certain temps, disparaît ensuite, et se renouvelle à des intervalles irréguliers.

Assez ordinairement, la langue devient fuligineuse, se couvre d'une couche épidermoïde, noirâtre, prend du volume et de la dureté, porte sur ses côtés et sur sa pointe des taches d'un rouge pourpre, et sa face inférieure laisse apercevoir des phlyctènes, des ulcérations plus ou moins étendues et profondes. Cet état de la langue dénote constamment l'existence d'une *inflammation sûre de l'arrière-bouche* (9), et indique toujours une complication fâcheuse. Beaucoup de malades, pressés par la soif, cherchent continuellement à boire ; tandis que d'autres refusent toute espèce de boissons.



(9) M. Girard cite dans ce mémoire beaucoup de lésions inflammatoires ; je les récuserai par mon silence, après avoir dit, une fois pour toutes, qu'il y a là une erreur et qu'il n'existait pas dans cette maladie un état essentiellement inflammatoire. Les lésions des organes affectés représentaient les phénomènes de l'envahissement du principe morbide dont j'ai déjà parlé, et qui, dès le commencement, provoque une réaction et détermine l'abord des fluides circulatoires. Jusque-là, les phénomènes seraient inflammatoires, et il faudrait en combattre les effets, si l'inflammation était amenée par une cause purement physique dans son action ; mais les tissus, les liquides et le sang sont frappés immédiatement dans leur état organique, et ils subissent une altération plus ou moins grave, suivant la malignité de la maladie, altération qui tend à la désorganisation. C'est ce qui constitue les différents états d'hypertrophie, d'engorgement ou de gangrène plus ou moins variés en épaisseur et en couleur, que l'on signale sur le cadavre pour des inflammations. La réaction est rarement suivie d'un succès complet ; il faut donc, à tout prix, la seconder, au lieu de la contrarier et de

NOTICE.

Enfin, dans un petit nombre, des symptômes tétaniques se déclarent et donnent à la maladie une gravité qui ne permet que peu ou point de guérison.

Dans l'examen des malades, il n'est pas toujours facile d'établir un diagnostic certain, de déterminer quel est l'organe essentiellement affecté, et de prévoir quelles pourront être les suites de l'affection. Chez quelques individus, elle débute d'une manière brusque et s'annonce avec tous les signes d'une adynamie extrême; chez d'autres, elle s'établit graduellement, et n'atteint son plus haut degré d'intensité qu'au cinquième ou sixième jour.

En général, les chevaux meurent du quatrième au septième jour; le cinquième est ordinairement le plus redoutable. Les malades qui gagnent le neuvième peuvent être regardés comme étant hors de danger, *à moins de rechute dont nous ne connaissons pas encore d'exemples* (10). Quelques chevaux périssent subitement et comme asphyxiés : cet accident extraordinaire, que j'ai remarqué pour la première fois à Rouen sur un superbe cheval de cabriolet, et que j'ai observé depuis sur trois autres sujets, m'a déterminé à faire des recherches pour en découvrir la cause.

OBSERVATIONS.

l'affaiblir, lorsqu'elle a recours elle-même à tous les moyens dont elle peut disposer pour combattre la cause désorganisatrice. Le point frappé ne revient que très-lentement à l'état normal; de là des longueurs fâcheuses, de là des rechutes graves chez les sujets qui commettent des écarts pendant la convalescence.

(10) J'ai vu succomber à cette maladie plusieurs étalons, chevaux et baudets par des rechutes, pour avoir été livrés à la reproduction avant un complet rétablissement; beaucoup de juments et quelques mules, d'abord mises hors de danger, ont péri ensuite par une rechute, parce qu'elles avaient travaillé avant une entière convalescence.

NOTICE.

Les deux dernières ouvertures, faites immédiatement après la mort des animaux, me porteraient à croire que le genre de mort dont il est question peut être attribué à des concrétions fibrineuses que l'on rencontre dans les cavités du cœur, et dont je parlerai plus loin. On a généralement observé que les animaux gras sont plus gravement attaqués, et que les individus affectés primitivement de diverses maladies de poitrine, d'eaux-aux-jambes, ou de toute autre affection un peu intense, périssent promptement. Une remarque particulière, dont plusieurs vétérinaires m'ont fait part, et que j'ai eu occasion de vérifier moi-même, c'est qu'en général l'épizootie exerce plus de ravage *dans les lieux bas, humides et situés au bord des rivières* (11), que dans les pays secs et élevés.

OBSERVATIONS.

(11) L'air, dans ces contrées, étant fort souvent très-saturé d'humidité, les substances alimentaires s'y cryptogamisent beaucoup plus abondamment qu'ailleurs; et c'est cette raison qui rendait insalubre l'étang de *Pourra*, situé dans le département des Bouches-du-Rhône; pour la commune de Saint-Mitre, sur 1,000 habitants, 500 ont été atteints de fièvres. Le peuple, dans un moment d'exaltation, a voulu rompre les digues; la force armée est heureusement parvenue à arrêter cette tentative, qui aurait sans doute causé de grands malheurs.

Il ne fallait accuser ni les gaz méphitiques ni les émanations pernicieuses qu'on avait imaginés, et qui ont porté les habitants de ce pays à solliciter du gouvernement, pour l'assainissement de cet étang, l'ordonnance du 6 septembre 1846. Le mal provenait de l'humidité que l'étang répandait dans l'atmosphère, et cet inconvénient n'est pas moins à redouter dans le voisinage de la mer, des marais, des grands fleuves, des nappes d'eau, etc., où se trouvent pleinement favorisés la germination et le développement des champignons microscopiques sur les denrées exposées à l'air libre, et particulièrement dans les lieux d'approvisionnements bien disposés

NOTICE.

OBSERVATIONS.

Non-seulement le nombre des malades est plus grand dans les vallées, mais la mortalité y est aussi plus considérable, au rapport de MM. Prévost ; *les derniers froids auraient eu des suites funestes* (12), et auraient rendu la maladie plus meurtrière dans la dernière quinzaine du mois de mars. Nos calculs, établis de concert avec M. Prévost père, portaient *le nombre des chevaux morts à un sur vingt à*

pour cela. De sorte qu'on trouvera dans les environs de l'étang de *Pourra* une quantité de champignons microscopiques bien plus beaux que dans les lieux secs, de même qu'on y rencontre des plantes et des arbres d'un plus beau développement et mieux portants. Il est aussi notoire que les hommes des pays humides qui, dans leur nourriture, peuvent apporter un correctif contre l'intoxication par les vins, les viandes, etc., sont bien plus gros et bien plus développés que le reste de la population : cette différence n'existe pas parmi les bestiaux des mêmes contrées, quels qu'en soient les propriétaires, parce que la nourriture n'est pas changée. Ce n'est donc pas contre le lac de *Pourra*, si utile à la végétation et aux animaux qu'il nourrit, que l'ordonnance devait être portée, mais bien contre l'insalubrité des lieux d'approvisionnement et contre les vicieuses manutentions des vivres. Si le lac conserve la même surface, le mal renaîtra avec les mêmes circonstances.

(12) Le froid, en déterminant le précipité de l'état d'incubation, explique le développement du mal sur plusieurs sujets à la fois, et la mort, qui, par ce fait, vient frapper le même jour et à la même heure un nombre plus

| NOTICE. | OBSERVATIONS. |
|---|---|

*vingt-cinq malades* (15) dans la vallée de Rouen , à Darnetal et aux environs. Depuis le premier avril , les écuries de l'école vétérinaire d'Alfort renferment beaucoup de malades, et nous comptons presque journellement un ou deux animaux morts sur un nombre de dix ou douze qui sont atteints.

Il paraît également constant que les malades deviennent plus nombreux à Paris, et que la mortalité se trouve être actuellement de quinze à vingt par jour, ainsi qu'il résulte des renseignements pris à Montfaucon même et auprès de plusieurs vétérinaires de la capitale. Dans les pays découverts et isolés , les mortalités sont extrêmement rares , et il est des cantons où l'on ne compte pas un mort sur cinquante malades.

*Ouvertures cadavériques.* — Les ouvertures cadavériques nous ont démontré que les lésions principales résident dans le conduit digestif, et que le cœur , le péricarde , l'épiploon, le foie, ainsi que les poumons , participent aussi plus ou moins, et de différentes manières , aux désordres occasionnés par la maladie. Nous avons remarqué de plus qu'il y a constamment un de ces organes plus fortement altéré , et que cet organe présente toujours des

ou moins grand d'individus.

(15) Dans ma clientelle , le nombre des morts n'a pas dépassé le vingtième de celui des malades ; je ne fais pas entrer en ligne de compte les animaux des contrées où la maladie a été bénigne ; car souvent elle s'annonçait par la lenteur du pouls, l'inappétence, l'engorgement des paupières et des membres , et un léger abattement ; puis la guérison survenait en quelques jours sans traitement.

désordres d'autant plus graves, que les autres sont moins affectés. Cette dernière observation, que nous avons eu lieu de faire autant de fois que nous avons ouvert de chevaux, explique pourquoi il est si difficile, dans le cours de la maladie, de tirer des inductions sûres pour établir le diagnostic et le pronostic.

Une inflammation plus ou moins intense se remarque constamment dans la membrane muqueuse de l'arrière-bouche, surtout de l'estomac et de l'intestin, mais à des degrés et avec des complications variables. Les parties latérales de la langue sont couvertes d'ulcères semblables à des aphthes ; l'arrière-bouche, d'un rouge noir plus ou moins foncé, est quelquefois criblée de petits trous qui semblent former autant d'ulcères ; il n'est pas rare que ces follicules aient une grosseur considérable , et que leurs ouvertures soient béantes.

La surface de l'estomac *présente une rougeur plus ou moins vive et étendue* (14) qui occupe plus particulièrement le sac droit, et existe quelquefois dans toute l'étendue de la cavité de ce viscère. Nous avons eu occasion de remarquer, dans diverses parties de sa membrane muqueuse, des ulcérations, des



(14) Cet état, que l'on caractérise de rougeur, ne m'a jamais paru d'une couleur franche ; j'ai distingué une teinte plus ou moins *violette* ou *pourpre*, avec des tries variées de couleur jaunâtre, et une infiltration, ce qui est bien différent des caractères inflammatoires. Il ne suffit pas de regarder, il faut bien

NOTICE.

OBSERVATIONS.

pétéchies et des escarres gangréneuses.

Dans la plupart des animaux, la surface externe *des intestins grêles offre en plusieurs points de son étendue des piquetures multipliées et plus ou moins rapprochées* (15). La face interne de ce même intestin, toujours enduite d'un mucus glaireux et épais, est souvent couverte de taches pétéchiales. Dans quelques cas, les matières renfermées dans l'intestin grêle ont de la consistance et sont comme desséchées. *Le cæcum est presque toujours la portion du tube intestinal dont la muqueuse est le plus affectée;* non-seulement la rougeur y est plus intense, mais cette membrane offre de petits ulcères et des taches noires, comme gangréneuses. Ce genre d'altération se continue dans la partie repliée du colon, mais il y est toujours moins marqué. L'épiploon, rouge enflammé, se trouve assez souvent déchiré dans plusieurs de ses replis. Après le conduit digestif, le cœur est l'organe le plus souvent et le plus fortement affecté. Le péricarde, dont la surface externe est communément infiltrée d'une humeur jaune, renferme une sérosité plus ou moins abondante, parfois sanguinolente, et conserve les traces d'une vive inflammation. Dans

voir et bien distinguer sans prévention souvent et comparativement.

(15) A deux fois différentes, j'ai rencontré l'intestin complétement perforé après plusieurs mois de chronicité.

beaucoup de sujets, *le cœur est plus du double de son volume ordinaire* (16) ; sa substance, pâle et décolorée, offre peu de consistance et se déchire avec facilité ; sa surface extérieure enflammée présente des taches noires, suite d'ecchymose ou de gangrène.

Les cavités extérieures renferment toujours un sang très-noir, épais et comme coagulé ; on y rencontre aussi très-souvent *des concrétions albumineuses jaunes, consistantes et fibrineuses* (17). Ces productions, plus ou moins grosses, existent tantôt dans les cavités droites, tantôt dans les gauches, et quelquefois dans les droites et les gauches en même temps ; elles occupent toujours l'ouverture auriculo-ventriculaire et la bouche plus ou moins complétement : il est assez probable que ces concrétions se forment assez souvent pendant la vie, qu'elles peuvent devenir cause de mort, et déterminer cette sorte de suffocation dont j'ai parlé plus haut et que j'ai observée sur quatre chevaux. S'il en était ainsi, il deviendrait facile d'expliquer l'engouement des poumons, l'engorgement du foie, que l'on rencontre assez souvent, ainsi que la phlogose des conduits aériens et la présence d'un

(16) Je n'ai point remarqué le phénomène relatif au volume si extraordinaire du cœur et des reins ; la rate m'a paru néanmoins souvent très-volumineuse.

(17) Je n'ai point observé de concrétions, mais j'ai rencontré le sang coagulé et décoloré en jaune livide, et engagé d'une manière très-tenace à travers les valvules des cavités du cœur.

NOTICE.

mucus écumeux dans leur intérieur.

La surface interne des cavités du cœur présente les traces d'une inflammation sur-aiguë; la rougeur est surtout remarquable dans les valvules tricuspides et mitrales; elle se propage dans les troncs artériels et veineux. Mais cette sorte d'altération, quand elle existe, ne se montre pas au même degré dans toutes les cavités du cœur, ainsi que dans les troncs vasculaires, et elle est plus que suffisante, sans doute, pour expliquer les anomalies que présente la circulation dans le cours de la maladie.

Le foie offre quelquefois un volume extraordinaire; sa substance est pâle et sans consistance; chez quelques sujets, sa surface extérieure laisse apercevoir des ecchymoses, *des adhérences récentes, suites évidentes de l'inflammation* (18).

Les poumons sont tantôt simplement engoués, d'autrefois hépatisés en plusieurs endroits, ou bien enflammés à la périphérie. Dans certains sujets, on trouve les désordres qui caractérisent la complication de la pleurésie et de la pulmonie; dans beaucoup d'autres, les reins ont acquis un volume considérable, et leur substance, gorgée de sang, se déchire avec facilité.

OBSERVATIONS.

(18) Je n'ai jamais observé, sur aucun point, d'adhérence qui ne fût chronique, antérieure à l'épizootie.

**NOTICE.**

La vessie, le plus souvent distendue par l'urine, participe plus ou moins à l'inflammation des autres viscères.

En général, l'organe encéphalique présente peu d'altération; j'ai rencontré dans un seul cheval *une inflammation très-prononcée à la surface extérieure du lobe droit du cerveau* (19).

Néanmoins on observe toujours dans la gaîne rachidienne, vers le milieu de la région dorsale, *une infiltration roussâtre dans le tissu de la méningine, dans quelques cadavres où le tissu lumineux, sous-cutané et musculaire, est également infiltré, et les aréoles sont remplies d'une humeur d'un jaune doré; les cavités du péritoine, des plèvres et du péricarde, renferment, dans ces cas, une quantité plus ou moins grande de liqueur séreuse de même couleur et de même nature, qui n'existe souvent qu'entre les lames du mésentère et sous la tunique séreuse de l'intestin* (20).

**OBSERVATIONS DE M. DEHAN.**

(Extrait du recueil.)

*Autopsie.*

« Il s'est échappé de l'abdo-
» men une assez grande quan-
» tité de sérosité d'un roux
» foncé; l'extérieur du colon

**OBSERVATIONS.**

(19) Pour ce qui a rapport à l'inflammation du cerveau, j'en ai déjà assez dit; mais, pour l'infiltration roussâtre de la méninge, je l'ai souvent rencontrée moi-même. Elle existe toujours et partout où la maladie établit son siége; mais elle n'est apparente que lorsqu'elle est superficielle, ou que le sang qu'elle décompose n'est pas en quantité suffisante pour la masquer.

(20) M. Girard signale et expose un ensemble de lésions qu'il a rencontrées sur quelques cadavres, et qui caractérisent, sur un même sujet, deux maladies, l'épizootie régnante et le charbon virulent, complication dont j'ai été moi-même plusieurs fois le témoin, et dont je parlerai ailleurs. Je vais d'abord citer quelques cas rapportés par mes confrères, qui ne se doutaient guère de la double nature des faits pratiques.

M. Dehan, médecin-vétérinaire à Lunéville, a fait insérer dans le tome II du Recueil de médecine vétérinaire, pag. 245, une observation de ce genre très-remarquable, dont voici le détail des principales lésions cadavériques.

Le mal a été tellement rapide dans les observations que cite M. Dehan, qu'il a soupçonné un empoisonnemen

OBSERVATIONS DE M. DEHAN.

» était fortement enflammé ;
» le mésentère, et surtout le
» mésocolon gauche, était in-
» filtré d'une grande *quantité*
» *de matière comme gélati-*
» *neuse : cette matière, que l'on*
» *pourrait évaluer au poids de*
» *6 ou 7 livres dans le 2e et le*
» *4e aminal, aurait pu être con-*
» *sidérée, par sa couleur, com-*
» *me de formation ancienne,*
» *si le scrotum du second, dont*
» *l'engorgement s'était établi*
» *sous nos yeux, n'avait offert*
» *une infiltration exactement*
» *semblable. La muqueuse de*
» *l'estomac était de l'épaisseur*
» *de trois ou quatre lignes ; le*
» *même engorgement existait*
» *dans toute l'étendue de l'in-*
» *testin. Le cœcum et le colon*
» *offraient un grand nombre*
» *d'ecchymoses étendues.* Les
» poumons contenaient un
» sang très-noir, comme dans
» le cas d'asphyxie.

» La maladie se développa,
» dit M. Dehan, par l'influen-
» ce des fourrages des années
» entièrement pluvieuses de
» 1816 et de 1824, dans les
» mêmes fermes, pendant que
» les exploitations voisines en
» étaient exemptes. »

OBSERVATIONS.

par quelques *plantes véné-*
*neuses qui se seraient dévelop-*
*pées dans les prairies par l'in-*
*fluence des pluies abondantes et*
*prolongées.* Dans cette conviction, M. Dehan se promet de
faire, au printemps suivant,
une analyse des prairies de la
ferme. Il est inutile de s'informer si cet observateur a
fait l'analyse dont je viens de
parler, et s'il a rencontré
dans les prés quelques plantes
vénéneuses ou toute autre
cause à l'égard de la maladie
dont il a été si péniblement
frappé, car toute tentative de
ce genre a dû être infruc-
tueuse.

Si l'on veut se mettre au
point de vue de l'état actuel
de la science, mes documents
à la main, pour examiner sévèrement les symptômes et les
lésions cadavériques de cette
maladie, on sentira de suite
l'impossibilité qu'il y avait de
résoudre, *ex abrupto*, les difficultés qui se présentaient à
M. Dehan, à ses confrères, à
M. Girard, etc. :

1° Par la complication sur
le même sujet des lésions morbides de deux maladies dont
la résultante des symptômes
observés durant la vie et après
la mort diffère nécessairement
de celle des symptômes que
présenterait un animal atteint isolément de l'une ou de
l'autre de ces deux graves
affections ;

OBSERVATIONS.

2° Par les difficultés non moins grandes de remonter à la découverte des causes également ignorées, et qui, par leur présence simultanée, comme cela est arrivé dans certaines fermes (*), semblent concourir à l'envi pour déjouer les investigations réitérées d'un observateur opiniâtre et consciencieux.

Et l'on comprendra que, pour sortir la science d'un semblable embarras, il fallait changer complétement la direction des voies où elle était engagée; sans cela elle pouvait encore marcher pendant plusieurs siècles dans l'obscurité.

Il me semblait que je ne dusse pas avoir de concurrents à redouter sur ce point; la priorité me paraissait acquise; et lorsque j'envisageais les issues de la route que je suivais, elles étaient, à mon avis, inabordables, tant il m'avait fallu aller et revenir, voir et revoir, pendant de longues années, dans un pays convenable et sur un ensemble d'animaux et d'hommes heureusement assortis.

Si M. Dehan existe encore, je suis convaincu qu'aussitôt

(*) Ces fermes avaient, à n'en pas douter, des prés argileux incomplétement amendés ou fumés, dont les fourrages se sont cryptogamisés dans des locaux humides.

<table>
<tr><td>

NOTICE DE M. GIRARD.

</td><td>

OBSERVATIONS.

</td></tr>
</table>

NOTICE DE M. GIRARD.

(21) *Causes.* — On ignore quelles ont été les causes premières qui ont fait naître et ont pu développer cette maladie. Nous ne chercherons pas à décider si les mauvais fourrages ont eu plus de part à sa production que les intempéries atmosphériques, tels que les vents du nord, qui sont constants et sont survenus à la suite de longues pluies ; ou bien si la cause doit en être exclusivement attribuée au régime hygiénique mal combiné, aux boissons, aux habitations insalubres, etc. Il est très-présumable que quelques-uns de ces agents ont exercé une influence morbide sur l'organisation des animaux ; et si l'on fait attention que, dans la Seine-Inférieure, l'épizootie a

OBSERVATIONS.

qu'il aura pris connaissance de mon travail, il se transportera à la ferme qu'il a signalée, ainsi qu'à celles qui, étant à sa portée, se trouveraient dans le même cas, afin de constater les faits et de prémunir ses clients contre les événements ; il en sera de même de tous les vétérinaires qui, en France ou à l'étranger, auraient eu de pareilles maladies à combattre ; car, trop heureux de pouvoir, aidés de l'expérience de nos confrères, ordonner avec assurance dans l'art que nous professons, nous devons mettre de côté tous les motifs d'un vain amour-propre.

(21) M. Girard avait trop peu de temps à lui pour qu'il ait pu remonter à la source du mal ; aussi ne s'engaget-il en rien sous ce rapport ; il passe en revue plusieurs causes suivant la forme ordinaire ; et j'ai pu, dès cette époque, bien que peu expérimenté, faire quelques réflexions qui m'ont beaucoup servi plus tard.

La maladie s'est prolongée trop loin au delà des intempéries pour qu'on puisse leur attribuer une influence directe. La contagion seule pourrait venir au secours de cette influence ; mais si, comme nous le verrons, la maladie se déclare plusieurs années après les intempéries

pris naissance dans une vallée profonde où l'air est chargé de vapeurs, où la récolte des fourrages de l'année a été généralement mal faite, l'on restera convaincu que l'humidité, les exhalaisons marécageuses et les aliments altérés n'ont pas dû être étrangers au développement de la maladie régnante. Cependant les renseignements pris de tous côtés, les observations recueillies par nous-même et par beaucoup d'autres vétérinaires, ne sont point suffisants pour nous permettre de prononcer dans une *question aussi importante, et qui est restée presque toujours insoluble lors des diverses épizooties dont on a publié l'histoire* (22).

Le point important à discuter est de savoir si les causes qui ont donné naissance à cette affection dans la vallée de Fleury ont été les mêmes que celles qui l'ont développée à Rouen, à Gournay, à Bolbec, à Beauvais, etc.; ou, en d'autres termes, si la propagation de l'épizootie ne doit pas être attribuée autant à la contagion qu'à une constitution atmosphérique, à l'usage d'aliments altérés ou à toute autre cause occulte.

Sans prétendre décider le fond de la question, nous dirons que les *présomptions sembleraient être en faveur*



qu'on accuse, et cela dans des lieux où la contagion n'a pu exister, il faut bien rejeter l'idée de leur influence directe. Quant aux boissons, aux habitations, aux effluves, aux vapeurs humides, aux gaz, j'en ai fait justice, et l'on peut consulter les résumés des faits qui se trouvent exposés aux tableaux que je livre comme le supplément de ce que je ne puis détailler. Les aliments altérés se rencontrent le plus souvent d'accord avec le développement de la maladie, et tout milite en faveur de cette cause, que j'éclaircirai en distinguant les circonstances où ces aliments occasionnent des affections dites typhoïdes adynamiques, de celles où ils peuvent faire naître des maladies inflammatoires, le marasme, etc.

(22) Tous les auteurs se laissent dominer par ce qui a été dit avant eux, et aucun ne se dispose à poursuivre l'étude des causes des maladies générales comparées ; il semble qu'il y ait là un terme au delà duquel on ne puisse pas aller.

Je me surprends aujourd'hui parlant à mon aise des erreurs ou de l'embarras des autres; lorsque le problème est résolu, rien n'est plus simple à expliquer, et, aux yeux de tout le monde, il semble que le sujet a tou-

NOTICE.

OBSERVATIONS.

*de la contagion* ( 23 ). Le doute seul, dans un cas semblable, ne fût-il même que peu fondé, indiquerait d'une manière pressante la nécessité de prendre des mesures propres à arrêter les progrès de l'épizootie, et à éloigner soigneusement les chevaux sains des foyers d'infection. Nous rapporterons, pour fixer l'opinion à cet égard, les faits suivants, que nous avons recueillis et constatés avec soin :

1° La maladie qui s'est manifestée au commencement de l'hiver aux environs de Rouen n'a d'abord paru que dans la vallée de Fleury, d'où elle s'est propagée de proche en proche dans les lieux environnants.

2° Dans chaque bourg ou village, elle a toujours commencé par un seul cheval, qui est devenu comme un centre, un foyer d'infection pour tous ceux qui l'approchaient.

3° Quand elle se déclare dans une écurie où il y a plusieurs chevaux, elle suit la même marche, attaque d'abord un seul individu, se déclare peu à peu dans tous les autres, en commençant par celui qui est le plus près de l'affecté ; cependant quelques chevaux résistent et conservent la santé au milieu même des malades.

4° Plusieurs des chevaux

jours été connu. C'est à ce point que je me reporte difficilement, par la pensée, au temps où je ne pouvais pas pénétrer les causes des épizooties, et je ne cache pas qu'il me serait impossible de faire connaître toutes les filières par où il m'a fallu passer afin d'asseoir mon jugement.

Si l'inventeur de la première machine de Marly était encore vivant, il ne pourrait plus la refaire, après avoir été témoin de la simplicité de celle qui fonctionne aujourd'hui.

(23). Après avoir annoncé la propagation de la maladie par contagion, M. le directeur semble hésiter ici. Cette vérité était néanmoins bien évidente sur tous les points par le commerce des chevaux ; il était facile à un homme libre de réunir des milliers de faits susceptibles d'amener à une conclusion positive, et, lors même que des individus auraient échappé à la contagion, on ne pourrait rien conclure contre des faits bien avérés de transmission. On verra, à l'article contagion, que les animaux sains et bien nourris résistent à la plupart des miasmes des maladies contagieuses, tandis que ceux qui, étant déjà affaiblis par le travail, seraient soumis à une nourriture insuffisante, ou employés au transport des animaux morts de l'épizootie ont été eux-mêmes atteints et victimes de cette maladie (*).

5° Quelques vétérinaires, tels que MM. Prévost père et fils, ont vu l'affection se déclarer sur les chevaux qu'ils montaient pour aller voir leurs malades.

6° L'opinion générale est que la maladie a été apportée à Paris par des marchands qui ont acheté des chevaux en Normandie. Il est certain au moins que, dans le moment où nous rédigeons cette notice, l'affection règne dans les écuries de tous ces marchands, et que la mortalité est même considérable chez quelques-uns d'entre eux.

7° La maladie a été introduite dans les écuries de M. Bouley jeune, l'un des vétérinaires les plus distingués de la capitale, par un cheval malade appartenant à un jardinier. Trois jours après l'admission de cet animal, le cheval voisin a donné des signes de l'affection, et six autres ont été successivement attaqués ; un seul d'entre eux, ayant des eaux-aux-jambes, a succombé; les autres ont guéri en peu de temps (**).

(*) Au 25 mars, l'équarrisseur de Rouen avait déjà perdu deux chevaux, et d'autres équarrisseurs de Paris ont éprouvé de semblables pertes.

(**) Pendant mon séjour à Rouen,



qui consommeraient des aliments couverts de cyptogames, deviendraient très-sujets aux affections pernicieuses dont il est ici question.

La maladie existait dans le Poitou avant qu'on y eût introduit des animaux qui en portaient le germe ; c'est, du moins, ce qui m'a été démontré par mes investigations les plus circonstanciées.

J'ai observé aussi que le mal est venu de la Normandie et des frontières du Nord par des chevaux qui ont été vendus à notre belle foire de mai ; car la contagion s'est propagée chez beaucoup de personnes qui y avaient acheté des bêtes. Quelques animaux même ont communiqué la maladie sans qu'ils aient d'abord paru en être atteints. La plupart des chevaux étaient porteurs de cette affection à l'état d'incubation, et beaucoup de marchands ont été contraints d'en laisser en route sans qu'ils aient rencontré de malades sur leur passage.

M. Pérault, de Saumur, marchand de chevaux, en a perdu 36 depuis la frontière de la Belgique jusqu'à Niort. Du reste, tout ce qui a été écrit sur cette épizootie, sur tant d'autres et sur les épidémies semblables, démontre qu'elles se sont presque toutes propagées par le commerce et par le mouvement des armées, et

## NOTICE.

Nous sommes loin de penser que ces observations et ces réflexions suffisent pour déterminer d'une manière précise si cette gastro-entérite épizootique est de nature contagieuse; nous ne voyons encore que des probabilités plus ou moins fondées dans les faits que nous avons rapportés.

La nécessité de donner quelques détails sur la maladie, sur sa nature et sur les moyens de garantir les animaux, ne nous a pas permis d'attendre qu'elle ait été mieux étudiée et que des observations plus nombreuses

## OBSERVATIONS.

elles ont toujours présenté des symptômes analogues.

---

un particulier, propriétaire de plusieurs animaux rares qu'il montrait au public, vint me consulter pour un jeune lion gravement malade et atteint de violentes coliques. Cet homme m'assura que *l'animal se trouvait incommodé par suite de l'usage de viande provenant de chevaux morts de l'épizootie* (24), et que ce genre de nourriture lui avait occasionné la perte d'une lionne, d'un tigre, d'un léopard et de deux ou trois autres animaux. Je ne puis garantir l'authenticité de ce fait; je ferai seulement remarquer qu'une trentaine de chiens conservés dans une enceinte hors de la ville de Rouen, et nourris, comme les animaux féroces, avec la viande de chevaux victimes de l'épizootie, n'ont point été malades.

J'ajouterai que plusieurs chiens enfermés aux chenils de l'école d'Alfort ont impunément fait usage de la viande de chevaux morts de la même maladie.

(24) Je trouve dans les notes que j'ai prises à l'école d'Alfort, lors des expériences que M. Girard dirigeait, de 1816 à 1817, au sujet du typhus contagieux des bêtes à cornes, je trouve, dis-je, que les élèves employés à ces expériences, sous les ordres de leur directeur, mangèrent impunément de la viande des bœufs morts de la maladie; mais qu'un jour, ces mêmes élèves ayant convié trois de leurs amis à manger leur part d'un filet qu'ils avaient enlevé de l'une des victimes, deux des invités et l'un des habitués firent une maladie grave à laquelle ils échappèrent; mais, dans la convalescence, les cheveux leur tombèrent, et je vois encore d'ici leurs têtes chauves, tant je m'occupais, comme je l'ai déjà dit, de tout ce qui se rattachait à ces expériences.

| NOTICE. | OBSERVATIONS. |
|---|---|
| aient été recueillies, pour publier notre notice.<br><br>(25) Nous sentons bien tout ce que cet écrit a d'imparfait, et nous chercherons à le compléter lorsque nous aurons obtenu quelques résultats de la série d'expériences que nous avons entreprises touchant la propriété contagieuse de la maladie et son mode de propagation. | (25) M. Girard, ne pouvant prendre aucune conclusion, s'impose de nouvelles recherches ; mais le génie des maîtres de la science sera toujours impuissant dans les investigations de ce genre, qui demandent une clientèle rurale nombreuse et variée. |

M. Girard fait remarquer plus haut que l'épizootie de 1824 à 1825 a beaucoup de rapport avec les épizooties qui ont été décrites par les auteurs très-recommandables dont il cite les noms. J'ai fait aussi les mêmes comparaisons, et je suis parfaitement d'accord, à ce sujet, avec l'honorable observateur. Je ne me suis pas borné néanmoins à reconnaître cette analogie ; pendant les longues années de ma pratique, j'ai fait des rapprochements avec toutes les grandes épizooties observées sur différentes espèces de bestiaux par d'autres auteurs non moins célèbres, parmi lesquels figurent, au premier rang, Paulet, Virdarir et Darboval, et les rapports de mes observations avec celles de ces hommes distingués, avec celles des écrivains cités par M. Girard et celles de beaucoup de nos contemporains, ont pu suffire pour me porter à considérer l'épizootie de 1824 comme étant de même nature que toutes celles dont j'ai étudié les caractères pernicieux, et que celles qui ont été suivies par les auteurs les plus illustres.

J'ai fait les mêmes rapprochements à l'égard des maladies nombreuses connues de l'espèce humaine et consignées dans les ouvrages des savants les plus en renommée ; partout j'ai trouvé la même analogie, et j'en ai nécessairement conclu que les causes qui déterminent les unes doivent amener les autres. Cette idée m'a fortement encouragé dans mes recherches.

Je supprime le traitement, dont je ne puis parler ici ; je ferai seulement observer qu'il est contraire à celui que recommande M. Girard : j'emploie les toniques, les stimulants même ; et si parfois je fais quelques saignées, c'est afin d'extraire l'excès du principe morbide quand il est précipité dans le sang ; alors je mets immédiatement en œuvre des stimulants puissants.

Voici les cas les plus remarquables, que je considère comme s'étant déclarés spontanément dans ma clientèle.

## 1824.

1° Chez Giraud, à l'Aumée, commune de Vouillé, en septembre, il y a eu deux juments frappées par la maladie, qui, sur l'une d'elles, s'est déterminée par le croup.

2° A la Cour-de-Vouillé, en septembre, octobre et novembre, M. Bonnin a vu le mal se déclarer sur ses bestiaux avec des symptômes très-graves ; trois bêtes ont été foudroyées, et j'ai reconnu plus tard que là la maladie était compliquée par le charbon virulent, dont j'ai donné plus haut la description (1).

3° Au château de Gacougnole, en novembre, M. Robin a eu deux juments et une mule frappées de ce mal, qui, dans cette exploitation, s'est montré avec un caractère

(1) En 1826, par une circonstance singulière, j'ai vu reparaître cette même affection avec les mêmes symptômes de gravité.

bénin ; il est survenu à l'une des juments, au boulet, une pustule. Un morceau de la peau gangrénée s'est détaché ; il y a eu engorgement et une longue résolution.

4° A la Revétizon, en décembre, au domaine de M. Hérisset, la maladie a atteint deux mules et le cheval étalon, et, sur ce dernier animal, elle s'est terminée par la fourbure.

5° Chez le général Duval, à la Renaudière, en décembre, deux juments ayant été frappées du même mal, l'une d'elles est morte subitement le deuxième jour par une métastase au cœur ; l'autre a été sauvée après avoir eu une éruption et des aphthes aux lèvres.

1825.

6° En février, M. Proust, propriétaire à Torigni, a eu deux animaux atteints de cette affection, une jument et une mule ; la mule, qui était très-grasse, eut une métastase au cerveau, et mourut subitement.

7° M. Mangou, à Saint-Florent, eut, en mars, deux juments malades de la même manière ; l'une de ces bêtes a eu au poitrail une métastase d'où il survint une énorme tumeur qui n'a cédé qu'à une opération profonde.

8° A Fougerie, commune de Frontenay, en mars, chez M. Lucas, il y eut de frappés deux baudets et deux juments. La maladie, sur les deux derniers animaux, fut compliquée d'une métastase à la poitrine, et, après la guérison, le mal s'est déclaré dans les tendons fléchisseurs des deux membres de devant.

Je pourrais faire beaucoup d'autres citations ; mais, désirant être bref, je ne veux point sortir de mon plan : c'est l'intérêt de la science qui m'a porté à citer quelques-uns des cas qui m'ont paru les plus isolés; et ces mêmes cas m'ayant paru exister avant que le mal ne soit venu du dehors dans notre pays, j'ai dû en conclure que ces affections ont pris naissance dans les lieux mêmes où elles ont sévi.

J'ai vu cette même maladie s'introduire par contagion dans une foule de localités; elle a été plus rebelle et elle a fait plus de ravages dans les lieux où les fourrages avaient le plus souffert à la récolte, et où ils s'étaient le plus altérés.

1° A la Grand'Maison de Trevain, chez Marceau, où les fourrages étaient mauvais, sur huit malades, trois sont morts.

2° A la gendarmerie de Niort, où les foins bottelés répandaient de la poussière âcre de champignons, il y a eu trois morts sur quinze malades. (*Voyez* à la fin le tableau des cas morbides de la gendarmerie de Niort).

3° M. Mitard, à Saint-Gelais, tenait soigneusement ses foins dans un hangar sec et bien aéré; aussi, sur dix bêtes qui furent malades, pas une n'est morte. Du reste, ce cultivateur, dans son exploitation, n'a jamais vu son bétail en butte à aucune affection cryptogamique.

4° J'ai fait les mêmes observations chez Mme de Benac, à St-Martin de Bernajou, sur quatre juments malades.

J'arrêterai là le récit des faits pratiques, pour passer à des observations curieuses qui ont jeté un grand jour sur l'origine de cette maladie, qui, pendant longtemps, m'a causé tant d'embarras.

Lorsque j'observais l'épizootie de 1824 et 1825, je n'avais pas plus de soupçon pour une cause que pour une autre; j'accumulais les faits avec ordre sans oser tirer une conclusion, dans la crainte, faute d'expérience, d'être entraîné dans une fausse voie.

Les aliments altérés sont peut-être, de toutes les causes présumées, celle qui a été le plus souvent mise à l'index. M. Girard la cite bien en tête; mais, comme s'il craignait de trop s'engager, il se rattrape de suite sur les influences des intempéries, des localités, des soins hygiéniques, etc.

Les fourrages très-altérés de 1824 avaient bien éveillé mes soupçons; mais on verra plus loin que j'ai été détourné de cette idée pour avoir fait des réflexions trop prématurées. C'est pourquoi, dès 1826, je fus plus sévère dans mes subdivisions à l'égard des aliments altérés. Une seule chose importante m'échappa pendant quelques années; ce fut d'appliquer a loupe et le microscope aux foins moisis; cette précieuse idée ne me vint qu'après avoir reconnu, par l'odeur, l'existence de cryptogames invisibles à l'œil nu.

### ÉPIZOOTIE DE 1824 ET 1825 REPARUE EN 1826.

J'ai été appelé à Vouillé, le 22 juin 1826, par le sieur Favriou Pierre, cultivateur, pour y donner des soins à deux de ses juments, que j'ai vues, en arrivant, offrant tous les caractères de l'épizootie de 1824 et 1825. En effet, elles étaient toutes les deux tristes : l'une avait le pouls lent, bien que le développement de l'artère fût naturel; l'autre avait le pouls accéléré, paupières tuméfiées de chaque côté, conjonctives engorgées, faisant saillie et de couleur rose pâle, membres de derrière gorgés. L'une d'elles, âgée de 10 ans, fut rétablie le troisième jour; mais l'autre est devenue plus affectée; le pouls s'est élevé après l'agitation; les membres de derrière sont devenus fortement infiltrés; œdème sous le ventre; oreilles alternativement chaudes et froides; tremblement général; aphthes sur les lèvres et dans la bouche; mieux le septième jour; éruption à la peau; convalescence prolongée; squammations aux membres et sous le ventre.

Le lendemain de ma visite chez Favriou, j'ai été appelé pour la même maladie :

1° Par Texier, à Goudin, commune de St-Gelais, pour un mulet;

2° Par Dazel, même commune, pour deux juments;

3° Par Jamonneau, commune de Chauray, pour deux juments;

4° Par Boufard, de la Roche, commune de Vouillé, pour trois juments;

5° Par Festy père, même commune, pour une jument et une mule;

6° Par Bonneau, à la métairie de la Barre, même commune, pour un mulet;

7° Par Brennet, à la rivière d'Artenay, commune de Vouillé, pour une jument et son poulain de 4 mois;

8° Par les frères Auzuret, commune de Chauray, pour chacun une jument.

Le retour de cette maladie m'a d'autant plus étonné, qu'il n'en était plus question dans le pays; j'ai recueilli avec le plus grand soin des faits que j'ai communiqués à mon confrère Camura, vétérinaire au 2ᵉ régiment de chasseurs; et, comme ce jeune homme paraissait y prendre beaucoup d'intérêt, nous avons observé la maladie ensemble.

Les juments de Dazel, celles des frères Auzuret, de Boufard et de Festy, n'ont été que très-légèrement malades;

les paupières et les membres postérieurs étaient engorgés. L'affection a cédé aux efforts de la nature et à quelques soins hygiéniques. Le mal fut au contraire sérieux chez Bonneau, Brennet, Texier et Jamonneau; il y a eu surtout chez le dernier, comme à la seconde jument de Favriou, complication d'aphthes aux lèvres et à la langue; dans quelques cas, j'ai remarqué des tremblements généraux avec agitation du pouls et des flancs. Bonneau et Texier ont eu plusieurs autres animaux qui ont présenté quelques légers symptômes de cette maladie; mais ceux de Jamonneau furent tous très-sérieusement affectés.

Nous avons mis, mon confrère et moi, la plus grande activité à prodiguer des soins aux malades, en même temps que nous nous sommes occupés à recueillir des faits capables de jeter quelques traits de lumière sur la renaissance d'une maladie complétement éteinte depuis le mois d'octobre 1825, et à laquelle on ne pensait déjà plus.

Tous les malades ont échappé à la mort; Jamonneau seul en a perdu. Le mal a été si intense chez ce fermier, que trois juments ont péri. La première affectée était une vieille bête que Jamonneau tenait de son maître, il la destinait à la reproduction, et elle a succombé en quelques heures. S'il est vrai que cette jument, en raison de son peu de valeur, n'était pas appelée à vivre des meilleurs fourrages, il ne faut pas non plus perdre de vue que, dans les épizooties comme dans les épidémies, il y a toujours quelques morts subites. Ce même homme a, malgré tous les secours de l'art, perdu deux autres juments dans l'espace de dix jours; du reste, tout son bétail a été atteint par ce mal, dont les vaches seules furent préservées.

*Autopsies.*

Les lésions cadavériques des juments mortes à la ferme de Jamonneau ont présenté les symptômes suivants :

Les vaisseaux veineux sous-cutanés étaient, dans la partie antérieure du cadavre, gorgés d'un sang noir coagulé ; en ouvrant l'abdomen, il s'écoulait un liquide jaune, légèrement teint par le sang, avec une odeur cadavéreuse infecte.

La surface des intestins et l'épiploon étaient pâles, nuancés de jaune, et parsemés de marbrures et de points noirs ou livides. Les parois intestinales étaient épaissies sur plusieurs points, et présentaient, par larges plaques, des parties gangrénées ; des ecchymoses se trouvaient parsemées çà et là dans les gros intestins ; on remarquait sur la muqueuse des deux dernières juments des ulcérations très-profondes : ces désordres existaient aussi sur la bête morte subitement, mais ils étaient à peine apercevables, et ils produisaient l'effet de points rugueux au toucher.

Les vaisseaux sanguins, les viscères abdominaux, semblaient évacués. L'épiploon avait, de distance en distance, des ganglions engorgés et entourés d'ecchymoses marquetées de jaune et de noir. Quelques-uns de ces ganglions étaient purulents et sanieux à l'intérieur. Le foie était engorgé et n'offrait aucune cohérence dans son tissu, qui, ainsi que celui des reins, était décoloré. Le cœur présentait à la surface et à l'intérieur quelques taches et des arborisations avec des ecchymoses ; la substance musculaire avait perdu sa couleur. Le péricarde contenait un liquide trouble et sanguinolent plus ou moins abondant. Les organes respiratoires et l'encéphale n'offraient rien de particulier.

Les bestiaux des frères Bonnin , à la Cour-de-Vouillé, ont bien essuyé la maladie que je viens de décrire ; mais j'ai remarqué dans les symptômes et dans les lésions cadavériques des différences qu'il m'était impossible d'expliquer alors ; ce qui ne m'a pas empêché, eu égard aux notes exactes que j'avais prises, d'apprécier ces différences et d'y reconnaître depuis une complication du charbon virulent et de la maladie régnante ; et c'est pour ces motifs que j'ai cru devoir traiter à part cette singulière complication qui , après s'être signalée par des phases et des symptômes extraordinaires , a fait périr avec une rapidité effrayante , en juin et en juillet , dans la même exploitation, une vache , un mulet , deux juments et deux mules.

Je vais donner ici des détails sur les autopsies qui ont présenté la complication gangréneuse et virulente ; on pourra comparer ces symptômes avec ceux des associations semblables que j'ai déjà signalées (1).

### *Autopsies.*

Les viscères abdominaux ont présenté à leur surface extérieure un aspect pâle avec un reflet jaune ; on remarquait sur le colon et sur le cœcum de larges surfaces violacées ;

----

(1) L'épizootie, dans sa réapparition, a été fidèle à ses antécédents ; elle s'est également bornée aux solipèdes. Deux vaches et une génisse ont été frappées ; l'une des vaches a péri avec la génisse, et ces deux victimes avaient été atteintes du charbon virulent sans autre complication. La première a été très-légèrement malade.

Il ne faut pas perdre de vue que les frères Bonnin habitent un commune dont le terrain est calcaire, et que ces cultivateurs ont des prés argileux par exception.

l'intérieur a offert des traces imminentes de gangrène dans les endroits correspondant aux taches extérieures ; les parois intestinales, dans ces parties, avaient le triple de leur épaisseur naturelle, et l'on y voyait des *infiltrations jaunes d'or trem-blantes*, *d'un volume très-varié*, au travers desquelles on apercevait des ecchymoses livides.

Une jument morte à la suite d'une tumeur charbonneuse de nature virulente qui s'était développée à l'intérieur, et dont j'ai suivi l'infiltration jusqu'au cœur, a présenté à l'observation des taches gangréneuses sur le péricarde et dans les cavités droites du cœur. Les muscles étaient décolorés ; à l'approche l'on était saisi de l'odeur cadavéreuse de la gangrène.

Les Bonnin, pour répondre à mes questions, m'ont déclaré que depuis le mois de janvier leurs bestiaux avaient mangé un tas de foin de la récolte de 1824, lequel avait été couvert par celui de 1825, comme cela s'est fait chez la plupart des cultivateurs dont j'ai cité les noms ; j'ai même encore, à cette époque, trouvé de ces sortes de fourrages chez Jamonneau, Brennet, Texier et Favriou.

J'étais aussi pressé par une autre idée qui m'a entraîné à des recherches très-minutieuses ; mes soupçons s'étaient portés sur la contagion : elle aurait été produite par le virus de l'épizootie de l'année précédente, qui aurait été mis à découvert après avoir été renfermé un certain laps de temps. Les fourrages, suivant mes recherches, avaient pu conserver ce virus ; mais, si telle eût été la cause de la maladie, elle n'aurait pu renaître que chez Jamonneau et Bonneau, puisque c'était là seulement que cette affection avait sévi en 1825. Rien ne pourrait me faire supposer le transport des miasmes, attendu que le mal avait éclaté à la fois dans toutes ces exploitations, séparées les unes des autres par une distance de plusieurs kilomètres.

Tous ces cultivateurs avaient couvert avec les fourrages de 1825 une quantité plus ou moins grande de ceux provenant de la récolte de l'année 1824, de sorte que ces derniers n'ont pu être consommés que dans les premiers mois de 1826, circonstance qui devait tout naturellement faire soupçonner les fourrages de 1824 comme étant la cause du mal. Une chose qui avait captivé mon attention, et que je ne pouvais expliquer, c'est l'apparition spontanée de la maladie. Il régnait alors un vent du nord alterné avec un vent d'ouest; et, bien que je n'aie pas observé d'autres accidents météorologiques, il est probable que cette simultanéité de la maladie a été causée par quelque changement subit dans l'atmosphère.

Plus prévoyant dans la suite, j'ai tenu exactement note des rapports entre les variations atmosphériques et le développement de ces affections.

J'avais fait connaître au vétérinaire Camura qu'en septembre, en octobre et en novembre de l'année 1824, la maladie avait existé chez les frères Bonnin avec les mêmes symptômes et les mêmes lésions cadavériques ; qu'à cette époque, des juments et un mulet étaient morts, et qu'en mars 1825, le mal ayant reparu avec quelques différences près, il y avait eu un nombre de victimes dont la valeur, jointe à celle des autres, formait un chiffre de 5 à 6,000 fr.

Nous nous sommes livrés à des recherches opiniâtres chez

ces malheureux fermiers, afin de remonter à la source de ces sinistres (1) ; et, tout en cherchant à expliquer la cause de ces désastreuses affections qui, pendant trois années consécutives, avaient fait essuyer des pertes si considérables aux frères Bonnin, pour plaire à mon confrère, je suis sorti de mon plan, et nos recherches furent moins qu'infructueuses : elles m'avaient en effet complétement éloigné des soupçons que j'avais conçus sur la véritable cause.

Ainsi, d'après mes observations et mes recherches sur l'origine de l'épizootie générale de 1824, que je venais de voir reparaître en 1826, j'étais autorisé à accuser les aliments altérés de 1824, car j'en avais rencontré partout. Mais, en suivant aussi la maladie de chez Bonnin, où la contagion semblait impossible, puisque la métairie n'avait été abordée par aucun animal infecté, et qu'il s'était écoulé un trop long espace de temps entre les époques où cette affection avait sévi, savoir, de novembre 1824 à mars 1825, et de cette dernière au mois de juin 1826, j'ai pensé qu'il devait y avoir une autre cause.

En effet, si les aliments altérés ont fait développer le mal en 1824 et en 1826, qui a pu le faire naître en 1825, lorsque les animaux avaient mangé des fourrages excellents durant toute l'année, et que les intempéries ici ne peuvent même pas être accusées, attendu que le temps a été très-beau ?

Comme je n'avais pas encore découvert que la maladie que

(1) Je faisais alors comme tout le monde médical ; j'appelais fièvre charbonneuse, sans distinction positive, toutes les affections qui, inconnues dans leur nature et dans leurs causes, frappent les animaux rapidement et les font périr avec quelques désorganisations intérieures.

nous observions, mon confrère et moi, en 1825, chez Bonnin, était un charbon virulent, affection qui diffère du charbon gangréneux par de nombreux symptômes, et surtout par *les causes*, nous avons été découragés dans nos recherches, et nous avons abandonné des conclusions qui d'abord nous avaient paru péremptoires. Je jurai, pour ma part, de n'y pas revenir de longtemps, et de me borner désormais à recueillir des faits et à les classer.

Après avoir découvert la source du charbon virulent, je suis revenu sur ces observations, et j'ai acquis la certitude que l'épizootie de 1824 et 1826, que j'avais étudiée avec tant de persévérance, dépendait des mauvais fourrages de 1824.

Je vais maintenant franchir une longue suite d'années de ma clientèle, pour passer plus vite de cette époque d'incertitude au temps où j'ai été éclairé par les observations multipliées auxquelles je rapporterai toutes celles qui les ont précédées.

J'avais été vivement impressionné par cette grande épizootie, qui m'a toujours servi de point de comparaison.

## EXPOSÉ PRATIQUE SUR LES CAUSES DES ÉPIZOOTIES CRYPTOGAMIQUES.

Je serais entraîné trop loin, si je voulais exposer ici en détail les nombreux faits pratiques que j'ai recueillis et les différentes classifications provisoires que j'ai maintes fois ordonnées comme autant d'échafaudages utiles pour arriver au but que je désirais atteindre, et que j'ai supprimées tour à tour. Je franchirai, sauf quelques citations, quinze années d'observations, depuis 1824 jusqu'en 1859, afin d'arriver à des faits plus récents et plus positifs. Je remplirai néanmoins cette lacune par des tableaux qui donneront une idée des rapprochements que j'ai faits pour poursuivre les causes jusque dans leurs mystérieuses retraites. C'est, du reste, le plan que j'ai adopté à l'égard du *charbon virulent*. (*Voir* les tableaux.)

J'emprunterai mes citations à cette époque de ma pratique où il m'a été permis de reconnaitre de prime abord la nature de ces maladies, et de prévoir leur arrivée; encore n'exposerai-je que les principaux d'entre les faits multipliés dont les causes ont été reconnues en tout conformes à mes prévisions.

Les observations que j'avais rassemblées dans mes premières années d'exercice étaient sans doute exposées avec une grande exactitude; mais alors mon inexpérience concernant l'influence directe ou indirecte des variations atmosphériques et des denrées avariées sur l'économie animale, l'ignorance de la médecine touchant la nature et la distinction des maladies générales, ont pu m'entraîner vers quelques erreurs; peut-être ai-je classé des maladies inflammatoires parmi les affections adynamiques, et *vice versâ*.

Relativement aux affections charbonneuses, dont les caractères étaient bien moins déterminés, l'erreur est encore plus supposable; et, comme les descriptions étaient néanmoins fidèles, j'ai pu, eu égard à l'ordre que j'ai établi dans mes registres, les remanier et les classer de nouveau; de sorte que les relevés statistiques que j'ai faits pour les premières années de mes tableaux ont été très-pénibles à rassembler, car il m'a fallu reprendre et vérifier les observations les unes après les autres, afin de refaire les classements.

Dans le doute, j'ai préféré retrancher des faits embarrassants plutôt que de courir les chances de commettre des erreurs. Cette mesure ayant été égale pour tous, il en est résulté une balance proportionnelle qui, au besoin, m'autorisera à les prendre en considération.

Cette rigueur à rejeter les faits douteux, l'augmentation de ma clientèle et l'accroissement du nombre des bestiaux dans le pays que j'habite, expliquent pourquoi la quantité de malades portée aux premières années des tableaux se rapproche autant de celle des dernières, lorsqu'il est prouvé dans plusieurs passages de ces extraits que les cas étaient alors proportionnellement bien plus fréquents qu'ils ne le sont aujourd'hui ; et, comme les dernières années ont été relevées alors que je marchais d'un pas assuré dans l'étiologie des maladies qui m'occupent ici, j'ai pris les époques les moins reculées, afin de ne produire que les faits les plus récents.

## CONSIDÉRATIONS GÉNÉRALES.

*Les animaux, au commencement de chaque année, consomment toujours des denrées des années précédentes, et, de cette manière, ils sont soumis plus ou moins à l'influence du temps qu'il a fait pendant la végétation et la récolte de ces mêmes denrées.*

L'expérience m'a démontré que les plantes qui, dans des conditions égales, supportent un temps favorable durant leur végétation, ont une organisation, un tissu plus ferme, et que, pendant la récolte, elles résistent bien mieux aux intempéries que ne le font celles qui ont végété par des temps humides et prolongés : il en est de même des plantes qui croissent sur des terrains secs, comparées avec celles qui viennent sur des terrains humides ; les dernières se chargent plus de cryptogames par un temps propice à ces petits végétaux.

Les denrées altérées influent d'une manière plus ou moins funeste sur la santé et sur le développement des animaux qui les consomment ; je vais, à cet égard, entrer dans quelques considérations.

Les denrées avariées exercent leur action pernicieuse tant qu'elles sont livrées à la consommation, et elles deviennent d'autant plus funestes qu'elles vieillissent davantage, tant par l'affaiblissement et l'altération des principes nutritifs que par la présence des champignons microscopiques qui pourraient exister à l'intérieur ou s'implanter sur leur surface.

Il y a une foule de circonstances à considérer, parce qu'elles apportent de grandes modifications dans les résultats et qu'elles peuvent tromper l'observateur : tel un régime vert plus ou moins prolongé et beaucoup d'autres conditions hygiéniques. Le choix des lieux d'approvisionnements, l'espèce ; le tempérament et les habitudes des animaux, sont autant de questions que, d'après l'expérience, je me propose de traiter sous le rapport de leurs effets.

Quant à ce qui concerne l'influence directe ou indirecte de l'atmosphère sur les animaux par l'intermédiaire des subsistances, j'ai observé une série de faits importants pendant 8 années assorties deux à deux, à partir de 1839 jusqu'en 1846, lesquelles ont présenté un contraste frappant d'humidité extrême et de sécheresse prolongée. 1839 et 1840, sans avoir été extraordinaires en intempéries, ont présenté des phénomènes dignes d'être pris en considération; mais les six autres sont bien plus remarquables par le contraste qu'elles offrent.

Les premières années de chacune de ces trois dernières couples, c'est-à-dire 1841, 1843 et 1845, ont fourni des produits abondants et très-altérés pendant la végétation, et présentant, au moment de la récolte, beaucoup de cryptogames. 1842, 1844, 1846, au contraire, s'étant écoulées par une sécheresse extrême, ont donné très-peu de produits, mais en bonne qualité et sans cryptogames. Malheureusement l'alternat est toujours funeste aux années dont les denrées ont bien réussi, parce qu'il faudrait, pour l'assainissement des lieux, que les localités fussent entièrement purgées de la semence des subtiles végétaux, sans quoi pas de bonnes conditions sanitaires générales.

Plusieurs années consécutives de sécheresse produiraient sous ce rapport l'état le plus favorable; tandis que deux années consécutives de pluies continuelles, durant la végétation et pendant la récolte, constitueraient les conditions les plus funestes.

J'ai observé, dans ma pratique, deux exemples de chacun deux années successives de grandes sécheresses, tels 1825-1826 et 1846-1847. Les deux premières ont été suivies, en 1827, d'un état sanitaire satisfaisant; et il devait en être de même de 1848; mais cette année a débuté par des intempéries qui ont déjà apporté de grandes perturbations dans la végétation et un développement notable de cryptogames.

Je n'ai point heureusement eu l'occasion de remarquer plusieurs années consécutives très-abondantes en pluies; je dis heureusement, parce que cette condition est une des plus funestes pour l'état sanitaire général; et je pense que la plupart des grandes épizooties et des épidémies qui ont dévasté le monde à différentes époques ont dû leur existence à des circonstances semblables : ainsi 1841 et 1842 ont présenté des maladies plus graves et plus multipliées que les années précédentes, parce que 1841 a été plus humide que 1839, et que les denrées ont été aussi plus altérées pendant la végétation et pendant la récolte. Les grands maux qui devaient en résulter ont été néanmoins modifiés en 1842, parce que le printemps s'est heureusement présenté très-sec, et, par conséquent, très-contraire au développement des champignons.

1843 et 1844 ont eu une grande similitude atmosphérique réciproque avec les années 1845 et 1846; elles ont été signalées par des affections bien plus nombreuses et bien plus graves encore que celles des années 1841 et 1842, parce que 1843 et 1845 ont été plus humides que 1844, et que les denrées de ces deux années se sont trouvées plus altérées que ne l'avaient été celles de cette dernière.

C'est ici le cas de rappeler un exemple bien frappant et à l'appui de l'influence dont je viens de parler. Je remonte pour cela aux années 1824 et 1825, époques qui ont vu surgir des maladies plus nombreuses, plus graves et plus contagieuses que celles qui ont paru depuis ma sortie de l'école vétérinaire d'Alfort. De toutes les années que j'ai observées, 1824 est celle qui a été le plus constamment humide pendant les phases de la végétation et durant la récolte, et

à tel point , que dans beaucoup de localités les travaux
agricoles n'ont pas pu être achevés.

Comme je dois faire ici un grand nombre de citations ,
je ne détaillerai , dans leur ensemble , ni symptômes
morbides , ni lésions cadavériques. En effet , je ne parlerai que des affections cryptogamiques ( typhoïdes ), **dont**
j'ai déjà exposé les caractères généraux ; et il y aurait
répétition superflue pour démontrer que beaucoup de maladies graves, inconnues dans leur nature, n'en sont réellement que des variétés ou des conséquences. Je signalerai
particulièrement celles qui s'y rapportent , soit par le siége
du mal , soit par la manière bien tranchée avec laquelle il
s'y établit.

En remontant à l'origine des peuples , on voit que les premières épidémies datent des temps où les hommes, arrivés à
l'état de société, se sont trouvés dans l'obligation de faire des
approvisionnements contre les saisons rigoureuses et contre
les disettes.

Je vais prendre les années assorties par couples, pour traiter quelques questions générales ; puis je rapporterai, autant
que possible , les observations qui leur sont particulières.

### *Des années 1839 et 1840.*

Quoique ces deux années n'aient pas présenté de différence aussi tranchée que celle qu'ont offerte les autres couples dont j'ai parlé , elles ont cependant fourni des renseignements très-importants ; il y a eu dans le cours de cette
période quelques maladies générales, parce que les fourrages
de 1839 ont été presque en tous lieux avariés pendant la fa-

naison. L'état sanitaire de la dernière de ces deux années a été plus troublé, et cela a tenu à ce que le printemps de 1840 fut signalé par une intermittence remarquable de chaleur et d'humidité. Cette circonstance, très-favorable à l'apparition des cryptogames, se trouva néanmoins considérablement modifiée, et les affections ont été bénignes, attendu que les récoltes de 1839 avaient été favorisées, pendant leur végétation, par une température soutenue, offrant le double avantage d'une bonne constitution dans les plantes et d'un moindre développement de cryptogames dans le sol et sur les végétaux. Les lieux d'approvisionnements ont été conséquemment bien moins infectés de champignons. Les urédos (charbon) et les autres espèces qui attaquent les céréales ne sont fréquents que lorsque les pluies sont abondantes pendant la croissance, car celles qui surviennent durant la fructification sont trop tardives, et sont moins susceptibles de devenir favorables à la germination et à l'absorption des atomes de ces végétaux, à cause de la chaleur et des grands jours. Parmi les maladies cryptogamiques de ces deux années, je ne citerai que celles qui ont eu des caractères de complication particulière avec de l'ensemble.

Pendant l'automne de 1839, j'ai observé une série d'affections cryptogamiques qui se sont compliquées de symptômes de coliques très-saillants; et j'ai remarqué que ces affections se déclaraient dans les lieux où les fourrages avaient le plus souffert par l'humidité pendant la fanaison, et dans ceux où les conditions locales étaient le plus insalubres.

Avant d'entrer en matière, je ferai observer que j'ai rencontré une foule de champignons microscopiques dont la description ne se trouve dans aucun auteur, et d'autres dont les noms ont changé par de nouvelles classifications ; de sorte que je m'abstiendrai de parler même des espèces les plus connues, pour m'en occuper plus tard dans un travail particulier où je les classerai tous suivant leur genre, et où je décrirai leur nature et leurs propriétés plus ou moins pernicieuses, plus ou moins nutritives. Je me bornerai ici à des descriptions.

### AFFECTIONS CRYPTOGAMIQUES COMPLIQUÉES DE SYMPTOMES DE COLIQUES, EN 1859.

Les cryptogames disposent aux coliques en automne plus qu'en aucune autre saison, lorsque le siége du mal se fixe dans les intestins (1). En 1859, l'ensemble et la fréquence de ces symptômes ont fixé mon attention, et je vais en citer quelques cas, parce qu'ils ont souvent trompé l'observateur par leurs rapports avec les coliques inflammatoires.

1° M. Demaury, fabricant d'huile au moulin de Comporté, commune de Niort, a eu, en septembre, deux juments atteintes de cryptogamie compliquée de coliques. L'une de ces bêtes n'a été tourmentée que pendant quatre heures ; l'autre a souffert 24 heures environ. Des sétons placés aux deux juments pour seconder le traitement interne ont pris lentement, et l'engorgement laissait échapper une suppuration ichoreuse odorante ; il est survenu à la cuisse gauche de la dernière de ces deux juments un engorgement érysipélateux qui s'est infiltré jusqu'au boulet. Ces coliques diffèrent des

(1) J'ai pris mes exemples parmi ceux qui ont été exempts de complications inflammatoires, et qui étaient compliqués d'agitation des flancs avec lenteur du pouls.

coliques inflammatoires par l'appétit qui revient souvent, et par la circulation des excréments et des vents dont le cours est libre ; le ventre devient flasque, le pouls lent ou intermittent, varié ; les membranes de l'œil sont pâles ou pétéchiées et humides ; les symptômes de douleurs sont très-variables, et il y a souvent tremblement général, et sueur dans le moment le plus calme.

Les fourrages de M. Demaury provenaient d'une prairie basse ; altérés d'abord, ils avaient été placés dans un fenil appuyé contre le rocher d'un coteau qui s'élève perpendiculairement à une hauteur de plusieurs fois celle de ces constructions ; et, avant la maladie, les deux bêtes avaient, pendant un temps pluvieux, mangé le fourrage qui, dans le fenil, se trouvait près de la partie la plus insalubre du rocher. Et, sur le foin qui venait à la suite de celui que les juments avaient consommé, j'ai remarqué, au moyen du microscope, *des champignons blancs, à tête arrondie, supportés par des pédicules tortueux et grêles, et d'autres avec des pédicules droits ; les nervures des graminées présentaient une grande quantité de fongosités sessiles, arrondies, jaunes et arrangées par groupes.*

2° M. Prilleux me fit appeler à Vouillé, chez son fermier, en décembre, pour quatre juments qui furent tout à coup saisies de coliques violentes. Aux symptômes, je reconnus la maladie principale ; et, ayant fait aussitôt des recherches (1) pour découvrir les foins qui avaient accasionné le mal, j'ai

(1) La plupart des fermiers, par un faux amour-propre, s'efforcent toujours de convaincre de la bonne qualité de leurs fourrages, et cela ne doit pas empêcher l'observateur de persévérer dans ses investigations.

trouvé de la luzerne provenant d'une seconde coupe; ce fourrage, serré avant d'avoir suffisamment séché, se trouvait placé sur ceux des premières coupes, et j'appris que depuis quelque temps les quatre bêtes n'en mangeaient pas d'autre. Les champignons qui les couvraient étaient visibles à l'œil nu, et, au moyen de la loupe, j'ai distingué *qu'ils étaient blancs, très-nombreux et à pieds rameux ; il y avait sur les feuilles beaucoup de fongosités moussues, de couleur jaune.* Le fermier, incrédule et frappé de la simultanéité d'une maladie si grave, alla consulter le devin, qui prononça une sentence de mort contre les quatre bêtes, en disant sans hésiter : qu'un sort avait été jeté sur les bestiaux et sur les bâtiments. A ses ordres, un cœur de bœuf fut percé d'épingles et mis dans un four à une heure déterminée ; par ce moyen, on devait tout à la fois tourmenter le sorcier et conjurer le sort en faveur des autres animaux.

Il a fallu toute la persévérance et l'activité de M. Prilleux pour engager les enfants de ce superstitieux à faire suivre mes prescriptions. Ces juments ont cruellement souffert pendant trois jours ; enfin la nature, secondée par un traitement énergique, a triomphé de la maladie, qui s'est terminée à la suite d'une éruption générale.

3° Le sieur Courtin, meunier au moulin du Pont, à Niort, a eu, en novembre, une jument dans le même cas que celles du fermier de M. Prilleux : la bête, pendant une journée, et à différentes fois, avait mangé du foin avarié pris contre un mur frais; sur ce foin j'ai distingué, au moyen du microscope, *des champignons blancs, à pédicules courts, droits et à têtes rondes ; fongosités arrondies, sessiles, de couleur brune ou violette.*

Urines copieuses et odorantes.

4° A la Moujaterie, commune de Souché, en octobre, deux juments et un cheval furent atteints de la même manière ; le cheval a été guéri après avoir éprouvé une toux opiniâtre ; l'une des juments a eu un engorgement érysipélateux à la face interne de la cuisse, et l'autre a eu une congestion dans les sabots, avec des symptômes graves de fourbure et un léger décollement à la couronne et au talon. Le cheval, dans sa longue convalescence, a eu un engorgement des deux tendons fléchisseurs antérieurs, et cet accident ressemblait tellement à de la fatigue (1), qu'on me proposa d'y mettre le feu. *Ces bêtes avaient mangé du foin avarié et moisi pris sur le devant du tas et contre le mur. Les champignons étaient blancs, à tiges rameuses, entrelacées dans tous les sens ; fongosités violettes, sessiles, avec d'autres moins arrondies et placées dans les nervures des tiges du fourrage.*

(1) Cette complication se rencontre souvent ; elle a été signalée dans les pleurésies par M. Bouley jeune, et par beaucoup d'autres observateurs. Nous en possédons de nombreux exemples dans la médecine vétérinaire et dans la médecine humaine ; mais on saura que ces métastases bizarres appartiennent aux affections cryptogamiques. Dans la convalescence, les inflammations ne se promènent pas de la sorte.

J'ai observé, particulièrement sur les chevaux dans le même cas, de nombreuses affections des membranes synoviales.

Relativement à la médecine humaine, entre plusieurs faits de cette nature, il est bon de citer les deux suivants : M. Mulon, vétérinaire à la Rochelle, a eu une rétraction très-grave des tendons fléchisseurs des trois doigts externes de la main droite, par suite d'une affection typhoïde dont le siége s'était établi sur les poumons. Le sieur Pajou, empirique, demeurant à Arçais (Deux-Sèvres), a eu une semblable infirmité, à la suite d'une maladie typhoïde qui s'était fixée sur l'intestin. Le malade a éprouvé des coliques intermittentes qui ont duré un mois.

5° Chez le sieur Morin, en Ribrais, à un kilomètre environ de Niort, la maladie s'est déclarée sur un cheval âgé de 5 ans, et, après s'être prolongée plusieurs jours par intermittence, elle s'est terminée par un engorgement sous le ventre. Cet engorgement a pris de l'étendue, et surtout du côté gauche; le mal a ensuite disparu, mais l'animal est tombé en langueur.

Le foin dont le cheval s'était nourri avait été entassé à terre dans un coin de l'écurie; il était altéré, jaune, et l'on distinguait sur sa surface *des champignons argentés, fistuleux, à têtes rondes et à tiges droites. On y voyait aussi beaucoup de fongosités noires à têtes allongées.*

6° La veuve Mériot, à Surimeau, eut en octobre trois mules affectées semblablement; l'une, à la suite du traitement, a eu une sueur abondante et prolongée; les deux autres ont eu des urines fréquentes. Ces bêtes avaient mangé du foin altéré provenant d'une tranchée près de terre. On voyait sur cette pâture *des champignons blancs à tiges grêles, tortueuses et à têtes arrondies; on remarquait sur ces tiges et dans les nervures des fongosités globuleuses en plus grand nombre.*

7° M. Sarrasin, entrepreneur de messageries, à Niort, eut en octobre une jument et un cheval frappés du même mal. Le cheval a succombé à une crise au cerveau (1) (symptômes de vertige); la jument a eu un ulcère gangréneux au boulet.

L'autopsie du cheval a offert un épaississement livide de la muqueuse du sac gauche de l'estomac; les ventricules du

(1) Les fièvres cérébrales inflammatoires, les vertiges inflammatoires, quoique semblables, au premier aperçu, aux cas analogues à celui qui se présente ici, pourront être distingués par le praticien, vu l'état particulier des membranes, du pouls et de l'attitude générale, et celui des autopsies.

cerveau présentaient peu de sérosité, ses parois étaient d'un blanc terne; l'abdomen offrait beaucoup de sérosité jaune. Le mésentère présentait des ganglions ecchymosés.

Le foin avait été pris sur le sommet d'un tas près de la charpente, position dangereuse dans les temps humides et pendant les brouillards. En examinant ce foin au microscope, j'ai remarqué *des champignons blancs à tiges droites et à têtes globuleuses; fongosités violettes allongées.*

8° Le sieur Favriou, de Saint-Florent, a eu un cheval pris de la même maladie, et qui, comme celui de M. Sarrasin, a succombé à une affection cérébrale (1). L'autopsie a fait découvrir les mêmes lésions, à cette différence près que la muqueuse du duodénum était épaisse, jaunâtre, et présentait des milliers d'ulcérations visibles à l'œil nu (vertige abdominal).

9° La maladie s'étant déclarée chez M. Bruneau, à Niort, elle s'est terminée par un lumbago et une roideur spasmodique des muscles, qui ont cédé à un traitement énergique. Le foin, ici, était *bottelé*, et entassé dans un fenil clos, et il était couvert *de fongosités jaunes avec très-peu de champignons blancs.*

10° Chez le sieur Morin, à Sévreau, le mal a pris une jument, et a passé au poulain par le lait; le petit animal a eu une diarrhée infecte.

11° M. la Chauverie, propriétaire à Saint-Ligaire, me fit appeler pour sa jument, qui était atteinte de cette maladie, laquelle, ici, s'est portée sur les reins, et s'est terminée par trois ulcères livides que j'ai opérés et cautérisés avec de l'acide

(1) Il arrive dans ces maladies qu'aujourd'hui le sujet peut avoir une colique, et demain une affection de la plèvre, du poumon, du cerveau, d'un membre, etc.

sulfurique étendu. Cette jument a eu plusieurs attaques qui, d'année en année, ont coïncidé, à différentes époques, avec des fourrages moisis dont elle se nourrissait, et elle a succombé à une pulmonie gangréneuse.

**12.** M. Monet, maire de Mougon, a eu en même temps trois juments atteintes d'une fièvre cryptogamique, avec coliques et boursouflements de la conjonctive. Ces animaux avaient mangé du foin pris en dessous d'un gros tas et près de la terre. Ce foin, qui avait une légère teinte jaune, présentait *peu de champignons blancs; mais il offrait de nombreuses fongosités allongées, noires, ou brunes ou violettes, et des débris de tiges articulées de couleur jaune.*

**15°** Chez M. Pévreau, maître de poste à Frontenay, il y a eu, en novembre, une affection cryptogamique qui s'est manifestée sur plusieurs bêtes par une agitation des flancs, et compliquée sur deux par des coliques. Le plus malade de tous ces animaux a eu un ulcère aux pieds, et tous les autres ont supporté une éruption cutanée. Les fourrages, vus au microscope, ont montré de nombreux *champignons blancs filiformes, à têtes petites très-caduques, aux pieds desquels on remarquait des fongosités jaunes, moussues, avec quelques petites fongosités noires dans les nervures* (1).

**14°** Ce mal frappa, chez M. Imbert, à Recouvrance, une mule et deux juments, et cela avec des symptômes de coliques qui n'ont été sérieux que pour celle des juments qui était nourrice, et dont la pouliche est aussitôt tombée malade, et a éprouvé une diarrhée opiniâtre et infecte. L'autre jument a eu un engorgement érysipélateux à la face interne

_______________

(1) Je vois souvent des champignons dont je ne tiens pas compte quand ils sont en petit nombre.

de la cuisse droite ; la mule n'a éprouvé aucun phénomène sensible. Les fourrages qu'on distribuait à ces bêtes étaient pris dans un fenil obscur et frais, et ils ont montré, au microscope, une multiplicité *de champignons sous forme de roseaux, sans têtes apparentes, et une grande quantité de fongosités jaunes, arrondies et mêlées à travers des fongosités violettes.*

15° Le même mal frappa deux juments en décembre chez les Tavard, à Chizon, et deux autres, en même temps, chez Faucher, à la Glardrie, et l'on compte une foule de cas analogues ayant la même origine. J'ai souvent rencontré cette variété de cryptogamie, mais jamais d'une manière aussi générale qu'en 1839.

Toutes ces maladies ont été traitées par les toniques, les stimulants, sans saignées.

### AFFECTIONS CRYPTOGAMIQUES COMPLIQUÉES DE SYMPTÔMES NERVEUX.

Pour 1840, je citerai quelques affections cryptogamiques qui ont présenté des symptômes nerveux exceptionnels avec un caractère d'ensemble.

1° Le sieur Naux, demeurant à la Tiphardière, commune de Saint-Ligaire, grand guérisseur de bestiaux, très-renommé dans la contrée, ayant remarqué sur ses juments et sur celles de son fils, dont l'habitation est située en face de la sienne, sur l'autre rive de la Sèvre, ayant remarqué, dis-je, sur ses bêtes des symptômes extraordinaires, me fit appeler, le 20 octobre, pour leur donner des soins. A mon arrivée, je reconnus une affection cryptogamique : à la tristesse alternée, avec un état de mieux instantané qui coïncidait réciproquement avec l'appétit et l'inappétence ; à la pâleur des membranes apparentes, compliquée d'infiltrations et de pétéchies; à l'intermittence du pouls, à l'agitation des flancs au moindre exercice, aux crottins moulés, luisants, etc. : tous ces symptômes étaient compliqués de contractions spasmodiques des masses musculaires des cuisses et des épaules, avec une marche tremblotante et chancelante à la fois.

2° J'ai été appelé, dans la même semaine, à Saint-Ligaire, par le sieur Soulice, qui avait une mule, deux juments et un veau affectés de cette maladie. Dix autres bordiers du même bourg m'ont montré, dans ce temps, huit juments et trois veaux dans le même état.

Toutes ces bêtes ont été guéries sans saignées, et par un traitement tonique stimulant. Mon confrère Huguenin, vétérinaire dans un régiment de chasseurs, a bien voulu m'assister dans une seconde visite pour observer cette singulière maladie.

Les sétons ont été ichoreux et infects, et la suppuration normale a été lente à s'établir. Cinq juments et un veau ont eu une éruption générale ; un poulain à la mamelle a eu une diarrhée opiniâtre.

3° Le sieur Bouroleau, de Ché, dont la grange est située dans le lieu le plus humide de son exploitation, m'a mandé pour la même maladie, fixée sur deux juments dont l'une a été promptement rétablie ; chez l'autre bête, le mal s'est terminé par une fièvre cérébrale qui l'a fait périr.

Tous les fourrages qui avaient servi à la nourriture de ces différents animaux avaient été avariés dans le même temps, et se trouvaient dans des circonstances atmosphériques et locales favorables au développement des champignons. Je n'ai pu observer que les foins de MM. Naux père et fils et

de Bouroleau ; ceux du père Naux ont présenté *des champignons blancs, droits et à têtes rondes ; fongus noirs, arrondis et isolés ; fongus rouges, allongés et agglomérés.* Ceux
du fils Naux portaient sur les feuilles de trèfle *un champignon blanc vrillé,* que je n'ai jamais remarqué que deux
fois. Les autres cryptogames étaient à peu près semblables à
ceux que j'ai vus chez le père Naux.

Les foins de Bouroleau ont présenté sur les feuilles de renoncules beaucoup de *champignons blancs, à tiges longues et
à têtes arrondies ; les graminées portaient des fongus allongés, noirs et groupés.*

4° M. Tessereau fils, demeurant à Bois-Martin, commune
de Chavagné, me fit appeler au mois d'octobre pour une
maladie qui régnait sur ses juments et sur ses mules, laquelle maladie était en tout semblable à celle qui sévissait à
Saint-Ligaire. Deux bêtes étaient déjà mortes lors de mon
arrivée, et elles n'avaient subi d'autre traitement que la
saignée et les sétons. Je trouvai encore cinq malades, trois
mules et deux juments ; tous furent guéris par un bon régime tonique. M. Tessereau avait fait manger à ses bêtes du
trèfle incarnat récolté trop mur, et qui avait beaucoup souffert par la pluie pendant sa dessiccation. Ce trèfle, observé
au microscope, a montré sur toutes les parties de la plante
*des champignons blancs très-longs, à filets rameux et à têtes
grosses et arrondies ; on distinguait sur les tiges des fongosités
moussues, jaunes, entourées de filaments divergeant dans tous
les sens.*

Cette maladie a régné dans plusieurs fermes voisines de
Bois-Martin et avec les mêmes circonstances. A Bois-Martin,
les fourrages étaient plus altérés qu'à St-Ligaire ; les champignons étaient plus multipliés, et c'est cette particularité

qui explique pourquoi la maladie a été plus grave ; il y a eu en effet plusieurs morts.

Je ne ferai pas d'autres citations pour ces deux années, attendu, du reste, que les maladies, ici, ont été d'une importance bien inférieure à celle des années qui vont suivre.

### Des années 1841 et 1842.

L'année 1841 a été bien plus humide que l'année 1839 ; à la fin de mars et dans les premiers jours d'avril, la végétation a été favorisée par une pluie douce et un vent du sud-ouest ; ensuite sont venues des pluies intermittentes par des vents d'ouest. La végétation a été abondante, mais les récoltes ont beaucoup souffert ; cependant l'intermittence des pluies a permis de couper en temps ordinaire de maturité. *Les cultivateurs les plus vigilants* ont pu se préserver des avaries, et cela a eu une grande influence sur les résultats ultérieurs. La sécheresse, soutenue par un vent du nord-est au printemps de 1842, a préservé les bonnes localités des maladies que devait faire redouter l'état général des denrées. Il est certain que, sans la négligence avec laquelle on traite les lieux d'approvisionnements, nous n'aurions que très-peu de maladies de ce genre dans les années de sécheresse qui suivent les années de mauvaises récoltes. 1841 et 1842 ont été néanmoins signalées par de nombreuses maladies dans toute la France, et particulièrement dans notre département. Je me bornerai à quelques citations, suffisantes pour atteindre le but que je me propose, et je vais exposer les cas les plus saillants de fièvres cryptogamiques qui eurent lieu en 1841.

1° Le sieur Massé, exploitant la ferme de Villermat, commune de Bançais, canton de Celles, me fit appeler, en août, au sujet d'une maladie grave qui régnait chez lui sur des ânesses de forte race (1).

Avant mon arrivée, cinq ânesses avaient succombé dans l'espace de 20 jours à des saignées et à un breuvage de vinaigre dans lequel on avait fait bouillir des oignons, le tout étant administré par les soins d'un empirique. Massé avait encore trois bêtes malades qui n'avaient subi aucun traitement; elles étaient fortement abattues; les membranes apparentes étaient jaunes, avec pétéchies à la conjonctive; toutes avaient une agitation des mouvements respiratoires; les naseaux étaient dilatés, et il y avait écoulement d'un mucus ichoreux par les narines. Deux avaient le pouls lent et plein; l'autre l'avait agité, avec borborygmes; urines colorées, crottins mous. Celle dont le pouls était lent évacuait des crottins moulés et luisants, avec sueur; chez l'autre, les déjections étaient glaireuses, et il y avait agitation. J'appliquai à cette dernière un sinapisme, et aux autres des sétons; même traitement stimulant en électuaires et en lavements fréquents et réitérés. Du reste, même nourriture raisonnée pour toutes. Mieux prompt, convalescence longue.

Ces bêtes furent isolées avec soin des autres bestiaux; le foin avec lequel elles avaient été nourries était avarié, ayant été serré humide; j'ai remarqué qu'il portait beaucoup de *champignons blancs, dont la tête avait la forme d'un chapeau, et dont le pied, long et droit, présentait au milieu un renflement ressemblant à un baril:* c'était sans doute un anneau.

(1) Les fortes ânesses du sieur Massé étaient de premier choix et de la valeur moyenne de 1,000 fr.; elles lui faisaient des baudets de trois ou quatre mille francs.

On eût dit deux *champignons superposés. Il y avait aussi quelques champignons blancs en chapelets, et beaucoup de fongosités à formes irrégulières, les unes grises, les autres jaunâtres ou noires.* La quantité approximative de ces cryptogames m'a paru souvent plus considérable que ne pouvait l'être la partie nutritive des plantes. J'ai ordonné alors de sortir ces fourrages, de les exposer au soleil et de les battre. Les champignons qui résistent à une pareille opération sont peu dangereux; cela tient à la dessiccation et à la diminution causées par l'absence de ceux qui s'en vont en poussière. Mes recommandations ne furent point suivies, et ce foin avarié fut distribué aux juments poulinières, habituées à manger ce qu'il y a de mauvais. Le mal s'est alors déclaré sur ces bêtes, et Massé me fit appeler de nouveau : même traitement, même succès.

2° M. Imbert, à Recouvrance, faubourg Fontenay, à Niort, a vu cette affection se déclarer chez lui sur une mule et deux juments; mais, comme le mal avait peu de gravité, il a cédé promptement à un traitement raisonné et à quelques soins hygiéniques. M. Imbert, mesurant le danger avec la simplicité du traitement que j'avais ordonné, s'inquiéta peu au sujet d'un superbe cheval qui fut ultérieurement frappé de la même maladie; et, comme le mal faisait de rapides progrès, on m'envoya, le troisième jour, l'animal, qui mourut en entrant dans mon écurie.

*Autopsie* cinq heures après la mort : odeur cadavéreuse, épanchement de sérosité jaune, sanguinolente à l'ouverture de l'abdomen; péritoine parsemé de taches violettes; pétéchies sur la face postérieure du diaphragme; larges taches rougeâtres marbrées de jaune à la surface extérieure du colon, correspondant à des surfaces ecchymosées à l'intérieur; muqueuse épaissie du double; ganglions mésentériques ecchymosés; foie et rate hypertrophiés et augmentés de volume : les cavités droites du cœur présentaient quelques taches noires pétéchiées.

Les fourrages de M. Imbert, avariés d'abord, étaient mal logés, et c'est pour cela que nous le voyons souvent venir réclamer les soins du vétérinaire.

J'ai observé chez ce même propriétaire la même maladie en 1844 et en 1846, mais toujours après la distribution des fourrages qui se trouvaient dans la partie la plus dangereuse du fenil.

3° Le sieur Maçon, charroyeur, habitant le village d'Endrolet, séparé du bourg d'Échiré par la Sèvre, eut en juin trois bêtes atteintes par cette même épizootie, qui alors régnait sur plusieurs points. Après un traitement stimulant, l'un de ces animaux eut un ulcère gangréneux aux pieds (1); un autre eut une éruption cutanée, et le troisième une diarrhée fétide.

Les fourrages de Maçon avaient souffert; puis, comme ils étaient appuyés contre un mur humide, ils s'étaient, par un temps pluvieux, couverts de champignons qui vus au microscope, ont paru *blancs et à chapeaux ronds; les uns avaient les pieds grêles et tortueux, les autres les pieds droits; on voyait aussi beaucoup de fongosités, les unes noires ou violettes, les autres d'un aspect spongieux, jaunes et enlacées de fibres blanches.*

Il a fallu cette circonstance fâcheuse pour me ramener

_______________

(1) On voit souvent de ces pustules gangréneuses, dans les épizooties comme dans les épidémies.

Maçon, qui, depuis dix ans qu'il était sorti du bourg d'Échiré pour aller habiter le village d'Endrolet, n'avait point vu de maladies sérieuses se déclarer sur son bétail. Maçon avait changé de demeure, parce que, dans les années 1827, 1828 et 1829, il avait perdu à Échiré, surtout pendant les deux dernières années, une grande quantité de bestiaux. La grange de l'habitation de Maçon, à Échiré, était humide et sans courant d'air.

A cette époque, j'avais, sans attribuer la maladie aux cryptogames, conseillé des moyens d'assainissement contre l'humidité et l'air concentré ; mais Maçon, ne pouvant pas croire que tant de mal pût dépendre de si peu de chose, pensa au sortilége, et étant allé consulter le devin, ce dernier lui avait donné le conseil d'abandonner des lieux qui étaient frappés de maléfice.

La nouvelle habitation étant mieux disposée que la première, Maçon n'éprouva plus de pertes ; et c'est ainsi que le hasard servit à accréditer la science du devin dans le pays, et cela d'une manière dangereuse et ruineuse pour quelques malheureux.

4° M. Magnan, demeurant à Saint-Gelais, bourg situé aussi sur la Sèvre, a une habitation qui se trouve dans le même orient que celle que Maçon occupait à Échiré ; les écuries et les fenils sont appuyés contre un coteau, et par conséquent très-humides. Ce propriétaire me fit appeler pour des mortalités et pour des maladies cryptogamiques très-graves dans des années humides. Renaud Jacques, de Ré, a été aussi souvent dans le même cas, à cause des mêmes dispositions locales.

Les coteaux humides sont très-dangereux ; il faut en isoler les constructions. En plaine, les murs abrités, des lieux trop clos, sont aussi très-redoutables dans certaines années. C'est ainsi que mes soins ont été fort souvent réclamés par les gens de Vouillé, Saint-Remy, Mougon, etc., tous habitants de pays de plaine, et ayant des granges mal aérées et obscures. J'ai été aussi fréquemment appelé, pour des affections fort graves survenues dans des temps d'humidité, chez M. Tristan, de la Cour-de-Bois-Berthier, exploitation dont la grange est trop petite, trop close et dangereuse, comme tant d'autres dont les ouvertures regardent le nord ou l'ouest.

5° M. de Saint-Georges, préfet des Deux-Sèvres, a eu recours à mon ministère en juin 1841, pour deux chevaux de voiture que je reconnus affectés de l'épizootie régnante, sous des symptômes fébriles concentrés : l'appétit et la gaîté n'étaient dérangés que par intervalle. Cet état de choses, léger d'abord, s'est terminé par une crise sur les membranes pituitaires, qui se sont engorgées et infiltrées sous une couleur rose ; puis il s'est opéré à la surface une sécrétion abondante d'un mucus épais, jaunâtre et ichoreux, qui est devenu adhérent aux naseaux, et qui fut accompagné d'un engorgement des ganglions de l'auge.

M. le préfet eut de vives inquiétudes au sujet de ses deux chevaux, qu'il croyait morveux, et il était fortifié dans ses craintes par les explications qu'il avait reçues de quelques officiers de cavalerie qui lui inspiraient de la confiance. Sûr de triompher, je combattis faiblement ces opinions : en effet, je savais que ce cas était en tout semblable à une infinité d'autres dont j'avais obtenu les cures les plus satisfaisantes. J'ai ordonné d'abord de couvrir les chevaux, de supprimer le pansage à l'étrille, et de substituer au foin une double ration de paille et d'avoine. Je fis ajouter à cette nourriture des toniques spiritueux et stimulants. De légères fumigations de chlore ont été aussi dirigées sur la pituitaire, et le mal a entièrement disparu.

Le foin dont se nourrissaient ces deux chevaux avait été d'abord altéré; puis, ayant été entassé ensuite en bottes par un temps d'humidité qui pénétrait partout, sa mauvaise qualité fut compliquée par une infinité de champignons qui étaient survenus à sa surface. Parmi ces cryptogames, j'ai reconnu avec le microscope *des fongosités arrondies, d'autres irrégulières, brunes, fixées sur les tiges, et de nombreux fongus jaunes, entourés de quelques champignons blancs à longs pédicules minces, coudés et rameux.*

Même maladie, même cause, même issue chez M. Bizet, en décembre 1841, sur une jument et sur un cheval.

6° Le sieur Lebœuf, maître de poste à Mougon, arrondissement de Melle, ayant fait déposer des fourrages altérés dans une maison nouvellement construite, a vu ses chevaux atteints d'une maladie semblable à celle dont furent affectés ceux de M. de Saint-Georges. Mes soins ayant été réclamés à temps, ma méthode curative a entièrement triomphé du mal, à la grande surprise du propriétaire, dont les chevaux avaient été jugés morveux. Une indisposition qui me força de garder la chambre m'a empêché de traiter, chez M. Lebœuf, plusieurs autres chevaux qui, par suite, furent atteints de la même maladie; et je n'ai point été surpris d'apprendre que ces bêtes sont devenues morveuses et qu'elles ont été abattues par ordre de la police.

Dès cette époque, je savais que la morve est une suite, une terminaison funeste des affections cryptogamiques (typhoïdes); j'étais convaincu, mais je manquais de preuves suffi-

santes, parce que celles que j'avais n'étaient pas encore ordonnées de manière à lutter contre les personnes disposées
à la satire. Retenu, du reste, par les raisons que j'ai déjà
exposées, je ne pouvais pas, malgré le désir ardent qui
me pressait, non, je ne pouvais pas encore doter mon pays
d'une si belle découverte.

Les regrets que j'ai ressentis et la marche lente du travail,
joints à des chagrins domestiques que j'éprouvai alors, ont
puissamment contribué au développement d'une maladie
nerveuse qui me força de suspendre mes travaux.

Désireux de me soustraire promptement à un mal qui
m'obsédait, et dont les suites pouvaient retarder, empêcher même la publication de documents dont tout le prix
m'était connu, je résolus d'abandonner quelque temps un
théâtre qui ramenait sans cesse mon esprit aux mêmes idées,
et d'aller vers les Pyrénées, non pas pour y prendre
des bains, ils ne m'inspirent aucune confiance, mais afin
de m'y livrer à des études en cherchant les distractions
efficaces dont j'avais besoin, et que ces belles et imposantes
contrées procurent à l'observateur. Après quelques mois,
ma guérison fut complète, et je revins à mon œuvre, parfaitement résigné à attendre la réalisation de ses différentes phases. Une telle absence a laissé dans mes observations locales une grande lacune pour l'année 1842 ; cependant j'ai recueilli des faits importants dont je vais donner
les détails.

Les fourrages de 1842 ont été très-rares ; les fermiers qui
furent obligés d'en acheter, et qui les ont charroyés pendant
les pluies de novembre et de décembre de la même année

et de janvier 1843, eurent presque tous des bestiaux atteints de cryptogamie, parce que ces pluies sont tombées par un temps doux.

On doit, en effet, concevoir que la quantité de cryptogames qui naissent sur les denrées pendant les transports doit varier avec le temps et la distance à parcourir, avec la quantité et la qualité des fourrages; que l'état des lieux, le tassement et le bottelage peuvent établir aussi des différences majeures entre les phénomènes qui se passent dans des maisons que l'on considère comme étant dans les mêmes conditions, et que toutes ces circonstances sont très-propres à égarer l'observateur qui n'en tiendrait pas compte.

7° Le sieur Tison, exploitant la moitié de la ferme de Peiglan, commune de Coulon, me fit appeler, en décembre 1842, pour donner des soins à l'un de ses chevaux étalons. Je reconnus de suite la fièvre cryptogamique régnante, laquelle avait été aggravée par une saignée; je relevai l'état adynamique par un traitement énergique, et j'obtins la guérison de l'animal.

Un autre étalon et un poulain ayant été atteints de la même affection pendant le traitement du premier cheval, ces deux bêtes furent guéries sans saignée. La maladie se déclara aussi sur quatre baudets : le premier pris, le plus beau de tous, périt très-rapidement, malgré les soins les plus énergiques; deux autres étant devenus très-malades, la famille de Tison crut qu'il était menacé d'une ruine prochaine, et elle accourut aussitôt vers lui. Ces bonnes gens, comme cela se fait partout, attribuant au sang la cause de la maladie, manifestèrent leur surprise en apprenant que le baudet

mort n'avait été saigné qu'une seule fois (1), et exprimèrent
hautement le désir qu'ils avaient de voir pratiquer cette opération sur les autres malades. Je ne parvins que difficilement
à faire prévaloir mon opinion sur ce point; mais je pus
appliquer mon traitement et des sinapismes, et j'obtins un
plein succès.

La maladie attaqua encore deux ânesses chez le même
fermier, et ces bêtes, ayant été copieusement saignées avant
mon arrivée, l'une périt (2), et la gangrène, chez l'autre,
s'étant établie dans l'engorgement des sinapismes, je tranchai
la tumeur, j'enlevai la substance en côtes de melon, et
ayant tout cautérisé énergiquement avec de l'acide sulfurique
concentré, l'animal a été rétabli.

Le mal gagna les juments. Ces bêtes étant d'une valeur
moindre que celle des autres animaux, on fit appeler Naux
père, empirique dont j'ai parlé au sujet d'une cryptogamie
de 1839 compliquée de névrose. Cet homme, fidèle aux habitudes des cultivateurs, abonda dans le sens du client; on fit
alors des saignées copieuses et réitérées, et les deux premières
malades sont mortes très-promptement. Alors on me fit appeler pour trois autres juments qui furent successivement
atteintes par l'épizootie; et Tison, alors complétement convaincu de l'efficacité de ma méthode, me laissa libre, et ses
trois bêtes furent guéries sans aucune effusion de sang. J'ap-

(1) Ce baudet avait été en effet saigné avant mon arrivée; généralement on s'inquiète plus, dans nos campagnes, du nombre des saignées que de la quantité de sang obtenu.

(2) Le siége du mal était la plèvre avec épanchement de sérosité ci-
trine; engorgement ganglionaire et purulent du mésentère chez le
baudet, et nul chez l'ânesse.

pliquai le même traitement à cinq mules qui furent atteintes dans le même temps que les juments ; mais ces dernières bêtes ont été moins malades, car elles en furent quittes pour quelques engorgements des conjonctives, une fièvre et une agitation des flancs, qui se terminèrent, comme dans la maladie de 1825, par l'engorgement des membres postérieurs ; de même que dans cette épizootie, il y a eu complication de charbon gangréneux.

En voulant remonter à la cause de la maladie, chez Tison, j'appris que ce cultivateur fut obligé d'acheter de bonne heure des fourrages, que les transports se firent par le temps humide et tempéré qui a régné en novembre, et que ce foin fut entassé sans précaution dans une vaste grange où il se trouva dans les conditions les plus favorables au développement des cryptogames.

Ayant observé ces fourrages au microscope, j'ai vu, sur quelques brins de joncs, *des champignons blancs à tiges droites, et d'autres à tiges rameuses et à chapeaux petits et arrondis ; sur les graminées, j'ai vu des champignons sessiles, arrondis et noirs, que j'évaluai à un cent sur une longueur de 27 millimètres de beaucoup de brins ; fongosités noires ou jaunes et offrant un aspect spongieux.*

La métairie de Peiglan est bâtie sur un terrain très-élevé qui s'étend, en pente douce, jusqu'à la Sèvre et jusqu'aux marais. Le sieur Ravard, beau-frère de Tison, exploite l'autre moitié de ce vaste domaine ; il a tenu ses bestiaux isolés de ceux de Tison, et il n'a remarqué chez lui aucune maladie. Ravard n'a point acheté de fourrages ; sa récolte lui a suffi, parce qu'il avait moins de bestiaux que son beau-frère. Du reste, toutes les pièces de terre, prés, champs et marais, sont divisées par moitié, de manière que les denrées que consomment les animaux de l'un et ceux de l'autre sont de la même nature. L'air et l'exposition sont les mêmes pour les deux fermes, car les constructions sont libres et sans clôtures pour l'une comme pour l'autre.

Les fourrages de Ravard, vus au microscope, n'ont pas présenté une quantité notable de champignons.

Les différentes espèces de cryptogames apportent sans doute une grande influence sur les variations des maladies; mais je n'ai encore observé rien de bien distinct à cet égard. J'ai seulement reconnu que, dans nos localités, la quantité a une grande influence non-seulement sur l'intensité, mais encore sur la contagion du mal. Ceux qui sont entiers et blancs sont moins dangereux que ceux qui sont sessiles et foncés.

Je vais rapporter quelques faits qui démontrent que la même affection a régné en même temps sur plusieurs points de la France comme dans les Deux-Sèvres.

M. Amillard, marchand de chevaux, demeurant à Mirebeau (Vienne), vendit à M. Dubois de Sarant, en juillet 1841, une jument qu'il avait tout récemment amenée de la Normandie. Cette bête fut prise par la maladie immédiatement après son arrivée.

M. Douau, commissionnaire de roulage à Niort, acheta, le 28 mai 1842, à Champdenier, une jument qui venait de Saint-Gervais, et qui à son arrivée fut frappée par l'épizootie d'une manière très-grave. Cette bête ayant été isolée des autres chevaux de M. Douau, ceux-ci furent préservés du mal. Il en fut tout autrement dans le cas suivant :

M. Pérault, marchand de chevaux, demeurant à Saumur, vendit, à la foire de mai 1842, plusieurs juments venant du

Nord, et qui ont apporté la maladie chez plusieurs particuliers. Le même marchand, en novembre suivant, vendit encore, en foire de Niort, au gendarme Gobeau, une jument qui infecta les chevaux de la caserne.

Cette bête fut prise immédiatement après son arrivée ; et le mal avait à peine atteint son plus haut période, que neuf chevaux ont été successivement frappés. Un autre cheval, qui n'avait laissé paraître aucun symptôme de la maladie, s'étant trouvé, en arrivant de la correspondance, sous l'empire du mal à son plus haut degré, il fut foudroyé en quelques heures : effet du voyage sur l'état d'incubation.

Cette affection était en tout semblable à celle qui avait régné en 1825, et qui s'était introduite de la même manière, le 17 avril, dans la caserne, par un cheval appartenant au gendarme Bourumeau ; et cinq jours après, à partir du 22, onze chevaux de gendarmes et trois d'officiers étaient infectés. Cette observation étant ancienne, et remontant à une époque à laquelle j'ignorais les causes des épizooties, je renvoie au tableau qui fut relevé à cette époque, et dont il a été parlé plus haut.

Le mal était bien plus répandu en 1825 qu'en 1842, où il ne régnait que par localités isolées.

Pour faire suite à ces faits, je vais parler d'un exemple qu'un de mes confrères a fait insérer dans le Recueil de médecine vétérinaire, lequel exemple démontre que la maladie était très-répandue.

*Extrait du Recueil de médecine vétérinaire.*

M. Denoc, vétérinaire à Châtillon-sur-Marne, rend compte dans le Recueil de médecine vétérinaire pratique, n° de mai

1843, sous le titre de *fièvre typhoïde*, d'une maladie qu'il attribua aussi aux pluies abondantes de 1841 ; et cette affection aurait occasionné de grandes pertes de bestiaux sur plusieurs points du département de la Marne, ainsi que dans quelques localités du département de l'Aisne.

Les symptômes qu'il décrit sont en tout semblables à ceux que j'ai observés dans mes recherches sur ces affections.

M. Denoc, comme tant d'autres, signale aussi les pailles et les fourrages moisis, l'hygrométrie de l'air, les épais brouillards et les miasmes délétères, *qu'ils tiennent en suspension;* il termine en disant : « Nous savons qu'il règne » de *l'obscurité* dans l'étiologie de cette affection ; nous » n'ignorons pas que, dans *d'autres circonstances, d'autres* » *causes* pourraient la faire développer. »

M. Denoc, par cette observation, est un des premiers qui aient signalé des maladies typhoïdes en médecine vétérinaire ; il recommande de ne pas les confondre avec le *typhus*, pas plus qu'avec les *affections charbonneuses;* mais sans en donner la raison, sans se rendre compte de cette *prétendue différence.*

Quoique ces affections typhoïdes, citées par M. Denoc, soient du nombre de celles qui ont été les premières signalées, il n'y a de nouveau en cela que le nom, car la même maladie a été maintes fois décrite en médecine vétérinaire. Pour s'en convaincre, il n'y a qu'à rapprocher l'observation de M. Denoc de celles de Girard en 1825, de Chaberts et de beaucoup d'autres auteurs, parmi lesquelles on en trouvera de parfaitement identiques sous des dénominations différentes.

M. Denoc reconnaît aussi les mauvais effets de la saignée ; il signale neuf chevaux qui, après avoir subi cette opération,

sont tombés malades le lendemain , tandis que trois autres ,
qui n'avaient point été saignés, sont restés intacts , bien que
du reste ils fussent dans les mêmes conditions que les premiers. M. Denoc n'a observé aucun fait de contagion ; mais
M. de Rumilly, vétérinaire de la Marne, considère cette même
affection comme contagieuse.

J'arrêterai là mes citations , car tous les faits que j'ai observés ayant été comparés avec les épizooties et les épidémies
signalées plus haut et dans les différents auteurs , j'ai rencontré toujours la même analogie.

J'ai été entraîné à dire quelque chose du traitement de ces
maladies , parce qu'il en fait ressortir la nature en les distinguant des maladies inflammatoires , dont le traitement est
tout opposé, et avec lesquelles on peut les confondre de prime
abord. Ce que j'en dis n'est cependant qu'un aperçu bien
succinct de ma méthode curative, qui ne pourrait pas s'adapter
au plan de cette esquisse.

### Des années 1843 et 1844.

Des six années que j'ai rangées par groupes de deux, et
que j'ai observées , 1843 est celle qui a été la plus humide
pendant le temps de la végétation, et particulièrement durant
l'enlèvement des récoltes. Les pluies ont eu même trop peu
de relâche pour qu'il ait été permis aux cultivateurs de
soustraire leurs denrées à l'action de l'humidité. L'atmosphère avait été calme au printemps pendant les pluies qui
avaient activé la végétation, et il se forma une grande quantité de cryptogames; mais les vents du sud-ouest ayant été
contraires à la puissance végétative par de fréquentes agita-

tions et par des bourrasques réitérées après la récolte et durant les derniers mois de l'année, les champignons n'ont pas fortement multiplié sur les denrées, en raison de l'évaporation de l'humidité, et il y a eu généralement en 1843 bien moins de maladies qu'on ne devait le craindre.

Quoi qu'il en soit, l'altération des fourrages et les germes qu'ils portaient ont produit leurs effets plus tard.

Durant l'année 1844, il y a eu des vents calmes; ce calme et la chaleur excessive, sous l'influence de brouillards, de rosées nocturnes et de quelques pluies, ont fait surgir dans certains lieux convenablement disposés les germes destructeurs que portaient les denrées en général, et c'est pour ces raisons que l'année 1844 a été une des plus fécondes en cryptogamies.

On le sait dans le monde médical, le ministre de l'agriculture, les préfets, ont envoyé des vétérinaires dans les départements pour combattre des maladies de ce genre. MM. Yvart, Renaud, Guelin ont été envoyés dans le Nord contre *le typhus contagieux des bêtes à cornes*.

Le dépôt de St-Maixent comptait, à cette époque, 56 étalons malades et plusieurs morts.

La *péripneumonie gangréneuse*, cette autre maladie cryptogamique si grave, a surtout causé de grands maux dans le nord et dans l'ouest de la France; je l'ai moi-même observée dans la Vendée et dans quelques parties des Deux-Sèvres, et partout j'ai reconnu qu'elle avait la même cause et la même nature. MM. Ardoin et Baudin, vétérinaires, qui l'un et l'autre l'ont observée dans la Vendée en 1844, l'attribuent aux fourrages avariés de 1843.

Le 7 juin 1844, M. Renaud, meunier à Ruffigny, commune de François, me fit appeler pour quatre juments tombées malades ce même jour ; deux d'entre elles, affectées depuis le matin de la cryptogamie régnante, avaient été saignées, une première fois par le propriétaire, et une seconde fois par un confrère.

A mon arrivée, toutes les quatre me parurent très-sérieusement atteintes ; la conjonctive des deux premières prises était de couleur rose pâle avec infiltration, et celle des deux autres était pétéchiée avec une teinte violacée. Le pouls était petit et concentré dans les deux qui avaient été saignées ; il était plein et lent dans les autres. Les quatre bêtes avaient les flancs agités et les naseaux ouverts ; les excréments étaient rares, marronnés et luisants, et les oreilles ainsi que les membres étaient alternativement froids ou chauds ; appétit varié, soif nulle. Tout en soumettant les deux premières à un traitement, j'annonçai leur fin prochaine, parce que l'agitation des flancs chez elles était extrême, qu'elles avaient le pouls petit et concentré, les naseaux très-dilatés et l'œil fixe. Les deux autres ont été soumises aux mêmes soins sans saignées. Les sétons des deux premières furent envahis par la gangrène, et la mort est venue rapidement. Les sétons des autres ont laissé découler aussi une suppuration liquide et ichoreuse ; mais les remèdes ayant eu le temps de combattre l'intoxication et la tension à l'adynamie, la suppuration est devenue louable, et les deux bêtes se sont promptement rétablies.

En remontant à la cause de la maladie, je découvris que ces quatre bêtes avaient mangé de l'herbe serrée à demi sèche, et sur laquelle il s'était développé des cryptogames dont la quantité m'a paru surpasser celle de la substance nutritive

des plantes qui en étaient entachées. Je vis parmi ces végétaux microscopiques *des champignons à pédicules droits et à
chapeaux arrondis , plusieurs à petits filets renflés au centre et
portant un chapeau sphérique ; des fongosités jaunes , dissé-
minées , et d'autres violettes ou noires , arrondies et distribuées
par groupes.*

La cause de l'épizootie régnante a été évidemment prise
sur le fait, cette fois comme toujours.

M. Coutant, maître de poste à Niort, eut à la même époque plusieurs bêtes affectées d'une légère fièvre cryptogamique. Une jument tomba, en fléchissant sur ses jambes,
à la barrière de Fontenay, sans avoir d'abord paru malade ;
elle avait été attelée avec une autre à une voiture qu'elles
avaient sortie de ville au grand trot. Cet animal, ne pouvant
se relever , fut traîné dans une auberge voisine (paraplégie).
Je fus appelé à ce sujet, et j'arrivai immédiatement après
un confrère qu'on avait fait venir en mon absence. Ce
vétérinaire et moi nous n'étions pas d'accord sur la nature
de la maladie, et partant sur le traitement. Le siége du mal
était la région lombaire ; pour moi , c'était une grave affection cryptogamique (typhoïde) , et mon confrère y recon-
naissait une maladie inflammatoire. Je fis remarquer la couleur rose des membranes infiltrées sans injection, et la lenteur
du pouls. L'autre vétérinaire se retira.

On conduisit alors, dans une charrette, la bête à mon écurie,
et on lui administra par jour, d'après mes ordres, six bouteilles
de vin dans lequel j'alternais la muscade et la coriandre.
Ce breuvage fut secondé par des frictions sinapisées , et,
après cinq jours d'un pareil traitement, la jument s'est
relevée seule, et, par un bon régime sec, composé d'a-
voine, de foin et d'eau claire, elle fut promptement réta-

blie. Je reconnus, pour cause de la maladie qui régnait alors chez M. Coutant, l'habitude qu'avaient les postillons d'enlever dans la longueur du fenil le foin par couches horizontales, au lieu de le prendre par tranches verticales, opération qui permettait au temps humide régnant alors de rendre moisis, surtout auprès des murs, les fourrages, au fur et à mesure qu'ils étaient découverts.

A l'analyse au microscope, j'ai reconnu sur cette pâture de nombreux *champignons rameux, bruns, à têtes rondes; d'autres à tiges jaunes, avec des fongosités allongées, noires et très-nombreuses.*

Un étranger logé à l'auberge du Faisan, à Niort, avait un superbe cheval qui tomba subitement sous le cavalier dans la rue des Halles, en revenant de l'abreuvoir. Comme j'avais été appelé, je me transportai immédiatement sur les lieux, où je trouvai le cheval entouré d'une foule de gens qui réclamaient à grands cris des flammes pour le saigner et le soustraire ainsi, disaient-ils, aux terribles effets d'un coup de sang. Après avoir visité l'animal, je signalai tous les dangers de la saignée dans ce cas, et je soulevai de cette manière contre moi une rumeur générale. J'allais me retirer, lorsque le propriétaire, embarrassé d'abord, me pria de faire ce que je jugerais convenable. Alors j'appliquai à cette bête le traitement auquel j'avais soumis la jument de M. Coutant, et j'obtins un succès encore plus rapide.

M. Sarrasin, dans ce temps, perdit un cheval qui, dans les mêmes circonstances, avait été saigné trois fois.

Neuf chevaux ont péri, tous de la même manière et dans le même temps, sur la route de Poitiers à Niort, pour avoir été largement saignés.

Cela n'a pas empêché quelques maîtres de poste de cette

ligne, qui avaient été témoins de plusieurs cures comme celles que j'ai citées, de s'étonner en me voyant, dans de pareils cas, rejeter la saignée : tant il est vrai que l'exemple ne peut rien contre les préjugés ! et comme, dans certains sujets robustes, la nature triomphe des traitements contraires, les exceptions soutiendront toujours dans ces erreurs l'homme étranger à la science, et tromperont même les médecins superficiels.

En même temps que les animaux tombaient sous les abus de la flamme, j'avais la douleur de voir autour de moi des citoyens de tous les âges succomber aux abus de la lancette, des sangsues, des traitements antiphlogistiques, de la diète, des bains chauds, des glaces sur la tête, sur la poitrine, etc.

M. Texier, propriétaire à Mizéré, arrondissement de Niort, a perdu à différentes fois, et pendant plusieurs années consécutives, des chevaux étalons d'un très-grand prix, plusieurs baudets et des juments. Ces animaux ont été généralement saignés, et l'on se propose d'employer toujours le même procédé lorsque de pareils cas se présenteront. La plupart des cultivateurs sont dans la même erreur.

Je n'ai jamais été appelé à donner des soins aux bestiaux de M. Texier ; mais la qualité supérieure de ses étalons, que j'ai souvent visités, m'a intéressé, et j'ai pu, par occasion particulière, lui donner un conseil.

Au mois d'avril 1846, une jument appartenant au sieur Daniau, marchand de vaches, demeurant à Gayole, près de Niort, tomba malade chez ce même M. Texier, où le maître l'avait envoyée pour l'accouplement. Le voyage, comme cause déterminante, fit éclore la maladie, et cette bête, en arrivant à Mizéré, était dans un état désespéré.

Daniau ayant réclamé mes soins, j'arrivai rapidement, et à l'inspection de la jument, je vis : agitation extrême des flancs, écoulement d'un mucus séreux par les narines, membranes apparentes violettes, pouls agité, petit ; urines rares, sueur, etc. M. Texier reconnut l'identité de cette affection avec la maladie qui lui avait fait perdre tant de bestiaux. J'appliquai à cette jument, sans saignée, sous ses yeux, un traitement stimulant qui pût lui donner la mesure de sa force par l'odeur des médicaments et par le vin blanc qu'il m'a fourni comme excipient ; enfin je posai un sina- pisme, etc., et la bête fut promptement guérie. Cette jument avait mangé du foin avarié de 1845 et cryptogamisé. Au moyen du microscope, j'ai reconnu sur le fourrage *beaucoup de champignons rameux, blancs, et d'autres jaunes, à chapeaux arrondis ; de nombreux fongus globuleux, par groupes violets, noirs ou bruns.*

Le sieur Daniau continua à faire manger ce foin à sa ju- ment, et, quelques mois après, elle eut une nouvelle crise qui, entée sur la première et entretenue par cette mauvaise pâture, se termina par *la morve.*

M. Tessereau, propriétaire à l'Épinay, commune de Cha- vagné, m'a souvent fait appeler pour ses étalons affectés de fièvres cryptogamiques, et je suis plus d'une fois arrivé chez lui et chez ses fermiers lorsque la maladie s'était terminée par quelque crise funeste, et toujours à la suite de saignées.

Au mois de mars dernier, j'ai eu regret de n'avoir été appelé que quarante jours après que cette maladie eut frappé un superbe cheval étalon. L'animal avait été traité comme fourbu, parce que l'affection, qui s'était déclarée sur le système musculaire, lui donnait une attitude qui se rap- proche de celle qui est causée par la fourbure. On saigna plusieurs fois cette bête ; on lui fit prendre des bains froids tous les jours, par le temps pluvieux de mars, et on supprima ainsi la transpiration insensible, qui eût été si favorable à la guérison du mal, qui passa à l'état chronique.

Le fermier de M. Tessereau m'a présenté le même jour une jument qui, depuis un an, était dans un état pareil. Si l'on eût eu affaire à la fourbure, les symptômes inflammatoires eussent dominé.

M. Tessereau perdit immédiatement un baudet de la même maladie, qui s'était fixée dans les lombes, comme chez les juments dont j'ai parlé plus haut. De là j'allai chez M. Bordier, à Miaurais, pour une mule et un poulain qui avaient des crapauds, et une jument affectée des eaux-aux-jambes. Ces terminaisons funestes des maladies cryptogamiques sont très-fréquentes dans ce pays.

Enfin il y avait à Miaurais deux baudets qui, depuis la veille, avaient la maladie dont furent atteints la jument et le cheval de M. Tessereau, et qui était considérée comme une fourbure. Une légère saignée avait déjà été pratiquée à ces deux animaux. Il est bien certain que, lorsque la cryptogamie est dans les sabots, ou dans les masses musculaires, l'attitude de l'animal est telle que s'il était fourbu ; mais, en examinant avec soin, le vétérinaire praticien ne commettra point d'erreurs. J'ai rétabli en quelques jours les deux baudets par un traitement tout opposé à celui de la fourbure.

Je pourrais multiplier les citations de ce genre, prises particulièrement dans les localités situées dans l'angle de territoire limité par les routes qui conduisent de Niort à Saint-Maixent et de Niort à Melle. Dans cette excellente contrée triangulaire, généralement calcaire et siliceuse, végétent plus qu'ailleurs un grand nombre de variétés de cryptogames dont l'intoxication est extrêmement mobile.

Ce sont surtout les étalons qui périssent dans ces contrées, et voici comment : ces animaux s'étant échauffés à la monte, le moindre courant d'air dans l'écurie, et même une température humide ou froide, fait précipiter le principe délétère sur quelques points; tandis que, dans de meilleures conditions, il pouvait être expulsé par la transpiration insensible.

M. Tillé, habitant à l'Isle, commune de Saint-Gelais, a fait, par la même maladie, beaucoup de pertes en baudets. L'étalon, cheval remarquable par ses formes colossales, a seul conservé sa santé; cet animal, dans ses rapports avec les juments, usait bien de toute son énergie ordinaire, mais on reconnut que l'éjaculation n'avait pas lieu.

Habitué à suivre les bizarreries de ce genre de maladie, j'attribuai ce phénomène à l'hypertrophie, à la paralysie des muscles éjaculateurs; car les désirs, la vigueur du coït dénotaient la pleine et entière sécrétion du sperme.

Je ne fus pas étonné de voir que le mal avait pris cette direction, lorsque je m'aperçus que le cheval habitait une écurie formée par deux murs parallèles constituant une sorte de corridor dont la porte d'entrée, donnant dehors, se trouvait derrière l'animal. Le réduit se prolongeait du côté de la grange; la crèche et le râteau étaient posés en avant, sans cloison, sans mur transversal, de manière qu'aussitôt que le cheval revenait de la saillie, l'air, qui circulait librement, saisissait, en passant sous le ventre, les parties génitales alors que les organes sont agités et qu'ils entrent en état de transpiration plus ou moins sensible. Ces fonctions n'ayant pu être rétablies dans leur état normal , cette superbe bête a été perdue pour la reproduction (1).

Généralement, dans ces contrées , les granges étant trop closes, l'air y est calme et la lumière obscurcie. Les moindres conditions fâcheuses dans l'atmosphère et dans les fourrages préparent le germe d'une foule de maux dont on ignore la source , parce qu'elle semble n'être pas constante.

Que l'on change la disposition des lieux et des choses suivant les renseignements que je donne ; que l'on mette dehors les foins sous la paille , et toutes ces ruineuses et horribles maladies disparaîtront.

Je ne parlerai pas ici des accidents morbides causés par les *pailles , les sons , les gruaux moisis ;* je ne citerai provisoirement que des faits pratiques relatifs aux fourrages, qui sont les denrées les plus répandues , les plus faciles à observer et les plus positives. De cette manière il me sera permis de ne pas dépasser les limites que j'ai posées à l'étendue de ces extraits.

Toujours pour diminuer le nombre de mes citations , j'escaladerai ces deux années , afin d'arriver plus tôt à 1845 et

______

(1) Si la médecine veut bien se renseigner, elle saura que, comme cause directe ou déterminante, les amours du matin expliquent comment le nombre des veuves surpasse celui des veufs, parce que l'homme, plus matinal, se lève et sort souvent aussitôt pour vaquer à ses affaires , tandis que la femme reste à l'intérieur.

Ce sont les amours furtives, c'est la pollution qu'il faut aussi considérer comme causes directes ou déterminantes de ces maladies graves, de ces moralités du jeune âge que l'on attribue, le plus souvent à tort , à des révolutions dans le tempérament.

1846, qui ont eu le plus grand rapport avec elles, et qui même se sont ressenties de leur influence par les germes qui avaient été introduits avec les denrées dans les lieux d'approvisionnements, et dont la fécondation, pendant les dernières années, a inévitablement propagé les espèces.

### Des années 1845 et 1846.

Bien que ces deux années aient eu de la ressemblance avec les deux précédentes sous le rapport de l'humidité de la première, de la sécheresse de la seconde, et des avaries des récoltes, la quantité des maladies, pour ces deux dernières, a eu lieu dans un sens inverse des premières. Ainsi il y a eu plus de maladies en 1845 qu'en 1843, parce que, contrairement à ce qui s'est passé dans celle-ci pendant et après les récoltes, les vents dominants du sud-ouest de 1845 ont été généralement calmes, conditions favorables dans un temps chaud et humide pour le développement de ces subtiles et dangereux végétaux.

En 1846 il y a eu moins de maladies qu'en 1844, parce que, contrairement à ce qui s'est passé dans cette dernière année, les vents dominants du sud-est ont été, en 1846, généralement agités de manière à entraver la végétation des cryptogames, en détruisant en partie l'humidité qui pouvait être déposée. Il y a eu en été, en outre, des vents du sud très-calmes et des chaleurs excessives tellement brûlantes, que les grains, dans les premiers jours de juillet, ont été desséchés et détruits en grande partie dans les épis; événement qui nous a conduits à la disette et à la misère de 1846 à 1847.

On pense bien que dans mes recherches, dans mes généralités surtout, j'ai eu soin de prendre en considération cette vérité, que l'homme parfois dénature ce qu'il veut perfectionner, et que souvent, dans le but de mieux conserver ses denrées, il les compromet davantage. Ainsi j'ai mis, autant que possible, en parallèle des localités qui se trouvaient dans des conditions semblables; autrement, les résultantes eussent été infidèles : par exemple, on ne pourrait pas faire entrer en comparaison des localités ouvertes avec des localités closes ; chacune a ses variantes. Les localités closes sont très-inconstantes ; elles peuvent être dangereuses pendant de très-beaux jours, et favorables par un mauvais temps. On sait qu'il y a de l'air dans tous les lieux clos qui ne sont pas remplis; on sait aussi que, par des lois puissantes, le calorique pénètre partout, et que, quelle que soit l'agitation extérieure, l'intérieur n'y participe pas ; or, s'il fait chaud, la végétation est infaillible, pour peu que les appartements ou les denrées comportent un peu d'humidité. Les variations sont très-multipliées dans ce genre, suivant ces mêmes lois, suivant l'état des lieux, etc. On peut juger par là de la difficulté qu'il y a de maintenir dans de bonnes conditions sanitaires l'intérieur des grandes manutentions des vivres, surtout pour des gens qui n'ont aucune connaissance des lois de la nature, et qui pour la plupart sont étrangers aux sciences. C'est au moment qu'ils croient de bonne foi leurs denrées le plus en sûreté que l'on voit mourir empoisonnés les enfants les plus florissants des pensionnats, les soldats les plus robustes de l'armée, et une foule de citoyens de tous âges et de toutes conditions.

La saison des froids vifs et prolongés offre le plus de sécurité partout, par cette même loi du calorique en vertu de laquelle il tend à se mettre en équilibre dans tous les corps de la nature : sans calorique, pas de végétation, et partant pas des cryptogames; et c'est par ces raisons que les épizooties et les épidémies prennent rarement naissance dans les pays septentrionaux, tandis qu'elles sont originairement très-répandues dans les régions méridionales.

Je choisirai donc mes exemples particulièrement dans les années 1845 et 1846, et je citerai de préférence ceux qui ont été signalés par quelques terminaisons notables, telles que la morve, le farcin, les crapauds, les eaux-aux-jambes, les névroses, etc., afin de prouver que ces affections, qu'on a considérées jusqu'à ce jour comme des maladies particulières, sont autant de crises plus ou moins favorables de la nature qui ne constituent avec l'affection originelle qu'une seule et même maladie.

J'ai déjà exposé quelques cas où la cryptogamie s'est terminée par la morve, le crapaud, etc. Je confirmerai encore ces faits importants par d'autres non moins irrécusables.

J'exposerai d'abord quelques exemples de cryptogamie très-dignes de remarque.

Le sieur Charpentier, de St-Remy, cultivateur très-soigneux, ne voyait que très-rarement ses bestiaux atteints par les maladies; mais, ayant été obligé de faire construire au mois de mars 1846 une vaste écurie surmontée d'un fenil, l'état sanitaire a été bientôt troublé.

Charpentier, à la récolte, ne s'inquiétant pas de savoir si ses fenils étaient secs, les a complétement remplis de fourrages; l'humidité, ayant pénétré profondément, a réagi sur l'atmosphère intérieure, de manière à faire développer les cryptogames sur les tas de foin et contre les murs.

Aux mois de juillet et d'août, il se déclara chez Charpentier des maladies cryptogamiques dont furent atteints presque tous ses bestiaux. Deux bêtes ont succombé : l'une au charbon gangréneux fixé au poitrail, l'autre à une révulsion à la poitrine de la même affection. Plusieurs ont trainé en langueur; un jeune cheval eut une affection de la colonne vertébrale qui a fait voûter les reins; une pouliche, un engorgement des tendons fléchisseurs antérieurs, ce qui simulait une extrême fatigue, et les autres en ont été quittes pour une crise éruptive à la peau. Il a fallu quatre mois environ pour rétablir les reins et les membres des deux jeunes poulains; pour des chevaux adultes, plusieurs années suffisent à peine pour obtenir la guérison, et quelquefois même la cure est impossible.

Les fourrages présentaient des *champignons blancs à tiges droites et à têtes rondes, beaucoup de fongosités rondes, brunes et groupées sur les plantes.*

Aujourd'hui que les murs sont secs, les bestiaux de Charpentier ont repris leur état sanitaire primitif. J'ai souvent vu se produire des phénomènes semblables à la suite de constructions nouvelles.

Charpentier oncle me fit appeler dans le même temps pour une jument qui mourut à mon arrivée. Je ne pus pas visiter les fourrages, à cause de la nuit. Appelé de nouveau dans le même lieu pour donner des soins à une pouliche de deux ans atteinte d'une affection cryptogamique très-intense, je vis le mal céder à mon traitement; mais il survint une métastase sur les parties blanches des membres antérieurs, qui fit dévier les deux genoux de 80 millimètres en arrière de la perpendiculaire. La bête pouvait à peine se tenir debout, et elle fut considérée comme perdue par toutes les personnes qui la virent.

Je dis au propriétaire de la jument qu'il pouvait espérer la guérison ; et en effet, ayant eu recours à un suspensoir, à un régime substantiel et à un traitement tonique, l'animal fut promptement en état de se soutenir ; puis, dans l'espace d'une année, la nature a ramené le reste dans la position ordinaire (1).

En remontant à la cause, j'ai découvert de la lupuline avariée de 1845, que Charpentier avait entassée dans le fond d'une très-petite grange humide, substance avec laquelle il avait nourri cette bête, ainsi que celle qui était morte.

A l'aide du microscope, j'ai vu sur ces fourrages *des fongosités jaunes moussues, et des champignons blancs rameux, et à tiges entrelacées dans tous les sens.*

Je fis substituer à cette pernicieuse nourriture du foin que ce cultivateur avait conservé dehors sous de la paille, et qui avait une excellente odeur.

Si les maladies persistent fort souvent chez les hommes et chez les animaux , cela tient à ce que l'on continue à user d'une nourriture que l'on ne croit pas malfaisante quand elle est pernicieuse.

______

(1) J'ai vu des hommes et des enfants dans le même état à la suite de fièvres typhoïdes.

Je vais citer quelques cas qui prouvent combien, dans les plus grandes convictions, l'observateur doit persévérer dans ses recherches et dans ses questions. M. de Beaucorps, propriétaire à Niort, me fit appeler pour une jument qui était atteinte d'une vive colique; je reconnus une intoxication récente par des cryptogames, et cependant toutes les substances alimentaires étaient saines. En réitérant mes questions, j'ai appris que la jument avait mangé, la veille, plusieurs livres de pain moisi. Un autre fait s'est présenté avec les mêmes circonstances chez M. Breuillac, épicier, rue de Saint-Gelais, à Niort.

M. Senin, régisseur de M. Plumartin, demeurant près de Châtellerault, m'ayant parlé d'une maladie qui avait détruit une meute tout entière, fut très-surpris de m'entendre lui expliquer que ces chiens avaient dû manger du pain fait avec de la farine altérée, et que ce pain mal cuit était devenu moisi par un temps d'humidité.

J'avais rencontré juste; et je savais que pour les meutes, comme pour les cochons, les moutons et tous les bestiaux auxquels on donne des farineux, des sons, des gruaux ou du pain, on a l'habitude d'employer ce qu'il y a de plus avarié, et que l'on économise le bois quand on fait cuir le pain dans ce cas. Si ordinairement cette manutention n'a pas de mauvais effets, pour peu que le temps et les lieux d'approvisionnements s'y prêtent, le mal surgit tout à coup, au grand étonnement de ceux qui en sont témoins, et l'on ne va certainement pas chercher le lendemain la source où elle n'était pas le veille; ce qui fait qu'on se livre à des conjectures sur les causes de ces nombreuses et cruelles épizooties qui font périr tant des bestiaux, et principalement des cochons, dans le Midi surtout. Ces affections s'installent là où elles prennent naissance, et elles se propagent par contagion.

M. Pérault, marchand de chevaux, me montra à la foire de mai 1844, à Niort, une très-belle jument allemande d'une grande taille, ayant au boulet une large plaie ulcérée qui, selon M. Pérault, avait été causée par les bottines que l'animal portait pendant le voyage. Je dis au propriétaire que la plaie était un ulcère gangréneux résultant d'une crise heureuse qui préservait la jument d'une affection typhoïde, et que dans le fait la crise avait été provoquée par l'irritation résultant de la corde.

L'état des membranes de l'œil et celui du pouls confirmèrent les renseignements fournis par la plaie, et m'engagèrent à visiter la pareille jument qui avait été nourrie avec celle qu'on me présentait : même état des membranes et du pouls. M. Pérault, à son point de vue, ne put pas comprendre qu'il y eût tant de mal dans les deux bêtes; il ne voyait dans tout cela qu'une simple plaie. Les choses en restèrent là pendant la foire, à cause des occupations du commerce; mais, au moment du départ, on me fit appeler pour la deuxième jument, dont le flanc était très-agité, et qui se trouvait très-dangereusement malade. La bête heureusement n'avait point été saignée; elle resta chez moi et fut rétablie en peu de temps.

Le sieur Gardon, de Niort, m'amena une jument dans un état désespéré de cryptogamie : respiration très-agitée, allure chancelante, conjonctive violette, pouls intermittent. Je dis à M. Gardon : Vous avez empoisonné votre bête avec de mauvais fourrages; et il m'avoua qu'il avait acheté les rebus de la manutention de la cavalerie, lesquels étaient altérés et moisis. La jument a fait une longue convalescence.

Tout en suivant l'action des aliments cryptogamisés sur les animaux de mes clients, je faisais pour mon compte des expériences sur les bestiaux de la ferme de Sèchebec, située dans la commune de l'Arevétison, et dirigée par mon frère.

Pendant la période de 1841 et 1842, époque à laquelle régnait l'épizootie générale dont j'ai parlé, comme j'avais eu soin de faire placer les fourrages dans de très-bonnes conditions sanitaires, et contre les murs du sud et de l'ouest, qui sont secs, je n'ai eu aucun malade.

En 1845, à partir de la récolte, j'ai fait placer les denrées de cette mauvaise année dans des conditions favorables au développement des cryptogames, en contact avec les murs du nord et de l'est, qui reçoivent les égouts, et contre lesquels le sol s'élève, et l'on ferma toutes les issues de la grange et du fenil où étaient portés les fourrages pour la distribution. Je fis faire une tranchée de ce côté, et, après la consommation, toutes les juments (il n'y avait pas d'autres bestiaux) ont été affectées de cryptogamie à des degrés différents. L'une d'elles, âgée de 5 ans, a succombé à une congestion sur la poitrine; une autre a eu les eaux-aux-jambes.

En 1844, 1845, 1846 et 1847, j'ai mis les fourrages de ce domaine dans de bonnes conditions sanitaires, et il n'y a point eu de maladies sérieuses. Néanmoins, en 1845, on dérogea à mes prescriptions; on fit une tranchée très-étroite contre le mur de l'ouest par un temps pluvieux, et trois juments eurent une agitation du flanc et un malaise général qui se termina par une éruption.

En 1848, pendant les pluies de mars et de mai, j'ai fait changer les bonnes conditions des fourrages de 1847, en fermant, comme en 1845, toutes les issues de la grange et du fenil de distribution, et les bêtes ont mangé ensemble, et en dernier lieu, tout ce qui touchait aux murs. Sur cinq juments, la plus âgée, celle qui se nourrit le moins, et qui en même temps est la plus vive, n'a éprouvé aucun dérangement notable. Les quatre autres ont été affectées dans leur énergie et dans leur état de santé habituelle ; les membranes étaient devenues pâles et infiltrées.

Une jument âgée de 5 ans a eu trois abcès livides : dans la bouche, à l'encolure et au côté.

Une pouliche de trois ans a eu une éruption squammeuse, avec prurit violent sur le dos, à l'encolure et dans la crinière ;

Et deux ont soutenu leur état d'incubation sans crise jusqu'au 12 septembre dernier. A cette époque, j'ai fait substituer à l'ancien régime du foin nouveau mêlé de maïs coupé en vert au fur et à mesure. Il devra en résulter un état favorable aux bêtes qui ont purgé leur état d'incubation, tandis que j'attends une crise pour les deux autres, qui sont sous le coup d'une incubation déjà chronique. J'étais dans cette attente lorsque je lisais, à l'Institut, l'extrait de mon ouvrage ; mais en octobre le temps devint superbe et très-sec ; le maïs sécha et ne produisit pas complétement l'effet de perturbation que cause le régime vert en pareil cas. Deux bêtes ont été légèrement glandées et ont présenté un peu d'écoulement muqueux ; une autre a eu au travail plusieurs accès épileptiformes, et elles se sont toutes rétablies en travaillant.

'CRYPTOGAMIES COMPLIQUÉES D'AFFECTIONS ÉPILEPTIFORMES.

Je détaille ici des faits appartenant à une variété de cryptogamies qui ressemblent, sous tous les rapports, à des affections analogues chez l'homme.

En 1845, les fourrages de la Monjaterie, commune de Souché, furent serrés en très-mauvais état; en juillet, août et septembre, cinq juments et un cheval ont été affectés d'une fièvre cryptogamique.

Sur trois bêtes, le mal s'est terminé par une éruption à la peau avec desquamation pour chaque bouton isolément; sur une quatrième, il s'est terminé par un crapaud que j'ai guéri; la cinquième mourut des suites d'une pneumonie gangréneuse; et la sixième, rétablie en apparence, sans aucune crise sensible, tomba tout à coup à sa place un matin, et se releva instantanément, sans autres symptômes qu'un tremblement général et une agitation extrême du pouls; sueur abondante. Dans plusieurs accès de ce genre, on a remarqué des tournoiements des yeux et des contractions spasmodiques du genre de l'épilepsie, excepté la salivation. L'intervalle des accès laissait une attitude inquiète, un pouls intermittent; enfin les symptômes généraux de cryptogamie se sont amoindris depuis que le mal a semblé fixé au cerveau. Dans un accès, la bête a brisé son attache et s'est assommée sur le pavé.

A l'autopsie, j'ai remarqué un état morbide général, une altération dans le sang (1), mais aucunes lésions notables, si ce n'est des pétéchies et des ecchymoses dans les cavités

_______________

(1) Ce n'est pas ici le lieu des observations que j'ai faites sur les liquides circulatoires.

gauches du cœur. Les ventricules du cerveau contenaient très-peu de sérosité, et les parois étaient ternes, d'un blanc mat.

Les fourrages, vus au microscope, ont montré des *champignons blancs, rameux, à têtes rondes ; fongosités allongées, très-rapprochées et de couleur violette ; fongus moussus, jaunes et très-nombreux.*

Le sieur Moreau, cultivateur à St-Remy, me fit appeler en août 1845 pour une mule et une jument malades. La mule, qui avait supporté des saignées et les manœuvres d'un empirique, mourut au second jour du traitement; la jument, plus récemment affectée, s'est rétablie des symptômes les plus graves; mais il lui resta une affection cérébrale semblable à celle de la jument de la Monjaterie, et elle fit des chutes si violentes, qu'elle se fractura l'os de la hanche (*ileum*). Je plaçai l'animal sur un appareil très-solide; je lui administrai des stimulants en électuaires; frictions d'onguent mercuriel et vésicatoire derrière les oreilles; bon régime sec, eau claire; et, après quelques chutes et deux mois de soins, cette jument s'est complétement rétablie.

En remontant aux causes, j'ai remarqué que ces deux bêtes étaient logées dans une écurie très-éloignée de la demeure de Moreau ; qu'elles mangeaient des fourrages avariés placés dans un fenil étroit constamment fermé, et qui par conséquent se trouvait dans les conditions les plus favorables au développement des germes des cryptogames.

J'ai remarqué sur le foin des *fongosités ovales ou irrégulières groupées et noires ( champignons blancs à tiges droites, minces et fistuleuses et à têtes rondes, et quelques-uns à tiges vrillées).*

M. Arnaudet, président du tribunal civil, me fit venir en

mai 1845 pour une jument. A l'inspection de la bête, je
reconnus une fièvre cryptogamique qui prit un caractère
très-inquiétant. Ayant alors fait l'application d'un traitement
stimulant, la jument s'est rétablie; mais il lui resta une
affection cérébrale du même genre que celles que j'ai citées,
et cette bête ayant fait plusieurs chutes violentes sur le mur
de derrière, je la fis placer sur un appareil semblable à
celui de la jument de Moreau. Les chutes pouvaient devenir funestes, parce que l'écurie était très-peu profonde. Au
bout de six semaines, cette névrose avait complétement disparu, et toujours par le même traitement.

Les fourrages de M. Arnaudet étaient dans le même état
que ceux du sieur Moreau, et ils avaient été dans les mêmes
conditions.

M. Prunier, négociant à Niort, route de Paris, réclama
mes soins pour une jument qui venait de faire dans l'écurie
une chute tellement rapide, que les personnes présentes ne
purent en rendre un compte exact. A l'inspection, j'ai reconnu une affection générale. Au sujet des antécédents,
on me dit que, depuis quelque temps, la jument n'avait pas
d'appétit, que son ventre se retirait, et qu'elle avait les yeux
hagards. Enfin, à deux fois différentes, elle avait, contre
ses habitudes, emporté son cavalier, qui n'avait pas pu la
maîtriser. Tous ces renseignements me fixèrent positivement
sur le genre de la maladie. Comme l'écurie était très-vaste,
je fis étendre une bonne litière, et l'on ne suspendit pas la
bête, qui éprouva encore une couple de chutes semblables,
et le mal céda bientôt au traitement et aux efforts de la
nature. Les fourrages, dans ce cas, étaient dans les mêmes
conditions que ceux de l'exemple précédent.

M. Giraudeau père, demeurant à Usseau, me présenta une jument d'un caractère fort paisible, qui, depuis quelque temps, avait un air inquiet : cette bête faisait des chutes, et s'était emportée à la charrette avec une vitesse dangereuse. Elle présentait des symptômes généraux qui me mirent sur la voie de la maladie, et on la laissa, d'après mon avis, en traitement à Niort chez M. Giraudeau fils : mêmes chutes, même traitement que dans les cas précédents; rétablissement complet en quelques semaines.

M. Monnet-Dorbeau, demeurant à Bougouin, m'amena dans la même année une jument de cabriolet qui avait fait des chutes dans l'écurie, qui s'était emportée subitement plusieurs fois à la voiture, et cela d'une manière très-inquiétante. Aux phénomènes généraux, je reconnus la nature de l'affection, et la bête resta en traitement à Niort, où elle fit une chute à sa place; elle eut aussi quelques crises nerveuses avec sueur générale : même traitement, mêmes soins, même rétablissement.

M. Monnet, n'ayant plus de confiance dans cet animal, le vendit, en faisant connaître ses motifs à l'acheteur, M. Dubois, négociant à Bordeaux, qui vint me consulter avant de conclure le marché. Je conseillai à ce monsieur d'en faire l'acquisition, attendu qu'elle offrait toute sécurité pour l'avenir, moyennant une bonne nourriture.

La jument, en effet, s'est maintenue bien portante, et M. Dubois en a été très-satisfait. Je n'ai pas pu vérifier les fourrages qui ont causé la maladie.

M. Balquet, marchand de chevaux à Parthenay, m'appela dans l'auberge de M. Porcherie, route de Paris à Niort, pour une jument qui était tombée d'une manière alarmante. A l'état

des membranes et du pouls, à la sueur, à l'air inquiet, je
reconnus la nature de la maladie. J'annonçai au marchand
la guérison prochaine de sa jument, s'il consentait à la soumettre à un traitement. Au lieu de se conformer à mon avis,
M. Balquet vendit la bête, et M. Soulice, vétérinaire à
Mauzé, ayant été appelé pour la visiter dans un accès, il
crut à l'épilepsie fixe, et il conseilla la résiliation du marché.
C'est une erreur qui s'est souvent reproduite ; car, en médecine vétérinaire, on ne parle point de cette affection,
et la même chose aura lieu toutes les fois que les phases
des maladies ne seront pas bien établies. Ainsi, dans les
procès, on confond chaque jour une pousse incurable avec
une autre pousse qui se guérit très-bien et que je ferai connaître. Les erreurs, les confusions de ce genre sont très-fréquentes en médecine ; l'expérience raisonnée la sortira du
berceau.

Comme tant d'autres, après dix ans de pratique, j'avais
moins de confiance en moi que je n'en avais à ma sortie de
l'école ; et, lorsque l'expérience m'eut démontré que les
observations des auteurs en médecine me trompaient à
chaque instant, j'ai cherché à me suffire par ma propre
expérience.

M. Varvarée, de Ché, commune de Saint-Ligaire, me fit
appeler pour une jument malade depuis quelque temps, et
qui était tombée plusieurs fois dans les pacages et dans la
rivière, d'où on l'avait retirée avec beaucoup de peine. Par
moment, elle partait comme une folle, passait sur tous les
obstacles, tombait, s'agitait et se relevait ; souvent une
sueur terminait l'accès.

Je fis mettre cette bête seule dans une écurie où un traitement lui fut appliqué; les accès cessèrent et les symptômes généraux disparurent. La tranquillité et le calme durèrent plusieurs mois, après lesquels M. Varvarée vint me dire que la jument, en rentrant du pacage, s'était précipitée dans l'écurie en s'élevant rapidement sur les jambes de derrière, et tellement, dit-il, qu'elle souleva la toiture avec sa tête, tomba en arrière et se releva dans un état d'agitation extrême et sans sueur.

Je me transportai aussitôt chez M. Varvarée; j'y trouvai la jument calme, et dans un état naturel, sans aucuns symptômes généraux, ce qui ne me laissa plus de doute sur la fixité de la maladie, qui, par ce fait, aurait passé à l'état d'épilepsie fixe et bien caractérisée.

Cet accident avait pour cause la persévérance avec laquelle la jument avait été nourrie avec des fourrages placés dans la partie la plus basse de la grange, qui est tout près d'un marais; mais il fut déterminé surtout par le régime vert, qui a agi comme cause déterminante réitérée.

Nous trouvons en médecine humaine quelques cas qui, sous le nom de *fièvres ataxiques bilieuses*, se rapprochent de ces observations, auxquelles on reconnaîtra entre autres un rapport incontestable avec l'affection que décrit le célèbre Pringle sous la dénomination de *fièvre bilieuse de Bois-le-Duc*. Cette affection était évidemment la même que celle dont j'ai cité plusieurs exemples; car, d'après le rapport de Pringle, elle prit quelques soldats après quinze jours de cantonnement sur un terrain humide, pendant des nuits fraîches, des brouillards épais, et une chaleur étouffante durant le jour. Ces malheureux étaient pris subitement d'un mal de tête violent, et, sans aucune plainte antérieure, ils couraient çà et là et tombaient comme nos juments. Deux d'entre eux, en revenant du fourrage, se jetèrent de dessus le chariot dans la rivière.

L'affaiblissement et le mieux revenaient aussi très-rapidement, soit après des vomissements, soit après des sueurs abondantes. Si chez nos juments il y a eu une intoxication pour cause première, peut-il en être autrement *de la fièvre bilieuse des militaires?* Non, évidemment non ; les symptômes adynamiques et spasmodiques que décrit Pringle le prouvent par leur analogie avec ce que j'ai observé.

Si Pringle s'attache au cantonnement, à l'humidité des lieux et à l'état atmosphérique qui aurait arrêté la transpiration chez ces malheureux après que la circulation avait été exaltée pendant le jour, il se conforme en cela aux principes admis en médecine, et j'adopte très-bien ses idées à cet égard, mais seulement comme cause déterminante qui aurait agi en précipitant l'intoxication de l'état d'incubation dans la masse sanguine d'abord, puis par réaction sur le cerveau. Si l'on eût pu faire des investigations sur les blés, sur les farines et sur le pain des militaires, nul doute que, conformément à mes indications, on eût trouvé la véritable cause du mal.

Le médecin n'est pas, il est vrai, pour de pareilles recherches, dans d'aussi bonnes conditions que le vétérinaire, parce que la manutention et la cuisson cachent les cryptogames, qui n'influent même pas sur la qualité apparente du pain ; mais ils peuvent être révélés par l'odeur *sui generis* que le praticien reconnaît partout.

CRYPTOGAMIES COMPLIQUÉES DE CONGESTIONS SUR LA PITUITAIRE.

Les domestiques du domaine de Griffier, commune de Granzay, me firent appeler en mai 1846 pour un ancien cheval de voiture ayant au boulet un large ulcère dont les bords présentaient des débris de peau en gangrène.

On accusait les entraves (1). Après avoir examiné le che-

(1) Comme M. **Pérault** avait fait pour les bottines de sa jument. En effet, les entraves, les bottines avaient, par le frottement, déterminé sur ce point la congestion du principe délétère qui circulait dans l'économie animale. J'ai vu de même M. Bordier, d'Orperou, près Champ-denier, qui avait reçu au doigt un coup de bec du coq de sa basse-cour; je l'ai vu, dis-je, ayant par suite au bras un engorgement livide énorme et très-rapide, lequel gagna la poitrine et faillit le faire mourir.

M. Guillaume, de Souché, près Niort, éprouva le même sort par la piqûre d'une épine noire. Après quatre mois de maladie et un état général grave, le mal s'est fixé sur une jambe, et Guillaume a été immédiatement soulagé; mais cette jambe a été longtemps à guérir. La fièvre typhoïde régna dans ce même moment sur tous les gens de la maison de Guillaume.

La femme Perochon, de St-Florent, après avoir imprudemment lavé la lessive dans de l'eau froide, en juillet 1844, eut au bras un point gangréneux qui la fit périr en 48 heures.

On connaît mille faits semblables, tant en médecine humaine qu'en médecine vétérinaire. Parlerai-je de la piqûre de ces mouches qu'on accuse d'inoculer le charbon, tandis qu'elles ne produisent qu'un effet analogue à la piqûre de l'épine noire de Guillaume? Si le phénomène, dans ce cas, est plus rapide, cela tient sans doute au venin de la mouche, dont l'effet ajoute encore à l'action provocatrice. Pour la mouche, l'inoculation du charbon qu'elle aurait sucé explique tout; mais, pour un corps inerte, le cas devient plus embarrassant! La science

val, je fus convaincu qu'il était porteur d'une maladie cryptogamique ; je visitai alors les autres bestiaux, que je trouvai presque tous affectés.

L'animal qu'on m'avait présenté d'abord fut soumis à un traitement qui le rétablit bien ; mais une nouvelle crise interne le fit traîner en langueur, et il est mort.

Parmi les animaux qui ont offert les symptômes généraux de l'affection cryptogamique, il faut compter un autre cheval, trois poulains, une pouliche et une jument nourrice.

Le cheval a eu une congestion sur la pituitaire, *avec jetage du côté gauche et engorgement des ganglions de l'auge du même côté.* Après un rétablissement complet en apparence, il survint, dans la convalescence, une toux fréquente, suivie d'hémoptysie purulente et très-abondante. L'animal périt dans un accès. A l'autopsie, j'ai remarqué un poumon sain ; l'autre, le gauche, était presque entièrement hépatisé, et présentait de larges désordres accasionnés par la rupture des parties qui renfermaient un kyste livide.

La jument a eu deux ulcères aux talons, et cet accident fut encore attribué aux entraves. La guérison des plaies a été lente et rebelle ; il n'y a eu cicatrisation qu'après un traitement interne et la disparition des phénomènes généraux.

L'un des trois poulains, qui était de race distinguée, est mort subitement ; un autre a eu des crevasses, puis de légers ulcères aux membres postérieurs.

Le troisième poulain, âgé de 2 ans, a eu deux larges ul-

a néanmoins des systèmes qu'elle invoque ; par son secours, l'observateur a bien pu sortir sain et sauf du labyrinthe, mais il n'a encore jamais pu en expliquer les détours.

cères gangréneux aux deux pieds de devant, et un autre ulcère de même nature au paturon d'un pied de derrière. Cette dernière plaie et celle du deuxième poulain éveillèrent l'attention des domestiques, qui avaient accusé les entraves, qu'on ne plaçait jamais qu'en avant. Ce troisième poulain, au moment de la convalescence et de la cicatrisation, a présenté des complications très-graves.

Les tendons fléchisseurs des pieds de derrière se sont raccourcis au point que le pied se fléchissait souvent de manière à porter sur la couronne.

Le même mal a envahi les vertèbres et les ligaments lombaires, et l'animal, ne pouvant se soutenir, a été placé sur un appareil. Les phénomènes ont marché lentement pendant quatre mois, et, malgré les traitements et la maladie, le poulain mangeait très-bien et profitait rapidement (1). Le mal, qui se portait aussi sur le système tendineux et sur les muscles des cuisses, finit par réduire l'animal à un état tel, qu'il ne put se porter sur les jambes ; il se laissa aller sur l'appareil, et mourut en peu de jours.

La pouliche a eu des eaux-aux-jambes très-rebelles. Il n'y eut que deux vaches, une jument poulinière et deux chevaux de voiture, qui n'ont pas été malades ; nous allons voir pourquoi : en cherchant la cause de tant de maux, j'ai trouvé dans un grenier tenu constamment clos un reste de fourrage en vesce noire de 1845, serrée d'abord très-altérée, et devenue depuis très-moisie. Je découvris sur ces plantes desséchées *des champignons blancs à tiges*

---

(1) Lorsque le mal est fixé, les fonctions se rétablissent, si le lieu d'élection n'est pas un organe essentiel à la vie.

*rameuses très-multipliées et à grosses têtes arrondies, avec des fongosités noires, d'autres jaunes et moussues en forme de cocons et très-nombreuses.* Ces fourrages avaient servi d'aliment à tous les bestiaux, à l'exception des vaches et des chevaux de voiture, qui n'en avaient pas mangé.

La jument poulinière qui a été préservée de l'affection avait bien mangé de ce foin, mais en quantité bien moindre que les autres animaux ; car, deux mois avant que cette affreuse maladie se déclarât, j'avais traité cette bête pour une large plaie inflammatoire qu'elle s'était faite au genou dans une chute violente, et, pendant qu'elle était sur l'appareil, je lui fis donner une bonne nourriture en fourrage et du son ; et ces substances ont pu, avec les forces naturelles, combattre l'action des cryptogames.

Le grand cheval qui est mort, et les deux chevaux de voiture, n'avaient pas été mis aux prés ; les vaches, ainsi que la jument qui n'a pas été malade, avaient suivi les autres bestiaux dans tous les pacages.

M. Crépaux, maître de poste à Brioux, eut recours à mes soins pour une jument qui avait tous les symptômes de la morve, et pour une autre qui lui donnait des craintes. Je condamnai la première ; mais l'autre ayant encore des symptômes généraux de cryptogamie avec une glande au côté gauche et un engorgement à la pituitaire, je la soumis à un traitement, et elle s'est très-bien rétablie.

M. Crépaux avait déjà perdu une autre bête par la même maladie, et, en remontant à la source du désordre, j'ai rencontré des fenils dont les murs n'avaient pas pu être secs lorsque les fourrages qui ont dû faire le mal y avaient été déposés.

En janvier 1844, il se déclara sur les chevaux de la maison de roulage Isembert et Monteil, à Niort, une fièvre cryptogamique qui frappa alternativement six chevaux. Le mal, qui sur deux avait été peu intense d'abord, se termina par une éruption aux quatre membres. Chez un troisième, le mal s'est terminé par une hémoptysie ( saignement de nez. )

Pour un quatrième, l'affection a eu pour fin un engorgement érysipélateux subit à une cuisse.

Un cinquième a eu un ulcère gangréneux à un pied de derrière, lequel a nécessité l'ablation d'une partie de la corne. Pour le sixième, la maladie s'est terminée par un farcin disséminé sur toute la partie gauche du corps, depuis l'aile du nez jusqu'à la hanche.

Le mal était disposé par cordes sur le ventre et sur les flancs, avec des ulcères à la tête, sur les côtes, sur les reins et sur le dos. J'ai enlevé cinq cordes, cinquante et quelques tumeurs et une foule d'ulcères ; et comme l'animal me parut trop épuisé le premier jour, je remis l'opération au lendemain.

Comme je n'applique jamais aucun traitement interne lorsque les symptômes généraux ont disparu ou que le mal est ainsi fixé, je me bornai à nettoyer et à activer les ulcères qui présentaient des caractères livides, et la nature, aidée d'un bon régime sec, avait tout guéri en juillet.

En remontant à la cause de cette maladie, j'ai remarqué qu'il n'y avait d'affectés que les chevaux de la communauté Isambert et Monteil, et que ceux qui étaient particulièrement aux dames Isambert n'avaient aucun mal. Les écuries sont communes, ainsi que le timbre où allaient s'abreuver ces animaux ; mais la nourriture était différente.

Les dames Isambert ont soin de faire pour leurs chevaux

particuliers , après la récolte, des approvisionnements pour toute une année , et l'on enlève par tranches ces fourrages au fur et à mesure que les besoins l'exigent ; tandis que pour la communauté le foin *est bottelé* ; et il n'en fallait pas plus pour expliquer la maladie , eu égard au temps qu'il avait fait à cette époque et à l'état d'obscurité du fenil.

J'ai néanmoins examiné ces fourrages au microscope , et sur ceux de la communauté j'ai distingué *beaucoup de champignons blancs entiers, à chapeaux ronds, et qui présentaient au milieu du pied le renflement dont j'ai déjà parlé une fois ; beaucoup de champignons blancs rameux, et quelques fongosités rousses et jaunâtres.*

En septembre et novembre de 1845, j'ai observé la même maladie sur les mêmes chevaux de la communauté Isambert et Monteil , dans les mêmes conditions de fourrages , et cela à la suite d'un temps favorable à la végétation des cryptogames. Cinq bêtes ont été atteintes d'une manière très-grave. L'une est morte de gangrène au poumon ; deux ont eu des crises sur la pituitaire du côté gauche , avec ulcérations, puis un engorgement des ganglions du même côté ; l'une de ces dernières a été guérie ; l'autre, étant devenue morveuse , a été abattue. A l'autopsie , j'ai remarqué toutes les lésions propres à la *morve lente :* ulcérations sur la pituitaire et dans les cornets du côté gauche ; les ganglions de l'auge présentaient des foyers purulents. La quatrième et la cinquième eurent une éruption avec des engorgements aux jambes. La cinquième a eu en outre une crise sur l'intestin, et, malgré tous les traitements, cette complication a passé à l'état chronique. L'animal a langui pendant six mois ; mais il a fini par se rétablir complétement, et il se porte très-bien aujourd'hui.

Les chevaux des dames Isambert sont toujours restés divisés pour la nourriture, et ils n'ont éprouvé aucune affection cryptogamique. Cependant, en juin 1846, une maladie du même genre a attaqué tous ceux de ces chevaux qui résidaient à Fontenay, et cet événement a été causé par de mauvais fourrages de 1845, qui avaient été achetés par l'homme d'affaires de ces dames.

A la même époque, chez M. Biret Antoine, à Niort, cette même maladie se déclara sur dix chevaux, dont l'un est mort comme le premier appartenant à la société Isambert. Ces bêtes avaient mangé des foins de 1845 avariés et bottelés; mêmes champignons à peu près.

M. Demaury, meunier à Comporté, près Niort, dont il a déjà été parlé, à cause de la mauvaise disposition de son fenil, a vu se déclarer chez lui, en avril 1845, une maladie cryptogamique qui a atteint trois juments, dont l'une a été délivrée par un engorgement érysipélateux à une cuisse. Pour les deux autres, la crise s'est portée sur la pituitaire et sur les glandes de l'auge; la plus vieille, qui était aveugle, a été sacrifiée à cause de son peu de valeur, et l'autre ayant été soumise à un traitement, tous les symptômes du mal ont disparu; la bête a été guérie et remise au travail. Le même régime fut continué; mais, M. Demaury ayant depuis accordé sa confiance à un autre vétérinaire, je perdis ces animaux de vue.

Plus tard, j'ai été requis par l'autorité, au mois d'octobre 1846, pour visiter ces mêmes bêtes, qui avaient été signalées comme atteintes de morve. Je me transportai aussitôt sur les lieux, et, à mon arrivée, je vis deux juments morveuses, lesquelles ont été abattues ; une autre, qui avait vécu avec les deux premières, était atteinte d'une affection cryptogamique que j'ai surveillée, et dont la bête a été guérie.

Pour assainir le fenil de M. Demaury, il faut le séparer du rocher par une cloison derrière laquelle on ménagerait un courant d'air ; autrement, toutes les fois que les avaries des fourrages seront combinées avec des circonstances atmosphériques fâcheuses, surtout pendant les distributions, les propriétaires de ce local perdront des chevaux par des maladies du même genre.

En avril 1844, Mme Brelay me fit présenter une jument qui était affectée de cryptogamie d'une manière générale. J'indiquai un traitement. La bête fut conduite à la campagne, et je la perdis de vue ; dans l'espace d'un mois, le mal fit de tels progrès, qu'il fut impossible de l'arrêter. La jument fut abattue avec tous les symptômes d'une morve incurable. La maladie fut contractée à la ville ; des fourrages altérés de 1845 avaient été déposés dans le fenil en trop petite quantité pour qu'ils aient pu se conserver intacts ; du reste, ils étaient restés trop longtemps enfermés dans un lieu clos, par une saison humide, pendant qu'on était à la campagne.

Au moyen du microscope, j'ai remarqué sur ce foin *des champignons blancs rameux, des fongus noirs et d'autres jaunes, disséminés et en grand nombre.*

Le sieur Merliet, de Saint-Remy, me fit appeler en septembre 1847 pour une mule qui, à la suite de sétons posés au poitrail pour une fièvre cryptogamique très-intense, avait eu un engorgement gangréneux énorme qui ne présentait aucun espoir de guérison ; cependant je fis l'ablation des parties gangrénées ; j'opérai très-largement, et la cicatrisation a eu lieu en cinq semaines environ ; mais Merliet ayant nourri de nouveau la mule avec le même fourrage de 1845, la maladie reprit la bête, et se termina cette fois par une morve rapide.

Le sieur Fauger, propriétaire à Ribrai, me présenta, au mois de mars 1847, un cheval qui avait tous les symptômes d'une fièvre cryptogamique, avec écoulément d'une sérosité par les deux naseaux. J'ai posé des sétons et indiqué à M. Fauger les soins qu'il fallait donner à cet animal ; au mois de mai, on me le ramena, et, comme il offrait tous les symptômes de la morve *lente incurable*, il fut abattu après quelques tentatives inutiles de guérison. Cet animal avait mangé du foin qui s'était couvert de moisissure dans le fenil d'une habitation nouvellement construite ; au moindre contact, les champignons s'en détachaient et se répandaient dans l'air sous forme de poussière qui causait une forte irritation à la gorge.

M. Coutant, maître de poste à Niort, fit bâtir d'immenses fenils qu'il remplit de fourrages avant la dessiccation complète des murs, et, en octobre de la même année, il se déclara dans ses écuries une fièvre cryptogamique très-intense qui, dans l'espace de six semaines, atteignit alternativement vingt-quatre chevaux de la poste. Le mal céda d'abord à des traitements ; mais, soit par besoin, soit par imprudence, on oublia mes observations pour employer ces chevaux au travail avant un parfait rétablissement. Alors, malgré les secours de l'art, la convalescence se termina par des crises sur la pituitaire chez douze de ces bêtes, dont sept sont mortes de la morve *lente*, et cinq de la morve *rapide*.

Les sept premières étaient des bêtes communes du pays ou de race bretonne ; les autres étaient des animaux croisés de races distinguées et très-irritables.

Les fourrages pris sur le sommet des tas, ainsi que celui qui touchait aux murs jusqu'à un pied de distance, étaient moisis d'une manière très-distincte à l'œil nu et à la loupe.

M. Coutant, depuis ce temps, fait chaque année des approvisionnements considérables qui sont déposés dans ses vastes fenils, et il n'aura plus à redouter les terribles effets de semblables affections, tant que les fourrages seront serrés bons, secs et bien soignés.

Ce même propriétaire, à la suite d'une fièvre cryptogamique, a perdu, en 1846, trois bêtes par la morve. Le mal s'était déclaré sur une certaine quantité de ses chevaux ; et j'ai remarqué que ceux qui ont été atteints étaient tous employés aux relais de Melle, où les approvisionnements, faits par milliers, étaient bottelés et déposés dans un fenil humide et trop exposé aux intempéries.

En juin 1846, j'ai acheté pour M. Texier, négociant à Niort, une jument percheronne garnie de tous ses poils aux jambes et à la ganache ; cette bête, de haute taille, avait été choisie à deux fins : elle était destinée à faire les charrois en ville, et, au besoin, on devait l'atteler à la place d'une des juments de voiture. Le cocher lui fit ce qu'il appelait la toilette, en la dégarnissant de tous ses poils aux jambes, à la ganache, à la crinière, et même au corps ; car il l'étrilla avec d'autant plus de soin, qu'il voulait la rendre digne des deux autres. Le pansement extraordinaire produisit ce qui arrive à tant de jeunes chevaux qui, lorsqu'ils entrent dans les régiments, essuient des maladies sous toutes les formes.

Cette bête ayant été atteinte, le mal céda à un traitement énergique et à un sinapisme puissant ; et elle était convalescente, lorsque le cocher, après avoir repris son pernicieux pansement, me la ramena avec un engorgement des glandes de la ganache à gauche, et un jetage dont le mucus était adhérent à l'orifice du naseau. Les membranes étaient pâles ; du reste, la santé ne paraissait pas altérée. L'animal fut néanmoins isolé, soumis à un traitement énergique et à un bon régime substantiel. Je fis suspendre le pansement et couvrir la jument, qui, après six semaines d'un jetage inquiétant, s'est très-bien rétablie, au grand étonnement du propriétaire, qui la croyait perdue.

Les fourrages que ces trois juments avaient mangé étaient devenus avariés en 1845, et j'ai remarqué qu'ils étaient entachés de beaucoup de *champignons blancs à têtes rondes, les uns rameux, les autres à tiges droites ; il y avait aussi une grande quantité de fongosités en flocons jaunes.* Quant aux deux bêtes qui ont vécu avec le même foin sans avoir éprouvé de mal apparent, il ne faut pas perdre de vue qu'elles étaient habituées depuis longtemps à avoir les jambes dégarnies et à supporter les soins de la main ; l'une d'elles a eu néanmoins les deux membres postérieurs engorgés.

Si ces trois bêtes étaient également étrillées et semblablement vêtues d'une couverture dans l'écurie, la troisième, demeurant découverte pendant qu'elle faisait les charrois, et ainsi livrée à l'action de l'air dans un état nouveau de nudité, se trouvait exposée à des refroidissements ; tandis que chez les autres la transpiration, facilitée par la couverture, pouvait chasser au dehors les corps étrangers et contraires.

Le fermier de Blaise, commune de Granzay, eut, en janvier 1846, deux juments affectées d'une fièvre cryptogamique; la plus jeune eut une éruption cutanée qui la délivra du mal ; l'autre, ayant passé par toutes les phases de la cryptogamie, a présenté, dans la convalescence, les mêmes symptômes que la jument de M. Texier, et elle a été guérie de la même manière. Les deux bêtes du fermier de Blaise avaient mangé du foin de 1845 avarié et placé dans un fenil encore neuf et où il s'était couvert de cryptogames.

M. Prunier, bordier à Saint-Ligaire, m'amena, en 1844, une bête atteinte de cette même maladie : les phénomènes se sont présentés comme dans les exemples précédents, et j'ai obtenu les mêmes résultats.

M. Sauquet fils (Jean), négociant à Niort, a eu, en juin et en août 1844, sa jument dans un état semblable : mêmes phénomènes, mêmes résultats.

M. Pevrault, maître de poste à Frontenay, a vu, en mai, juin et juillet 1844, reparaître chez lui cette maladie avec agitation des flancs, et pour deux juments il y eut une terminaison inquiétante, jetage et engorgement des ganglions à gauche : les deux bêtes néanmoins ont été rétablies. M. Pevrault est exposé à voir cette affection se présenter plusieurs fois chez lui, parce qu'ayant une grande quantité de chevaux, il est obligé d'acheter souvent des fourrages, et qu'ils sont quelquefois transportés dans des temps humides.

Si je voulais reproduire ici un plus grand nombre de faits, on verrait toujours reparaître les mêmes accidents et les mêmes causes.

La plupart des affections cryptogamiques dont la crise

porte sur la pituitaire, sur les glandes, passeraient à l'état de morve dans le civil comme dans l'armée, si les chevaux étaient, dans le premier cas, aussi exactement traités par les peignes, les étrilles, les lavages (1), etc. Je vais donner quelques exemples à l'appui de ce que j'avance ici.

M. Tribert, ex-député des Deux-Sèvres, livra une belle jument aux soins du domestique d'un colonel en garnison à Niort, et logé chez M. Lenfant. Le domestique, fier d'une telle confiance, s'appliqua à dresser la bête, et redoubla de zèle dans les pansements ; cet excès de précautions entraîna la perte de l'animal, qui devint morveux. Les serviteurs, dans le civil, étant moins surveillés, font aussi les pansements avec moins d'assiduité que les militaires; et, dans la gendarmerie, si les cas de morve sont plus rares, cela tient à ce que, dans ce corps, les hommes, pour les soins de la main donnés aux chevaux, ne sont pas assujettis à la même contrainte que les soldats dans les régiments, et que les approvisionnements se font ordinairement à la récolte pour toute l'année.

Les cas que je viens de citer sont, dans le fait, identiques avec la morve réputée incurable ; ils n'en diffèrent que par la présence des symptômes généraux, qui persistent tant que le mal n'est pas localisé. Les vétérinaires qui ont ignoré cette vérité ont souvent commis une erreur qui se reproduit dans le fait suivant :

M. Galas, receveur à cheval des contributions indirectes, demeurant à Frontenay, acheta de confiance, en septembre

_______________

(1) L'habitude seule fait que les vieux chevaux sont beaucoup moins fragiles que les jeunes.

1845, d'un de ses voisins, un cheval affecté d'une cryptogamie dont la crise se dirigeait vers la pituitaire et sur les ganglions de l'auge. Il y avait déjà des apparences condamnables,
mais la maladie était encore dans tous les symptômes généraux.
Tel était l'état des choses, lorsque M. Galas me fit appeler et
qu'il m'expliqua la manière dont il avait été trompé. Le vendeur, ayant été mandé, avoua que son cheval était malade lorsqu'il le conduisit dans l'écurie de M. Galas, et il fit observer
en même temps que le mal n'était pas rédhibitoire, attendu
qu'il avait une jument qui s'était guérie de la même maladie.
Indigné de la conduite de cet homme, je conseillai à M. Galas
de le poursuivre en résiliation de marché, et je me décidai
à condamner le cheval comme morveux, persuadé que ce
cas, peu connu, ne serait soutenu par aucun vétérinaire.
Après mes conclusions, le propriétaire fit voir sa jument
à M. Ayrault, vétérinaire à Niort, qui, après l'avoir bien
examinée, conseilla aussi la rédhibition. Trois semaines
après, l'animal était guéri.

La guérison est souvent sûre, lorsque les symptômes sont
généraux et que, sans pansement aucun, on tient la bête
chaudement et qu'on la soumet à un bon régime. Un traitement stimulant seconde toujours la nature.

M. Galodet, propriétaire au Pontreau, près Niort, me présenta, en septembre 1847, un petit cheval de trois ans. Cet
animal était affecté d'une fièvre cryptogamique très-intense;
il chancelait, il avait des ulcères à la base des oreilles, sur
la face, et il sortait un liquide séreux par les deux naseaux.
Dans cet état, la bête fut soumise au pansage de la main et
nourrie à la drèche; il n'en fallut pas davantage pour faire
déclarer la morve : et en effet le jetage s'est établi in-

sensiblement du côté gauche ; les ganglions se sont engorgés, et depuis un an la bête est dans l'état de *morve lente*.

Chez le sieur Ravard , à Peiglan , pareille chose est arrivée à une jument; l'accident n'a pas été causé ici par l'étrille et la drêche , mais bien par le régime vert en liberté dans un temps humide. Pour des cas semblables, le vert est, de tous les régimes, celui qui est le plus déterminant, lorsqu'il est appliqué d'une manière subite.

Cette bête ayant été mise au pacage avec son poulain , le petit animal fut sevré de bonne heure et n'eut aucun mal ; la jument a été abattue, et le poulain fut élevé dans la ferme avec les autres bestiaux, sans avoir fait paraître aucun signe inquiétant.

J'ai fait la même observation chez Baillon , à la Maison-Neuve, commune de Prahecq : à la suite d'une jument morveuse il y avait une mule qui fut sevrée à quatre mois , et qui a été élevée dans la ferme sans éprouver rien de relatif aux symptômes de la morve.

Je pourrais citer d'autres exemples de poulains qui ont échappé à la maladie contagieuse qui tue les mères ; plus ces petites bêtes sont sevrées jeunes , moins il y a de danger pour elles, parce que la substance animale qu'elles prennent dominant sur la pâture verte , elles ont plus de force pour résister à la contagion. Lorsqu'on attend pour sevrer le poulain qu'il ait pris la nourriture verte , il est rare qu'il ne contracte pas la maladie de la mère ; ce fait vient encore à l'appui des principes émis dans ces extraits : le mal est local, et *les aliments substantiels aident à lutter contre la contagion*.

Le sieur Laurent, boulanger à Frontenay, me fit appeler, en mai 1845, pour donner des soins à plusieurs animaux malades. A mon arrivée, j'appris que, peu de jours avant, Laurent avait perdu une bête presque subitement. Je vis un cheval de quatre ans qui avait la morve et que je fis mettre à part, puis une jument et un autre cheval qui avaient des symptômes généraux annonçant un état d'incubation. Je prescrivis pour ces deux dernières bêtes un traitement qui fut bien suivi ; mais le propriétaire eut la malencontreuse idée de mettre la jument au vert ; lorsqu'il vint me voir et qu'il me fit part de cette circonstance, je l'engageai à réformer de suite cette infraction à mes ordonnances, mais il était trop tard. Quand je revis la bête, les symptômes généraux avaient disparu, et le mal s'étant jeté sur la pituitaire et sur les glandes, la morve s'était déclarée ; ce qui signifie que la maladie était définitivement fixée.

Quant au cheval, l'affection avait beaucoup diminué, et il était en bonne voie de guérison ; et comme Laurent néanmoins me faisait part de ses inquiétudes à l'égard de cette bête, je lui dis qu'il n'aurait rien à craindre s'il continuait à lui imposer le régime substantiel, le travail et le traitement tonique que j'avais prescrits. Le cheval jouit aujourd'hui d'une bonne santé.

Personne n'ignore que la morve est beaucoup plus fréquente dans l'armée que dans le civil, et cela d'après les raisons que j'ai déjà expliquées. Les pertes de l'armée, sous ce rapport, ont néanmoins beaucoup diminué, par d'autres raisons que j'ai également exposées ; mais on peut encore se faire une idée de ce qu'elles ont été, en apprenant ce qu'elles sont encore aujourd'hui. Pour cela, on n'a qu'à lire le passage suivant, extrait du rapport récemment fait au ministre de la guerre, le général *de Lamoricière,* par une commission composée de MM. Rénaud, Crépin, Bouley et Barthélemy ; on y lit : « L'armée française est, de toutes les armées de » l'Europe, celle qui fait annuellement les pertes les plus con- » sidérables en chevaux. La plupart de ces pertes se font » par la morve, qui exerce constamment ses ravages. »

Voyons ce qui est arrivé à la suite de l'ordonnance minis-térielle du 8 septembre 1847, laquelle prescrit de ne plus souffrir dans les régiments aucun cheval douteux ; il en a été abattu considérablement dans chaque corps : on peut juger de tout ce qui s'est passé dans l'armée par ce qui a eu lieu à Niort. Le colonel du 9e régiment de chasseurs, en gar-nison dans notre ville, m'a présenté pour son compte, le même jour, douze chevaux jeunes et vigoureux que mes confrères, MM. Miniot et Pernay, tous deux vétérinaires du régiment, et moi, avons conjointement condamnés à être abattus comme morveux.

Le capitaine instructeur au même régiment a perdu suc-cessivement trois bêtes de la même manière. Les cas de morve ont cependant diminué, mais cela est en faveur des autres variétés de maladies cryptogamiques.

N'est-il pas temps enfin que la société s'affranchisse de pareils malheurs ?

En 1838, M. Fourré, commandant de gendarmerie en résidence à Niort, désireux d'avoir à sa proximité ses che-vaux, qu'il avait d'abord mis avec ceux des gendarmes, les fit sortir de la caserne pour les loger dans l'écurie de la maison qu'il habitait, place Napoléon, lieu le plus élevé de la ville ; puis cet officier supérieur donna des ordres pour qu'on lui apportât à l'avance et ensemble, chaque mois, des rations prises parmi les approvisionnements faits à la gendarmerie en commun, pour toute l'année.

Je prévis que cette séparation causerait des différences notables dans les conditions hygiéniques des chevaux du commandant, et que cela ferait naître des perturbations qui seraient pour moi un puissant sujet d'observations sous le rapport de l'étiologie. Mes prévisions se sont promptement réalisées; car il y avait à peine quelques mois que ces bêtes étaient installées dans leur nouvelle demeure, qu'elles furent prises l'une et l'autre d'une toux légère sans aucune autre indisposition, si ce n'est un état de pâleur et d'engorgement sensible de la conjonctive du cheval nº 1, le plus commun et le plus lymphatique; une couleur rose et une infiltration qui noyait les vaisseaux chez le nº 2, cheval plus distingué que le premier et d'un tempérament nerveux.

Le pouls, dans les deux sujets, était naturel; et cet état manifeste d'incubation céda à quelques électuaires de *coriande*, d'*anis* et de *fenugrec*, à des breuvages nitrés et à un exercice réitéré.

Quelques mois après ce traitement, le cheval nº 1 présentait dans le creux du poitrail, entre le sternum et la première côte, une tumeur farcineuse profondément située; la conjonctive alors était revenue à son état normal, tandis que celle du cheval nº 2 annonçait un état d'incubation.

Accompagné de deux confrères, j'ai extirpé la tumeur farcineuse, et la cicatrisation complète eut lieu très-promptement; mais, lorsqu'on croyait l'animal en pleine sécurité, il survint des engorgements aux ganglions de l'auge du côté gauche, et, malgré l'extirpation de la glande et les soins don-

nés à cette bête , elle devint tout à fait morveuse. Les ulcérations gagnèrent peu à peu la cloison nasale , les cartilages
des cornets du nez et le larynx , et répandaient une odeur
infecte de carie (ozène) , et ce cheval fut abattu alors qu'il
avait encore toute sa vigueur.

Dire que l'état morbide des chevaux de M. Fourré dépendait de la nourriture et des pansements, c'était provoquer
un démenti formel en présence de l'état sanitaire parfait de
tous ceux des gendarmes, qui consommaient les mêmes
fourrages en étant soumis au même ordre de pansement.

Je compris, après quelques discussions, qu'il me fallait op-
ter entre le parti de faire à chaque personne une instruction
scientifique, et celui de continuer mes observations sans chercher à expliquer aux propriétaires les causes des maladies.
Je reconnus heureusement tout le prix du silence , et une
attention soutenue dans l'examen des conditions du régime
et des pansements des chevaux du commandant et de ceux
des gendarmes m'y fit voir une différence notable que je
vais m'efforcer de rendre apparente pour chacun :

| *Chevaux des gendarmes.* | *Chevaux du commandant.* |
|---|---|
| Les fourrages sont achetés pour l'année et serrés dans un hangar très-vaste ; ils sont bottelés au fur et à mesure que le besoin l'exige, et dé-posés , pour la distribution , dans un fenil spacieux atte-nant au hangar. Les ouver-tures de ce local se comman-dent pour les courants d'air, et les murs sont vieux et très-secs. | Les fourrages, bottelés pour un mois à l'avance, sont trans-portés à une distance d'un ki-lomètre , et déposés dans un fenil étroit à une seule ouver-ture, et dont les murs sont nouvellement construits. Si l'humidité constante de 1838 a été la même pour les uns comme pour les autres, il est certain que son influence a dû produire plus d'ef - |

Ici, le foin ne présente pas une quantité notable de champignons.

Le pansement est fait, soit par un palefrenier qui donne des soins à sept ou huit chevaux, soit par les proprié-taires, qui, à dire vrai, sont libres ; toutes ces circonstan-ces sont favorables à l'inté-grité de l'épiderme.

fets dans les lieux déjà frais.

Là, le foin présente quel-ques mucors et beaucoup de fongosités sessiles très-variées en forme et en couleurs.

Le pansage est fait *militai-rement*, vu le voisinage du commandant et sa surveil-lance, conditions extrême-ment propres à causer la des-truction de l'épiderme et même la déchirure du derme.

Ces fourrages n'ayant pas été mis dans les mêmes condi-tions, leur état de conservation a été différent, et il a dû en être de même de la santé des chevaux ; d'où l'on explique très-bien cette différence dans l'issue de l'état d'incubation chez les deux bêtes du commandant. En effet, le cheval n° 1, étant plus commun, avait l'épiderme plus épais, ou, comme on le disait, la peau était plus malpropre, ce qui fait qu'on exigea plus de soin pour détruire ce qu'on appelait de la crasse, à mesure qu'elle se régénérait.

Le cheval n° 2, dont le poil était plus fin, l'épiderme plus mince, et partant la peau plus nette, avait à l'avance satisfait l'amour-propre et exigeait moins de *travail*. Le danger de l'étrille n'est, comme on le voit, que relatif, ce qui n'empêche pas qu'elle doit être supprimée, attendu qu'elle peut être très-avantageusement remplacée.

Ainsi l'humidité du fenil avait fait développer sur les fourrages du commandant des champignons microscopiques qui ont causé la maladie, et le cheval n° 1 a été pris, parce que l'étrille, en détruisant l'épiderme, a augmenté la sus-ceptibilité de l'animal : ainsi s'exprime le praticien convaincu.

L'année 1858 ayant été passablement humide, j'ai observé, à la suite, une épizootie éruptive et squammeuse très-remarquable, qui prit un certain développement dans notre arrondissement et dans celui de Melle. Le mal s'est déclaré spontanément sur plusieurs points, et il s'est propagé par contagion, surtout par les animaux des meuniers ; il a paru débuter sans fièvre apparente, et il avait pour tout prélude un grand prurit accompagné quelquefois, dans les cas spontanés, de symptômes d'incubation. Il y a certaines fermes où tous les solipèdes ont été envahis par la maladie, qui souvent s'est compliquée d'*engorgements œdémateux* sous le ventre, d'*eaux-aux-jambes*, d'*ulcères*, de *crapauds*, d'*érysipèles* aux membres, suivis d'*éléphantiasis*, de *dégénérescence* lardacée permanente ou squirrheuse de la peau et du tissu cellulaire sous-jacent.

La maladie générale était évidemment attribuée à l'humidité qui s'est fait sentir pendant les années 1838 et 1839, aux fourrages altérés, et à la contagion pendant les années suivantes ; mais, dans la plupart des cas spontanés que j'ai pu observer, les champignons ont été pris sur le fait, et cette maladie, qu'on a regardée comme une gale, s'est terminée par des affections ayant pour cause les cryptogames, et je suis positivement autorisé à la faire figurer dans la troisième classe cryptogamique.

Je citerai un cas de scrofules observé sur un homme, comparativement au cas de morve du cheval du commandant Fourré, auquel il se rapporte par la régularité des phases du mal observées de part et d'autre. Le sujet est un journalier nommé Massé. Ce jeune homme, nouvellement marié, habitait la commune de Saint-Florent, et il a succombé à cette affection à l'hospice de Niort, malgré tous les soins assidus qu'il reçut de la part des médecins. Le mal, à la suite de l'année humide de 1845, a débuté chez Massé par un engorgement des *glandes de l'aisselle* du côté droit; ensuite il a envahi les *glandes sous-maxillaires* du même côté, puis il s'est étendu au *narines*, à la *pituitaire*, où il a fait des ravages considérables. Enfin la *cloison nasale*, les *cornets du nez* et le *larynx* ont été bientôt atteints, et il en est résulté une odeur infecte (ozène scrofuleux), signe caractéristique de la carie des cartilages et des os.

Lorsque cet infortuné voulait donner une idée des tristes angoisses dont il se croyait menacé, la fin réservée aux chevaux morveux s'offrait toujours à son esprit, ce qui ne lui empêchait pas de supporter son mal avec un grand courage.

Il n'y a que le médecin habituel d'un malade qui puisse remonter à la cause des maux qui dépendent de la nourriture; encore faut-il que dans ses recherches il suive la marche que j'ai adoptée pour les maladies des animaux. Les difficultés ici sont néanmoins bien plus grandes; car les personnes qui récoltent et soignent elles-mêmes leurs blés peuvent, en le portant au moulin, être victimes de l'agiotage ou de l'erreur des meuniers. L'odeur est un renseignement bien puissant pour aider à reconnaître la présence des cryptogames; mais il faut une grande habitude pour qu'on puisse prendre des conclusions sur un indice si subtile : les causes déterminantes, au contraire, viennent d'elles-mêmes s'offrir à l'observateur, et il les accuse toujours. Massé a bien pu être indirectement victime de ces causes déterminantes, comme le sont tant de travailleurs en entrant en ménage; car, le soir, ils se reposent paisiblement des fatigues du jour, et il arrive souvent que dès le matin ils exposent, par tous les temps , leurs sens émus aux funestes conséquences d'un refroidissement subit.

Il existe entre l'ozène farcineux ou morveux des animaux et l'ozène scrofuleux de l'homme une analogie qu'on reconnaît aux symptômes extérieurs et aux conditions de développement de ces affections ; et cette analogie devient incontestable surtout aux yeux de ceux qui ont soumis aux observations microscopiques les végétations qu'on y observe, et qui découlent de la même source. Le célèbre Sauvage , qui a laissé de précieux travaux sur les scrofules , reconnaît que cette maladie a des rapports intimes avec le scorbut, l'éléphantiasis , la lèpre , la teigne , etc. Il a rencontré dans toutes ces affections des engorgements scrofuleux des ganglions lymphatiques , des érysipèles et une foule d'autres caractères connus, et , dans ses convictions, il les comprend toutes dans une même classe , sous la dénomination d'*impétigines*. L'*impetigo du cuir chevelu* serait la teigne ou le *prurigo favosa* , maladie grave , que l'on attribue aujourd'hui à un champignon microscopique , parce que par un grossissement de 500 , comme le démontre si bien l'observateur Gruby , on distingue les plantes de toutes pièces.

Puisque la teigne est occasionnée par un champignon qui croît sur le cuir chevelu , si ce champignon naît et se développe sous l'épiderme , et qu'il le brise pour croître librement à l'air , pourquoi ne pas admettre que le germe a été préalablement introduit à l'intérieur soit par les voies alimentaires , soit par le moyen de la respiration ? Pourquoi des maladies, dont on ignore la cause et qui ressemblent à la teigne , n'auraient-elles pas une origine analogue à la sienne ? Pour moi, je crois que ces maux chez l'homme doivent être attribués à la cryptogamie, parce que chez les animaux j'ai pris cette cause sur le fait pour des affections analogues, et que les observations microscopiques faites sur les lésions morbides donnent les mêmes résultats pour les unes comme pour les autres.

J'ai vu Mme veuve Point, demeurant au Vieux-Moulin, commune de Sausais, mourir d'une lèpre générale après avoir été guérie d'une affection charbonneuse survenue au doigt à la suite d'une maladie typhoïde dont cette malheureuse avait été primitivement atteinte.

La famille Guérineau, peu aisée, et habitant Morgaine, commune d'Aubigny, ayant mangé en novembre et en décembre du pain moisi, le père et la mère eurent des ulcères à la figure, et des productions écailleuses survinrent à la tête et au visage des enfants.

Ces différentes affections disparurent dès qu'on en eut supprimé la cause par un changement imprévu.

Toutes ces végétations, examinées avec soin au microscope, laissent voir leurs racines implantées sous l'épiderme, dans l'appareil vasculaire de la peau, qui le sécrète; et aussitôt que la vie végétative dont elles sont douées a cessé, on peut encore apercevoir les lieux d'implantation et les désordres produits à l'épiderme par la cicatrisation.

Ces productions, je les ai surprises, dans leur bizarrerie, se groupant sous la forme d'un cercle, d'un ovale, à l'instar des mousserons dans les prairies, et de beaucoup d'autres espèces de champignons sur l'écorce des arbres.

Je pourrais bien moi-même faire des rapprochements et établir des comparaisons qui auraient pour résultat de démontrer l'identité qui existe entre tant d'affections regardées jusqu'alors comme disparates ; mais je ne veux que préparer les esprits à une réforme qui sera nécessairement amenée par la force des choses, et je me borne ici à comparer entre elles les affections de l'homme et celles des animaux pour lesquels cette analogie est en apparence moins contestable.

La médecine vétérinaire, depuis plusieurs années, n'est-elle pas enfin arrivée à rapprocher des affections typhoïdes de l'homme la plupart des épizooties dont l'origine est inconnue, et qui à l'inconstance joignent des caractères adynamiques pernicieux ?

Il n'y a pas de réunion de chevaux un peu importante où l'on ne signale, aujourd'hui, des affections typhoïdes. Dans les régiments de cavalerie, dans les dépôts de remonte, on en cite beaucoup de cas.

Les chevaux du dépôt de remonte de Saint-Maixent ont supporté tout récemment une grande maladie qui a été signalée comme typhoïde.

M. Bernard, vétérinaire en premier du 2ᵉ de chasseurs, m'a dit, à son passage à Niort, en février, que depuis peu il avait eu à traiter, dans son régiment, quatre-vingts chevaux atteints de la fièvre typhoïde, et cet honorable confrère m'en a montré, dans ses infirmeries, de nombreux et bizarres reliquats.

Encore un pas vers l'étiologie, et l'on sortira de l'obscurité si funeste à la société tout entière.

### DE LA CLAVELÉE ET DE LA PETITE VÉROLE.

La clavelée du mouton et la petite vérole de l'homme ont souvent été rapprochées comme deux maux de même nature; puis elles ont été séparées sous de futiles prétextes que j'ai scrupuleusement examinés. La clavelée est très-fréquente dans nos contrées; c'est l'affection que j'ai le plus observée à l'état d'épizootie, et il m'a été facile de la comparer avec la petite vérole, car elles ont toutes les deux régné fréquemment ensemble dans ma clientèle. Ce sont deux maladies éruptives éminemment contagieuses par infection et par inoculation, dont le virus a le même caractère sous tous les rapports.

Les symptômes morbides sont semblables et présentent les mêmes phases, soit régulières, soit irrégulières; elles laissent les mêmes traces à la surface de la peau, et des lésions semblables à l'intérieur. Le grand nombre de malades que j'ai vus atteints de la clavelée m'a fourni des exemples de toutes les complications que les auteurs citent au sujet de la petite vérole, eu égard aux influences des saisons, aux imprudences, au défaut de soins, etc. : fièvres plus ou moins graves, plus ou moins variées; métastase sur les appareils digestifs, respiratoires, circulatoires, cérébraux, nerveux, musculaires, etc.; cécité, surdité complète ou incomplète; érysipèle, gangrène, hypertrophie, etc.

J'ai rencontré en général dans cette maladie les mêmes variations et les mêmes complications que dans les fièvres typhoïdes : cependant les diarrhées sont les cas les plus fréquents; les phénomènes épileptiformes sont les plus rares.

Les écrivains qui ont combattu l'analogie qui existe entre la claveléc et la petite vérole ont conclu qu'il y a dissemblance entre ces deux affections, en s'appuyant sur ce que la clavelée ne peut pas plus se transmettre aux autres animaux et à l'homme ( du moins amplement ), que la petite vérole ne peut être communiquée aux moutons et aux autres bêtes.

Ces objections, les seules qu'il soit possible d'alléguer en faveur de la dissemblance, sont aussi erronées que les opinions en vertu desquelles on admet différentes natures de gale pour les divers animaux et pour l'homme ; et cela parce que ces maladies ne se transmettraient pas d'une manière réciproque. L'erreur est la même, et tout s'expliquera lorsqu'on aura vu, à l'article contagion, que les affections contagieuses dont le principe constituant, végétal ou animal, est vivant, ne sont transmissibles que lorsque le sujet sur lequel on veut les implanter est de nature à entretenir pleine et entière la vie du nouveau parasite.

Rien n'est plus capricieux ni plus susceptible que les êtres de ce genre, surtout ceux qui appartiennent à la classe des cryptogames ; les mœurs et la culture de ces derniers en fournissent de nombreux exemples.

Il en est tout autrement de la transmission des maladies contagieuses dont le principe constituant est inerte et résulte d'une sécrétion quelconque, tels que la *rage*, le *charbon virulent* et tous les *virus* des reptiles, des insectes vénimeux, etc. Celles-ci s'implantent partout où on les introduit, si elles y rencontrent la vie animale, et elles y produisent des phénomènes semblables sur les sujets, quelle que soit leur différence. Ainsi donc la conclusion est mal motivée ; le défaut de transmission d'un sujet sur un autre,

pour des maladies du genre de celles qui nous occupent, et
particulièrement pour la clavelée et la petite vérole, ne serait pas une raison suffisante pour qu'on puisse considérer
ces affections comme n'étant pas de même nature. On n'est
pas plus fondé à faire valoir contre ce rapprochement l'impuissance du vaccin à préserver les moutons de la clavelée.

Qui s'étonnerait de voir le *compox* ( variole des vaches)
préserver l'homme de la petite vérole ( variole humaine ),
quand il est démontré que chaque animal domestique, y
compris les oiseaux de basse cour, a sa variole, dont la nature est la même pour toutes, et dont le développement est
généralement un préservatif contre une récidive dans chaque
sujet réciproquement, *ainsi que pour ceux qu'elle adopte
franchement ?*

Il n'est certes pas plus étonnant de voir la variole de la
vache saisir l'homme de préférence aux autres animaux,
qu'il ne l'est de voir les mélanoses, qui adoptent le cheval
blanc, préférer les hommes blonds aux chevaux de couleur.

L'affection du crapaud, commune aux monodactyles et
aux moutons, ne sévit sur aucun autre animal ; tandis que
les eaux-aux-jambes, qui attaquent les monodactyles, ne se
rencontrent pas plus sur les moutons que sur les autres bêtes.
Cependant l'inoculation du virus des eaux-aux-jambes, ou
de celui du crapaud, produit sur les moutons et sur les
chiens une espèce de variole locale plus ou moins étendue.

Toutes les varioles se propagent par la contagion ; mais,
lorsqu'elles se développent spontanément, d'une manière générale, sur une ou plusieurs espèces à la fois, c'est toujours
à la suite d'intempéries prolongées et d'aliments cryptogamisés que ces maladies se produisent.

Celle du mouton ne surgit spontanément que sur ceux de ces animaux dont la nourriture est à l'état de maturité complète, sur pied ou à l'état d'approvisionnement. Jamais elle n'est spontanée chez les troupeaux qui ne vivent que de pacages verts dans lesquels on ne permet pas aux plantes de prendre tout le développement nécessaire à leur maturité et favorable à l'absorption et à l'apparition des parasites.

Le crapaud des moutons ( piétin ), n'étant contagieux que par le contact du virus à la surface interdigitée, ne peut se répandre que très-lentement ; depuis vingt ans environ, il règne épizootiquement dans la partie est des environs de Niort, et s'étend à peu près jusqu'aux alentours de Melle. Là, cette affection est soumise à des conditions de développement qui sont les mêmes que celles de la variole (clavelée); mais les faits relatifs au piétin sont beaucoup plus sensibles que ceux de la variole, parce que dans cette dernière maladie la rapidité de la contagion vient souvent troubler les observations.

Ainsi l'épizootie du piétin se maintient dans la contrée de l'est, parce que les troupeaux y sont mis dans des pacages abondants que l'on change souvent, ce qui fait que l'herbe a le temps de se développer amplement, et que les moutons sont nourris copieusement à l'écurie. Au sud et à l'ouest de Niort, au contraire, cette maladie est rare, parce que les pacages sont continuellement rongés jusqu'au collet des plantes, et qu'on ne nourrit à l'écurie qu'avec des pailles conservées dehors et des balles de blé.

Le crapaud du cheval est aussi contagieux que celui du mouton ; j'ai de nombreux exemples tendant à confirmer cette vérité ; mais un cheval peut vivre avec ce mal au milieu d'un grand nombre de bêtes de son espèce sans le leur communiquer, parce que ces animaux sont séparés le soir, qu'ils vivent plus isolément dans les pacages, et que leurs pieds sont d'autant moins exposés à s'excorier qu'ils sont plus garnis de corne. Du reste, c'est sur le fumier porteur du virus que les moutons contractent le mal.

Je n'ai jamais vu régner le crapaud des monodactyles avec les caractères de l'épizootie ; mais, comme je l'ai observé à l'état d'enzootie dans le département de la Vienne, près Saint-Sauvent, je vais détailler ici le résultat de mes observations à cet égard.

## ENZOOTIE DU CRAPAUD.

J'ai démontré plusieurs fois dans cet ouvrage que le *crapaud* résulte d'une crise cryptogamique, et je vais rapporter, à ce sujet, un fait qui est très-remarquable : en décembre 1845, j'ai été appelé chez M. Souchet, à Chiré, près Saint-Sauvent (Vienne), pour traiter deux crapauds survenus à un cheval étalon. Mes succès ordinaires touchant cette maladie ayant retenti dans ce pays, à mon second voyage, on me montra seize crapauds sur huit bêtes, et plusieurs baudets et juments affectés des eaux-aux-jambes. Tous ces animaux, à l'exception de deux, ont été radicalement guéris, au grand étonnement des habitants du lieu, qui jusque-là avaient toujours vu périr les bestiaux atteints de cette maladie que la médecine considère comme incurable. Les deux bêtes dont je n'ai pas obtenu la guérison étaient une vieille jument dont les sabots se trouvaient déformés et en désordre, et le cheval étalon , dont les soins avaient été négligés pendant la monte.

On guérit l'affection du crapaud dans plusieurs localités depuis que j'ai publié ma méthode curative pour ce mal; plusieurs vétérinaires des Deux-Sèvres ont suivi cette méthode avec succès, et M. Loget de Couhet en a fait, à Saint-Sauvent, une très-heureuse application.

En remontant aux causes de cette enzootie à Saint-Sauvent, j'ai remarqué que partout, dans cette contrée, les granges sont très-closes, et qu'elles n'ont en partie d'autres ouvertures que la porte, qui reste constamment fermée, afin d'éviter l'invasion des volailles.

Les champignons sont, dans ce pays, que je sache, plus que dans tout autre, répandus d'une manière générale sur les foins, et ce qui est certain, c'est que les crapauds y sont très-communs. Les habitants de cette contrée, en veillant avec soin à la conservation des fourrages, feront bientôt diminuer l'intensité de cette maladie, et ils la verront entièrement disparaître de leur sol dès qu'ils auront réussi à préserver de l'humidité et de l'obscurité les denrées qu'ils destinent à la nourriture de leurs bestiaux.

*Faits pratiques observés pendant l'hiver de 1848 à 1849.*

Rapprocher les différentes maladies qui m'occupent ici, et comparer entre elles les nombreuses affections du genre de celles dont on a toujours ignoré les causes et la nature, voilà une mine riche à exploiter, un champ vaste à explorer, et dont le défrichement offre à l'observateur les plus grandes espérances de fertilité. Dans un ouvrage que j'ai hâte de terminer, il m'a été tout au plus permis d'effleurer cet immense travail ; mais, tout entier livré à mon sujet, j'y consacrerai ma vie entière, et c'est par des preuves publiques et authentiques que je détruirai les plus fortes oppositions que pourront soulever des vérités si flagrantes.

J'ai retardé de quelques semaines mes publications, parce que j'étais sûr que les suites de la température extraordinairement douce et calme des mois d'octobre et de novembre me fourniraient de nombreux sujets d'observations, et que les faits que je pourrais recueillir seraient d'autant plus puissants qu'ils auraient une date plus récente.

La persévérance de la température et de l'état atmosphérique en général, par les vents dominants du sud, du sud-ouest, a été cet hiver au delà de toute prévision ; et, s'il n'y a pas eu d'intempéries extrêmes et soutenues, capables de faire surgir de grandes maladies générales, les temps doux et calmes, en arrière-saison, ont rencontré assez d'humidité pour occasionner des maladies pernicieuses. par les denrées mal logées et mal conditionnées, comme il y en a eu beaucoup cette année, et particulièrement des fourrages qui ont souffert à la récolte.

La confusion dans les maladies était d'autant moins à craindre, que la constance de la température n'a pu provoquer que très-peu de causes déterminantes, et encore moins de maladies inflammatoires ; de sorte que le *génie épidémique* et *épizootique*, bien entendu, *cet enfant de l'imagination*, a pu, quoique sous un faible empire, passer librement par les différentes phases d'incubation et de métastase.

Je suis convaincu qu'on ne se laissera pas entraîner plus longtemps à la remorque des erreurs de nos pères, et qu'a notre époque de progrès, on saura faire justice d'une telle chimère. Il y a tout à espérer qu'un sujet si grave sera, de la part des savants consciencieux, soumis à un long et sévère examen, et que, sans ménagement même pour leurs propres ouvrages, ils se mettront à l'œuvre et qu'ils chercheront à dérouler les mille replis sous lesquels la science, dans ses fausses voies, a comprimé des documents dont l'essor doit rendre d'immenses services à la société.

J'ai recueilli avec soin et par groupes les principaux faits pratiques pour les différentes variétés de maladies, et particulièrement dans les lieux dont le bon état sanitaire habituel a été troublé par quelques nouvelles dispositions fâcheuses. Je ne produirai ici que des cas occasionnés par des moisissures saisissables à l'œil nu et par tout le monde. Les observations microscopiques seront ultérieurement jointes à un travail général.

1° J'ai toujours signalé le domaine de la Mellaiserie, situé commune d'Échiré, et appartenant aux MM. Sagot, comme très-salutaire sous le rapport de la conservation des fourrages, qui ont constamment été disposés de manière que l'air pût librement circuler alentour; et c'est, à mon avis, la raison pour laquelle cette ferme a eu si peu de malades parmi les nombreux bestiaux qu'on y compte. Depuis vingt ans que je jouis de la confiance de ces cultivateurs, mes soins ont été réclamés le plus souvent, dans leur exploitation, pour des maux causés par des accidents. Les maladies y ont été constamment fort rares, et celles que j'y ai traitées ont toutes présenté des symptômes inflammatoires. Le temps qu'il a fait durant les derniers mois de l'année 1848, l'état des fourrages et la nouvelle disposition des lieux, ont apporté de grands changements à cet état de choses habituel.

Dans les premiers jours de novembre, j'ai été appelé chez M. Sagot pour deux mules affectées subitement, chacune à une jambe, d'un énorme érysipèle s'étendant jusqu'à la mamelle. Cette affection avait débuté par un état fébrile et une agitation des flancs, et ces caractères ont cessé d'exister dès que le mal a été définitivement fixé aux jambes.

En remontant à la source d'une maladie si extraordinaire pour cette maison, j'ai remarqué un changement complet dans la disposition habituelle des fourrages. L'abondance de la récolte avait porté le propriétaire à remplir deux fenils situés sur les écuries, et ouverts sans cloisons de chaque côté dans la grange. Il résultait de cet arrangement une suppression complète de la circulation de l'air ; ces fenils étant bas d'étage, et les foins qu'ils contenaient étant très-peu tassés et déjà avariés au moment de la récolte, ils se sont trouvés dans des conditions très-favorables au développement des cryptogames, qui étaient devenus apparents à l'œil nu, et dont la présence était trahie par l'odeur et par une poussière âcre qui s'échappait quand on agitait le foin. Après avoir expliqué à M. Sagot toutes ces circonstances, je le prévins des dangers qu'il avait à redouter pour l'avenir : mes prévisions sont tellement fondées, lui dis-je, que je vous annonce d'avance que les cinq mules qui sont à l'engrais seront exemptes de maladies de ce genre, parce qu'elles sont nourries avec de bons fourrages choisis au centre des tas ; tandis que les autres bestiaux, qui, dans cette saison, ne pacagent ni ne travaillent, sont néanmoins exposés à être victimes du même mal, parce qu'ils vivent de foins d'un mauvais choix.

Le prompt rétablissement des malades fit qu'on oublia bientôt mes recommandations, et je ne fus pas surpris d'être rappelé à la Mellaiserie en décembre, pour une jument et deux mules prises d'érysipèles énormes : deux, chacune à une cuisse, et la troisième à l'encolure.

Trois autres bêtes ont été dans le même temps semblablement affectées, à la jambe gauche, d'érysipèles qui s'étendaient tellement, qu'ils envahissaient même la mamelle. Ce second événement, qui, dans la même exploitation, portait à huit le nombre des cas, sans que les cinq mules à l'engrais eussent été atteintes, parla assez haut pour rappeler aux intéressés les règles d'hygiène que j'avais prescrites, et le mal cessa.

2° Chez M. Biret Antoine, à Niort, sur six juments de travail, trois ont été affectées, en novembre et en décembre, avec récidive pour chacune, d'un érysipèle à la jambe gauche. Sans offrir autant de constance que la morve, les érysipèles affectent plus souvent le côté gauche.

Le foin dont s'étaient nourries les juments de M. Biret, déjà altéré à la récolte, avait été bottelé et entassé dans un fenil, et était visiblement couvert de champignons pédiculés et sessiles.

3° M. Baudin, habitant la Petite-Fragnée, commune de Frontenay, eut, à la fin de décembre, deux poulinières affectées chacune d'un érysipèle considérable, l'une à la cuisse gauche et l'autre à la cuisse droite. Le mal avait atteint les mamelles, et il y avait eu au début une forte fièvre de réaction. La maladie s'était déclarée après que ces bêtes eurent consommé du fourrage altéré et moisi , pris contre un mur humide.

4° Mme de Laroche , propriétaire du château d'Aiffres, réclama mes soins en novembre et en décembre pour une jument qui avait été , à chaque fois , subitement frappée d'une fièvre très-intense, suivie immédiatement d'un érysipèle énorme , lequel avait envahi tout le membre gauche jusqu'à la mamelle. La première fois, la jument avait mangé un reste de foin de la récolte de 1847 , qui , bien qu'étant de très-bonne qualité, s'était couvert de champignons contre le mur, à terre et sur le tas. La récidive s'était déclarée après que la jument eut consommé une pâture provenant de la récolte de 1848 , et obtenue par une tranchée pratiquée près d'un mur humide.

Cette habitude de trancher les fourrages contre les murailles est très-répandue dans nos contrées; c'est un usage propre à empêcher qu'ils ne moisissent, qui a été commandé par les accidents, et que l'expérience a consacré; mais on s'y prend trop tard lorsqu'on attend l'hiver , époque où les animaux sortent des pacages et rentrent à l'écurie pour y être nourris. On agirait beaucoup plus sagement si l'on mettait une couche de paille entre les murs et le foin.

5° M. Lavollée , marchand de toile à Niort , vendit, le 15 décembre, à M. Coutant , maître de poste, une jument qui fut tout de suite attelée pour parcourir une distance de deux myriamètres environ; mais comme il fut constaté qu'aussitôt le départ , cette bête avait fléchi sur ses jambes; que , durant tout le trajet, elle fit preuve d'une grande faiblesse, et qu'elle eut beaucoup de peine à terminer la course.

elle fut conséquemment jugée incapable de faire le service de la poste, et remise au vendeur. Celui-ci m'ayant fait appeler pour constater l'état de sa jument, dont il connaissait l'énergie habituelle, je reconnus une maladie générale : les paupières étaient tuméfiées, la conjonctive boursouflée et infiltrée à l'œil gauche ; la jambe postérieure du même côté présentait un érysipèle pustuleux qui a envahi tout le membre pendant le cours de la maladie. Cette bête ne pouvait précipiter son pas sans être essoufflée, et le propriétaire crut qu'elle avait reçu de mauvais traitements. Mais je le détournai de cette idée en lui annonçant pour le surlendemain une ulcération gangréneuse dans une partie qui a été secondairement engorgée : en effet, il y a eu, de même que je l'avais annoncé, perte de substance circulatoire et épanchement d'un ichor séreux infecte.

Comme j'avais dit à M. Lavollée que sa jument devait avoir mangé du foin moisi, nous montâmes ensemble, pour visiter les fourrages, dans un fenil très-obscur, et nous trouvâmes un tas de trèfle bottelé et appuyé contre le mur ; et, comme je l'avais prévu, nous distinguâmes très-bien l'un et l'autre, sur cette pâture qui avait causé tout le mal, une multitude de champignons exhalant une odeur forte et très-significative.

6° Le domaine de la Tour-Chabot, situé dans la commune de Niort, a toujours été, du moins depuis que je suis en rapport avec les gens qui l'exploitent, très-salutaire aux bestiaux sous le rapport de la consommation des fourrages, qui y étaient disposés de manière à laisser l'air circuler librement alentour. L'étable à bœufs est d'un côté dans le même local, et l'écurie des juments se trouve de l'autre côté, sans que ces deux parties de l'établissement soient séparées du reste de la grange par aucune cloison. J'attribue à cette heureuse disposition le petit nombre de maladies qui ont sévi dans cette ferme, dont les nombreux bestiaux sont depuis quinze ans soumis à mes soins. Durant cette longue période de temps, sur une douzaine de bêtes à cornes que l'on a toujours comptée dans cette exploitation, je n'ai eu à traiter qu'un bœuf, et le mal dont il fut affecté était une pneumonie inflammatoire très-grave.

Les juments poulinières ont été plus souvent atteintes, et toujours par des affections analogues à celles dont le bœuf fut frappé. Les poulains naissants furent aussi fort souvent affectés de la même maladie, et cela a tenu à ce que l'écurie des juments se trouvait exposée au principal courant d'air, et que l'étable à bœufs n'était pas soumise au même inconvénient.

Des changements intérieurs combinés avec la température douce et humide des derniers mois de 1848 sont venus troubler l'état de choses habituel, et, dans les premiers jours de janvier, le sieur Gautier me fit appeler pour donner des soins à un veau de trois ans qui s'était fortement heurté l'épaule contre un arbre. Étant arrivé quelques heures après cet accident, je reconnus que l'animal boitait fortement, et que l'épaule était envahie par un engorgement de charbon gangréneux dont les progrès rapides me firent présager la mort prochaine du sujet, qui expira en effet le troisième jour.

En recherchant la cause d'une maladie inconnue dans cette métairie, j'ai vu, à l'inspection des lieux, que l'air, ayant été intercepté, ne circulait plus autour des fourrages (1)

—

(1) Dans les questions d'hygiène, on s'est beaucoup occupé de l'air, si utile à la respiration des animaux, et cela sans chercher à se pénétrer de cette vérité, qu'une ouverture dans un vaste local suffit pour

qui, au nord et à l'ouest, étaient appuyés contre des murs humides, et j'appris que depuis un mois environ les bestiaux de cette ferme mangeaient des balles et des foins tranchés contre les murailles. Cette pâture était couverte d'une grande quantité de champignons, lesquels étaient surtout très-multipliés sur les balles. Je dis au sieur Gautier que là était toute la cause de la mort de son bœuf, et qu'il devait s'empresser de faire de grandes réformes à cet égard ; mais ces bonnes gens, étant encore tout préoccupés de la contusion produite par l'arbre, agirent lentement.

Le vingt janvier j'ai été mandé de nouveau à la Tour-Chabot pour un veau de deux ans qui, comme le premier, boitait de l'épaule gauche, et dont les flancs étaient fort agités. Je reconnus aussitôt l'existence du charbon gangréneux, et l'animal périt au bout de douze heures.

Si la mort, dans ce second cas, a été plus rapide, cela tient à une saignée copieuse qui fut faite avant mon arrivée, dans la crainte qu'on était que je me refusasse encore à pratiquer cette opération. Deux juments et un troisième bœuf, frappés semblablement dans la même maison, furent traités à temps et se sont très-bien guéris.

L'on prit, d'après mes recommandations, des mesures pour prévenir le mal qui était à l'état d'incubation sur plusieurs autres bêtes ; j'avais surtout recommandé qu'on ne laissât pas sortir les animaux, afin d'éviter les causes déterminantes extérieures, et la maladie a disparu. Je puis assurer qu'elle ne reparaîtra plus dans cette ferme, si le propriétaire a soin

fournir aux fonctions respiratoires d'un grand nombre d'individus ; tandis que les fourrages, pour ce qui a rapport à leur conservation, doivent être exposés à l'air libre, lorsqu'on ne peut pas les serrer hermétiquement dans un réduit dont les parois soient sèches.

de remettre ses foins dans les conditions où ils étaient habituellement.

7° Le 16 décembre, le sieur Garnaud, de la Plaisautière, commune de Gript, me fit appeler pour son cheval, qui lui causait de vives inquiétudes à cause d'un engorgement gangréneux survenu à un séton qui lui avait été appliqué le 13. La bête mourut après trois jours de maladie; et comme je connaissais la disposition des lieux, l'état des fourrages ne me causa aucun doute.

8° Maçon, d'Échiré, et dont il a déjà été question, me fit appeler le 5 mars pour une jument pleine, qui mourut en 5 jours d'un charbon gangréneux survenu à un séton posé pour une affection cryptogamique à l'état d'incubation. Cette bête et deux autres juments, pour lesquelles le travail fut un préservatif contre la maladie, avaient vécu de foin serré humide dans un fenil dont les murs sont neufs. Le moisi, visible à l'œil nu, a effrayé cet homme, qui a sorti aussitôt son fourrage.

9° Le sieur Morin, cultivateur à Sevreau, me fit appeler le 17 décembre pour une jument qui, pendant la nuit, avait été saisie d'une colique très-vive. A mon arrivée, je trouvai la bête calme, abattue et sans pouls; elle expira dans la journée.

L'intestin, grêle dans sa portion duodénale, était considérablement épaissi, gangréneux avec épanchement lie de vin; pétéchies parsemées sur le mésentère et sur le péritoine.

Morin avait fait manger à trois juments qui étaient rentrées des pacages depuis plusieurs semaines des foins pris par tranchées contre un mur situé à l'ouest. L'odorat, l'œil nu même suffisait pour qu'on reconnût la présence des champignons qui couvraient la surface de cette pâture.

Les deux autres bêtes étaient vieilles, et, ayant pu résister au mal, elles n'ont eu que de légers symptômes d'adynamie. Celle qui a succombé n'avait que deux ans, et elle se nourrissait avec avidité. Du reste, c'est une règle générale : les animaux les plus jeunes et les plus vigoureux sont toujours les premières victimes.

10° Auduit, habitant aussi le village de Sevreau, réclamait mes soins en même temps que Morin pour une pouliche de deux ans atteinte du mal qui avait tué la jument de ce dernier; mais comme la bête du cultivateur Auduit n'avait pas, comme celle de son voisin, supporté une saignée, un traitement tonique appliqué avec énergie dès le début a suffi pour la rétablir. Il y avait environ quinze jours que cette jeune bête était rentrée des pacages (1), et depuis ce temps elle avait vécu de foin pris dans un petit fenil dont les ouvertures avaient été fermées durant l'absence de la pouliche, de sorte que le foin se trouvait attaqué dans la partie située au sommet du tas, lequel était libre et dans l'obscurité.

11° Je fus mandé à Chaban, commune de Chaurais, le 20 décembre, par Breuillac, cultivateur, pour une jument qui, à la suite d'une fièvre de réaction, se trouvait affectée d'un engorgement sur le côté droit de la vulve, de telle sorte que cet organe était dévié de manière à gêner la circulation des urines. La partie de la peau qui recouvait la tumeur était sphacélée, et me fit présager des ravages intérieurs et nécessitant une prompte opération. Cependant

(1) La susceptibilité des animaux qui se trouvent dans de telles conditions est infiniment plus grande que celle de ceux qui vivent continuellement à l'écurie.

l'état de calme général dénotait que la nature avait circonscrit le mal et qu'elle s'en était rendue maîtresse. Alors
je mis à découvert une masse, d'un kilogramme environ,
d'un tissu désorganisé et infecte, que j'enlevai en entier.
Je ravivai les parois du kyste, et la plaie fut promptement
cicatrisée par des lotions acides.

Il ne fut pas possible de vérifier d'une manière directe
l'état des fourrages dont cette bête avait été nourrie; les
approvisionnements étaient néanmoins altérés et sensiblement moisis sur plusieurs points, et, à part mes convictions,
il est certain qu'en qualité de poulinière, les parties les
moins saines lui ont été dévolues; c'est, du reste, ce qui res-
sortit des aveux mêmes du propriétaire.

La nature, pendant ce laps de temps, favorisée par la
douceur de la température, a eu une grande facilité pour
opérer ses crises à l'extérieur, ce qui fait que les maladies
internes ont été bien moins fréquentes que les affections
extérieures : aussi les avortements ont été rares, et je n'ai à
citer qu'une seule observation remarquable de ce genre.

12° M. Mangou, propriétaire à Terre-Neuve, commune
de Rhimbeau, m'ayant fait savoir que dans son troupeau de
mérinos il y avait déjà eu un grand nombre d'avortements,
je me transportai aussitôt à sa bergerie, et, après avoir
examiné les brebis, les lieux et les approvisionnements, j'ai
remarqué que les fourrages dont se nourrissaient ces bêtes
étaient entassés, sans soute, dans un vaste toit à moutons
inhabité. La toiture de ce local étant peu élevée, cette pâture
constituait un ensemble d'une faible épaisseur, ce qui permit
aux cryptogames d'envahir le tas par toutes les faces. Il y
avait fort peu de champignons blancs, et en dessous parti-

culièrement on en comptait un grand nombre de sessiles ; les urédo dominaient. On distribuait aussi aux brebis pleines de la fécule de pommes de terre moisie que M. Mangou avait achetée, et qui répandait une odeur manifeste de champignons. Le propriétaire, d'après mes instructions, supprima totalement cette nourriture, qu'il remplaça par de bon foin et de la carotte ; alors les avortements ont complétement cessé.

15° Le sieur Matelin-Petit, cultivateur, exploitant la métairie de la Chapelle, commune de Magné, perdit, dans les derniers jours de novembre, une jument à la suite d'une maladie rapide qui prit subitement les caractères d'une affection aiguë de poitrine ; la bête fut soumise à des saignées copieuses, et elle succomba à un mal qui n'a duré que quarante-huit heures.

Un mois après environ, je fus appelé à la métairie de la Chapelle pour une jument malade qui, à mon arrivée, présenta tous les caractères d'une affection de la plèvre avec des symptômes d'adynamie : pâleur et infiltration des membranes ; agitation extrême des flancs sans altération manifeste des poumons, car les fonctions de l'hématose s'effectuaient complétement ; le pouls était dans un état moyen de plénitude, et les pulsations n'étaient pas plus agitées que dans l'état normal. La bête, qui était au huitième jour de la maladie lorsque je la vis, cherchait les aliments ; elle avait les oreilles et les membres chauds et tempérés par intermittence, et dès ce moment je jugeai son état désespéré.

Cette jument, comme la première, périssait victime des saignées qu'on lui avait faites.

L'autopsie a laissé voir dans la poitrine un épanchement

d'un liquide de couleur rousse ; la plèvre, siége de tout le mal , présentaitt de fausses membranes , et les poumons avaient toute leur souplesse naturelle.

En remontant à la cause de ces accidents , je remarquai sur les fourrages une grande quantité de moisissure, que Matelin avait prise d'abord pour de la poussière; mais, lorsqu'il en eut connu le caractère , il s'est bien promis , pour éviter de tels malheurs , de mettre en pratique les enseignements qu'il a reçus.

Deux autres juments pleines m'ayant causé des craintes par l'état jaunâtre des membranes, par la lenteur du pouls , etc., des mesures préservatives furent prises : on surveilla les fourrages , on évita les causes déterminantes, et la transpiration fit disparaître l'état d'incubation qui avait été décelé par l'application des sétons.

14° M. Coutant, maître de poste, me présenta, vers la fin de décembre, une jument qui s'était trouvée subitement affectée d'un engorgement fort intense du genou gauche, avec quelques ulcérations à la peau. Cette bête , avant sa maladie, avait déjà eu de ces ulcérations sur plusieurs parties du corps. Le genou , à la suite d'un traitement rationnel , marchait vers une guérison prochaine , quand tout à coup la morve rapide se déclara avec tout son cortége habituel , et la jument fut mise à mort. La nature , la marche et la terminaison de la maladie me portèrent à soupçonner la qualité des fourrages , et nous reconnûmes, M. Coutant et moi, que ceux qui , depuis quinze jours , servaient spécialement à la nourriture des chevaux , avaient d'abord souffert à la récolte , et que , provenant d'une tranchée faite contre le mur de fond, ils étaient en grande partie visiblement moisis et humides.

Peu après ce premier événement, un cheval de la même écurie ayant eu un léger jetage et un engorgement des glandes de l'auge, ces phénomènes cédèrent d'abord à un traitement; mais une métastase s'étant opérée immédiatement sur le train de derrière, l'animal s'affaissa, et, comme il ne put se relever, il fut sacrifié.

Le 7 janvier, M. Coutant se trouvait absent lorsqu'on vint me prévenir que deux de ses juments étaient en même temps tombées subitement malades. Je me transportai aussitôt aux écuries de la poste, et j'y vis les deux bêtes, dont l'une offrait les symptômes suivants : les yeux étaient fortement tuméfiés ; la conjonctive faisait saillie en dehors, et présentait en haut et en bas un bourrelet qui, ayant une teinte rose pâle, laissait apercevoir une infiltration d'un liquide jaunâtre analogue à ce qu'on remarquait dans les épizooties des années 1825, 1843 et 1845.

Les quatre jambes étaient tuméfiées œdémateuses, et causaient des douleurs si vives à cet animal, qu'il pouvait à peine les changer de place, ce qui annonçait l'envahissement du sabot. Le pouls était au-dessous de son état normal, et la respiration était sensiblement agitée. Les sétons laissèrent échapper une petite quantité de sérosité rousse et infecte.

Cette bête, qui, au début de la maladie, prenait des aliments, perdit tout à coup l'appétit ; les symptômes extérieurs disparurent ; la morve rapide survint avec un jetage bouheux et infecte, et la jument fut abattue.

Voici quels furent les symptômes que présenta l'autre

bête : naseaux très-dilatés, mouvements respiratoires très-
vites, avec une double secousse d'expiration; signes de
détresse qui me firent pronostiquer la perte inévitable de
l'animal. Les membranes étaient rose pâle, infiltrées; le
pouls était au-dessus de son état normal; oreilles et membres tempérés, crottins marronnés, luisants; urines rares,
appétit nul.

A l'état du pouls, à celui des membranes et à un faciès particulier de la maladie que la pratique enseigne, je reconnus
une affection cryptogamique (typhoïde) dont le siége était
l'un des organes de la poitrine, le cœur et les poumons
exceptés.

Saigner la jument, c'était, à mon avis, la tuer infailliblement : de nombreux exemples ne me laissent aucun
doute à cet égard. Cette opération aurait eu certainement
pour effet de hâter la terminaison gangréneuse.

La mobilité extrême de ces maladies donne le plus souvent
l'espoir d'une résolution ou d'une métastase provoquée par
les toniques et par les sinapismes. Le mal ici ne céda à
aucun moyen : la respiration devint moins précipitée; mais
elle conserva toujours ses symptômes de détresse, qui dénotaient les progrès de désorganisation. Tant que l'organe
affecté n'est pas directement essentiel à la vie, l'état particulier de mortification de ces sortes de maux, en détruisant les
tissus et la sensibilité de la partie affectée, n'apporte pas
dans l'économie générale la perturbation qui résulterait
d'une forte irritation ou d'une inflammation franche.

Ainsi, dans cette jument, l'état de la respiration dénotait
une mort imminente, et l'appétit était revenu le second jour
de la maladie. L'oreille a souvent pris sa température natu-

relle ; le pouls offrait une apparence de plénitude, et il était lent ; les déjections s'exécutaient suivant les boissons et les aliments qu'on accordait aux malades (1), et les grandes fonctions n'ont été désordonnées que huit heures environ avant la mort, qui a eu lieu le dixième jour.

A l'autopsie, j'ai trouvé la poitrine remplie d'un liquide jaune citron, avec des infiltrations gélatineuses et de fausses membranes gazeuses. Ces infiltrations gélatineuses se faisaient aussi remarquer aux articulations des genoux et dans le tissu cellulaire des cuisses, et il y avait un léger engorgement des ganglions.

Le 30 janvier, deux juments appartenant au même propriétaire furent affectées, d'une manière inquiétante, d'un engorgement des ganglions de l'auge du côté droit. L'une de ces deux bêtes a eu une corde farcineuse et des chancres sur la pituitaire du même côté, et l'on remarquait un écoulement glumelleux qui s'agglutinait au poil du pourtour du naseau. Les glandes et le farcin ont été enlevés, et l'on a fait des fumigations de baie de laurier et de sublimé.

Le 31 janvier, je vis encore dans les écuries de M. Coutant deux autres juments qui avaient des symptômes de maladie générale avec des caractères d'adynamie.

Les chevaux de la poste de Niort sont très rarement malades ; la bonne température des écuries permet à la trans-

_______________

(1) Ces maladies ont soulevé des discussions autrement sérieuses que celles qu'ont fait naître les névroses ; c'est la mobilité, c'est la bizarrerie de leurs caractères qui a causé les dissidences qui ont régné et qui règnent encore entre les savants, tant anciens que modernes : « Hippocrate dit oui, Gallien dit non ; » les affections franchement inflammatoires n'ont jamais soulevé de semblables différends.

piration de se rétablir lorsqu'elle a été supprimée par quelque imprudence.

Depuis vingt ans que j'ai la confiance de cette maison, je n'ai observé de notable sur les chevaux de l'établissement que les quatre faits que j'ai cités dans cet ouvrage : l'un fut causé par les foins altérés des fenils de Melle, et les trois autres l'ont été par les approvisionnements de Niort.

Le plus frappant de ces faits est celui qui se trouve décrit à la page 346 ; alors les foins étaient bons, mais ils avaient été altérés par l'humidité provenant des murs neufs; dans le dernier cas, au contraire, les fourrages étaient altérés d'abord, et les murs, toujours frais bien qu'anciens, ont contribué à accroître par la température douce cet état fâcheux dans les parties avec lesquelles ils étaient en contact.

Coupées par tranchées et distribuées dans le même temps, ces denrées ont eu toute la part occasionnelle, et les animaux qui travaillaient le moins ont été les premières victimes.

Si M. Coutant fait serrer dorénavant ses fourrages bien secs, et s'il a soin de faire garnir avec de la paille les parois des murs de ses vastes fenils, je puis lui assurer qu'il ne verra plus reparaître chez lui ces terribles maladies qui lui ont fait éprouver des pertes si considérables.

Mes observations relatives aux affections cryptogamiques survenues à la suite de la température douce et calme qui, durant les mois de novembre et de décembre, s'est maintenue avec une persévérance si extraordinaire, se terminent en mars, époque où le vent du nord est venu amener la sécheresse et des gelées qui ont mis un terme au développement des parasites. Telle est la conjuration du *génie épidémique* dont les ravages ont eu lieu durant ce temps tiède, dans une saison toujours fraîche ou humide, si favorable, en apparence, à son règne désastreux.

Les maladies de l'homme n'ont pas été moins multipliées que celles des animaux : dans la ville de Niort il y a eu, durant cette même période de temps, des morts subites et beaucoup de maladies typhoïdes. Les habitants des communes de Souchet, d'Aiffres, de Saint-Florent, de Saint-Symphorien, etc., se sont vus en butte à des maux de gorge rebelles qui ont fait des victimes; dans la commune de Saint-Symphorien surtout, ces affections avaient des caractères essentiellement gangréneux, et plusieurs malades ont été enlevés dans deux ou trois jours. Si le mal n'épargnait personne, il semblait néanmoins se porter avec plus de violence sur les plus forts et les plus vigoureux.

Les fièvres dites typhoïdes sévissaient alors d'une manière générale ; la garnison de Poitiers a fourni un grand nombre de victimes; le 41e de ligne, se rendant, au mois de novembre dernier, d'Alby en cette ville pour y demeurer, eut plusieurs hommes frappés à la fois. L'un d'eux fut retenu à l'hôpital par la persévérance du mal, qui, ayant fait irruption à la joue gauche, détermina la mortification des parties avec une odeur infecte ; l'instrument tranchant fut insuffisant pour arrêter les progrès de la gangrène, et une mort rapide a été la suite de cette funeste affection. La maladie était devenue locale, tellement que le sujet jouissait de toutes ses facultés ; il buvait, mangeait, se promenait, et toutes les fonctions s'exécutèrent bien tant que les organes essentiels à la vie furent respectés.

Les vétérinaires ont souvent eu à traiter, sous la dénomination de *charbon*, des maux analogues : ce sont des points gangréneux qui surgissent ou spontanément ou à la suite de maladies typhoïdes; on les attaque par le feu, mais le plus souvent sans succès.

Les affections du cheval de Garnaud et des veaux de Gautier, cas cités p. 345 et 347, et où l'ablation eût été sans succès, n'ont-elles pas la plus grande ressemblance avec l'état gangréneux de la face de ce malheureux soldat? Si l'on veut en parallèle un mal dont le siége offre plus de rapprochement, je rappellerai les ulcères profonds, gangréneux et infects, survenus à la face et à la gorge des poulains de Tristan; mais voici un exemple où l'analogie est encore plus en relief : j'ai traité chez Geay, à la Grange, commune de Saint-Gelais, une jument qui, à la suite d'une fièvre typhoïde, a eu à la joue et à la langue des parties gangrénées que j'ai enlevées de proche en proche sans succès. Les plaies exhalaient, comme celles du militaire, une odeur de gangrène. La jument succomba aux progrès de la maladie, et le mal était tellement localisé, qu'avant qu'il eût atteint les organes essentiels à la vie, cette bête mangeait, marchait et exécutait toutes ses fonctions.

Si l'analogie ici est irrécusable, et que, pour les animaux, la maladie, comme je m'en suis assuré, ait pour cause des champignons (moisissure) introduits dans l'économie animale avec les aliments, il faudra bien se résoudre à admettre que, chez le militaire du 41e de ligne, la maladie gangréneuse qui résumait l'affection typhoïde a été le résultat d'une cause semblable. C'est ce que je démontrerai, et tout homme véritablement ami de la science devra chercher à vérifier le fait, puisque, dans l'état actuel de l'art de guérir, cette cause est tout à fait inconnue.

Les phénomènes que j'observais dans les environs de Niort

se faisaient remarquer généralement dans tous les lieux qui se trouvaient soumis aux mêmes influences atmosphériques alimentaires et locales.

La Normandie est la contrée qui, dans ce temps, a perdu le plus de bestiaux, et, d'après un journal de médecine du 5 janvier 1849, l'homme n'a pas été ménagé; on le voit par ce qui suit :

« Parmi les maladies qui règnent sur l'homme, à cette
» époque de l'année, nous devons citer en première ligne
» les irritations de poitrine, les maux de gorge accompagnés
» de toux opiniâtres et d'oppressions, résultats des *causes*
» *les plus variées*. Les maladies deviennent chaque jour
» plus nombreuses et plus fréquentes par la température
» douce et humide dont nous jouissons, et qui n'est pas
» l'état normal de la saison. »

Partout, en médecine, on remarque de l'ambiguïté à l'égard des causes des épidémies; ainsi, dans cette circonstance, l'auteur, après avoir signalé des causes variées, revient à la température douce et humide, *qui n'est pas l'état normal*. L'intérêt de la science exige que des explications nettes et basées sur une saine expérience viennent promptement faire justice de tous ces raisonnements vagues et indéterminés.

Sans doute le temps qu'il a fait depuis le mois d'octobre jusqu'au mois de mars n'était pas normal; mais qu'importe pour la santé que les froids ou les pluies aient lieu dans tel mois plutôt que dans tel autre?

Que des froids soutenus et secs se fassent sentir en octobre, en janvier ou en mars, tant qu'ils dureront il n'y aura pas de maladies générales; et s'il arrive de grandes pluies soutenues pendant un temps doux, que cela se passe en octobre, en janvier ou en mars, tant qu'elles dureront il surgira des affections qui deviendront très-graves si les denrées sont déjà altérées, ou si, étant de bonne qualité, elles sont mal logées.

Cette température douce, constante et régulière qui a régné et que chacun a supportée aisément, n'offrait par elle-même rien de dangereux ; elle était aussi favorable aux animaux qu'aux végétaux. Les suppressions de la transpiration ont été très-rares ; mais comme cette atmosphère chaude pénétrait dans les magasins d'approvisionnements, elle trouvait, dans les lieux calmes, assez d'humidité l'hiver pour faire développer des cryptogames sur les denrées.

Les arrêts de transpiration n'exerçaient qu'une faible influence dans ces circonstances, et ce qui le prouve, c'est que femmes, enfants, vieillards, maîtres et domestiques, travailleurs ou oisifs, tous en général ont été, sans distinction, plus ou moins victimes de ces maux, lorsque la nourriture était commune, et que cette loi inexorable n'a admis d'exception en faveur des maîtres ou des serviteurs d'une même maison que lorsque les uns et les autres ne vivaient pas des mêmes aliments. Et un fait qui, dans sa constance, n'a pu échapper à personne, c'est que, parmi les hommes et parmi les animaux, ce sont les êtres livrés au repos qui, dans de pareils cas, sont préférablement frappés et contre lesquels le mal agit le plus vigoureusement.

### DES ÉPIDÉMIES.

En recherchant les causes des épizooties, je ne m'occupais pas moins de celles des épidémies ; la coïncidence, l'uniformité dans la marche de ces maladies a été frappante pour moi. Toutes les fois qu'il surgissait une épizootie, une épidémie du même genre ne tardait pas à la suivre, si elle ne la devançait pas.

Il est clair, à mes yeux, que de part et d'autre ces affections constituent un type unique, d'une seule et même nature, qui reconnaît une seule et même cause, et que les différentes nuances, leur étendue, la contagion, etc., ne sont que des variétés qui dépendent d'une foule de circonstances diversement combinées, soit de la part des individus ou des influences atmosphériques, soit de la quantité et des variétés de champignons qui croissent dans telles ou telles conditions différentes ou telles contrées, sous telles ou telles latitudes.

D'après ces observations, je me crois dispensé de suivre, pour les épidémies, les mêmes détails que pour les épizooties qui se comportent de la même manière. Je traiterai seulement quelques généralités; puis je terminerai par un exposé général et commun des moyens préservatifs.

Les épidémies se font souvent sentir bien au delà des termes ordinaires des épizooties, soit par le fait des spéculateurs qui conservent les grains pendant plusieurs années, soit par le commerce et l'agiotage, où il se fait de pernicieux mélanges, tant pour les blés indigènes que pour les blés étrangers, pris parfois parmi les plus vieux ou les moins chers, et qui, lors de la traversée, sont généralement placés dans des conditions fâcheuses. Il ne faut pas alors être surpris de voir surgir beaucoup plus d'épidémies dans les années de disette et à la suite des armées que dans toutes autres circonstances, et on concevra en même temps pourquoi les maladies de ces années critiques sont plus subtiles, plus contagieuses que celles des années communes. Et en effet, dans le transport des céréales, si les cryptogames étrangers ne prennent pas tous racine chez nous, il s'en trouve toujours quelques-uns qui, par des circonstances particulières, germent et se propagent pendant un temps plus ou moins long. Certainement la grippe de 1848 n'était pas pour nous une maladie indigène ; la rapidité de sa marche et la subtilité de sa contagion étaient loin du caractère de stabilité ordinaire de nos fièvres typhoïdes, généralement cantonnées. Nous avons vu cette même grippe envelopper dans son atmosphère de deuil la France entière, de Marseille à Calais. Quoique cette maladie n'ait présenté que peu de gravité en général, elle n'a pas fait périr moins de monde en 1848 que le choléra et la grippe en 1852.

La marche de cette affection, comme celle de toutes les épidémies et de toutes les épizooties, a été facile à suivre par ses rapports avec la végétation, sous la puissance des mouvements atmosphériques. La grippe s'est déclarée en même temps que la végétation si vigoureuse et si extraordinaire qui est venue avec les vents du sud-ouest et par suite des pluies douces d'octobre et de novembre 1847. Les neiges et les froids intenses qui sont survenus à la mi-janvier 1848 ont arrêté la végétation et la maladie. Le calme s'est rétabli dans l'atmosphère vers le huit février par des vents de sud-ouest ; aussitôt la végétation est devenue superbe, et la grippe a reparu d'une manière générale et très-grave. Tout le civil, mais particulièrement les maisons de détention, les pensionnats des deux sexes, ont été affectés d'une manière effrayante. L'armée n'a pas été plus ménagée ; je citerai, entre autres, les garnisons de Metz, de Strasbourg, de Valenciennes, de Meaux, etc., qui ont perdu beaucoup d'hommes. Les victimes, de tous les côtés, sortaient des rangs des personnes les plus vigoureuses, elles étaient toutes dupes de leur excès de vitalité et de leur *appétit*, ou de la contagion. Enfin cette maladie a cédé aux fraîcheurs qui se sont déclarées, le cinq avril et jours suivants, par des vents froids du nord-ouest qui se sont prolongés; puis elle a disparu après avoir été maltraitée comme l'a été la végétation si bien préparée à cette époque, et qui a été desséchée sur pied. Les fièvres typhoïdes indigènes ont beaucoup contribué, dans plusieurs localités, à compliquer la bénignité de la grippe, car ces deux variétés d'épidémies régnaient souvent ensemble sur le même sujet. Les variations atmosphériques n'ont pas la même influence sur le germe du virus contagieux que sur la germination et le développement direct des cryptogames.

Ce que je viens de dire des influences atmosphériques sur la grippe, je l'ai observé à l'égard des épizooties et de la plupart des épidémies que j'ai suivies, et j'ai trouvé partout un accord qui accrédite le principe d'unité entre toutes ces affections.

Les influences atmosphériques sur les épidémies ont été observées bien avant moi; mais jamais elles ne l'ont été dans le même ordre ni avec les mêmes explications. Les causes ont toujours été établies sur des systèmes éventuels qui ont été successivement démentis, ou qui se sont, à chaque instant, trouvés en contradiction.

Les années 1841, 1843, 1845 ont engendré, pour l'homme comme pour les animaux, des maladies qui se sont répandues par les mêmes influences en 1842, 1844 et 1846. Les quatre premières ont été bien plus que les deux dernières fécondes en variétés ; c'est-à-dire que *la suette, la scarlatine, la variole, les névroses* (hémiplégies), etc., ont été des complications pour l'homme, comme les maladies *aphtheuses, la péripneumonie gangréneuse, les névroses* (paraplégies), *les coliques,* etc., ont compliqué les maladies sur les animaux pendant les mêmes périodes de temps.

Dans les années 1845 et 1846, les affections cryptogamiques (typhoïdes) ont présenté plus d'uniformité dans leurs cours, surtout en 1846, et c'est pour cela que j'emprunterai quelques observations à cette époque remarquable.

C'est dans certaines saisons, dans les temps d'obscurité que les maladies cryptogamiques prennent naissance, parce que les champignons vénéneux ne végètent pas ordinairement au grand jour. L'an 1846 a présenté sous ce rapport, pour l'homme comme pour les animaux, deux époques d'intensité très-notables ; c'est, conformément à ce que j'ai dit plus haut, le *printemps* et l'*automne.*

Les chaleurs excessives de l'été avaient arrêté le mal, qui a reparu plus tard. Il y a eu dans la population niortaise des crises si alarmantes et tellement sinistres, que le clergé a recommandé des prières publiques.

Dans ces temps, Chasseau, demeurant à Sevreau, eut la douleur de perdre en quelques semaines trois de ses enfants adultes.

Gruselier, de Bessine, a vu mourir, dans le même temps, trois de ses enfants en bas âge.

La femme Couillaud, de la même commune, paya alors à

cette maladie un tribut de quatre victimes, parmi lesquelles on comptait le père et trois jeunes enfants. Rousseau, de la Cabane, et ses quatre enfants, furent affectés de la même manière, quand les domestiques, dont la nourriture était néanmoins plus grossière, n'ont rien éprouvé.

Rousseau, de Breuil-Marais; Berthon, de Pierre-Levée, tous deux habitant aussi la commune de Bessine, virent, à cette même époque, leurs poulains et leurs juments périr par une maladie analogue.

Quoique les endroits bas et humides aient été, comme toujours, les plus maltraités, j'ai observé la maladie dans toutes les conditions et dans des localités de différentes natures : ainsi, pendant que, sur les bords de la Sèvre et dans ses marais, j'étais témoin des malheurs que je viens de citer, il se passait, dans plusieurs quartiers hauts de Niort, des événements non moins déplorables. Les soldats de la garnison de cette ville, occupant une caserne située sur un point très-élevé, ne furent pas, dans cette position culminante, inaccessibles aux coups meurtriers de cette terrible affection, qui établit son siége dans le tube digestif; et les malades transportés à l'hôpital, et dont une quinzaine ont succombé en peu de temps, étaient toujours comptés parmi les hommes les plus vigoureux.

Pendant que près de Mazière, arrondissement de Parthenay, je traitais chez M. Couturier des baudets atteints d'une affection cryptogamique, il régnait dans le bourg, sur les habitants, une maladie qui offrait les mêmes caractères. Seize victimes, prises toujours parmi les plus forts, avaient succombé en six semaines. La femme Vivier, chez laquelle j'étais logé, m'exprima toute l'anxiété que lui causait la marche d'un pareil fléau ; et comme je cherchais à la tranquilliser , je lui dis de calmer ses inquiétudes ; qu'un bon régime et de bons soins pouvaient tout contre les attaques du mal, qu'on aggrave souvent par des tisanes, par des saignées, par des sangsues, etc. Prenez, lui dis-je, du vin modérément , de bons bouillons , de la viande , etc., et vous lutterez victorieusement contre la fureur de la maladie. Cette femme, dont l'intelligence me parut au-dessus de sa position , me répondit qu'elle partageait mes vues , 'et qu'elle avait déjà observé qu'un de ses enfants qui avait été atteint par l'épidémie s'était refusé à toute espèce de remède, et qu'ayant continué à boire et à manger furtivement les restes des habitués de l'auberge , il avait été promptement guéri. D'après ces considérations, elle gouverna ses autres enfants dans le même sens, et ceux-ci ne furent que très-légèrement affectés.

Ces maladies régnaient en même temps dans les autres départements : Poitiers perdait beaucoup de monde ; Vienne, en Dauphiné, ne fut pas plus heureuse ; le régiment qui y faisait garnison éprouvait des pertes considérables. A Rhennes, le mal ne fut pas moins grand, et le séminaire fut tellement envahi, qu'on fut forcé de congédier les jeunes abbés. Si, dans de pareilles années, on faisait en France le relevé des pertes prématurées , on serait effrayé du chiffre. Notre marine, en pleine mer, n'est pas exempte de ces maux : le vaisseau *le Neptune* eut la plus grande partie des hommes de son équipage arrêtés par les fièvres typhoïdes, et en quelques jours il a jeté à la mer quatorze des siens. Où était la cause? là, dans le navire, et pas ailleurs; il la transportait avec lui; elle était dans les farines, dans la manutention; en un mot, elle était dans la nourriture envahie par les cryptogames, contre lesquels il faut se prémunir, et tout sera terminé pour l'homme comme pour les animaux; nous n'aurons plus de maladies adynamiques dites typhoïdes, scorbutiques, etc.

Ces affections sont moindres dans la Beauce, où les grains sont conservés dans les épis et bien renfermés dans les gerbiers jusqu'au moment de la consommation; elles sont inconnues dans les maisons où les habitants se nourrissent exclusivement de châtaignes.

La *fièvre jaune*, en Amérique, atteint plus rarement les noirs que les blancs, parce que ceux-ci se nourrissent de pain fait avec des grains ou des farines qui ont voyagé sur l'Océan, tandis que ceux-là mangent le manioc, qui se prépare au fur et à mesure des besoins.

Quelque nombreuses que soient les morts prématurées dans la population civile et dans l'armée, leur nombre n'approche pas encore du chiffre atteint par les mortalités qui ont, de tout temps, affecté les troupes en campagne. N'est-il pas prouvé que les maladies, pendant la guerre, tuent plus de soldats que les batailles?

Que de milliers d'hommes d'élite ont péri de cette manière dans les rangs des nombreux bataillons de l'empire! que de pleurs ne fait pas répandre notre jeune et intrépide armée d'Afrique, qui, chaque jour, fournit tant de victimes aux affections adynamiques de toutes natures! Ces maux reproduits sous tant de formes devront bientôt cesser d'imposer leur joug affreux, car l'humanité réclame à grands cris les améliorations que je propose; réformes bienfaisantes dont l'application sera immédiatement suivie des plus heureux effets.

Il est inutile de multiplier les citations, puisque je dois en venir aux preuves matérielles pour convaincre les incrédules et pour offrir toute sécurité au monde entier.

Comme je produis au grand jour la cause primitive de tous ces malheurs, l'administration de la guerre prendra désormais toutes les mesures nécessaires pour empêcher leur funeste retour. A cet effet, chaque régiment devra être chargé de faire immédiatement après la récolte ses provisions de blé au moins pour toute une année; un conseil, composé de médecins appartenant au corps, ou d'autres nommés à cet effet, aura pour emploi de veiller à ce que les grains soient en bonne qualité et bien secs; on devra éviter de les faire voyager sur l'eau, à moins qu'il n'y ait nécessité; ces grains seront serrés dans de grands bâtis en bois, et placés dans des greniers bien secs et à une distance des murs qui permette de circuler autour; les couvercles, coïncidant parfaitement avec les parois des bâtis, seront mobiles, de manière à pouvoir être toujours en contact avec les denrées, et à permettre de les surcharger de poids capables d'exercer sur la surface une certaine pression. Ces appareils ne seront ouverts que pour en extraire la quantité destinée à être moulue, et ils seront immédiatement recouverts avec précaution; la surveillance sera exercée avec le plus grand soin au moulin, afin de soustraire à l'humidité, autant que possible, les farines, qui seront aussitôt blutées et entassées dans des appareils semblables à ceux réservés pour les grains, ou dans des tonneaux. On doit éviter l'air et l'humidité pour toute sorte de denrées, et particulièrement pour les farines.

Si l'administration de la marine se conforme aussi à ces prescriptions, on verra bientôt disparaître tous ces maux qui frappent impitoyablement les hommes les plus forts et les plus robustes de nos troupes de mer et des colonies, et particulièrement ceux qui mangent le plus.

Dans les conditions civiles, l'homme est encore bien plus maltraité par ces maladies, qui ont été le sujet d'autant de déceptions que de recherches.

Puisque la société est maintenant en possession de découvertes si importantes pour l'amélioration de son état sanitaire, c'est au gouvernement qu'il appartient de faire des recherches, d'ordonner des réformes et de prescrire des mesures générales relatives aux soins à apporter dans la conservation des subsistances. Une loi sévère et fondée sur les principes que j'émets est seule capable de saper dans sa base le vice qui, par l'ignorance et l'incurie combinées des propriétaires, des meuniers et des boulangers, compromet la santé et même l'existence des citoyens. Ce serait étrangement s'abuser que de croire que dans les préparations des farines les champignons soient recélés particulièrement par les choix inférieurs; car l'extrême subtilité de ces végétaux fait qu'ils se mêlent aux parties même les plus légères. Pourquoi donc, quand une nécessité impérieuse le commande, n'y aurait-il pas une administration générale des subsistances, lorsqu'on en connaît pour les boissons et les poids et mesures?

En attendant ces dispositions générales, des sentiments d'humanité me portent à exposer à mes concitoyens les moyens de se soustraire aux maladies cryptogamiques et à leurs conséquences, *les morts lentes, les morts subites* et *toutes espèces d'infirmités*.

Chacun devra faire tous ses efforts afin de se procurer une provision de blé pour toute l'année, et agir suivant la méthode que j'ai tracée pour les subsistances dans les régiments. C'est une marche que j'ai adoptée depuis quelques années et dont je ne m'écarterai plus à l'avenir (1). Les maladies inflammatoires et les autres accidents fortuits sont plus que suffisants pour moissonner l'espèce humaine ; et les maladies cryptogamiques étant le résultat de l'imprévoyance, nous devons, puisque la cause nous est connue, mettre tout en œuvre pour nous soustraire à leurs terribles coups.

Du reste, c'est une question qui m'appartient tout entière ; personne, avant moi, n'a pu signaler ces causes d'une manière positive ; et si, comme l'exige l'intérêt général, le gouvernement ordonne, selon la voie que j'ai tracée, des essais tendant à faire disparaître pour toujours les épizooties et les épidémies qui, depuis des siècles, enlèvent par une mort prématurée une foule de citoyens et de bestiaux, j'ose espérer, comme une douce compensation de mes veilles, que je serai entendu ; personne plus que l'auteur n'est apte à diriger l'application des principes déduits de ses observations.

Je fais à mon pays toutes ces révélations avec le zèle qui m'a déterminé, dans le doute du succès, à sacrifier, pendant vingt-huit ans, à des recherches, santé, fortune et

______

(1) Il est essentiel d'exercer la plus grande surveillance, dans la crainte que les farines ou les blés ne soient changés au moulin.

plaisirs. Je suis d'autant plus à mon aise dans cette circonstance, qu'avant de m'expliquer, j'expose le plan et le résumé de mes découvertes. Si, en présence de cette démarche qui, certainement, mérite quelque confiance, je reste seul convaincu de la vérité et de l'authenticité des principes que j'émets dans cet ouvrage, j'ose espérer que mes extraits offriront du moins au gouvernement une garantie suffisante pour qu'il s'empresse au plus tôt de me mettre dans les conditions convenables et voulues pour que je prouve à mon pays que j'ai trouvé la solution définitive de ces grandes questions qui intéressent toute la société et qu'elle attend en vain depuis des siècles.

Les causes que j'ai reconnues pour les épizooties et les épidémies qui font le sujet de mon ouvrage expliquent la fixité de quelques-unes de ces maladies et les variations des autres

Ainsi, les épizooties virulentes ne peuvent varier en aucun point du globe, parce que l'*argile* qui les produit est invariable dans sa composition, quel que soit le climat, le sol du lieu où on les suppose exister. Il en serait de même des affections dites typhoïdes, si elles dépendaient des gaz émanés de la terre, des eaux, des marais, etc., et résultant des décompositions végétales ou animales, qui sont les mêmes partout.

La fixité serait également inévitable dans le cas où les épidémies et les épizooties auraient pour cause un *génie*, à moins qu'on ne le supposât doué de toutes les variantes du caméléon.

Les intempéries, les variations atmosphériques, les arrêts de transpiration causeraient des résultats non moins fixes que les affections inflammatoires, s'ils agissaient comme causes directes.

Il en est tout autrement de l'action des cryptogames. Cet ordre de plantes, si multipliées en espèces et si variées dans leurs caractères, impriment aux maladies qu'elles occasionnent autant de facies particuliers que viennent compliquer un grand nombre de circonstances.

Cependant on ne doit pas perdre de vue que, malgré toute dissemblance, ces affections sont empreintes de signes généraux qui les lient entre elles, et qui, aux yeux des observateurs nosologistes, les rendent toujours distinctes de celles dont l'origine est différente. De même les naturalistes distinguent les espèces, les genres des champignons de ceux des autres ordres de plantes.

Les variations les plus frappantes sont sans contredit celles qui dépendent de l'influence des climats ; c'est ainsi que les cryptogamies des pays tempérés, bien qu'elles soient quelquefois terribles, sont en général bénignes quand on les compare à celles des zones tropicales.

En effet, sans les caractères généraux, serait-il possible de rapprocher nos fièvres dites typhoïdes du typhus, de la fièvre jaune, de la peste, du choléra et de tant d'autres maux qui naissent dans les contrées brûlantes du globe ?

La médecine, jusqu'à nos jours, n'a pu, soit directement, soit indirectement, remonter à la cause première de ces maladies exotiques, dont la nature est toujours demeurée inconnue ; et ce fait très-déplorable a excité, de la part des savants, les plus vifs regrets, en même temps qu'il causait une grande incertitude dans l'application des théories les mieux combinées.

Il a donc fallu se borner à étudier, là surtout, l'état des malades et les variations atmosphériques; il en est résulté des travaux immenses qui ont consacré une foule d'erreurs. On a prétendu que la différence de ces maladies dépend de l'influence des climats sur les individus ; comme si quarante degrés de chaleur en Afrique , en Asie ou en Amérique, peuvent produire, sur les hommes ou sur les animaux , des effets tellement variés, qu'ils dussent être ici d'une nature morbide particulière, tandis que là ils auraient d'autres caractères sans avoir moins de gravité ! Cela est inadmissible.

Quant à l'influence du climat pour disposer l'homme à contracter l'une de ces maladies plutôt que telle autre, c'est une erreur qu'il est facile de démontrer ; car jamais l'Américain, le naturel de l'Afrique, l'Asiatique ou l'Indien, transporté en Europe, n'a eu le privilége d'être particulièrement frappé par les maladies de son pays natal; il est, dans notre patrie, comme nous, victime des affections indigènes ; et lorsque la contagion apporte dans nos climats les fléaux dévastateurs qui prennent naissance dans les contrées lointaines, personne n'oserait dire que ces maux vont, par instinct, saisir précisément les individus élevés sous la même zone. Les événements qui se produisent chaque jour ne prouvent-ils pas évidemment le contraire (1)?

Si je raisonne ici par analogie, c'est en m'appuyant sur de

_______

(1) Ces maladies, avec la civilisation, se sont propagées partout où les cryptogames qui les enfantent ont pu se répandre et s'acclimater. Ces considérations nous conduiront à expliquer d'une manière suffisante le développement subit et l'installation de certaines maladies là où elles n'avaient jamais été connues : telles que la peste en Egypte, la petite vérole en Europe, etc.

nombreuses observations, et je ne suis pas moins fondé dans mes moyens et moins autorisé par les résultats, que ne l'était Christophe Colomb lorsque ses calculs l'ont conduit à la découverte du Nouveau-Monde.

D'ailleurs, comme le célèbre navigateur, je demande à prouver d'une manière éclatante les vérités que j'annonce; et puisque les temps sont plus propices, je ne rencontrerai pas certainement dans l'opposition des savants de mon pays les difficultés insurmontables que les amiraux portugais ou espagnols ont suscitées à ce grand homme pendant huit années.

Si de puissants adversaires, plus ou moins convaincus et entièrement dévoués à leurs principes, et mus par de dangereuses préventions, se présentent à la brèche pour attaquer les idées même le plus fondées, je les combattrai toujours avec succès; et je verrai, d'un autre côté, de nombreux et ardents prosélytes se ranger dans mon camp et mettre à profit leur intelligence pour suivre à leur aise les détours multipliés des labyrinthes dont j'ai amplement dégagé les issues.

L'empereur Napoléon n'a pas dû repousser l'application de la vapeur à la navigation sans avoir consulté les hommes compétents, et la découverte de Jacquard n'a eu un plein et rapide succès auprès du premier consul que parce que cet ingénieux ouvrier, avec son genre de découverte, ne comptait aucun rival parmi les gens influents de cette époque.

# DE LA CONTAGION.

CIRCONSTANCES AVEC LESQUELLES LES MALADIES CRYPTOGAMIQUES PEUVENT SE DÉCLARER, MALGRÉ LA RÉUNION DES MEILLEURES CONDITIONS SANITAIRES.

Les miasmes émanés des animaux malades peuvent atteindre et infecter par contagion les individus sains, soit isolément, soit d'une manière générale.

Les auteurs, en médecine comparée, ne sont d'accord ni sur la contagion, ni sur les maladies qu'on doit considérer comme contagieuses. Les uns soutiennent que la plupart des épizooties et des épidémies sont douées de ce caractère ; les autres prétendent le contraire, et chacun apporte à l'appui de son principe des preuves qui semblent également concluantes.

Une différence d'opinion sur un tel sujet est d'autant plus surprenante, qu'il ne s'agit que d'un fait à constater ; mais ce fait, d'après l'avis le plus répandu, se trouverait subordonné à la prédisposition de chaque individu, ou à ce que telles maladies seraient contagieuses dans certaines circonstances et ne le seraient pas dans d'autres.

Ces idées n'ont jamais été déterminées ; et je veux démontrer qu'elles résultent de l'erreur, et que les variations de contagion dépendent de la différence de réaction des individus, réaction qui les soustrait ou les abandonne à l'envahissement du principe germinateur et parasite qui constitue ces maladies.

J'ai été amené à faire ces remarques à l'aide de recherches que j'ai faites lorsque j'ai voulu adopter une opinion pour faire mon entrée dans le monde médical et dans ma clientèle.

Ne pouvant pas attendre l'expérience, j'ai dû imaginer un moyen qui pût m'offrir une garantie ; j'ai passé en revue les opinions des auteurs et celles des hommes les plus recommandables dans différentes positions.

Si j'avais mesuré les hommes à leur réputation, à leur style et à leurs démonstrations ; si j'avais eu confiance dans l'expérience des autres, ce que je redoutais par-dessus tout, je me serais rangé sous quelque bannière ; mais j'étais trop prévenu pour formuler mon opinion sans des motifs puissants déduits de mon expérience.

Je savais qu'il existe le même désaccord au sujet de la plupart des maladies qui ont été tour à tour proclamées comme contagieuses ; de sorte qu'en adoptant l'une d'elles pour faire mes recherches, je devais obtenir des résultats applicables aux autres, le mode de transmission devant, s'il est saisissable, être le même pour toutes.

Puisque la morve est l'affection qui fixe le plus les esprits, j'ai dû la choisir pour le sujet de mes recherches, et, afin de pouvoir distinguer si l'erreur est du côté des partisans de la contagion ou de celui de ses adversaires, j'ai imaginé de ranger les vétérinaires en deux catégories : les anti-contagionistes d'une part, et les contagionistes de l'autre.

| ANTI-CONTAGIONISTES. | CONTAGIONISTES. |
|---|---|
| 1° Dans les écoles, les professeurs qui ont le moins d'ex- | 1° Dans les écoles, les professeurs déjà praticiens avant |

périence ; ceux qui ne sont pas sortis des écoles, ou très-peu de temps avant d'avoir obtenu le titre de professeur ;

2° Les débutants ;

3° Les vétérinaires de l'armée ;

4° Les vétérinaires de grandes villes qui sont particulièrement employés dans les maisons de luxe ;

5° Les vétérinaires qui ont pu faire des expériences en grand ;

6° Les auteurs, les écrivains de cabinet.

leur réception ; ceux qui, ayant voyagé, se sont mis le plus en rapport avec les vétérinaires de toutes les conditions ;

2° Les praticiens ;

3° Les vétérinaires de province ;

4° Les vétérinaires de grandes villes qui sont le plus employés par les établissements de travail et de fatigue ;

5° Les vétérinaires qui n'ont eu que l'expérience de leur clientèle ;

6° Les écrivains praticiens.

Dans chaque catégorie nous avons vu des revirements ; par exemple, des vétérinaires militaires devenir contagionistes en passant dans la province, et *vice versâ*. On pourrait citer de pareilles changements dans les autres conditions, mais il y a plus de constance.

Lorsque ma division a été faite, j'ai remarqué de part et d'autre des vétérinaires d'un grand mérite; mais les hommes en évidence, mais les hommes jouissant du plus grand crédit, ceux qui ont réuni le plus de faits pratiques et qui ont eu à opposer toutes les expériences faites en grand, sont devenus anti-contagionistes, et sont restés maîtres du terrain.

J'avoue que tant de motifs sont entraînants ; aussi ces derniers ont-ils fait beaucoup de prosélytes dans le temps où je cherchais à me rendre compte de ce qu'ils avançaient. Les contagionistes eux-mêmes, ne pouvant résister au torrent, se sont éclipsés en abandonnant à leurs nombreux antagonistes quelques hommes de mérite découragés et accablés par l'opinion générale.

J'étais inébranlable au milieu de cette lutte inégale ; j'admirais le courage de quelques généreux champions résistant aux apparences de l'expérience généralement proclamée, et à un principe établi qui semblait les presser de toutes parts.

Parmi les anti-contagionistes les plus persévérants, se trouvent les professeurs inexpérimentés des écoles, parce qu'on leur amène les animaux malades, et qu'ils ne peuvent remonter à la source du mal par la connaissance de la nourriture, du logement, du travail, des soins, etc. Là, les fausses doctrines sont toujours fort dangereuses, car elles sont adoptées et répandues avec confiance par la grande majorité des élèves. On peut dans les écoles acquérir la théorie, mais on n'y puisera jamais une saine pratique; ce qui n'empêche pas les maîtres qui enseignent leur art dans ces établissements d'avoir généralement de l'autorité et de dominer par leurs doctrines (1) ; car ils ont tout le temps et

(1) Jusque dans le sanctuaire de la justice, comme on peut le voir par ce qui suit :

*Extrait des registres du greffe du tribunal civil de première instance séant à Avallon* (Yonne).

JUGEMENT DU 29 SEPTEMBRE 1842.

Considérant qu'il résulte du rapport de MM. les experts Bouley et Delafond, professeurs à l'école royale d'Alfort, que, suivant les observations qu'ils ont faites eux-mêmes, et la presque totalité de celles qu'ils ont citées, la morve chronique n'est pas contagieuse, à moins de circonstances particulières qu'on n'allègue même pas dans la cause, où il a été constaté au contraire, avant que les chevaux ne fussent abattus, et par l'autopsie même, que, parmi les chevaux morveux du prévenu, aucun n'était atteint de la morve aiguë, mais que tous l'étaient, à un degré plus ou moins grand, de la morve chronique ;

toutes les facilités nécessaires pour les répandre, fausses ou vraies.

Cependant les faits en faveur de la contagion étaient inscrits et également motivés, et, après avoir tout examiné, je dus me tenir dans le doute.

J'abandonnai un instant les hommes pour envisager les animaux avec lesquels chacun des camps était le plus généralement en rapport ; j'ai remarqué que les anti-contagionistes voyaient le plus souvent des bêtes nourries au sec avec des aliments substantiels, bien soignées, peu fatiguées, et soumises à un travail compensé par l'entretien de la santé. Et toutes ces conditions, je le crois, sont très-propres à consolider la constitution des bestiaux et à les aider à lutter avantageusement contre la contagion.

Les contagionistes, au contraire, sont principalement en rapport avec des animaux nourris au vert ou au sec, mais presque toujours d'une manière insuffisante ou disproportionnée aux travaux qu'ils font. Ces circonstances sont de

Considérant que, par suite de cette opinion de non-contagion de la morve chronique, opinion fortifiée sans doute dans son esprit par celle du témoin Colin, son vétérinaire habituel, qui l'a exprimée à une précédente audience, le prévenu, en ne s'opposant point d'ailleurs à l'abatage de ceux de ses chevaux les plus morveux dont l'état chronique pouvait d'un instant à l'autre passer à l'état de morve aiguë, maladie contagieuse de sa nature, a pu ne pas se voir obligé par l'article 459 du code pénal, et qu'il ne saurait non plus être frappé par cet article ;

Renvoie le sieur Colin de la plainte, sans dépens.

*Signé au registre :* MM. BIDAULT, juge, président par intérim ; GERMAIN, juge, et TIBAULT, juge suppléant, appelé pour compléter le tribunal, M. le président étant empêché.

puissantes raisons d'affaiblissement, et par conséquent très-propres à donner prise à la contagion.

De telles considérations donnèrent, à mon avis, aux nombreux cas cités par les contagionistes, plus de poids que n'en auront jamais toutes les expériences faites à grands frais par leurs rivaux, attendu que les sujets sains qui furent soumis aux expériences de ces derniers étaient soutenus par des conditions de nourriture favorables à leur constitution et susceptibles de les rendre capables de résister aux atteintes du mal.

Après de mûres réflexions, je me rangeai du côté des contagionistes, avec la réserve toutefois de faire des recherches. Les autres, à mes yeux, étaient trompés par l'expérience, qui, en secondant les vues de ceux dont je partageais les idées, se montrait à eux sans fard et sans déguisement. Les uns et les autres ignoraient néanmoins l'origine et la nature des matériaux qui semblaient s'accumuler pour éclairer et favoriser leur opinion. Aussi ces résultats n'étaient-ils pour moi que théoriques, et, désirant les mettre à l'épreuve, j'avais pour cette raison basé provisoirement ma règle de conduite sur ces observations.

La sécurité étant à l'ordre du jour, à la ville et dans certaines maisons de luxe à la campagne, je manifestais à mes clients peu de crainte pour la contagion, tandis que chez les cultivateurs je recommandais les plus grandes précautions.

Ayant donc admis la probabilité de la contagion, j'ai organisé un plan de recherches qui a réuni les documents les plus précieux, et, comme on va voir, l'expérience a pleinement confirmé mes prévisions.

Ce que je viens de dire, en médecine vétérinaire, au sujet de la morve, est exactement applicable, en médecine humaine, à l'égard des maladies contagieuses qui ont soulevé tant de discussions pour ou contre, car mon point de comparaison a été établi dans ce sens.

Je ferai ici un relevé de faits pratiques de transmissions très-concluantes : je serai succinct dans les preuves que je vais donner en faveur de la contagion.

Le plus grand pas a été fait le jour où j'ai démontré que la morve est une affection cryptogamique (typhoïde). La nature de la maladie étant déterminée, l'obscurité cesse et le guide est certain.

Si depuis quelques années les anti-contagionistes ont fait des concessions, ils ne perdent point de vue les expériences de l'école d'Alfort, ni celles de la ferme Lamirault.

Ce que j'ai dit doit suffire pour les éclairer, et je les engage à faire, à l'avenir, les expériences autrement qu'elles ont été faites jusqu'à ce jour : ainsi l'on arriverait à des résultats différents de ceux d'Alfort et de Lamirault, en déposant des chevaux morveux dans quelques fermes isolées, sous la condition qu'ils ne seraient point séparés des animaux sains, et avec la garantie, bien entendu, d'une indemnité relative aux événements qui pourraient survenir par suite de la contagion, et comme conséquence de l'interdiction du commerce, avec cette condition toutefois que le nombre total des bestiaux ne dépasserait pas celui que la ferme nourrit ordinairement.

Malheureusement les améliorations et les découvertes les plus importantes ont de tout temps heurté des accapareurs ombrageux qui, sacrifiant l'intérêt général à un vain amour-propre, s'intronisent comme les dispensateurs de la science et usent de toutes leurs facultés pour entraver la marche du progrès, si, pour arriver au but, l'on s'engage dans des voies opposées à leurs principes.

### *Faits pratiques.*

1° Gibeau, cultivateur à la Pierrière, commune d'Aiffre, conduisit, en avril 1825, à la foire de Champdeniers, deux de ses mules qu'il mit en contact avec un cheval atteint de la morve lente ( chronique ), et qui appartenait à l'un de ses voisins.

Les mules de Gibeau furent atteintes alternativement de la morve rapide ( aiguë ), et elles périrent très-rapidement victimes de cette redoutable maladie. Peu de temps après, une troisième mule appartenant au même cultivateur fut prise de ce mal dans les ganglions lymphatiques de la cuisse. Cette affection la fit d'abord considérablement périr, puis elle succomba promptement.

Gibeau perdit encore deux juments de la même manière, et, craignant de plus grands malheurs, il commit l'imprudence de faire vendre deux autres juments qu'il croyait atteintes d'une maladie qui lui avait été si préjudiciable.

2° Le sieur Bonneau, cultivateur à Cricé, commune de Prahecq, acheta en octobre 1829 un cheval affecté de morve lente. Quelques jours après l'arrivée de cet animal, Bonneau remarqua qu'une de ses mules avait ce qu'il appelait de la gourme. Il me chargea de la visiter; je la reconnus morveuse, et je condamnai à mort elle et le cheval. Cet homme, cédant à de mauvais conseils, ne tint pas compte de mes amis; il garda les deux bêtes encore quelques semaines; mais, bientôt revenu de son erreur, il fit par incurie vendre le cheval, et fut presque immédiatement contraint de faire abattre la mule que j'avais condamnée. Bonneau perdit en outre deux autres mules avec lesquelles le cheval avait communiqué depuis ma visite.

3° M. Bourcier, propriétaire à Chef-Boutonne, arrondissement de Melle, me fit appeler en octobre 1857 pour visiter les écuries d'un meunier son fermier, qui, depuis une année, avait perdu sept mulets de la morve. A mon arrivée chez M. Bourcier, j'ai trouvé deux mulets malades : l'un était affecté de la morve *lente*, et l'autre de la morve *vive*; ils furent abattus tous les deux. Celui qui était affecté de la morve *lente* avait été acheté le premier, et, dès son arrivée, il offrit de prétendus symptômes de gourme qu'il avait toujours conservés; mais ces signes étaient tellement peu prononcés, qu'ils ne soulevèrent aucun soupçon, lorsque les autres animaux périssaient frappés de cette pernicieuse maladie.

La différence des deux affections fut la cause de l'erreur; ceux qui avaient la morve vive périssaient de suite avec des symptômes graves, tandis que celui qui avait la morve lente faisait son service sans qu'on se doutât qu'il infectait les autres. Je le signalai comme cause du mal.

Aussitôt que cet animal fut abattu, et à dater du jour où les écuries furent nettoyées et désinfectées, la maladie disparut.

4° Le sieur Petit, meunier à Chizé, arrondissement de Melle, me fit appeler, en 1852, pour faire la visite de ses écuries, où régnait une maladie qui décimait ses bestiaux. A mon arrivée, je trouvai une jument et un mulet affectés de morve lente, et un autre mulet atteint de morve vive;

tous ont été abattus. Petit me déclara qu'avant ma visite il avait perdu successivement deux autres mulets, et que le premier, étant tombé malade immédiatement après qu'il l'eut acheté, avait présenté les mêmes symptômes que ceux qui sont morts après lui.

5° M. Jacquet, maitre de poste à Niort, a gardé, en 1851 et 1852, pendant 18 mois, deux chevaux morveux parmi les siens, sans qu'il ait remarqué aucun symptôme de contagion. M. Jacquet vendit sa poste et emmena à la campagne ses chevaux, parmi lesquels étaient les deux qui offraient de légers symptômes de morve lente (chronique). Cette maladie s'est propagée, peu de temps après son départ de la ville, sur plusieurs de ses chevaux. M. Jacquet ne croyait pas à la contagion ; mais, retiré à la campagne, il a fait comme tant de vétérinaires retraités : après avoir changé d'avis, il a fait faire maison nette.

6° Le sieur Brisson, meunier, propriétaire à Brioux, acheta en septembre 1844 un mulet qui était atteint de symptômes de morve lente, affection qu'on avait prise d'abord pour de la gourme. Peu de temps après l'arrivée de cette bête à son domicile, Brisson remarqua que le mal s'était communiqué à ses autres bestiaux, et M. le sous-préfet de Melle, ayant été informé de cet événement, envoya sur les lieux un vétérinaire, M. Roulier, afin qu'il prît connaissance de l'état des choses. Le propriétaire m'ayant fait appeler pour suivre la maladie, je fis tuer successivement trois mulets atteints de morve lente, et j'opérai deux autres mulets qui étaient affectés du farcin lent, et dont un seul s'est guéri.

7° Fougère, cultivateur à la Vieille-Cour, commune de Mougon, arrondissement de Melle, acheta en foire de

Niort, le 6 février 1841 , une vieille jument blanche qu'il destina à la reproduction. Cette bête ne réussit point la première année, et, peu de temps après son installation dans la ferme de Fougère, il y eut plusieurs bestiaux affectés de morve lente et de morve aiguë, soit juments, poulains, mules ou muletons : il en périt pour 2,000 et quelques cents francs environ pendant près de trois ans.

Le propriétaire, ne pouvant deviner la cause d'un si grand mal, se résigna à acheter des bœufs pour faire ses travaux, bien que ce changement lui causât un grand préjudice, parce qu'il était convenablement organisé pour se livrer à l'éducation des mules. La maladie continuait ses ravages sur le reste des solipèdes, lorsque Fougère me fit appeler, en septembre 1834, pour visiter toutes ses écuries. Je trouvai aussitôt un cheval morveux, que je fis abattre ; puis une mule et un mulet atteints du farcin à la ganache et au poitrail ; plus, deux mules de l'âge d'un an, affectées chacune de douleurs très-vives dans les muscles d'une cuisse, par suite de la localisation de la morve vive ( aiguë ) dans les ganglions de ce membre. Les deux bêtes farcineuses, ayant été opérées, se sont guéries ; les mules qui avaient des douleurs ont beaucoup souffert ; leurs cuisses se sont amaigries, et elles ont terminé par la morve vive (aiguë).

Pendant que je soumettais à un traitement les animaux que j'avais conservés, et qu'on tenait séparés des autres , j'ai passé une inspection générale sur tous les bestiaux ; et alors j'ai remarqué qu'une jument, accompagnée de son poulain , avait la tête lourde par moment ; la pituitaire du côté gauche était pâle, hypertrophiée, sans érosion , et l'on ne remarquait aucune cicatrice ni engorgement des ganglions sous-linguaux.

En questionnant le berger, j'appris que la bête, parfois, laissait échapper par le nez quelques flocons purulents. Comme je reconnus à la percussion la plénitude des sinus frontaux, je proposai à Fougère de faire le sacrifice de cet animal, que je signalai comme la cause de toutes les pertes qu'il avait faites. Cet homme eut de la peine à comprendre que la cause de tant de désastres eût pu être cette jument, dont l'état était si différent, pour lui, de celui de toutes celles qu'il avait perdues, et dont la suite, âgée de quatre mois, était bien portante. Mais, lorsque je lui annonçai que le mal ne cesserait chez lui qu'après la mort de cette bête, il se décida à la faire tuer. Les sinus frontaux, à l'autopsie du cadavre, m'ont présenté tous les ravages de la morve, qui s'y était concentrée, et le mucus ne s'écoulait de ses cavités que par le trop-plein.

A dater de cette époque, ce cultivateur a vu disparaître totalement de son exploitation cette maladie meurtrière, et il a pu sauver encore trois juments et deux mules. Il vendit ses bœufs, et, ayant repris son ancienne méthode, il a continué ainsi jusqu'à ce jour sans éprouver aucune perte de ce genre. Le poulain, sain et sauf à la mort de la mère, a été conservé, comme cela est arrivé en pareil cas chez Ravard, à Peigland, commune de Coulon, et chez Baillon, à la Maison-Neuve, commune de Prahecq, comme nous le verrons.

Je pourrais faire beaucoup d'autres citations relatives à des poulains élevés par des juments morveuses, lesquels ont été sauvés lorsque tout périssait par la morve autour d'eux ; mais aussitôt que ces petits animaux sont sevrés, et qu'on les met au pacage avec leur mère, ou avec d'autres bêtes affectées du même mal, ils contractent la maladie comme le reste.

Cette résistance à la contagion de la part des poulains à la mamelle s'accorde avec mes observations à l'égard des animaux nourris au sec et avec des aliments substantiels. Le lait est une nourriture qui réunit les meilleures conditions pour suggérer au système animal cette énergie à l'aide de laquelle il brave les attaques des maladies contagieuses.

Lorsque la morve est localisée vers les organes respiratoires, j'admets que le sang est sain à l'intérieur, et que les autres produits des sécrétions sont dans un état normal, comme chez les bêtes ayant les eaux-aux-jambes ou les crapauds. Dans le civil, où l'on n'étrille point, où l'on étrille peu, il ne résulte pas à la peau d'irritations susceptibles de déterminer aucuns arrêts successifs de transpiration, ce qui fait qu'il y a peu de morve et rarement du farcin. En revanche, chez les animaux qui se trouvent dans cette condition, la nature refoule les cryptogames vers les parties les plus faibles ou les plus éloignées du cœur, d'où il suit que les eaux-aux-jambes et les crapauds sont aussi fréquents dans le civil qu'ils sont rares dans l'armée, où en compensation la morve est si commune.

Le fait de Fougère suffirait seul pour démontrer la contagion de la morve ; cependant je citerai encore quelques exemples, parce qu'ils nous conduisent à une foule d'autres du même genre.

8° En octobre 1837, je fus appelé chez Truant, fermier à St-Ligaire, pour une mule et une jument affectées de morve lente ; je vis en même temps chez Prunier, son voisin, une jument frappée de la même manière, et un mulet de quatre ans atteint de la morve vive. Truant me montra aussi une autre mule de trois ans qui éprouvait des douleurs très-vives dans une cuisse, et absolument de la même manière que les deux jeunes mules de Fougère. La morve vive a succédé à ces douleurs; et comme la morve spontanée est très-rare à la campagne, j'admis l'existence de quelques bêtes morveuses dans les environs. Des informations que je pris alors me firent découvrir un cheval de réforme morveux. Le sieur Massé, de Sevreau, ayant fait l'acquisition de cet animal, il l'avait mis dans les pacages communaux de St-Ligaire, où Truant et Prunier envoyaient paître leurs bestiaux.

9° De pareils événements, accompagnés des mêmes circonstances, sont arrivés, en novembre 1843, chez le sieur Michaud, cultivateur à Vouillé : une mule et une jument sont devenues morveuses pour avoir rencontré dans les prairies un cheval morveux appartenant à un coquetier de l'endroit.

Les exemples de ce genre ne me manqueraient point, si ceux que j'ai produits ne suffisaient pas pour opérer la conviction. Du reste, si l'on voulait pour ce sujet une foule de preuves non moins convaincantes, on pourrait remonter aux motifs qui ont provoqué la circulaire du ministre de la guerre du 5 mai 1841, laquelle ordonne qu'à l'avenir MM. les préfets nommeront des vétérinaires civils pour contre-visiter tous les chevaux réformés des régiments de cavalerie, avant qu'ils n'aient été vendus au public par l'administration des domaines, et l'on verrait qu'une telle mesure prend sa source dans de nombreuses plaintes qui ont été portées contre la contagion que ces chevaux ont répandue chez les cultivateurs, à la suite de pareilles ventes.

Je pourrais citer autant et peut-être plus de cas qui semblent démontrer la non-contagion de la morve; mais ces observations étant semblables à celles qui ressortent de la catégorie des anti-contagionistes dont les animaux ont résisté à la contagion pour cause de bonne nourriture et de bons soins, je les passerai sous silence par les raisons qui sont exposées plus haut. *L'expérience est trompeuse, mais elle ne me surprend pas.* Ainsi il sera bientôt établi pour tous qu'à quelques différences près, on ne doit pas plus révoquer en doute la contagion de la morve chronique que celle de toutes les autres maladies cryptogamiques.

Il ne suffit pas d'admettre que tels ou tels genres de maladies se communiquent des animaux malades aux animaux en bonne santé; il faut encore que je découvre comment et par quel procédé la nature opère la transmission de la maladie; il faut que je produise au grand jour le *modus faciendi*, ou je ne cesse pas mes recherches. Comme je ne peux pas entrer dans de grands détails à cet égard, je vais néanmoins faire tous mes efforts pour éclaircir ce sujet.

Il y a des maladies qui ne se communiquent que par inoculation, et, parmi celles-ci, les unes se fixent sur la partie inoculée et gagnent de proche en proche jusqu'au centre de la vie. Il en est d'autres dans lesquelles les principes constituants de la partie où ces maladies auraient été inoculées sont enlevés et entraînés par absorption dans la circulation, pour produire leurs ravages sur un point étranger à celui par où ils sont entrés, et qui peuvent même envahir toute l'économie animale; enfin le plus souvent le mal se transporte des animaux malades aux sujets sains, sans autre intermédiaire que l'air.

Toutes ces variétés de la contagion se rencontrent dans

les maladies cryptogamiques ; elles constituent le mode de transmission à des degrés différents, et elles dépendent de variations dans les propriétés toxiques germinatives et de la localisation des champignons.

Il y a des cas où ces maladies ne peuvent changer de localité, parce que les champignons qui les produisent ne végéteraient point en d'autres lieux, et qu'ils n'auraient pas prise sur les sujets qui vivent ailleurs. (Rien n'est bizarre comme la patrie des champignons ; rien n'est varié comme leur lieu d'élection.)

Dans d'autres cas, la contagion, transportée par les malades eux-mêmes, peut être dépaysée ; elle peut se propager dans de nouveaux pays, à l'instar des maladies indigènes. Et s'il arrivait que le mal importé de la sorte ait disparu , il pourrait encore, par les miasmes qu'il répand dans l'air, renaître avec le champignon qui le cause , si, par des circonstances favorables à son développement, ce dernier venait à s'implanter sur les substances alimentaires : et cela pourrait durer tant que le cryptogame exotique supporterait le nouveau climat.

Pour arriver à démontrer les différentes phases de la contagion, commençons par un examen microscopique et détaillé des maladies cryptogamiques extérieures ; ce travail nous conduira insensiblement aux fièvres cryptogamiques les plus subtiles.

Lorsqu'on applique la loupe et le microscope sur les ulcères des différentes maladies cryptogamiques, il se présente un état de choses qui est foncièrement le même pour toutes : on distingue des excroissances organisées et traversées par quelques exsudations sanguines, en quantité si petite, que la vie n'y est que végétative , et qu'elles peuvent être coupées sans que le sujet éprouve de sensibilité , à moins que ce ne soit à la base.

Le tissu qui les compose est d'une homogénéité qui varie considérablement; tout y décèle des excroissances végéto-animalisées ayant pris vie à travers les tissus, à la manière des champignons microscopiques dans la circulation des végétaux; mais leur organisation intime se trouve modifiée en raison de la nature des nouveaux sujets sur lesquels elles se sont établies en parasites.

J'arrêterai là un instant mes observations pour laisser parler les célèbres naturalistes *Linnée*, *Lamarque*, *Decandole*, etc. , sur l'organisation et la composition des cryptogames qui vivent en parasites à la surface des végétaux, comptés depuis les herbacés jusqu'aux arbres les plus élevés, et sur leur marche dans l'intérieur de ces êtres du second règne.

Les champignons, disent-ils, sont de consistance mucilogineuse, charnue ou subéreuse, de forme variable, et n'ont jamais la couleur verte. Ces plantes vivent sur la terre, sur le bois humide, sur les tiges et sur les feuilles.

D'après ces célèbres naturalistes, les champignons sont des végétaux animalisés. Les Keller et les Trévéranus ont reconnu plus d'analogie entre les polypiers, espèces d'animaux, et les champignons, qu'ils n'en ont reconnu entre ces derniers et les végétaux parfaits; c'est pourquoi ils ont proposé d'en faire un quatrième règne sous la dénomination de *phytozoès*, qui veut dire plantes-animales.

Linnée comparait les agarics et les bolets aux polypiers ,

et il comparait aussi les bisses légères aux éponges.

Les champignons microscopiques ( *mundus invisibilis* ), d'après ces célèbres auteurs, sont humés dans la terre par les absorbants des racines, ou dans l'atmosphère par les pores respiratoires des feuilles et des branches, suivant les espèces, et, entraînés dans le torrent de la circulation, ils germent et se développent, à la manière des entozoaires chez les animaux, entre le liber et le ligneux ou sous l'épiderme, qu'ils crèvent pour s'épanouir et vivre en parasites aux dépens de la séve de la plante ou de l'arbre sur lequel ils sont ainsi établis ; leurs fibres pénètrent quelquefois très-avant dans le corps du végétal. Une petite quantité de semblables hôtes ne porterait sans doute aucune atteinte à la vie du sujet qu'ils auraient ainsi envahi, mais la multiplicité pourrait l'altérer et le détruire complétement.

Lamarque et Decandole énumèrent un grand nombre d'espèces de champignons microscopiques qu'ils ont pris sur le fait à soulever ainsi l'écorce ou l'épiderme soit du tronc, soit des feuilles des arbres, et ceux d'une foule de plantes herbacées vivaces ou annuelles.

Chaque saison, disent ces célèbres observateurs, voit naître des espèces qui disparaissent avec elle. Cette observation est très-frappante par rapport aux œcidum, aux urédo, aux érineum, et en général par rapport à tous les champignons microscopiques qui croissent sur les feuilles. Ces végétaux sont surtout stimulés par les temps humides.

Chacun paraît avoir son lieu et sa plante de prédilection ; il semble qu'il y en ait de particuliers à chaque plante : ceux qui croîtraient au pied d'un végétal périraient à son sommet ;

et, tandis que quelques-uns adoptent exclusivement certaines localités, d'autres, au contraire, se rencontrent sous toutes les latitudes.

Les champignons sont, de tous les végétaux, ceux dont la naissance est la plus rapide et la plus instantanée. Il y en a qui se développent plus rapidement que les éphémérides ; ils surgissent par milliers en moins de quelques heures, de quelques minutes.

La reproduction se fait au moyen de poussières séminales pour ainsi dire aériformes, impalpables, et le plus souvent inappréciables. La substance du champignon peut même se reproduire par atomes.

Il est acquis à la science, d'après les naturalistes les plus célèbres en botanique, que la plupart des végétaux sont exposés à subir, par les vaisseaux absorbants, l'envahissement des champignons microscopiques, qui, au moyen de la circulation, traversent les parties intérieures pour faire éruption à la peau, où ils s'installent en parasites. Lorsque les sujets ne sont envahis que par un petit nombre d'individus, ils n'en éprouvent ordinairement aucun résultat fâcheux ; mais, comme cela se voit pour toutes les espèces qui sont exposées à l'envahissement des parasites, il peut arriver que les sujets languissent ou succombent sous le nombre ; il peut arriver, dis-je, qu'ils soient détruits par les qualités malfaisantes ou par l'incompatibilité.

Les affections qui résultent de l'envahissement de ces hôtes nuisibles sur les plantes prendront également le nom particulier de cryptogamie.

Le mal dont les pommes de terre ont été affectées, et qui a désolé l'Europe dans les temps les plus fâcheux, est donc

une maladie cryptogamique. On a été d'abord très-embar-
rassé pour déterminer la cause de ce mal ; mais , par des
observations microscopiques , on a reconnu la présence de
champignons du genre botrytis. On les a d'abord signalés ;
puis , comme je l'ai dit plus haut , les gens à talent n'habitant point les lieux où peuvent se faire les observations pratiques , il est arrivé que les individus les moins compétents,
les demi-savants, qui ne font jamais défaut, se sont emparés
de la question , et , dominant les hommes pratiques , ils ont
imaginé que le mal dépendait des pommes de terre, qui ,
étant épuisées par des abus de culture , s'altéraient facilement, et ils demandèrent qu'on renouvelât les espèces et
les races par de nouveaux semis.

Quelque importante que soit la question, on conçoit que
le sérieux de mes occupations ne m'ait pas permis de combattre une semblable erreur ; j'ai dit plusieurs fois, dans
nos séances à la Société d'agriculture : « Tendre à régénérer
la pomme de terre par des semis est une idée aussi erronée
que celle de chercher à régénérer toute une population qui
aurait supporté une épidémie; » et j'ajoutais : « La maladie
des pommes de terre , comme toutes les épidémies exotiques ,
perdra de son intensité par l'affaiblissement du cryptogame
qui la constitue , et l'affection disparaîtra aussitôt que le
végétal qui l'a produite ne pourra plus vivre dans nos contrées. Il est très-rare que les cryptogames se dépaysent pour
toujours. »

Il en est du botrytis, dans ce cas, comme des champignons
dans les épidémies et dans les épizooties ; ils ne communiquent généralement le mal qu'aux plantes qui ont perdu
une partie de leur vigueur. Voilà pourquoi les pommes de

terre récoltées de bonne heure furent moins envahies que ne l'ont été celles qui étaient demeurées plus longtemps dans le sol, et déjà affaiblies avant d'être extraites du sein de la terre.

L'histoire n'offre pas d'exemple d'une maladie aussi considérable que celle qui vient de régner sur les pommes de terre en Europe. Cette affection, qui a pris naissance dans le Nord, à la suite de l'année très-humide de 1843, nous est venue comme les épidémies et les épizooties; elle s'est propagée de la même manière, et elle se terminera de même si le champignon ne se naturalise pas dans nos climats.

Dans toutes les recherches auxquelles je me suis livré à l'égard de la maladie de ce tubercule, je n'ai cessé d'y voir la plus grande analogie avec ces plaies du monde; j'ai remarqué les mêmes symptômes dans la marche et le développement de cette affection, voire les morts subites. L'examen des lésions cadavériques, bien qu'il ne soit qu'un accessoire, est néanmoins fort curieux dans ses détails.

Je reviendrai sur ce point, et j'expliquerai certaines mortalités générales appartenant aux plantes, et que l'on attribue directement aux coups de vent, qui, dans ce cas, n'agissent qu'indirectement et comme causes déterminantes.

J'ai étudié les maladies des céréales causées par les urédo, et j'ai remarqué, comparativement, qu'elles sont semblables dans leur développement et dans leur marche à celle des pommes de terre et à la cryptogamie des animaux; j'ai suivi avec persévérance les mêmes phénomènes observés sur des terrains calcaires et sur des terrains argilleux. On verra que, d'après des principes basés sur des faits, il sera aussi facile d'expliquer la réapparition de la peste à l'ouverture de la sépulture d'une momie, en Egypte, qu'il nous est familier d'expliquer l'apparition du raphanus raphanistrum sur les démolitions des murs d'un vieux château.

Je borne là mes observations à ce sujet; j'y reviendrai avec plus de détails. Je reprends :

Après avoir consulté les plus célèbres naturalistes, j'ai voulu entendre les plus grands chimistes sur la composition des champignons. En lisant Braconnot, qui a fait de très-nombreuses recherches chimiques sur les cryptogames, j'ai remarqué que ses nombreuses analyses ne se sont jamais démenties. Ce savant homme y a toujours rencontré, avec des substances animales et végétales, de l'osmazôme et même du phosphore.

Ayant donc extrait des ouvrages de Braconnot une analyse faite sur 1,260 parties de *boletus juglandis*, j'en ai exposé ci-dessous les fidèles résultats, savoir :

|  | Parties. |
|---|---|
| Eau de végétation. | 1,118,05 |
| Fongine coriace. | 95,68 |
| Matière animale peu connue, insoluble dans l'alcool. . . . . 18,00 | 50,00 |
| Matière animale soluble dans l'alcool, ou osmazôme. . . . . 12,00 | |
| Albumine. | 7,20 |
| Adipocire. | 1,20 |
| Fungate de potasse. | 6,00 |
| Matières huileuses. | 1,12 |
| Sucre de champignon. | 0,05 |
| Traces de phosphate de potasse. | |

Les Bouillon, les Lagrange, les Vauquelin, les Thénard et tous les célèbres chimistes sont d'accord avec Braconnot et avec les naturalistes les plus distingués, sur l'existence de matières animales en grandes proportions dans l'organisation des cryptogames, et nul doute qu'un jour le quatrième règne des phytozoès, proposé par Keller et Trévéranus, prendra son rang dans les cadres de l'histoire naturelle.

Les renseignements précieux fournis par les chimistes et les naturalistes n'ont certainement pas échappé à la médecine comparée, mais elle n'a pas su les apprécier à leur juste valeur; elle ne s'est pas aperçue qu'ils devaient la conduire à la découverte la plus importante qu'elle ait pu désirer, la cause des maladies épizootiques et épidémiques. En effet, si les cryptogames microscopiques, si les plantes animales (*mundus invisibilis de Linnée*), pénètrent dans la circulation des végétaux par les voies absorbantes et respiratoires; si elles germent et se développent dans l'intérieur de ces êtres doués de vie végétative; si elles soulèvent le le derme et l'épiderme, et qu'elles les brisent pour végéter à à la surface en pénétrant par des radicules dans l'épaisseur des tissus, afin d'y vivre des sucs nourriciers et régénérateurs qui y circulent, pourquoi ne s'introduiraient-elles pas de la même manière dans le corps des animaux, et pourquoi ne seraient-elles pas transportées également par les liquides circulatoires à travers les tissus? Pourquoi ne se fixeraient-elles pas dans l'épaisseur des muqueuses et des séreuses intérieures ou à la surface? Pourquoi ne s'arrêteraient-elles pas sous la peau, ou ne surgiraient-elles pas à l'extérieur sous l'épiderme pour y vivre, le briser et y croître aux dépens des tissus et des liquides réparateurs, comme dans les végétaux (1)? Bien loin d'opposer de plus rudes obstacles, il est au contraire évident que les animaux offrent, plus que les végétaux, des conditions favorables à ces différents phénomènes ; car chez les animaux les champignons s'introduisent en abondance et de toute pièce dans le tube digestif, où, en raison de la grande susceptibilité vitale, ils peuvent produire le double phénomène d'intoxication et de germination, et de là être transportés dans toutes les parties du corps et à la surface de la peau par des voies beaucoup plus larges et plus rapides que celles de la circulation des végétaux. **La** température plus élevée, jointe à l'abondance de liquides beaucoup plus substantiels, contribue encore à favoriser ces remarquables phénomènes, en même temps qu'elle détermine un développement extraordinaire de ces singulières productions.

Examinons si nous ne rencontrerons pas dans l'intérieur ou à la surface du corps des animaux quelques productions qui offriraient d'une manière sensible des phénomènes susceptibles d'être comparés à ceux que présentent les cryptogames vivant en parasites chez les végétaux.

En considérant avec soin les mélanoses, les verrues, les crapauds, les eaux-aux-jambes, j'ai observé des phénomènes qui ont instantanément rempli mon imagination, et qui l'ont entraînée avec la rapidité de l'éclair vers toutes les voies par où nous allons passer, avec la méthode et les réflexions que commande un sujet si important.

---

(1) Je produirai plus tard un travail intéressant sur le transport, l'incubation et la vie des entozoaires dans le corps des animaux et sur l'origine extérieure du plus grand nombre.

La plupart des auteurs ont attribué à ces productions extraordinaires une vie végétative qu'ils ont comparée à celle des champignons ; car on les distingue depuis fort longtemps sous le nom de *fongus*, *fongosités*. Lorsque les mélanoses et les verrues débutent dans le tissu cellulaire, sous la peau, elles s'y développent sous la forme de boules rondes homogènes, noires, grises, blanches, etc., qu'on détache facilement. Quand elles ont rompu le derme et qu'elles gagnent la surface de la peau, leur vie est différente ; elles s'implantent au moyen de racines très-multipliées dans les tissus, qu'elles pénètrent ; et ces parasites détournent à leur bénéfice les liquides réparateurs qui y circulent. Ils y croissent alors d'une manière *très-distincte* des parties où ils sont implantés ; ils peuvent y vivre pendant un temps indéterminé et s'y développer extraordinairement, de manière à occasionner la destruction de la partie qui les nourrit, et à causer même la mort du sujet.

On n'a pas fait d'assez mûres réflexions sur la nature et sur l'origine des fics et des verrues. Ces excroissances étant nuisibles, on a cherché à les détruire afin d'en débarrasser la partie affectée ; cette opération est généralement fort simple, mais elle n'est pas toujours possible.

J'ai vu des verrues ayant acquis un volume extraordinaire ; j'en ai vu qui, par de longues et nombreuses racines blanches, s'étaient implantées dans l'épaisseur des organes des gaînes synoviales des yeux, etc., de manière à faire périr les sujets affectés. Les mélanoses ont de tout temps, plus que les fics, excité des recherches et occupé les esprits ; on s'est livré à leur égard à des études très-minutieuses, ce qui n'a pas empêché MM. Monneret et Fleury de dire : « Malgré

» les nombreux travaux dont cette maladie a été l'objet,
» elle demeure encore enveloppée d'un épais nuage. »

On reconnaît l'homogénéité de ces végétations, brunes au
début, puis noires ensuite, sans qu'on ait pu en déterminer
la nature. Ce tissu est comparé au tissu de la pomme de
terre, et particulièrement à celui de la truffe. L'on a même
donné, comme nous l'avons vu plus haut, le nom de fongus
à ces excroissances, auxquelles on accorde la vie végétative,
à cause sans doute de leur peu de sensibilité à la section ;
mais l'on n'a pas pu remonter à leur véritable origine. Ainsi,
au lieu d'observer qu'après avoir été introduits dans l'économie, les cryptogames ont suivi le torrent de la circulation, qu'ils se sont fixés sur quelques points où les germes
les ont reproduits, et qu'ils s'y développent aux dépens des
tissus, on s'est au contraire écarté de la voie lorsque, pour
caractériser les mélanoses, l'on a ajouté au mot fongus
l'expression hématoïde (ressemblant au sang) : ainsi les uns
ont supposé que la mélanose tire son origine du sang; d'autres,
s'abandonnant aux hypothèses, ont voulu y voir une matière
noire sécrétée et déposée dans les tissus ; enfin il y en a
qui reconnaissent un tissu particulier qu'ils comparent à celui du cancer. Si l'on se fût arrêté à la première idée, *fongus*,
et qu'on eût remonté aux analogies, on aurait pu découvrir que les mélanoses se comportent dans les tissus à la
manière de l'*uredo-segetum* dans les graminées.

| | |
|---|---|
| *Dans le grain envahi*, il se forme un petit point noir qui grandit peu à peu, puis une matière compacte, homogène, qui croît en volume, rompt l'enveloppe et répand en | *Lorsque le tissu cellulaire d'un animal est envahi*, il se forme un petit point noir qui grandit peu à peu, puis une matière compacte, homogène, qui croît en volume, rompt |

abondance une poussière d'un | l'enveloppe et répand en
noir très-foncé. | abondance un liquide d'un
| noir très-foncé.

Cette analogie est frappante et inséparable ; et le caprice
de ces végétations de s'implanter et de se développer seulement sur les chevaux à poils blancs ou sur les individus à
cheveux blonds ou blancs, ne tient-il pas de la bizarrerie
des cryptogames dans le choix du lieu d'installation ?

La croissance des tissus homogènes et extraordinaires des
verrues à la surface du corps n'a-t-elle pas de l'analogie avec
celle des tissus homogènes et extraordinaires du *seigle ergoté?*
L'action de cette production dans l'économie animale, en
déterminant des gangrènes partielles, telles que la chute des
doigts, des membres ou de quelques autres parties du corps,
n'a-t-elle pas une analogie incontestable avec les gangrènes,
les charbons qu'on observe dans les typhus, dans les maladies typhoïdes ? Les symptômes généraux, fébriles et précurseurs de ces différentes affections n'ont-ils pas entre eux
le plus grand rapport, et ne doit-on pas leur assigner une
origine de même nature ?

Un grand nombre d'exemples prouvent que les verrues,
les eaux-aux-jambes, les crapauds, etc., peuvent, par inoculation, être transplantés d'un sujet sur un autre ; si ce
fait est nié par quelques auteurs, cela tient à des raisons que
j'ai expliquées plus haut, et ce sont ces mêmes raisons qui
ont divisé les savants au sujet des maladies contagieuses.

Plusieurs expériences qui me sont propres m'ont porté à
considérer ces maladies comme contagieuses, et ce fait doit
militer encore en faveur de leur origine cryptogamique.
J'ai fréquemment observé la morve, les eaux-aux-jambes,

les fics et les crapauds à la suite de maladies typhoïdes, et, suivant mes remarques, ces affections se sont spontanément déclarées sur les animaux des fermes où les fourrages sont couverts de cryptogames.

Je passe des mélanoses, des verrues, des eaux-aux-jambes, des crapauds, etc., aux ulcères et aux cancers ; je n'aurai aucune distance à franchir pour cela, car les eaux-aux-jambes, à leur origine, sont des ulcères laissant voir à la loupe une foule de végétations dont une partie se développe et prospère malgré l'abondance des liquides que la réaction fait affluer vers les points attaqués. Tous les ulcères, les cancers et les lupus cryptogamiques qu'on peut observer sur les êtres vivants, montrent des végétations de ce genre qui n'acquièrent jamais qu'un petit volume, meurent et se régénèrent aux dépens des tissus, qu'elles rongent, creusent et détruisent à la longue, quand l'art ou la réaction vitale ne peut en avoir raison.

J'ai observé des myriades de ces ulcérations intestinales dans les maladies typhoïdes, où l'on voit la membrane détruite comme si elle eût été rongée par des insectes. Cependant il est bien reconnu que ces ulcères sont le propre des maladies que j'ai citées, et que les entozoaires n'y sont pour rien.

Il y a néanmoins perte de substances. Est-ce la mortification, est-ce la gangrène que nous devons considérer comme cause de ce phénomène? La gangrène est le produit du principe morbide des cryptogames, qui frappe de mort les parties qu'il atteint ; elle porte toujours avec elle le germe qui l'a produite, car elle se propage de proche en proche par la contagion. Non, évidemment non ; il n'y a dans les ulcérations ni mortification, ni gangrène, ni défaut de vie. Dans les ulcères extérieurs, qui, dans les cadavres, ont un aspect semblable aux ulcères intestinaux des maladies cryptogamiques (typhoïdes), il y a au contraire réaction, excès de vie résultant de l'irritation occasionnée par les végétations qui rongent et qui vivent aux dépens de la partie. Si ce ne sont pas les phytozoès de Keller, qu'on me dise ce que c'est; mais d'abord j'annonce que je n'accepterai rien de ce qu'on me présentera, si on ne lui accorde une vie et une nutrition quelconque.

En attendant, j'adopte mes phytozoès, qui, par leur simple reproduction, causent dans l'économie animale différents troubles indépendants de l'intoxication, et qui peuvent avoir lieu lors même que l'espèce ne serait pas de nature essentiellement délétère : de là la distinction des pétéchies et des points gangrénés, et celle des éruptions cutanées et des parties sphacélées. J'aurais beaucoup à citer à cet égard, si je n'étais pressé de publier ces extraits ; mais je me bornerai à dire seulement quelque chose du *choléra*, ce sinistre et monstrueux voyageur des pays lointains.

Malgré la rapidité de ce terrible fléau, on trouve encore chez les cadavres qui n'ont été malades que quelques heures les traces du principe toxique et celles des phytozoès. On ne trouve pas de trace d'inflammation à l'intérieur, si ce n'est quelques points sphacélés, lésions inconstantes des intestins, et un grand désordre dans les liquides intestinaux, qui dénotent d'horribles convulsions intérieures. Il y a une altération très-grave et très-importante à saisir, qui a été constatée par tous les praticiens observateurs : ce sont de petits corps plus ou moins saillants que l'on rencontre dans

la plus grande partie du tube digestif, depuis l'œsophage
jusqu'aux intestins grêles. Ces productions sont très-multipliées, et acquièrent tout au plus la grosseur d'une graine de
chou ; elles résistent à la pression , sont saillantes et donnent
à la surface intestinale un aspect rugueux. Mais laissons
parler sur ce point MM. Fleury et Monneret au sujet du
choléra : « Une altération qui a été constatée par tous les
» observateurs, c'est la production de *corpuscules* plus ou
» moins apparents que l'on a rencontrés dans l'œsophage,
» dans l'estomac, dans le duodénum, le jéjunum, et sur-
» tout dans l'iléon , le cœcum et l'intestin colon ; qui peu-
» vent être à peine distingués à l'œil nu chez certains su-
» jets ; qui acquièrent chez le plus grand nombre des sujets
» un volume égal à celui d'un grain de mil, de chènevis,
» de coriandre, ou d'une tête d'épingle ; qui sont durs,
» opaques, difficiles à écraser sous le doigt ; qui paraissent
» quelquefois percés d'un pertuis central qui, vu à contre-
» jour ou au soleil, donne à l'intestin un aspect granulé
» semblable à celui de la peau chez les sujets affectés de
» gale ; qui ont une couleur grisâtre , blanchâtre , quelque-
» fois rosée ; *qui reposent quelquefois sur une base plus*
» *ou moins injectée ; qui, incisés par un scalpel bien acéré ,*
» *paraissent formés d'un tissu homogène imbibé de liquide ,* et
» s'affaissant au point de laisser une petite élevure aplatie de
» la muqueuse au point qu'ils occupaient ; qui manquent
» une fois environ sur huit ou neuf malades. Ces altéra-
» tions ont bien été vues par tous les médecins.

» M. Wagner , savant professeur d'anatomie pathologique
» à l'université de Vienne, en a fait une étude particulière.
» MM. Czermak et Hyrtz ont fait avec habileté des injec-

» tions et des observations microscopiques pour arriver à la
» connaissance de ces lésions ; les injections microscopiques
» ont prouvé que ces altérations ne sont point des érosions ,
» car il n'y a pas d'extravasions de la matière injectée; l'in-
» jection, qui passe facilement dans les follicules de Brunner
» et de Peyer , ne passe point dans ces corps tuberculi-
» formes.

» Seulement les villosités intestinales sont plus faciles à
» injecter que dans les autres cadavres. Ces injections se
» font aussi bien , et même mieux , par les veines que par
» les artères , dans les cadavres des cholériques.

» Si l'on injecte les vaisseaux lymphatiques, on remplit
» également les tubercules et les plaques regardées comme
» des érosions ; d'où il résulterait que ces tubercules et ces
» plaques ne seraient autre chose que le développement des
» glandules, et ces vaisseaux si bien observés et décrits
» par Redwig, Rudolphi et autres. MM. Guimard et Girar-
» din nous ont transmis des figures très-bien faites repré-
» sentant les diverses altérations.

» Il y a eu discussion entre les anatomico-pathologistes
» sur la question de savoir si ces corpuscules sont simple-
» ment des papilles intestinales dans un état de tuméfaction,
» ou s'ils résultent du gonflement des follicules prétendus
» de Brunner, dont Natalis Guillot a tout récemment nié
» l'existence. »

Les observations nouvelles font naître une foule de discussions, et les dénégations arrivent toujours en désespoir de
cause ; mais il y a un fait bien constaté dans les descriptions
de ces corpuscules, c'est que, coupés au scalpel, ils paraissent formés *d'un tissu homogène, qu'ils sont durs et sail-*

*lants, et quelquefois établis sur une base, avec une espèce de
tête qui semble percée d'un pertuis central.*

Ces descriptions annoncent évidemment un corps de la
nature de fics, des mélanoses, etc., et la rapidité de leur
développement tient de la famille des cryptogames, qui est
tellement distincte dans ce cas-ci, que ces petites végétations semblent formées de toutes pièces.

Les corps tuberculiformes de Czermak, de Hyrtz, sont au
choléra ce que les tubercules de Dupuy sont à la morve, et
ils ne sont rien autre chose que les *phytozoès qui occasionnent
les maladies générales.*

Les idées les plus justes et les plus ingénieuses restent pa-
ralysées ou se perdent dans la nuit des temps, lorsque les
bases sur lesquelles elles reposent sont mal assises.

Si l'on consulte les opinions des médecins de l'antiquité
sur la contagion des épidémies, on remarque que les observateurs les plus célèbres, ceux qui ont suivi avec le plus de
soin la marche des miasmes qui les répandent et qui les
multiplient, ont admis, pour expliquer les principaux phénomènes de la transmission, que les miasmes sont *vivants.* Il
semblerait, à la description qu'ils en donnent, voir voltiger une multitude d'insectes qui, transportés dans l'atmosphère, ne s'attacheraient, à la manière des parasites, qu'à
certains sujets de prédilection. Cette heureuse idée, qui pouvait conduire à la source des épidémies, est devenue le sujet
de critiques et de controverses qui ont entraîné sa chute,
et en médecine il n'en a pas été question depuis plusieurs
siècles.

Un de nos contemporains, M. Grosnier, professeur distingué de l'école vétérinaire de Lyon, a été amené à faire re-

vivre cette belle idée, en observant en 1814, avec une intelligence et un talent remarquables, l'épizootie que les armées étrangères avaient amenée à leur suite par les bœufs d'approvisionnement, et qui avait envahi les bestiaux des environs de Lyon, comme elle s'était répandue sur ceux du nord de la France.

M. Grosnier avait été désigné par le gouvernement pour observer et combattre ce terrible fléau qui portait la désolation chez les cultivateurs de l'est de la France. Cet homme habile y mit une activité digne du plus grand éloge, et il s'acquitta avec une sagacité rare d'une tâche si difficile.

Laissons parler M. Grosnier. Dans un des passages les plus remarquables de son travail, il dit : « Pendant le règne » des épizooties, les animaux sains peuvent répandre la con- » tagion comme ceux qui sont infectés. Le *nemo dat quod* » *non habet* n'est pas applicable à la communication des » contagions typhoïdes du bétail : une multitude de ren- » seignements m'ont démontré que celle de 1814 se décla- » rait sur le passage des bœufs hongrois, dont aucun n'of- » frait des symptômes de maladie ; ils en colportaient le » germe sur leur poil ; ils en *évacuaient peut-être par les* » *pores des germes qui n'avaient pas trouvé dans l'économie* » *animale des circonstances favorables à leur développe-* » *ment* (1).

______

(1) Tant il est vrai que, pour certains sujets, le corps supporte à l'état d'incubation le principe de la maladie, dont il se débarrasse peu à peu par la transpiration insensible chez les animaux qui voyagent ou qui travaillent ; tandis que le mal va frapper de mort des individus sains, et particulièrement ceux qui sont étrangers au pays où l'épizootie a pris naissance. Qu'on se figure alors toute l'étendue de la contagion que

» En quoi consistent ces germes typhoïdes? Sont-ils ani-
» més? Je le pense, malgré la réprobation dont on a voulu
» frapper cette vieille idée; leur vitalité peut seule expliquer
» à mes yeux les principaux phénomènes de la contagion.
» Ces germes, ou si l'on veut ces miasmes, peuvent-ils na-
» ger dans l'air? Je le crois, mais à petite distance. Au
» reste, je ne soulèverai pas ces questions; je ne cite qu'une
» propriété des matières contagieuses, quelle qu'en soit la
» nature; et cette propriété, attestée par mille exemples, est
» bien funeste : c'est leur persistance dans les lieux qui les
» recèlent. Si elles étaient exposées à l'air libre, à toutes
» les influences atmosphériques, leurs éléments se désuni-
» raient pour entrer dans des combinaisons nouvelles, pour
» servir d'aliment à la végétation. Il n'en est pas de même
» si elles sont recouvertes d'une couche imperméable. Cette
» substance contagifère ( si je puis employer ces mots ), que
» je crois *organisée*, *vivante*, mais à laquelle, si on le veut,
» on refusera ce caractère, n'est sans doute pas ces excré-
» ments, cette bave, ce mucus nasal, cette humeur per-
» spiratoire rejetée par un animal infecté ; mais elle est
» contenue dans ces matières, comme dans un excipient;
» si cet excipient se dessèche, il en enchaînera la volatilité et
» la mettra à l'abri des influences extérieures; on ne pour-
» rait même pas l'atteindre par les moyens de désinfection
» ordinaires.

» Je m'abstiendrai de toutes autres réflexions; ce n'est
» pas qu'il ne s'en présente à l'esprit; elles pourront faire

peuvent répandre une grande quantité de cadavres en décomposition,
et porteurs, à l'état d'incubation, du germe d'une épizootie ou d'une
épidémie meurtrière.

» l'objet d'un autre article dans lequel je hasarderai timi-
» dement quelques conjectures sur les causes des épidémies
» et des épizooties. »

Il a fallu à Grosnier (1), homme probe et consciencieux, des faits bien multipliés et bien avérés pour qu'il ait
pu s'avancer de la sorte à l'égard des maladies dont il ignorait les causes ; et si aucun médecin, aucun vétérinaire
n'a pu encore se présenter avec les matériaux nécessaires
pour appuyer les observations de Grosnier, moi qui, par
une expérience et des recherches incessantes, ai reconnu
que les épizooties et les épidémies dépendent des plantes qui
tiennent à la fois du règne végétal et du règne animal, je
mettrai un terme à ces recherches infructueuses. Oui, le
principe contagieux des épizooties, ainsi que celui des épidémies, sont *vivants;* ils ne jouissent certainement pas de la
vie à la manière des insectes, mais bien à la manière des
germes qui reproduisent les végétaux, et des œufs, toujours
prêts à éclore ; ils semblent attendre qu'il se présente quelques circonstances favorables, puis surgissent leurs ravages.

Ces germes, doués de la plus grande subtilité, et déjà
animalisés par eux-mêmes, acquièrent dans l'économie animale un surcroît de principe de vie qui les identifie avec les
affections désorganisatrices qui ont été occasionnées par les

---

(1) Malheureusement Grosnier était professeur, et il n'est pas
douteux que, s'il eût pratiqué la médecine dans une localité convenable, il ne fût arrivé à découvrir la cause de ces maladies qui lui ont
suscité tant d'agitation. Grosnier était bien plus avancé qu'Hippocrate,
qui concevait la cause autour des malades sans pouvoir la suivre ; car
il en donne une description aussi exacte que s'il l'avait vue.

plantes qu'ils représentent ; et ces germes, en se répandant
autour des bestiaux et des hommes par le moyen de l'atmosphère, et pénétrant dans l'économie animale par les fonctions, sont bientôt éclos, et ils inoculent ainsi la maladie
jusqu'à ce qu'il y ait destruction de la double cohérence qui
les caractérise et qui les rend si meurtriers.

Dans les dernières années de mes recherches, j'ai pu, avec
un plein succès, revenir sur mes pas, puis suivre de nouveau
la contagion de ces horribles plaies dans leurs marches régulières et dans leurs bizarreries principales.

J'avais alors un grand avantage sur la médecine tant
ancienne que moderne ; car, connaissant la cause de ces
maladies, je marchais un flambeau à la main, et je pouvais
expliquer les êtres vivants de Grosnier, les insectes de ses
devanciers, le prétendus génies d'Hippocrate et les erreurs
de nos contemporains.

*En résumé, les maladies générales avec disposition à la
mortification des tissus, dites typhoïdes, reconnaissent pour
cause les champignons microscopiques, et elles se transmettent
d'un individu à un autre par les germes de ces plantes subtiles
qui se rencontrent en atomes plus ou moins multipliés dans
toutes les exhalaisons qui sont imprégnées du virus constitu-
tif de ces redoutables affections.*

*La résistance à la contagion s'explique par la réaction
vitale qui s'oppose à l'éclosion du principe germinateur et délétère, et à la vie du parasite dans l'intérieur de l'économie
animale ou à la surface.*

# RÉSUMÉ.

PROPOSITIONS PRÉSENTÉES AU GOUVERNEMENT FRANÇAIS PAR L'AUTEUR, QUI SOLLICITE DES MINISTRES COMPÉTENTS LA FAVEUR DE RÉSOUDRE CES QUESTIONS EN PRÉSENCE D'HOMMES CHOISIS DANS LE SEIN DES CORPORATIONS SAVANTES.

### 1° *Des affections dites typhoïdes.*

Démontrer que les épidémies et les épizooties dites typhoïdes sont des affections de même nature, et qu'elles dépendent originairement d'une seule et même cause : *les champignons microscopiques introduits dans l'économie animale par les aliments.*

*Pour les animaux*, les faits seront frappants dans les établissements publics, dans les dépôts de remonte particulièrement ;

*Pour l'homme*, dans la marine, dans les colonies, et surtout dans notre armée d'Afrique, où l'on pourra arrêter ces mortalités effrayantes qui, malgré les prévoyances de l'art, font plus de victimes que les combats.

### 2° *Des affections charbonneuses.*

Prouver qu'il y a deux natures de maladies charbonneuses : *l'une virulente*, contagieuse par inoculation seulement, particulière aux animaux et dépendant de certaines conditions des fourrages nés sur des terrains argileux.

*L'autre*, *gangréneuse*, est commune aux hommes et aux animaux; elle est contagieuse par inoculation et par infection, et a pour cause les cryptogames.

Enfin, indiquer les moyens d'augmenter ces mortalités ou de les faire disparaître pour toujours des contrées où elles sévissent habituellement.

### 3° *De la morve et du farcin.*

Démontrer que la morve et le farcin sont de nature dite typhoïde, et que ces maladies dépendent toujours des cryptogames; que par des moyens simples, économiques et avantageux à la constitution des chevaux, on peut faire disparaître ces affections des lieux où elles règnent enzootiquement, et soustraire la cavalerie à leurs coups meurtriers.

### 4° *De la contagion.*

Fixer définitivement la science à l'égard de la contagion de la morve chronique ;

Expliquer les causes du désaccord qui existe entre les contagionistes et les non-contagionistes, et démontrer pourquoi chacun d'eux apporte des preuves qui semblent également concluantes.

### 5° *De la péripneumonie gangréneuse des bêtes à cornes.*

Arrêter le développement de cette maladie dans les localités où elle fait habituellement des ravages.

Le gouvernement prussien trouvera dans ce fait la solution qu'il attend depuis plusieurs années de la commission de 120 savants, constituée pour la recherche de la cause de cette affection redoutable.


### 6° *Du crapaud du cheval et du mouton.*


Guérir ce mal par une méthode simple, et de manière qu'il ne revienne plus aux mêmes pieds, et en faire connaître la nature et la cause.

De la solution de ces différentes questions principales découlent naturellement celles d'une foule d'autres maladies très-rebelles.

Le temps presse pour les opérations ; l'époque des récoltes approche, et, plein de confiance dans mes données et mes moyens, j'attends les ordres du gouvernement ou ceux de MM. les ministres compétents : car, dans l'intérêt de la science, il faut avoir le plus promptement possible des faits authentiques et publics à opposer aux controverses et aux faits infidèles ; et l'on conviendra que, pour des questions de nature à fixer l'attention du monde savant, il serait urgent de nommer une commission nombreuse, composée des hommes théoriques et pratiques les plus célèbres.

J'accepterai tous les lieux qu'on voudra assigner à cette commission ; mais Paris, centre des lumières, conviendrait essentiellement pour en être le siége ; car de là elle pourrait se transporter sur les points où les maladies exercent leurs ravages.

Les moyens propres à détruire les maladies générales indigènes, moyens dont les bases sont exposées dans cet ouvrage, seront suffisants pour étouffer, dans l'Inde, le *germe du choléra ;* dans l'Amérique, la *fièvre jaune ;* dans l'Asie mineure, la *peste*, et dans les steppes de la Russie, le *typhus contagieux des bêtes à cornes*, etc. Bien plus certain d'arriver que Colomb, parce que les moyens de transport sont sûrs aujourd'hui et que les gouvernements sont plus éclairés, je ne persisterai pas moins que ce grand homme pour cramponner l'ancre de salut au port où je ne peux échouer.

La France entendra ma voix, et, puisqu'il s'agit de la fortune publique et de la sécurité sanitaire de l'humanité tout entière, son gouvernement ne fera pas défaut. Ce qui se passe dans les lazarets pour arrêter dans leur marche les maladies contagieuses vagabondes, l'empressement qu'on y met, les dépenses considérables employées à des mesures si nuisibles au commerce et aux relations des peuples, en sont pour moi de sûrs garants.

Si la médecine n'est pas en retard touchant les théories qui, selon l'expression de la loi, tendent à assainir les lieux et à les préserver de la contagion, ignorant les causes, elle est impuissante quand il s'agit d'étouffer et d'anéantir le germe de pareils fléaux.

| MOYENS SANITAIRES GÉNÉRAUX | MOYENS GÉNÉRAUX D'ASSAINIS-SEMENT |
|---|---|
| *Proposés par* M. PLASSE | *Proposés par les docteurs* SAVARÉSIE *et* AUBERT |
| Pour préserver la société des *épidémies* et des *épizooties cryptogamiques.* | Contre le développement de la *peste* en Egypte. |
| 1° Surveiller les subsistances alimentaires depuis | 1° Dessécher tous les marais et tous les lacs d'Egypte ; |

l'instant de la récolte jusqu'aux différentes manutentions et jusqu'à la consommation ;

2° Les préserver de l'hu-
midité de manière qu'il ne
puisse s'y développer au -
cuns *cryptogames microscopiques ;*

3° Recommander des soins
particuliers dans la fabrication et le logement des vins ,
des fromages, des beurres, des
salaisons et des approvisionnements secs de toutes natures, et veiller à ce que ces
recommandations soient ponc-
tuellement observées.

Quand ces conditions lo-
cales seront remplies, toutes
les autres resteraient les
mêmes, que le retour des
épidémies et des épizooties
sera à jamais impossible.

Instruire les peuples sur la
nature et la subtilité des moisissures , sur les dangers
qu'elles peuvent susciter et
sur les conditions favorables
ou contraires à leur développement, c'est faire un pas
immense contre les maladies
qu'elles causent, et porter un
coup mortel à ces fléaux destructeurs.

2° Curer les canaux tous
les ans ;

3° Distribuer tellement les
eaux du Nil, qu'elles n'ex-
cèdent pas la quantité dont
la terre a besoin pour être
fertilisée ;

4° Planter des arbres au-
tour des villes et des villages,
en garnir les campagnes , et
particulièrement les bords des
fleuves et des grands canaux;

5° Perfectionner toutes les
branches de l'agriculture;

6° Améliorer les condi-
tions des fellahs et des arti-
sans, en leur fournissant une
nourriture plus substantielle,
des habitations plus saines et
des habits plus convenables;

7° Diminuer la mollesse
des riches et diminuer les
excès ;

8° Inspirer aux Égyptiens
l'amour du travail et le goût
de l'exercice ;

9° Nettoyer les environs des
villes et des villages, et faire
transporter loin d'eux les or-
dures et les décombres ;

10° Faire construire et
placer les cimetières plus
convenablement;

11° Introduire en Égypte
une partie des mœurs et de
la police d'Europe ;

12° Instruire les Égyptiens
dans la médecine, les sciences,
et leur donner le goût des
arts et des métiers.

Les procédés proposés par la médecine sont sans doute de
puissants moyens d'amélioration, mais ils demandent des

siècles avant qu'on puisse arriver à quelques résultats ; et en supposant même qu'on les conduisît à bonne fin, cela n'empêcherait pas la *peste* de continuer sa marche destructive. Les moyens simples que je propose doivent, au contraire, produire immédiatement leurs salutaires effets, les autres conditions restant les mêmes.

On dit que l'Egypte, impatiente, a fait déjà des frais immenses pour se soustraire aux coups de cet indomptable fléau ; que Méhémet-Ali, désireux de préserver ses États, s'est déjà mis à l'œuvre dans le sens des conseils donnés par la Faculté ; qu'il a fait construire dans les environs du Caire trois villages destinés à servir de modèles ; que les mares sont presque toutes comblées dans la basse et la haute Egypte, et que les tas de fumiers d'excréments sont éloignés des habitations.

Les cimetières ont été détruits dans l'intérieur des villes, et de grands desséchements s'opèrent autour du Nil.

## CONGRÈS SANITAIRE GÉNÉRAL.

Aussitôt que mes découvertes auront été justement appréciées par toutes les nations, et le moment ne doit pas être loin, on devra provoquer un *congrès sanitaire général*, où il sera rédigé un code concernant la surveillance à observer relativement *à la nourriture des hommes et à celle des animaux domestiques, et dont les conditions seront obligatoires pour les parties contractantes.*

En se conformant aux simples précautions dont les bases sont exposées dans ce volume, *les épidémies et les épizooties contagieuses* disparaîtront du monde entier, et la société, n'ayant plus à craindre désormais le développement de ces terribles fléaux, pourra raser ses onéreux lazarets et établir de tous côtés, avec confiance, des relations amicales et commerciales. La surveillance devra plus particulièrement être observée dans les régions qui donnent naissance aux maladies contagieuses vagabondes, telles que la *peste*, le *choléra*, etc.

N'oublions pas qu'une nourriture saine et confortable, ne portant aucuns champignons microscopiques, pourra, dans tous les cas, atténuer les pernicieux effets de la contagion.

### *Le choléra en France en 1849.*

Au moment de clore cet ouvrage pour le livrer au public, je fus frappé de la triste nouvelle de l'arrivée du choléra épidémique à Paris.

Ce célèbre et implacable voyageur surgissait en 1844, comme toujours, au sein des contrées les plus orientales de l'Asie; de là il s'élança vers l'occident, suivit à peu près l'itinéraire qu'il avait tracé d'une manière si funeste de 1817 à 1832, et voilà qu'en 1849 il exerce ses ravages dans le nord et dans la capitale de la France!

L'Académie de médecine publia aussitôt des instructions d'hygiène qui auront sans doute des effets contraires à la propagation de ce mortel fléau; mais si, en même temps, elle eût pu faire connaître la *cause originelle* du mal, si elle eût pu indiquer les moyens de se préserver des aliments envahis par les cryptogames, il est certain que la maladie aurait rencontré encore un plus grand nombre de sujets capables de se soustraire à ses coups meurtriers.

La même société scientifique annonce que le choléra n'est pas contagieux ; d'après son avis, il surgirait de localité en localité par la réunion de certaines conditions qu'elle indique d'une manière vague ; et comment concilier ces idées avec la marche de cette étonnante affection ? Après avoir pris naissance toujours dans l'Inde, elle vient vers nous en se répandant de proche en proche par les différents points du globe où les relations commerciales sont le plus multipliées.

Le typhus contagieux de l'espèce bovine, maladie analogue, ne se comporte pas autrement ; ces maux n'ont jamais pris naissance spontanément d'abord chez nous, pour de là se propager et se répandre jusque dans l'Orient ; et nos bœufs ne seront point envahis par le typhus tant que les spéculations du commerce ne permettront pas de les mettre en contact avec ceux des pays du Nord.

C'est pendant les guerres, à la suite des armées étrangères et par les bœufs d'approvisionnement, que ce mal a été tant de fois introduit en France ; mais a-t-on vu les bœufs français contracter cette affection dans leur patrie pour aller, à la suite de nos armées, la propager jusque chez les nations étrangères ?

Le choléra serait à jamais banni de nos contrées, si toute relation, directe ou indirecte, avec les Indiens, pouvait être interrompue. Comment alors ne pas admettre la contagion ?

Si le plus grand nombre des individus peut échapper à ce terrible fléau, qu'on en cherche les causes !

Je les ai expliquées, et si l'on cède à ma demande, je les démontrerai d'une manière authentique. Que chacun agisse ainsi d'après les principes qu'il émet ; mais comment pourrait-on l'essayer, lorsque partout on infirme la science et que l'on proclame son impuissance à cet égard ?

Je cite, au sujet du choléra, un article sur ce point de MM. de la Berge et Monneret, qui reproduit l'état actuel de la médecine :

« Mais, il faut le dire, en dehors de toutes ces influences
» prédisposantes et occasionnelles, il est une cause beau-
» coup plus puissante, beaucoup plus active, qui nous est
» tout à fait inconnue. Les hypothèses nombreuses que l'on
» a proposées en vue de déterminer sa nature n'ont jamais
» été susceptibles de démonstrations. Il est un principe spé-
» cial qui donne lieu au choléra épidémique, comme il en
» est un qui donne lieu à la peste, à la fièvre jaune, à la
» variole, à la syphilis et à une foule d'autres maladies,
» principe dont nous admettons l'existence en nous fondant
» sur les effets qu'il produit, mais dont nous ne pouvons
» pénétrer l'essence. »

Quoi qu'il en soit, la maladie ayant été scrupuleusement observée, on a reconnu et proposé des moyens sanitaires qui ne peuvent être que d'un salutaire effet ; mais ils seront foncièrement impuissants, si l'on ne surveille spécialement le commerce des denrées alimentaires, les lieux d'approvisionnement et les manutentions des vivres.

N'a-t-on pas vu à Marseille, particulièrement en 1847, dans l'encombrement des arrivages, des blés exposés sur le port à toutes les intempéries, ou logés sans choix dans des lieux plus ou moins humides, au rez-de-chaussée ou à tous les étages !

Des boulangers n'ont-ils pas été surpris maintes fois, occupés à briser à coups de maillet, pour les livrer à la panification, des masses de farine qui s'étaient agglomérées contre les murailles ! !

# ÉNONCÉS ET SOLUTIONS



En résolvant, dans les premières années de ma pratique, les cinq questions qui se suivent ici, si j'avais pour but principal les précieux avantages qui doivent en résulter, j'y voyais aussi un moyen puissant d'exercer mon imagination à des problèmes non résolus, et je dois avouer que leurs solutions, que je résume ici, ont fortement contribué à me faire persévérer dans la recherche des découvertes autrement importantes que j'ai décrites dans cet ouvrage.

**1ʳᵉ Question. — *Comment extraire les dents molaires du cheval adulte?***

La solution de cette question est le résultat de l'invention d'un instrument représenté ci-contre, *fig. 1* et *2*, et que j'ai fait connaître sous le nom de *davier à bascule.*

C'est une espèce de tenaille de la longueur de 66 centimètres, dont les mâchoires M, destinées à saisir les dents, sont aplaties, de l'épaisseur de 9 millimètres jusqu'aux deux tiers de leur longueur, point où elles se recourbent sur elles-mêmes en s'arrondissant de dehors en dedans, pour se terminer par trois pointes en acier trempé et taillées en pyramides quadrangulaires à base large. La largeur de ces

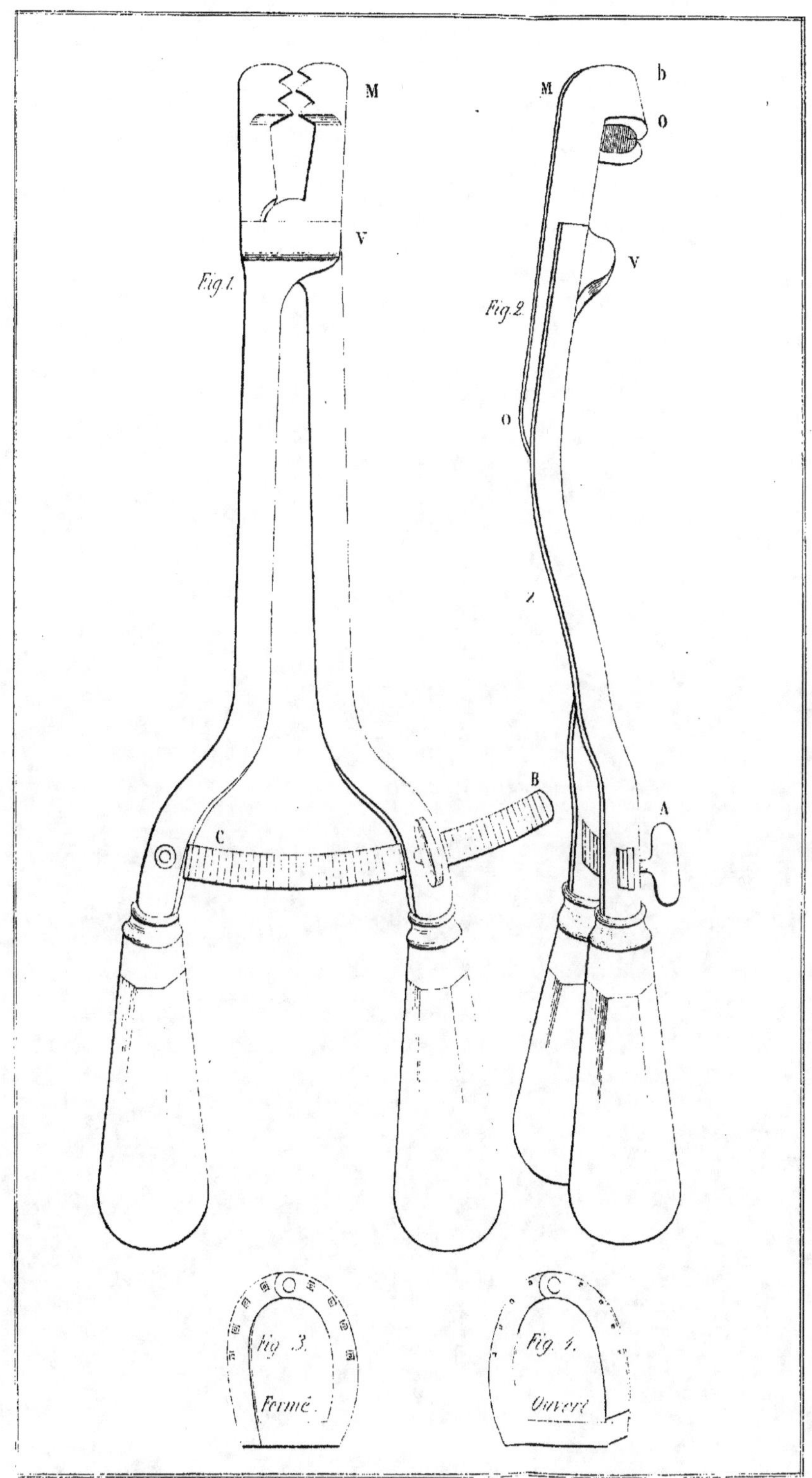

M
V
Fig.1.
M
b
o
V
Fig.2.
o
B
C
A
Fig. 3.
Fermé.
Fig. 4.
Ouvert.

# RELEVÉ DE 309 CAS ISOLÉS DE CHARBONS VIRULENTS (1<sup>er</sup> TABLEAU.)

Observés pendant **23** années, depuis le mois de mars **1824** jusqu'au mois de janvier **1847**, et divisés en quatre classes, suivant la nature des localités où s'est déclaré le mal. Chaque classe est elle-même subdivisée d'après certaines particularités qui présentent de l'importance.

**1<sup>re</sup> Classe. — 108 cas**, dans des fermes situées au milieu ou à la proximité de marais composés de terre d'alluvion provenant de rivières, de ruisseaux et de fortes sources. Ces marais répandent de fortes odeurs marécageuses après la retraite des inondations; ils se dessèchent complétement, donnent de gros foins, quelques fourrages âcres, et sont pacagés après la levée des regains.

1<sup>re</sup> DIVISION. — 65 CAS: terres d'alluvion provenant de terrains argileux: les marais de Bessines, de Douar, les sources du Vivier et celles de Chef-Boutonne.

2<sup>e</sup> DIVISION. — 39 CAS: terres d'alluvion formées par des rivières ou des ruisseaux qui traversent des pays calcaires; fourrage doux sans suavité: Magné, Coulon, le Vanneau; ces localités ont des prés qui reçoivent l'égout de champs argileux.

3<sup>e</sup> DIVISION. — 4 CAS: terrains tourbeux formés dans le cours de ruisseaux qui résultent de petites et nombreuses sources ayant peu de cours.

**2<sup>e</sup> Classe. — 95 cas**, dans des fermes situées à une distance de 4 à 12 kilomètres au moins des terrains marécageux, dont les prés et les champs sont argileux et ne produisent pas de plantes paludéennes, qui retiennent à la surface, pendant les pluies, les eaux limpides, sans décomposition, sans odeur marécageuse, produisent peu de regain et beaucoup de fourrages âcres.

1<sup>re</sup> DIVISION. — 55 CAS: fermes ayant des prés argileux de nature et arrosés par des sources d'eaux vives froides qui sortent d'un banc d'argile; quelques-unes ayant à peu de distance une large flaque d'eau qui ne tarit jamais.

2<sup>e</sup> DIVISION. — 40 CAS: fermes qui ne présentent ni sources ni flaques d'eau, mais dont les prés argileux sont arrosés par les égouts des champs argileux.

**3<sup>e</sup> Classe. — 43 cas**, dans des fermes situées dans des pays de bois, plus éloignées des marais que les précédentes, et dont les prés sont argileux et alimentés par des sources vives et froides sorties de terrains argileux, ne présentant de plantes paludéennes que le jonc, et ayant quelques fourrages âcres.

1<sup>re</sup> DIVISION. — 22 CAS: fermes ayant des étangs à leur proximité.

2<sup>e</sup> DIVISION. — 21 CAS: fermes ayant des bois à proximité, et éloignées d'étangs, de marais et d'eaux dormantes.

**4<sup>e</sup> Classe. — 63 cas**, dans des fermes situées dans des pays de plaine, sans accidents notables de terrain et sans bois, groupées par villages et établies à des distances des marais de 6 à 20 kilomètres, dont le sol est léger et essentiellement calcaire, n'ayant que très-peu de prés naturels, qui produisent des fourrages doux en petite quantité, mais d'une odeur suave. La plupart d'entre elles font des prairies artificielles et vont chercher leurs foins au loin.

1<sup>re</sup> DIVISION. — 35 CAS: fermes qui vont chercher une partie de leurs foins naturels dans des pays de marais d'alluvion et argileux.

2<sup>e</sup> DIVISION. — 21 CAS: fermes qui vont chercher une partie de leurs fourrages dans des prés argileux de la deuxième classe.

3<sup>e</sup> DIVISION. — 6 CAS: fermes dont les prés argileux, situés à leur portée, sont au milieu de terrains calcaires: ces prés sont formés par de fortes sources qui apportent cette argile d'alluvion des profondeurs de la terre.

4<sup>e</sup> DIVISION. — 2 CAS: fermes qui prennent leurs fourrages dans des prés calcaires, mais qui conduisent leurs animaux paître au loin dans des prés argileux.

| OBSERVATIONS CONCERNANT LES AFFECTIONS CHARBONNEUSES VIRULENTES OU CRYPTOGAMIQUES. | AFFECTIONS CHARBONNEUSES VIRULENTES. | AFFECTIONS CHARBONNEUSES cryptogamiques. |
|---|---|---|
| **Poulains, Chevaux, Mulets** ou **Bœufs,** mâles ou femelles, qui ont été affectés en hiver ou au printemps, après avoir gardé l'étable pendant tout l'été précédent, à l'abri des ardeurs du soleil, pour cause de maladie, d'allaitement, ou pour d'autres raisons. . . . . | 85 | 145 |
| **Veaux** ou **Génisses** nés en été, et qui ont été affectés au printemps suivant sans être sortis de l'étable pendant les chaleurs. En Poitou, on laisse les veaux à l'étable pendant qu'ils tettent. . . . . . . . | 101 | 159 |
| **Baudets** qui ont été affectés dans l'âge adulte ou dans la vieillesse, sans avoir jamais supporté l'action directe du soleil, si ce n'est pendant les deux premières années de leur existence ; car, dès qu'ils ont atteint l'âge de deux ans, on les renferme pour toujours dans des réduits obscurs et étroits, hors de l'action des rayons du soleil. . . . . . . . | 30 | 90 |
| **Abreuvoirs.** | | |
| **Animaux** de toutes les espèces qui ont été affectés, et qui s'abreuvaient, dans toutes les saisons, des eaux vives de rivières, de sources, de ruisseaux ou de puits. . . . . . . . . . . . | 200 | 445 |
| **Animaux** de toutes les espèces qui ont été affectés, et qui s'abreuvaient, dans toutes les saisons, des eaux de mares colorées ou non colorées par les fumiers. . . . . . . . . | 319 | 500 |
| **Animaux** de toutes les espèces qui ont été affectés, et qui s'étaient abreuvés d'eaux de mares infectes pendant les chaleurs de l'été. . . . . . . . . . . . . | 75 | 120 |
| **Animaux** de toutes les espèces qui ont été affectés, et qui s'étaient abreuvés d'eaux courantes ou stagnantes une partie de l'année. . . . . . . . . . . . | 202 | 371 |
| **Poulains, Veaux** ou **Génisses** qui ont été affectés pendant l'allaitement. . . . . . . . . . . | » | 95 |
| | 1,012 | 1,925 |

### NOTA.

1° Parmi ces faits, il y a beaucoup de cas qui ont été observés dans les mêmes fermes à différentes époques.

2° Depuis quinze ans je ne faisais plus séparer les animaux affectés de charbons virulents de ceux qui étaient en santé ; mes chevaux étaient placés à côté des malades, ou dans les écuries des morts victimes de cette même maladie, et je n'ai jamais remarqué aucun exemple de contagion.

3° Les 1,012 animaux malades du charbon virulent ont vécu ou sont morts à travers 4,690 animaux qui sont restés intacts en apparence pendant le temps où j'ai recueilli mes observations.

4° J'ai observé de fréquents cas de contagion dans les épizooties cryptogamiques.

| MOIS pour les 23 ANNÉES. | CAS DE CHARBONS VIRULENTS ET DE MALADIES CRYPTOGAMIQUES, groupés par mois, POUR LES VINGT-TROIS ANNÉES D'OBSERVATIONS. | | | |
|---|---|---|---|---|
| | *Affections virulentes.* | | *Affections cryptogamiques.* | |
| Janvier. . . . . | 86 | | 75 | |
| Février. . . . . | 64 | Hiver. . . . . . . . . 211 | 165 | Hiver. . . . . . . . . 442 |
| Mars. . . . . . | 61 | | 202 | |
| Avril. . . . . . | 44 | | 260 | |
| Mai. . . . . . | 53 | Printemps. . . . . . . 166 | 208 | Printemps. . . . . . . 621 |
| Juin. . . . . . | 69 | | 153 | |
| Juillet. . . . . | 98 | | 198 | |
| Août. . . . . . | 149 | Été. . . . . . . . . 424 | 78 | Été. . . . . . . . . 476 |
| Septembre. . . . | 177 | | 200 | |
| Octobre. . . . . | 116 | | 202 | |
| Novembre. . . . | 57 | Automne. . . . . . . 211 | 103 | Automne. . . . . . . 386 |
| Décembre. . . . | 38 | | 81 | |
| | | | | 1,925 |
| Ensemble. . . | 1,012 | 1,012 | 1,925 | |

# EXTRAIT DE 25 ANNÉES D'OBSERVATIONS,

Comprenant 309 cas isolés d'affections charbonneuses virulentes, et 885 cas isolés d'affections charbonneuses cryptogamiques, avec les principales variations atmosphériques et l'état particulier des récoltes pour chaque année.

| ANNÉES. | VENTS DOMINANTS. | | MOYENNE DES VARIATIONS ATMOSPHÉRIQUES PENDANT LA VÉGÉTATION, ET PARTICULIÈREMENT DURANT LA MATURITÉ DES RÉCOLTES. | ÉTAT DES RÉCOLTES. | | | CHARBON VIRULENT | | MALADIES cryptogamiques gangréneuses. | |
|---|---|---|---|---|---|---|---|---|---|---|
| | PRINTEMPS ET ÉTÉ. | AUTOMNE ET HIVER. | | FOURRAGES. | PACAGES. | GRAINS. | CAS ISOLÉS. | NOMBRE des malades. | CAS ISOLÉS. | NOMBRE des malades. |
| 1824 | N.-N.-O. | S.-O. | Pluies abondantes et continues, surtout pendant le 1er semestre; maturité prime, mais retardée par les pluies. | Abondants, altérés par les pluies; peu nourrissants. | Abondants; très-aqueux. | Grande récolte; grains gros, mais légers. | 3 | 8 | 50 | 115 |
| 1825 | N.-N.-E. | S.-E. | Sécheresse extraordinaire toute l'année; les blés de printemps ont particulièrement souffert; récolte prime. | Rares, pesants; très-nourrissants. | Brûlés; reverdis en septembre. | Bonne récolte; très-nourrissants. | 26 | 69 | 85 | 182 |
| 1826 | E. | S.-S.-O. | Sécheresse prolongée; pluies intercalées en septembre et en décembre. | Bonne récolte; bien réussis. | Secs, mais nourrissants. | Bons; très-nourrissants. | 20 | 57 | 55 | 97 |
| 1827 | S.-E. | N. | Sécheresse soutenue pendant la végétation; pluies intercalées pendant la maturité des grains. | Peu, mais bons; bien réussis. | Rares, mais nourrissants. | Moyenne récolte; grains lourds. | 16 | 42 | 28 | 62 |
| 1828 | S.-O. | N.-O. | Pluies soutenues alternées avec les vents; année tardive à cause des fraîcheurs. | Quantité suffisante; mais ils ont souffert. | Très-bons pendant toute la saison. | Année médiocre; grains légers. | 10 | 27 | 45 | 98 |
| 1829 | E.-S.-O. | N.-N.-O. | Pluies fréquentes en été; hiver froid et prolongé. | Abondants et bons; peu nourrissants. | Bien fournis; peu nourrissants. | Beaux, mais altérés par les pluies. | 9 | 21 | 39 | 72 |
| 1830 | S.-S.-O. | N.-O. | Pluies heureusement intercalées; hiver long. | Abondants. | Bons et très-verts. | Bonne année; mais les grains ont souffert. | 28 | 74 | 37 | 58 |
| 1831 | O. | O.-S.-O. | Pluies fréquentes alternées avec des chaleurs modérées; inondations pendant l'hiver. | Récolte moyenne; bien réussis. | Abondants. | Bien réussis sans être lourds. | 12 | 28 | 35 | 47 |
| 1832 | S.-S.-O. | S.-O. | Année chaude; pluies favorables très-heureusement distribuées. | Abondants et assez bien réussis. | Bons et bien fournis. | Bons. | 9 | 86 | 41 | 98 |
| 1833 | E. | N.-N.-O. | Humidité et chaleurs distribuées à de grands intervalles. | Quantité moyenne, mais un peu avariée. | Bons et abondants. | Récolte passable. | 8 | 25 | 42 | 79 |
| 1834 | E. | S.-O. | Printemps froid et sec prolongé; hiver tempéré. | Rares, mais très-nourrissants. | Peu, mais bons. | Petite récolte; grains lourds. | 15 | 60 | 55 | 122 |
| 1835 | E.-S.-O. | O.-N.-O. | Printemps humide et froid; sécheresse prolongée à l'entrée de l'hiver. | Peu, mais bons; très-nourrissants. | Rares au printemps, bons ensuite. | Petite année. | 6 | 20 | 29 | 76 |
| 1836 | S.-O. | N.-O. | Printemps chaud et humide; grands vents en été alternés de pluies. | Bonne récolte, mais altérée par les pluies. | Bons, très-fournis. | Récolte moyenne. | 20 | 52 | 41 | 89 |
| 1837 | E.-N.-E. | O.-N.-O. | Alternat de sec, d'humidité et de froid; grands vents en automne. | Récolte médiocre. | Bons. | Bons. | 18 | 76 | 27 | 80 |
| 1838 | N.-O. | O.-S.-O. | Pluies froides longtemps soutenues; végétation et fructification alternativement favorisées et retardées. | Foin mal réussi; quantité moy. | Très-bien fournis. | Peu de grains. | 9 | 26 | 15 | 39 |
| 1839 | O.-N.-O. | O. | Température froide; pluies fréquentes. | Foin avarié pendant la fenaison. | Verts; peu nourrissants. | Ils ont souffert; peu de poids. | 15 | 41 | 22 | 69 |
| 1840 | E.-N.-O. | N.-O. | Alternat favorable de chaleur et d'humidité. | Quantité et qualité favorables. | Bons, quoique peu fournis. | Bons et très-abondants. | 25 | 98 | 31 | 76 |
| 1841 | N.-O. | E.-N.-O. | Très-humide; vents froids et soutenus. | Beaucoup ont mal réussi. | Abondants; peu nourrissants. | Belle apparence; mal réussis. | 3 | 10 | 52 | 109 |
| 1842 | N.-E. | N.-O.-N. | Sécheresse soutenue toute la saison; pluies d'orages seulement. | Très-peu de foin, mais en bonne qualité. | Très-secs. | Bonne récolte. | 10 | 27 | 21 | 59 |
| 1843 | O. | S.-O. | Humidité soutenue et tempérée; vents violents par bourrasques. | Beaucoup et mal réussis. | Abondants. | Beaucoup ont souffert. | 4 | 10 | 19 | 69 |
| 1844 | E.-S.-E. | N.-N.-O. | Sécheresse soutenue pendant la végétation; quelques légères pluies favorables aux fruits. | Bonne récolte. | Secs. | Bons, lourds. | 21 | 85 | 50 | 121 |
| 1845 | O. | S.-O. | Humidité soutenue généralement pendant toutes les saisons. | Beaucoup ont mal réussi. | Abondants. | Beaucoup et peu nourrissants. | 7 | 28 | 45 | 105 |
| 1846 | S.-E. | S.-E. | Sécheresse soutenue très-vive en juillet par un vent du sud, qui a altéré la fructification. | Bonne récolte. | Bons, quoique peu fournis. | Petite récolte; très-bons grains. | 20 | 92 | 21 | 43 |
| | | | | | | Ensemble. | 309 | 1,012 | 885 | 1,065 |

# GENDARMERIE ROYALE (compagnie des Deux-Sèvres).

*ETAT des chevaux de la résidence de Niort qui ont été mis en traitement en avril et nai 1825, par suite de la maladie épizootique qui a régné dans le département des Deux-Sèvres.*

| NOMS ET PRÉNOMS des propriétaires. | GRADES. | SEXE des MALADES. | DATE | | | NOMBRE de jours de traitement | INDICATION de la mladie pour laquelle le cheval ou la jument été traité. | OBSERVATIONS. |
|---|---|---|---|---|---|---|---|---|
| | | | de la mise en traitement. | de la convalescence. | de la mort. | | | |
| MM. Bourumeau. | Gendarme. | Jument. | 17 avril. | » | 23 mai. | 6 | Gastro-entérite (maladie épizootique). | |
| Neniq. | Id. | Id. | 22 avril. | 14 mai. | » | 23 | Id. | Chez la 1re bête qui |
| André (dit Duvigno). | Id. | Id. | 22 avril. | » | 6 mai. | 12 | Id. | a apporté la contagion, |
| Bertrand. | m. d. logis. | Cheval. | 24 avril. | 12 mai. | » | 18 | Id. | la maladie épizootique |
| Benoist. | Gendarme. | Id. | 24 avril. | 14 mai. | » | 23 | Id. | s'est terminée par le |
| Julien (dit Pages). | Id. | Jument. | 26 avril. | » | 5 mai. | 11 | Id. | charbon, qui l'a tuée. |
| Philipponeau. | Id. | Cheval. | 26 avril. | 12 mai. | » | 16 | Id. | Je ne faisais pas, à |
| Accarie. | Brigadier. | Jument. | 27 avril. | 13 mai. | » | 15 | Id. | cette époque, de dis- |
| Blanchard, | Gendarme. | Id. | 27 avril. | 12 mai. | » | 15 | Id. | tinction dans les affec- |
| Bernard. | Id. | Id. | 27 avril. | 12 mai. | » | 15 | Id. | tions charbonneuses. |
| Sucre. | Id. | Id. | 27 avril. | 11 mai. | » | 14 | Id. | |
| Ricard. | Id. | Id. | 27 avril. | 6 mai. | » | 10 | Id. | |

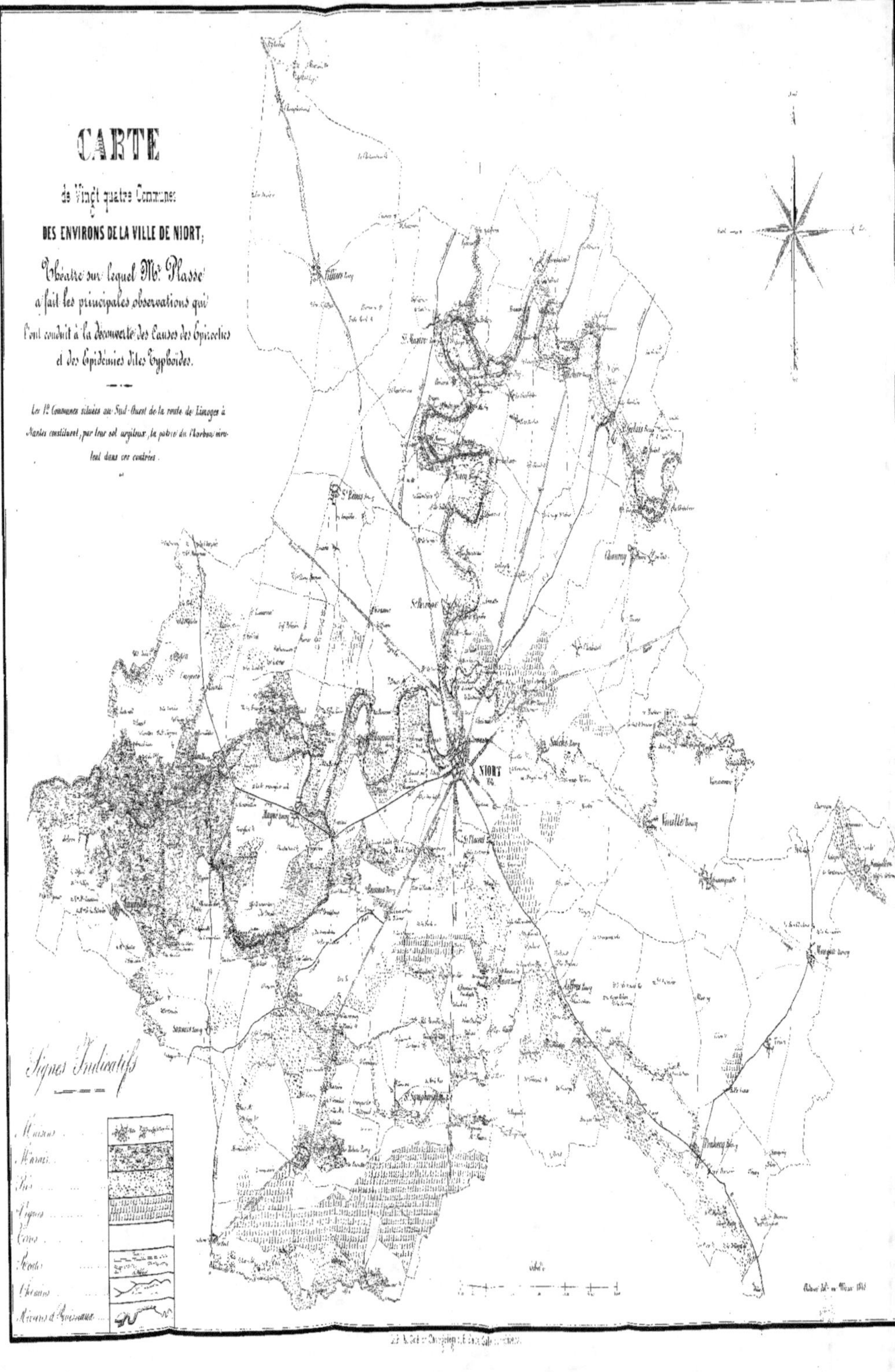
CARTE
de Vingt quatre Communes
DES ENVIRONS DE LA VILLE DE NIORT;
Théâtre sur lequel Mr. Plasse
a fait les principales observations qui
l'ont conduit à la découverte des Causes des Epizooties
et des Epidémies dites Typhoïdes.
Les 12 Communes situées au Sud-Ouest de la route de Limoges à
Nantes constituent, par leur sol argileux, la patrie du Charbon viru-
lent dans ces contrées.
Signes Indicatifs
Maisons
Marais
Bois
Vignes
Terres
Prés
Chemins
Rivières et Ruisseaux
NIORT

mâchoires est de 18 millimètres sur 55 de longueur ; l'obliquité 0,0 d'une partie des branches est indispensable, afin que les pointes des mâchoires puissent saisir le collet de la dent parallèlement à la gencive.

La longueur totale des mors, à partir du rivet, est de 75 millimètres ; quelque chose de plus ou de moins pourrait nuire à leur ajustement. L'éminence V, qui occupe tout le travers du corps du davier, a 55 millimètres de largeur sur 14 d'élévation, et 18 d'avant en arrière ; elle est destinée à former un point d'appui sur les molaires, ou sur un billot en bois s'il se trouve en face des barres, suivant la dent qu'on a à extraire.

Il est essentiel que cette éminence soit ménagée dans le rivet d'assemblage des deux branches, et fixée carrément à l'une d'elles, de manière à ne donner jeu qu'à la branche opposée ; sans cette précaution, l'appui serait faussé et la direction changée.

Il est utile d'en avoir de rechange et de différentes épaisseurs. La courbe OZ est nécessaire pour éviter les dents incisives.

Le régulateur BC est de la longueur de 28 centimètres sur 18 millimètres de large et 4 millimètres d'épaisseur. La tige est cannelée en dessus, et la vis A est terminée par une pointe. Il n'est pas possible, sans cet instrument, d'extraire les dents molaires du cheval de cinq à dix ans ; car elles sont entrées des quatre cinquièmes de leur longueur dans les maxillaires ; elles casseraient au collet, ou l'on briserait les lames de l'os plutôt que de les extraire.

Il faut les saisir et les ébranler en portant l'instrument à droite et à gauche, puis les élever en les reprenant à plusieurs fois, et en inclinant l'instrument pour éviter les molaires opposées.

**2ᵉ QUESTION.** — *Chercher à découvrir un moyen d'empêcher la contraction, le rétrécissement du pied du cheval, ou pour faire disparaître cette altération lorsqu'elle existe.*

Cette question est résolue par le fer représenté *fig.* 5 et 4. La mobilité de la planche qui le caractérise résulte d'une charnière en pince qui lui permet de s'ouvrir et de se fermer suivant l'élasticité du pied. La planche, par le fait, est fixée à l'une des branches et s'appuie sur l'autre ; cette condition est indispensable pour donner de la solidité au fer à charnière, et l'on peut en même temps prendre un point d'appui sur la fourchette, s'il y en a.

A l'aide de cette ferrure, j'ai guéri beaucoup de chevaux dont les pieds étaient contractés, encastelés et fortement boiteux, sans que pendant le traitement ces animaux aient interrompu leurs travaux ordinaires. On seconde puissamment l'effet de ce fer en faisant chaque soir, sur la couronne, l'application d'un bourrelet de linge mouillé et fixé autour d'une courroie de manière à pouvoir l'attacher à volonté.

Ce fer se fabrique au moyen d'étampes et d'emporte-pièces disposés exprès. Un ouvrier exercé peut, en une heure, le forger et l'appliquer au pied.

Si les jeunes chevaux de luxe étaient ferrés de cette manière jusqu'à l'âge adulte, du moins pendant les grandes chaleurs et durant les temps de sécheresse, l'on ne verrait pas tant de sabots encastelés ; et les contractions seraient plus lentes et moins douloureuses , si les pieds de devant étaient exposés à l'humidité, comme le sont ceux de derrière, qui se trouvent sans cesse mouillés par les urines.

5ᵉ Question. — *Quelles sont les raisons organiques qui rendent les anévrismes si rares chez les ruminants , alors que les vastes ouvertures ventriculaires devraient faire craindre le contraire ?*

Cette question a été toute résolue lorsque, en me livrant à des dissections spéciales , j'ai rencontré , dans les ouvertures ventriculaires du cœur d'un bœuf, deux os d'une forme semi-circulaire et servant d'attaches solides aux muscles et aux valvules.

Ces deux os , pour lesquels j'ai admis les noms de *grand cardien* et de *petit cardien*, et dont j'ai donné une description complète dans le *Recueil de médecine vétérinaire* , t. v , n'avaient point été professés dans les écoles avant cette publication. Il n'en avait été parlé dans aucun livre d'anatomie.

M. Yvart, inspecteur général, à qui je fis part de cette observation, emporta avec intérêt plusieurs de ces os qu'il prit chez moi à Niort. Ce savant s'étant ensuite livré à des recherches sur ce sujet, il m'apprit plus tard que le naturaliste Daubanton en avait dit quelque chose.

J'ai trouvé les mêmes os dans le cœur de la chèvre.

4ᵉ Question. — *Trouver le moyen d'éviter que dans les ruches artificielles les abeilles ne soient troublées dans leur hivernage de manière à ce qu'elles soient contraintes à manger le miel destiné à leurs productions.*

Après avoir scrupuleusement observé les abeilles à l'état

de nature et à l'état de domesticité, j'ai remarqué que dans le creux d'un arbre vivant, ou dans un terrier profond et sec ou abrité par des rochers, ces insectes se conservent de longues années ; étant soumis à la température uniforme des premières couches du globe, ils sont protégés de manière à n'être troublés ni par le froid ni par le soleil.

En conséquence, toutes les fois que les abeilles seront mises dans de semblables conditions d'uniformité de température, le but sera rempli ; elles seront en sûreté, elles et leurs générations futures.

Une des conditions les plus avantageuses consiste à placer ces laborieux insectes dans un étage intermédiaire et inhabité, derrière un mur situé au soleil levant, et dans lequel on pratique les petites ouvertures par où elles puissent s'introduire dans leurs habitations. J'ai vu des ruches qui, dans de semblables conditions, se sont conservées fort longtemps et qui ont produit de nombreux essaims.

5<sup>e</sup> QUESTION. — *Chercher un moyen sûr de guérir le crapaud du pied du cheval et du mouton.*

Cette question est définitivement résolue par l'exposé suivant :

# MÉTHODE

CONCERNANT

## LES MOYENS CURATIFS DU CRAPAUD DU PIED DU CHEVAL,

Exposée à la Société des vétérinaires du Poitou dans la
séance du 6 mai 1845 (1).

———•◦•———

Appuyé par un grand nombre de faits, je viens aujour-
d'hui, avec satisfaction, vous exposer, comme je l'ai annoncé, une méthode simple et facile de guérir radicalement
et à peu de frais le *crapaud* du pied du cheval, maladie pour
laquelle, comme vous le savez, Messieurs, la médecine vétérinaire ne possède aucuns moyens curatifs positifs.

Par cette méthode, que j'ai soumise pendant de longues
années à une sévère expérience, on pourra, à l'avenir,
traiter *à la fois*, chez le même animal, tous les pieds malades, et avec la pleine assurance de n'avoir plus à redouter
le retour du mal. J'ai à me louer d'avoir constamment obtenu les mêmes résultats ; je compte plus de 400 cures, et
j'ose promettre un pareil succès aux hommes de l'art qui

(1) Je livre de nouveau à l'impression ce travail, tel que que je l'ai
conçu avant de connaître l'origine du crapaud, et tel à peu près que je
l'ai publié plus tard. Je n'ai pu alors faire connaître la *cause* de ce
mal, parce qu'elle était liée à celles de beaucoup d'autres affections
importantes pour les publications desquelles je n'étais pas encore en
mesure.

voudront se familiariser avec les ordonnances que je vais
tracer.

Désirant être bref, je passerai sous silence l'histoire et la
description du crapaud ; on trouve, à cet égard, des détails
très-précis dans les ouvrages des auteurs recommandables
qui ont écrit sur cette affection.

### Caractères de la maladie.

Le crapaud, dans sa nature, a la plus grande analogie
avec les eaux-aux-jambes ; je crois même que la différence
entre ces deux affections ne dépend que de la disposition des
parties malades : ainsi, dans le crapaud, le tissu réticulaire
du pied, qui n'est qu'un repli de la peau, est frappé de la
même manière que la peau dans les eaux-aux-jambes ; on
remarque les mêmes végétations et les mêmes sécrétions
morbides. La nutrition de la corne, dans le crapaud, éprouve
les mêmes altérations que la nutrition du poil dans les eaux-
aux-jambes ; et si les excroissances charnues du crapaud
marchent plus rapidement que celles des eaux-aux-jambes,
il faut l'attribuer au frottement réitéré qu'elles éprouvent
contre le sol ; d'ailleurs on remarque la même perturbation
dans les végétations des eaux-aux-jambes, lorsque, par
suite de leur développement extraordinaire, elles éprouvent
le frottement du pied opposé. Les fics, les verrues de la peau,
avec lesquels beaucoup d'auteurs ont comparé le crapaud,
présentent les mêmes phénomènes. Toutes ces maladies se
rapprochent encore par le peu de sensibilité qu'en éprouvent
les parties affectées.

### Causes.

J'ai déjà fait observer que ces affections se déclarent chez les animaux de races et de tempéraments très-opposés. En Poitou, les chevaux n'y sont pas plus sujets que les mulets de marais; les chevaux et les mulets de marais, pas plus sujets que les chevaux et les mulets de la plaine. Ces maladies ne sont pas plus fréquentes en hiver qu'en été, mais bien plus dans les années humides que dans les années de sécheresse. On paraît cependant s'accorder à signaler les tempéraments lymphatiques comme condition prédisposante, et les boues âcres, les suints et l'humidité comme causes déterminantes. En cela, on commet une erreur qui tient à ce qu'on n'a pas assez scrupuleusement observé : on a pris l'effet pour la cause. Ainsi, les tempéraments lymphatiques, l'humidité et toutes les conditions de relâchement et d'irritation, favorisent le développement et la transmission même de ces maladies, quand elles existent déjà; mais mon expérience m'autorise à nier qu'ils en soient la cause directe; ce sont des maladies dont la formation dépend du mode d'irritation et de perturbation dans la nutrition de la partie affectée, en dehors de toute influence du genre de tempérament, ou de toute cause extérieure; par conséquent, on concevra pourquoi, en comprenant le crapaud dans mes travaux sur l'étiologie générale, je me suis moins attaché à suivre la cause de cette affection qu'à chercher les raisons qui, jusqu'à ce jour, ont enrayé la guérison de cette maladie, qui, au premier aspect, paraît peu grave. Ne semble-t-il pas en effet étonnant qu'une affection locale, peu douloureuse, très-circonscrite en apparence, et facile à saisir par les médicaments et les instruments tranchants, ait en général résisté aux traitements les plus rationnels et les plus énergiques?

Si des vétérinaires ont obtenu de temps à autre quelques cures, aucun n'a pu encore s'assurer des résultats constants par les moyens qui lui ont réussi. Quoi qu'il en soit, je n'ai jamais été découragé, sous ce rapport, dans mes recherches, et ma persévérance m'a conduit à reconnaître que les règles de l'art relatives aux affections du pied ont été jusqu'à ce jour le principal obstacle à vaincre pour arriver à quelque chose de positif dans cette entreprise : car on sait que les plaies du pied nécessitent un appareil plus ou moins compressif pour remplacer la corne enlevée, afin d'éviter le boursouflement des parties vives ; eh bien, comme on verra plus loin, le crapaud fait exception à cette règle générale ; *il faut au contraire le traiter à l'air libre, sans appareil aucun, condition sans laquelle on n'obtient rien de positif* (1).

Je suis arrivé à cette découverte en mettant plusieurs fois à l'épreuve le traitement par la compression, moyen fort souvent recommandé en médecine, et qui, au total, ne réussit que d'une manière très-vague. Cette méthode, lorsque le crapaud se borne rigoureusement à la fourchette, suffit quelquefois pour dénaturer et détruire le mal ; elle l'exaspère au contraire, et le fait refouler vers la paroi et jusqu'à la couronne,

(1) On conçoit que des champignons soient d'une végétation plus opiniâtre dans l'obscurité qu'au grand jour. Une forte compression, s'il était possible de la soutenir jusqu'à l'extinction, explique la destruction de ces parasites par l'absence complète de l'air atmosphérique et de la circulation.

lorsqu'il s'étend par quelques ramifications sous les arcs-boutants et au delà. Ce phénomène, que j'ai suivi jusque dans ses plus petits détails, a soulevé pour moi le voile qui couvrait la cause de l'incurabilité du crapaud. Cette affection, vu son analogie avec les eaux-aux-jambes et avec les fics, peut attaquer le tissu réticulaire du pied bien au delà des parties visiblement malades, de sorte que, dans l'opération, on peut souvent laisser en arrière, sans s'en douter, le germe du mal qui, sous l'influence des médicaments et d'un appareil compressif, peut multiplier et étendre ses ramifications ; ces remarques expliquent pourquoi la maladie se régénère le plus souvent après toutes les apparences d'une complète guérison.

Ayant renoncé à tout appareil dans le traitement du crapaud, la cautérisation me parut le moyen le plus rationnel pour arriver à un résultat définitif. Je me suis donc livré à plusieurs expériences à cet égard ; mais j'avais sans cesse en vue les rapports existant entre le crapaud, les fics, les verrues, etc.

Lorsqu'on attaque ces végétations à l'aide d'un instrument tranchant ou du cautère actuel, elles ne périssent qu'autant qu'on les combat au delà des parties sensiblement affectées ; car, dans le cas contraire, elles se régénèrent avec opiniâtreté, et cela dénote qu'elles ont un tronc et des ramifications.

La cautérisation par les acides est ordinairement suivie de succès plus heureux ; de légères applications, réitérées notamment avec de l'acide sulfurique, entraînent souvent la chute du fic, et avec lui la destruction complète de toutes ses ramifications. Ainsi périt une plante dans tout son ensemble, lorsqu'on mutile le tronc avec persévérance ; tandis qu'elle renaît avec orgueil quand on la tranche au collet.

Ces rapprochements tout vulgaires m'ont été d'un grand secours pour atteindre le but que je m'étais proposé; ils ont beaucoup abrégé mes recherches et ont arrêté mon choix, dans *le traitement à l'air libre*, sur l'emploi de l'acide sulfurique. Comme il y a de graves inconvénients ici à se servir de cet acide à l'état liquide, j'ai cherché, sans atténuer son action, à le réduire à l'état pâteux, et, à cet effet, je l'ai combiné avec le sulfate acide d'alumine et de potasse privé de son eau de cristallisation (alun calciné). A l'aide de ce composé et de différents autres mélanges, j'ai obtenu les résultats les plus heureux et les plus positifs, tant pour le traitement du crapaud que pour celui des eaux-aux-jambes et du piétin des moutons.

Pour plus de facilité, j'ai exposé, à la fin de ce traité, la composition et les proportions des différents médicaments dont j'ai fait usage dans le traitement de ces affections.

### Traitement curatif.

Lorsqu'on aura un ou plusieurs crapauds à traiter, il faudra d'abord parer les pieds à fond; puis, si l'animal n'est pas patient, on l'abattra, afin de fixer chaque pied malade de manière à pouvoir enlever toute la corne détachée du vif et dégarnir exactement les parties affectées; les arcs-boutants surtout, sous lesquels le mal se réfugie avec opiniâtreté, ne seront pas ménagés et disparaîtront entièrement du côté où la maladie se sera portée. Ces opérations se feront par amincissement, et l'on aura soin de dégager la surface du mal des lambeaux de corne fibreuse et de toutes les végétations exubérantes.

On agira toujours de manière à prévenir, autant que possible, les épanchements de sang. Lorsque le mal sera ainsi dégarni à chaque pied, et que l'écoulement du sang sera arrêté, on prendra du caustique nº 5 avec une spatule de bois, pour en graisser les parties malades; le traitement se fera une fois le matin pendant cinq jours; on pansera néanmoins une seconde fois dans la journée les pieds qui, malgré toutes les précautions, auront été exposés à l'humidité, dont il est important de les préserver. Le sixième jour, on provoquera, s'il est utile, la chute de l'escarre avec la feuille de sauge, et on continuera le traitement encore pendant cinq jours, et ainsi de suite, jusqu'à ce que l'épaisseur des parties malades ait disparu. Les plaies alors prennent un aspect favorable; la sécrétion de la corne rentre dans la voie ordinaire, et on termine la cicatrisation en appliquant tous les jours à plusieurs reprises la poudre nº 4.

Lorsque sur la fin du traitement cette poudre ne tiendra plus, on aura soin, pour la fixer, d'humecter préalablement le crapaud avec le liquide nº 5. Un des obstacles les plus embarrassants est la pousse de la corne, que la pâte caustique provoque d'une manière étonnante; c'est pourquoi on est souvent obligé de déblayer le mal de cet excès de corne qui l'encombre si rapidement. Il ne faut pas être timide dans l'application du caustique, qui tend toujours à se détacher du pied; l'aspect des plaies et les souffrances de l'animal serviront de guides à l'opérateur.

Lorsqu'on n'aura qu'un pied à traiter, on pourra agir avec plus d'énergie, attendu que la bête peut se dispenser de l'appui du membre malade (1).

_______________

(1) Aujourd'hui j'accélère la chute des escarres par des cataplasmes

Si le crapaud n'a pas attaqué le pied au point de faire boiter l'animal, on peut, par ce procédé, traiter pendant le travail, lorsque le temps et le terrain permettent d'éviter l'humidité. Dans ce cas, le traitement sera moins précipité ; les applications se feront dans la soirée, après la rentrée à l'écurie, et le matin, avant la sortie; les plaies seront d'abord nettoyées, lavées avec le liquide n° 3, et saupoudrées avec le médicament n° 4. J'ai guéri de cette manière des chevaux de poste et de roulage qui, avec plusieurs pieds affectés, ont continué leur travail sans interruption.

Je pourrais citer, entre autres exemples, une jument appartenant au sieur Boureau, messager de Niort à la Mothe-Saint-Héraye, distance de 42 kilomètres que la bête a parcourue encore longtemps après quatre fois par semaine. Cette jument étant affectée de trois crapauds que plusieurs vétérinaires avaient regardés comme mal incurable, j'en ai entrepris la cure, et je suis parvenu à mon but par un traitement qui a duré du 10 avril 1845 au 15 juillet de la même année, et sans que pour cela le service de l'animal ait éprouvé la moindre interruption. Il faut, toutefois, que la ferrure, qui est indispensable dans ce cas, soit assez dégagée pour faciliter les pansements et l'enlèvement des escarres.

On devra toujours entreprendre la cure du crapaud, pourvu que le mal n'ait pas attaqué la couronne, quelles que soient d'ailleurs son étendue et son ancienneté ; j'ai néanmoins obtenu un plein succès dans les cas où la couronne était affectée, et je citerai à l'appui un exemple :

émolients pendant 24 heures. Ce moyen absorbe l'excès d'acide appliqué par les gens peu expérimentés, et prévient les accidents de contraction ou autres.

Le sieur Prunier, cultivateur à Faye-sur-Ardin, me fit appeler, en 1835, pour une mule de 4 ans qui, après deux années de traitement, avait été abandonnée par un de mes confrères. La bête avait trois crapauds; le sabot du pied droit antérieur avait acquis un évasement d'un tiers en sus de sa largeur ordinaire; la couronne était endommagée du côté externe, et la sole avait été entièrement détruite dans les trois membres malades. Je donnai au sieur Prunier tout espoir de guérison, avec la garantie que je n'exigerais que des honoraires qui n'excéderaient pas 50 francs par pied, bien entendu que cette somme ne serait prise que sur le prix de la vente de la mule, dont la valeur était de 600 francs environ. La famille Prunier ne se laissa point persuader par mes promesses, et on décida en commun que l'animal serait abattu. Je fis alors pour 20 francs l'acquisition de la mule, que je plaçai chez le sieur Tristan, cultivateur à Bois-Berthier, commune d'Échiré, près de Niort. Dans l'espace de deux mois et demi, je fis six voyages à la ferme de Tristan, et la guérison étant achevée après ce laps de temps, la mule fit un service de trois mois à la même ferme, et immédiatement après elle fut vendue, à Champdeniers, moyennant 580 fr.

Il est important de remarquer ici que, dans les cas même les plus graves, les soins du traitement peuvent être confiés aux propriétaires, aux personnes étrangères à l'art; mais il ne faut pas manquer de faire exercer une grande surveillance sur les gens de service, car, soit par négligence, par crainte des animaux ou par un excès de zèle, ils pourraient ne pas suivre exactement les instructions qui leur seraient données. J'ai été témoin de graves accidents causés dans l'un et l'autre cas.

La nourriture aura une grande influence, et la guérison sera d'autant plus sûre, que les aliments seront plus substantiels; le vert est contraire, et il devra, autant que possible, être évité.

### Des eaux-aux-jambes.

Pour guérir les eaux-aux-jambes, il faut agir lentement, afin de conserver à la peau toute son intégrité; on les attaquera par le liquide n° 1er, qu'on appliquera le soir et le matin pendant cinq jours, après lesquels on lavera le mal avec du lessi pendant trois jours, et l'on recommencera pour continuer ainsi jusqu'à parfaite guérison. Dans les cas les plus graves, on fera usage du médicament liquide n° 2, pourvu que, dans le pansement du soir, on ait soin de remplacer ce liquide par du lessi ordinaire. Si l'on a de fortes végétations à combattre, on les attaquera par le caustique n° 5 ou 6, suivant leur volume; on s'abstiendra, dans tous les cas, de l'instrument tranchant. Pendant le traitement de ce genre d'affections, les animaux seront soumis avec avantage à un travail plus ou moins pénible.

### Le piétin des moutons.

Cette maladie exige le même traitement que le crapaud du pied du cheval, mais on fait usage d'un caustique plus faible, n° 6; lorsque le mal aura été bien dégarni, quatre ou cinq applications suffiront. Les malades seront tenus sur la paille fraîche, et les pieds resteront découverts.

La cure est aussi sûre que celle du crapaud du cheval.

MÉDICAMENTS EMPLOYÉS PAR M. PLASSE POUR LES TRAITEMENTS
DU CRAPAUD, DES EAUX-AUX-JAMBES DU CHEVAL, ET DU PIÉ-
TIN DU MOUTON.

*Liquides styptiques.*

Nº 1er. Acide sulfurique. . . . .        150 grammes.
          Eau distillée. . . . . .        1,000      »
Nº 2.   Acide sulfurique. . . . .         250        »
          Eau distillée. . . . . .        1,000      »
Nº 3.   Acide acétique ( vinaigre ). .    500        »
          Chlorure de sodium (sel marin).  100       »

Pour composer les 1er et 2e liquides, on versera l'acide
dans l'eau à petite quantité, et l'on agitera le mélange, afin
que la chaleur qui se dégage soit distribuée uniformément,
et pour prévenir ainsi la rupture du vase, qui doit être en
verre.

*Poudre styptique.*

Nº 4.   Sulfate acide d'alumine et de potasse privé de son
          eau de cristallisation (alun
          calciné). . . . . .             500 grammes.
          Sulfate de cuivre. . . .        100        »

Pour composer ce mélange, on emploiera des substances
réduites en poudre impalpable.

*Pâtes caustiques.*

Nº 5. Alun calciné. . . . . .             100 grammes.

Acide sulfurique, quantité suffisante pour composer avec
les 100 grammes d'alun une pâte de la consistance du miel
nouveau.

N° 6.  Alun calciné. . . . . . .     100 grammes.

Liquide styptique n° 2, une quantité suffisante pour composer avec les 100 grammes d'alun une pâte de la même consistance que la précédente.

Pour faire ces deux pâtes caustiques, on versera les acides à petite quantité dans un vase en terre, et l'on agitera de temps à autre le mélange, jusqu'à ce qu'il soit refroidi ; on évitera par là la formation des cristaux, qui nuiraient à son application.

Les pâtes caustiques n°˙ 5 et 6 m'ont rendu les plus grands services en médecine vétérinaire pour la guérison de vieilles plaies, de vieux ulcères considérés comme incurables. Par mes expériences sur les caustiques en usage en médecine vétérinaire et en médecine humaine, j'ai reconnu que les insuccès dépendaient de la nature des substances employées, et qui sont, la plupart, de nature *toxique* : tels l'arsenic, le mercure, l'antimoine, le cuivre (le sulfate de cuivre n° 5 ne s'emploie que lorsqu'il n'y a plus de plaie et pour consolider les fibres de la corne). La médecine humaine tirerait les plus grands avantages de mes caustiques, pour les cancers surtout, et l'on pourrait éviter beaucoup d'opérations qu'on retarde trop souvent par frayeur, ce qui cause la perte de tant de malades. En évitant tout appareil, le caustique ménage le vif, lorsqu'il y a des parties morbides à détruire. On peut d'ailleurs graduer les proportions de ces caustiques, et l'on pourra les appliquer à toute espèce de vieilles plaies.

Lorsque je détachai de mon ouvrage cet opuscule sur le traitement du crapaud pour en doter l'école d'Alfort, je m'étais imaginé qu'il lui serait fait l'accueil dû aux matériaux qui tendent à éclairer les points obscurs de la science.

J'ai été bien trompé dans mon attente ; car non-seulement on ne mit point ma méthode en pratique, mais on se refusa même à la publier dans le journal de l'école, le *Recueil de médecine vétérinaire* (1).

On continua, pour combattre cette maladie, à user de moyens impuissants, et l'on envoya les meilleurs chevaux atteints de ce mal, en traitement chez un vétérinaire, M. Cabaret, qui, à ce qu'il paraît, possède un procédé dont il fait un secret. J'attribuai au style de l'écrit ou à l'obscurité de mon nom la fâcheuse réception faite à ce travail, et je me suis promis dès lors de ne faire à l'avenir aucune publication sans l'appuyer par de nombreux faits pratiques. C'est pour cette raison que je fais connaître ici, avec ma méthode, les succès multipliés que j'ai obtenus.

Sans parler des années pendant lesquelles mes tentatives réitérées ont produit des résultats variés, je commencerai à 1832, époque où j'ai été définitivement fixé sur le procédé et sur la composition du médicament, et alors que le bruit de mes succès s'était déjà répandu dans le pays.

### CURES DU CRAPAUD PENDANT L'ANNÉE 1832.

| Noms et demeures des propriétaires des animaux (2). | Nombre des pieds guéris. |
|---|---|
| MM. Mallet, maire à Lesson ( Vendée ). . | 4 |
| Tebeau veuve, *id.* *id.* . . | 3 |
| Pevreau jeune, à Sançais. . . . | 4 |
| Sauvaget, cultivateur, à Saint-Remy. | 1 |
| *A reporter.* . . | 12 |

(1) Un des motifs de récusation.

(2) Ces animaux sont des chevaux, des mulets ou des baudets.

|  |  |  |
|---|---|---:|
|  | *Report.* . . | 12 |
| MM. | Baron, cultivateur, à Souchet. . . | 1 |
|  | Tristan, de la Grille, commune d'É-chiré. . . . . . . . | 7 |
|  | Simon, à Saint-Gelais. . . . . | 2 |
|  | Russeil, à Échiré. . . . . . . | 2 |
|  | Prunier, à Blouet, commune d'Ardin. | 3 |
|  | De Mougon, à Surimeau. . . . . | 1 |
|  | TOTAL. . . . | 28 |

## *Année 1847.*

|  |  |
|---|---:|
| D'Assaillie, d'Arthenay. . . . . | 2 |
| Pilot, à Croizette. . . . . . | 5 |
| Menan, au Fenetreau. . . . . | 1 |
| Soulice, à Saint-Florent. . . . . | 1 |
| Sarpeau, à la Rochelle. . . . . | 1 |
| Porcheron, à Saint-Sauveur. . . | 1 |
| Massé Pierre, à Niort, route de Paris. | 4 |
| Nouzille, à Saint-Remy. . . . . | 1 |
| Tirebois veuve, à Sevreau, commune de Magné. . . . . . . . | 4 |
| Ravard, à Bauduchet, commune de Coulon. . . . . . . . . | 4 |
| Moreau, à Oriou, commune de Saint-Maxire. . . . . . . . | 3 |
| Robichon, à Baudichet, commune de Coulon. . . . . . . . | 3 |
| *A reporter.* . . | 56 |

*Report* . .        56

M. Naudin, à Magné. . . . . . .        5

TOTAL. . .        59

*Année 1848.*

MM. Bordier , à Miaurais , commune de
    Roman. . . . . . . . .        3
Hervey , à Villiers. . . . . . .        2
Moreau , à Oriou , commune de Saint-
    Maxire. . . . . . . . .        1
Breuillac , à Périgny , commune de
    Saint-Maxire. . . . . . .        5
Jarriau , à Sciecq. . . . . . .        4
Monet , à Gacougnole , commune de
    Vouillé. . . . . . . . .        1
Daniau , à la Revétison. . . . .        1
Bourgueleau , à Bernegon , commune
    de Saint-Martin. . . . . .        2
Varvasée , commune de Saint-Ligaire.        2
Jault , à Saint-Florent. . . . .        1
Catelineau , à Courçais , commune de
    Saint-Maxire. . . . . . .        5
Sanquet , à la Chataudrie , commune
    de Villiers. . . . . . . .        4

TOTAL. . .        88

Pour abréger ce tableau , j'ai pris la

*A reporter.*        88

*Report.* . . 88

moyenne des 14 années qui séparent 1832
de 1847, et le résultat 22 multiplié par 14 a
donné le nombre. . . . . . . . . 508

Total des cures pendant 17 ans. . 396

Ce chiffre est certainement plus que suffisant pour recommander ma méthode; il me dispense même de tout commentaire à ce sujet, et je ne doute pas qu'en présence de tels succès, les professeurs n'enseignent, à l'avenir, dans les écoles, un procédé qui, en offrant aux vétérinaires débutants une garantie sûre, peut en même temps rendre éclatant leur triomphe sur l'empirisme.

C'est en m'appuyant sur une multitude de faits pratiques heureusement déduits, que je peux dire hautement : La guérison du crapaud, naguère impossible, est désormais aussi sûre que celle des plaies les plus simples du pied. Le crapaud, une fois guéri, ne reparaîtra pas plus sur le même pied que les varioles ne renaissent sur les sujets qui en ont d'abord été affectés; circonstance qui vient encore à l'appui de l'analogie que j'ai reconnue exister entre ces maladies.

MM. les professeurs qui se sont empressés de faire des recherches sur la guérison du crapaud, pendant que mon traité reposait dans les cartons de l'école d'Alfort, sont invités à remarquer que le caustique que je recommande pour ce traitement n'a que la préférence sur plusieurs autres qui pourraient servir au même usage, et que le mérite de ma méthode consiste à traiter *à pied découvert, sans appareil aucun,* condition exigée par la nature de l'affection; et ces Messieurs ne devront pas perdre de vue surtout que cette

manière nouvelle de réussir en agissant contre les règles
ordinaires de l'art est une *découverte* qui n'appartient qu'à
moi.

L'assurance avec laquelle je parle de ce qui a rapport à la
nature et au traitement de cette affection aurait, il y a
cinq ans, paru téméraire à tout homme capable de connaître
et d'apprécier dans ce mal la ténacité qui l'avait fait juger
*incurable ;* tandis qu'aujourd'hui ce langage n'aura rien que
de naturel aux yeux d'un grand nombre de vétérinaires
instruits, parce qu'ils ont fait l'application du remède, et
que déjà ils comptent eux-mêmes, sous ce rapport, des succès multipliés. Eh bien ! je déclare hautement que je prends
ici la même attitude à l'égard des affections dites typhoïdes,
des maladies charbonneuses, de la morve, du farcin, de
la contagion, etc., maux décrits dans cet ouvrage, et dont
les causes sont encore inconnues.

Ces résultats si extraordinaires, fruits des mes travaux
et d'une grande persévérance, paraîtront sans doute in-
croyables ; mais j'ose espérer que, dans l'intérêt général,
il me sera du moins permis de couronner mes expériences
par une démonstration authentique de tout ce que j'ai
avancé.

# CORRESPONDANCE.

Pendant que mon ouvrage s'imprimait, désireux d'abréger le retard qu'il faut subir de la part des gens prévenus, j'ai fait, aussitôt après mes communications à l'Institut, les démarches suivantes :

*Lettre relative à la découverte des causes des épizooties et des épidémies, adressée le 7 octobre 1848 au chef du pouvoir exécutif.*

MONSIEUR LE PRÉSIDENT,

J'ai enfin trouvé *les causes* des épizooties et des épidémies, et votre sollicitude pour tout ce qui touche à la gloire de la France et aux intérêts de l'humanité me presse de vous informer de ces *importantes découvertes.*

J'ai déposé à l'Institut de France, le 2 octobre 1848, une analyse succincte d'un travail de trente années qui est sous presse, et par lequel je prouve incontestablement la vérité de ce que j'avance.

Aussitôt que mon ouvrage sera sorti des mains de l'imprimeur, j'aurai l'honneur de vous en adresser un exemplaire, afin qu'instruit des précieux documents qu'il renferme, vous puissiez ordonner les mesures hygiéniques propres à délivrer pour jamais la société de maux affreux qui moissonnent chaque jour, par milliers, les hommes et les bestiaux.

Agréez, Monsieur le Président, mes très-humbles salutations.

PLASSE.

*Lettre relative à la découverte des causes du charbon, adressée le 7 octobre 1848 au Ministre de l'agriculture.*

Monsieur le Ministre,

J'ai l'honneur de vous informer que j'ai découvret les causes des affections charbonneuses ; ce fait est prouvé incontestablement par mon travail qui, en ce moment, est sous presse, et dont j'ai déposé une analyse succincte à l'Institut de France le 2 octobre 1848. Je viens, en conséquence, vous demander qu'il me soit confié le soin de faire disparaître pour jamais, par des moyens simples et économiques, les maladies charbonneuses des localités où elles règnent enzootiquement.

Plein de confiance dans votre dévoûment au bien de l'humanité, Monsieur le Ministre, et persuadé que chaque citoyen doit rester maître de ses œuvres, je crois que c'est à moi seul qu'appartient la gloire de faire *une éclatante application* de découvertes si importantes ; trop heureux de pouvoir enfin délivrer la France d'un mal affreux qui, de temps immémorial, sévit dans un grand nombre de contrées dont il ruine les habitants.

Recevez, Monsieur le Ministre, l'assurance du dévoûment de votre très-humble serviteur.

PLASSE.

*Réponse du Ministre de l'agriculture et du commerce, le 25 octobre 1848.*

Monsieur,

Par votre lettre du 7 de ce mois, vous annoncez avoir découvert la cause des maladies charbonneuses chez les animaux domestiques, ainsi que les moyens de les faire disparaître complétement par des procédés simples et économiques.

Vous demandez à être mis en position d'appliquer ces procédés dans les localités où les maladies dont il s'agit sévissent enzootiquement.

Je vous ferai observer que l'administration n'est pas dans l'usage d'encourager ou de faciliter l'application des découvertes dont elle ne connaît pas la portée.

Ainsi, Monsieur, si vous croyez devoir communiquer au conseil des professeurs d'une des écoles vétérinaires les moyens curatifs ou préservatifs que vous possédez, je donnerai les ordres nécessaires pour que l'école que vous aurez choisie vous fournisse l'occasion de les appliquer en leur présence.

*Le Ministre de l'agriculture et du commerce*,

TOURRET.

*Réponse relative à la découverte des causes du charbon, adressée à M. le Ministre de l'agriculture et du commerce.*

MONSIEUR LE MINISTRE,

J'ai reçu avec satisfaction la lettre que vous m'avez fait l'honneur de m'adresser le 25 du présent mois. Je peux, d'après les termes de votre lettre, choisir les professeurs de l'une des trois écoles vétérinaires de France, pour leur communiquer les moyens préservatifs que je possède contre les maladies charbonneuses, afin de les appliquer en leur présence.

D'après la latitude que votre bienveillance a voulu m'accorder, je choisis l'école d'Alfort, et je ferai mes révélations à un conseil formé de professeurs pris dans son sein. Cette commission serait composée de MM. Magne, Lassaigne, Bouley, Henry et Yvart, inspecteur général des écoles.

Qu'il me soit permis, Monsieur le Ministre, dans l'intérêt d'une grande question qui va devenir européenne, de vous prévenir que mes découvertes heurtent de front les travaux de MM. Renaud et Delafond, directeur et professeur à Alfort, et que leurs systèmes, publiés dans de nombreux écrits, se trouvent ainsi renversés de fond en comble. Ces deux messieurs ne pourraient pas être juges compétents dans cette affaire; je désire qu'ils soient admis dans les séances, pour y faire les observations qu'ils jugeront utiles, et je demande qu'ils soient remplacés dans la commission par des hommes pratiques éminents de la capitale : MM. Barthélemy aîné, chevalier de la Légion-d'Honneur, ex-professeur à l'école vétérinaire d'Alfort, et Leblanc, chevalier de la Légion-d'Honneur et fondateur du journal la *Clinique*.

Tel est le jury auquel je suis disposé à communiquer mes importantes découvertes; si vous le jugez convenable, Monsieur le Ministre, vous pourrez donner vos ordres. Je ferai parvenir à chaque membre mon ouvrage imprimé, et je me mettrai aussitôt à la disposition de mes juges.

Je vous adresse aussi, Monsieur le Ministre, le double d'un extrait de mon travail : c'est un aperçu qui a été communiqué à l'Institut de France le 2 octobre 1848.

Recevez, Monsieur le Ministre, l'assurance du dévoûment de votre serviteur.

PLASSE.

Niort, 2 novembre 1848.

*Réponse du Ministre de l'agriculture et du commerce, adressée le 31 janvier 1849.*

Monsieur,

Par votre lettre du **2** novembre dernier, vous m'annoncez avoir fait choix, à l'exclusion de quelques-uns de ses membres, du jury de l'école nationale vétérinaire d'Alfort pour examiner les moyens que vous croirez propres à guérir les maladies charbonneuses des animaux domestiques.

J'aurai d'abord à vous faire observer qu'en vous proposant de désigner le jury d'une des trois écoles vétérinaires comme juge du système de guérison que vous avez découvert, l'intention de mon prédécesseur n'a pas été que vous fissiez un choix parmi les membres de ce jury, en adjoignant à ceux que vous ne récusiez pas des hommes de la science vétérinaire pris en dehors.

Sans mettre en question, en aucune manière, les connaissances de ces derniers comme appréciateurs de votre découverte, je ne crois pas devoir consentir à ce qu'ils soient appelés dans le sein du jury de l'école d'Alfort, qui se trouverait ainsi n'être plus le conseil des professeurs de cet établissement, mais seulement une section de commission dont vous auriez choisi les membres.

Un autre motif s'oppose matériellement à ce que vos expériences aient lieu à Alfort; il est excessivement rare que cette école soit appelée à traiter des animaux atteints du charbon, et, au contraire, les hôpitaux de l'école de Toulouse en reçoivent fréquemment.

En conséquence, j'ai décidé, Monsieur, que ce serait devant MM. les professeurs de ce dernier établissement que vous auriez à faire connaître vos moyens curatifs ou préservatifs, en ce qui concerne les maladies charbonneuses.

Vous voudrez bien me faire savoir la détermination que vous aurez prise relativement à l'offre que contient la présente lettre.

Recevez, Monsieur, l'assurance de ma considération.

L. BUFFET.

*Réponse relative à la découverte des causes du charbon, adressée à M. le Ministre de l'agriculture et du commerce.*

Monsieur le Ministre,

J'ai reçu avec intérêt la lettre que vous m'avez fait l'honneur de m'adresser le 31 janvier dernier, et par laquelle vous me faites connaître que vous avez définitivement désigné le jury de l'école de Toulouse pour entendre l'exposé de mes découvertes sur *les causes des affections charbonneuses.*

J'accepte très-volontiers votre décision, Monsieur le Ministre; le jury de Toulouse eût été à Paris, que je l'aurais d'abord choisi. En désignant Alfort, je n'ai été mû que par le désir de traiter une grande question dans la capitale (1); plus tard, je justifierai mes récusations (2).

(1) Paris convient mieux que Toulouse sous le rapport de la proximité de la Sologne, où ces maladies font plus de mal aux cultivateurs que dans aucune autre contrée; en les faisant cesser, j'aurai amené le bien-être dans ce malheureux pays. C'est là qu'il faut opérer.

(2) Je n'ai point fait de choix; j'avais seulement, pour compléter la commission, pris les vétérinaires qui sont en tête de la liste tenue par la renommée.

Je viens de livrer à la presse un ouvrage qui sera entièrement terminé à la fin de mars, et je vous supplie de ne point donner vos ordres à Toulouse, pour ce qui me regarde, avant que je vous aie communiqué ce travail.

Agréez, Monsieur le Ministre, l'assurance du respect de votre très-humble serviteur.

PLASSE.

*P. S.* Dans vos deux dernières lettres, Monsieur le Ministre, il est question du *traitement du charbon*, et je me permettrai de vous faire observer que l'objet de ma demande du 7 octobre 1848 est d'une importance bien plus grande, puisqu'il s'agit de la découverte *des causes des affections charbonneuses*, et, partant, des moyens de faire disparaître à jamais ces maux affreux des localités où ils règnent épizootiquement.

Niort, 2 mars 1849.

*Lettre relative à la découverte des causes de la morve et du farcin, adressée à M. le Ministre de la guerre, le général de Lamoricière.*

GÉNÉRAL,

J'ai l'honneur de vous informer que j'ai découvert les *causes de la morve* et *du farcin*; ce fait est incontestablement prouvé par un travail qui, en ce moment, est sous presse, et dont j'ai déposé une analyse succincte à l'Institut de France, le 2 octobre 1848.

Je viens, en conséquence, vous demander qu'il me soit confié le soin de faire une éclatante application de décou-

29

vertes si importantes ; trop heureux de pouvoir enfin délivrer la France de ces fléaux qui, de temps immémorial, causent au Trésor des pertes considérables, et contre lesquels ont échoué les recherches de toutes les commissions sanitaires créées à ce sujet.

Agréez, Monsieur le Ministre, mes très-respectueuses salutations.

PLASSE.

Paris, 7 octobre 1848.

*Réponse adressée par le général commandant la 2ᵉ subdivision de la 14ᵉ division militaire à M. Plasse, médecin-vétérinaire à Niort.*

Napoléon-Vendée, 19 octobre 1848.

MONSIEUR,

J'ai l'honneur de vous faire connaître, d'après les ordres du ministre de la guerre, qu'il ne pourra être statué sur la demande que vous lui avez adressée le 7 de ce mois, que lorsque l'Institut aura émis une opinion sur l'ouvrage qui lui a été soumis.

*Le général de brigade commandant la 2ᵉ subdivision,*

G.-A. GRUBION.

Il ressort de la réponse faite à la lettre que j'ai eu l'honneur d'adresser à M. le ministre de la guerre le 7 octobre 1848, que, s'il n'y a pas encore de commission nommée à l'effet d'examiner ma proposition, cela tient à ce qu'il y a eu du retard de la part de celle déjà formée dans le sein de l'Institut ; or le retard, dans cette circonstance,

est déplorable , surtout quand des questions de cette nature
sont présentées avec assurance et avec quelques bonnes raisons. N'était-ce pas là le cas d'agir sans hésiter ? L'obscurité
de la science sur ce point le commandait, du reste, impérieusement, et, pour preuve, je n'aurais qu'à rappeler que le
30 novembre 1848, à la Société centrale vétérinaire, il a été
lu, au nom de MM. Renaud, Riquet et Rossignol (1), un
rapport dans lequel on remarque le passage suivant :

« .....Quant aux causes de la morve, nous affirmons, pour
» parler le langage de la vérité, que tout ce que l'on a dit à
» ce sujet ne repose que sur des conjectures, parce qu'on n'a
» pas vérifié ce que l'on a avancé par des expériences rigou-
» reuses ; aussi nous pensons que l'on a raisonné, jusqu'à
» ce jour, sinon sur des idées préconçues, au moins sur des
» faits très-problématiques. »

Ces messieurs, en même temps qu'ils proclament que les
causes de la morve sont restées inconnues, font observer
dans le même rapport que les pertes dues à cette maladie ont
diminué : 1° par la suppression de la manutention des fourrages (2) ; 2° *par tous les moyens que nous connaissons* ; lesquels ont coûté des millions à la France pour produire des
effets qui ne sont que palliatifs, et dont les conséquences
deviennent funestes aux chevaux lorsqu'ils changent de
garnison ou qu'ils entrent en campagne.

Par les moyens que je propose , on pourra supprimer le

(1) Ces trois vétérinaires distingués sont membres d'une commission
d'hygiène qui dirige les prescriptions sanitaires des chevaux de l'armée.

(2) Ce moyen, tout nouveau , n'a pas encore pu produire un grand
effet ; mais il se dirige sensiblement vers les bornes inébranlables que
j'ai posées entre ce que j'ai écrit et ce qui a été dit avant moi.

luxe, le superflu, et les dépenses énormes qu'on fait chaque jour par tâtonnements et sans règles de conduite; je veux, à l'avenir, préserver l'État de cette incertitude ruineuse dont le terme est insaisissable. Avec moi, les preuves sont établies et les résultats certains. Je prétends soustraire les chevaux à tous les soins minutieux, les traiter avec une économie et une sobriété propre aux conditions du cheval de guerre, et faire disparaître en même temps la morve, le farcin et les fièvres typhoïdes.

Si j'ai offert mon ouvrage au Président de la République, à ses ministres et aux sociétés savantes de la capitale, c'est afin que le gouvernement puisse facilement s'éclairer sur la valeur de ces importants documents d'étiologie.

Mes travaux ne seront réellement complets que lorsque j'y aurai annexé un traité spécial sur les cryptogames, sur la thérapeutique, sur les traitements, sur les analogies et sur l'étude comparative des différentes maladies particulières.

L'ouvrage que je livre aujourd'hui à la publicité est certainement fini dans sa partie la plus essentielle; mais il ne faut pas se dissimuler qu'il exige une grande assiduité dans l'ordre et dans les applications.

Pendant que les principales questions seront soumises à une épreuve authentique, je mettrai la dernière main à d'autres travaux qui traitent de découvertes dont la publication doit avoir aussi un grand retentissement.

Je ferai connaître :

1° Les causes de la fluxion périodique des yeux dans les monodactyles, maladie grave pour laquelle le gouvernement français a ordonné tant de recherches et fait tant de dépenses inutiles ;

2° La nature d'une pousse particulière qui souvent est

liée avec le cœur, et que l'on confond avec la pousse emphy-
sémateuse du poumon et avec celle qui est connue sous le
nom de vieille courbature.

Ce mal, souvent curable, apporte un désaccord fâcheux
dans les procès, et des contradictions que j'éclaircirai, comme
celles des affections charbonneuses.

3° Les causes du sang-de-rate ;

4° Les causes des fièvres et de leur intermittence ;

5° Un traité sur l'éducation des animaux domestiques dans
les pays civilisés, basé sur l'influence du sol, des climats, de
la toute-puissance de la nature et de la main de l'homme.

Ce travail sera suivi de l'explication des motifs qui ont
empêché cette science de faire des progrès, et l'on y verra
pourquoi le *mieux est impossible tant que l'on suivra la voie
dans laquelle on est engagé.* Mais on conçoit que, pour exécu-
ter tant de travaux pendant que je suivrai les expériences qui
doivent couronner la solution des questions dans lesquelles
je suis engagé, j'aie encore beaucoup de voyages et de recherches à faire, et l'on conçoit également que mes études et ma
clientèle ne doivent pas être abandonnées, et qu'il est, au
contraire, indispensable qu'elles soient poursuivies dans la
direction que je leur ai imprimée. En conséquence, j'émets
le désir de voir mes observations prises en considération par
le gouvernement, qui trouvera dans l'ouvrage que je soumets
à son appréciation une garantie suffisante pour m'accorder la
facilité de m'entendre, sous ce rapport, avec un vétérinaire
militaire instruit. Le but que je me propose intéresse l'humanité tout entière ; et c'est à cet effet que j'adresserai un
exemplaire de mon ouvrage aux chefs des principales puissances du monde civilisé.

Si je ne comptais pas sur l'empressement de la France à prendre l'initiative dans cette affaire et à hâter l'éclaircissement que je propose, j'aurais pu retarder cet envoi; mais l'importance du sujet me laisse entrevoir que je n'aurai jamais qu'à me féliciter de cette communication philanthropique.

**FIN.**

*Lettre adressée au directeur de l'école vétérinaire de Toulouse,
pour entrer en rapport avec la commission instituée par
M. le Ministre de l'agriculture et du commerce, touchant
des expériences authentiques sur les causes des maladies
charbonneuses.*

MONSIEUR LE DIRECTEUR,

J'ai eu l'honneur de vous adresser un ouvrage que j'ai
fait imprimer sous le titre : *Découverte des causes des épizooties et des épidémies,* et je l'ai offert au gouvernement
comme une garantie de la demande que je lui avais présentée,
afin d'être appelé à démontrer d'une manière authentique
les faits qui y sont exposés.

Désireux d'expérimenter d'abord sur les maladies les plus
répandues et les plus meurtrières, j'avais, dès le 7 octobre
1848, écrit au ministre de l'agriculture que je peux faire
connaître les causes des affections charbonneuses et les
moyens d'empêcher à jamais leur retour dans les lieux où
elles sévissent habituellement.

A la même époque, j'ai fait au ministre de la guerre les
mêmes avances au sujet de la *morve* et du *farcin,* affections
qui, chaque année, enlèvent impunément à l'armée française
des milliers de chevaux.

Voici la lettre par laquelle le ministre de l'agriculture termine une correspondance qui s'était établie entre nous au
sujet de ma demande :

Paris, le 16 juin 1849.

Monsieur,

Je vous annonce, en réponse à votre lettre du 14 mai dernier, que j'ai autorisé M. le directeur de l'école vétérinaire de Toulouse à saisir le conseil des professeurs de cette école de la découverte que vous annoncez avoir faite des causes des maladies charbonneuses et des moyens d'en préserver les animaux domestiques. Je l'ai également chargé de vous faciliter les occasions d'expérimenter votre découverte autant que son application n'entraînera pas l'administration dans des dépenses extraordinaires.

Vous pourrez donc, Monsieur, vous mettre en rapport avec le directeur de l'école, à l'effet de connaître l'époque où des sujets atteints du charbon ou présumés tels existeront dans les infirmeries, ou vous rendre immédiatement à Toulouse si vous avez des travaux préparatoires à y faire.

Je crois devoir vous prévenir que, quels que soient le temps que vous passerez à Toulouse et les dépenses qu'occasionneraient vos expériences, aucune indemnité pécuniaire ne vous sera accordée pour cet objet.

Recevez, etc.

LANJUINAIS.

Je m'empresse donc, M. le directeur, de vous informer que j'accepte avec intérêt le jury des professeurs de l'école vétérinaire de Toulouse comme appréciateur dans les questions dont j'ai annoncé les solutions définitives. Une lacune malheureusement trop sensible dans les sciences médicales serait déjà comblée, si, comme pour toutes les innovations importantes, il ne s'était pas trouvé des hommes éminents intéressés à y mettre obstacle. La faute en sera déversée sur le pouvoir, de même qu'on impute injustement à l'empereur Napoléon tout le tort de n'avoir point, quand on le lui proposait, appliqué la puissance de la vapeur à la navigation.

Les prescriptions du ministre dans cette importante affaire ne sont pas du tout en rapport avec les principes que j'émets, et il semblerait que mon ouvrage n'a pas été consulté.

Il ressort en effet de mes observations que les expériences que je propose ne peuvent être faites sur des animaux déposés dans des lieux éloignés de la source du mal, et que l'origine des maladies dont il est question est encore ignorée, précisément parce qu'on a l'habitude, en médecine, d'observer dans des hôpitaux, dans des établissements où il n'est point possible de remonter à la cause, et je démontre que les grandes villes ne conviennent pas à ces sortes de recherches.

Si j'ai obtenu d'heureux résultats, c'est en faisant mes observations au sein des campagnes, dans les fermes mêmes : là, les races sont plus homogènes; les individus, étant plus sédentaires, vivent des produits du sol qu'ils habitent, et les *éléments de la vie*, auxquels j'attribue tout le mal, peuvent y être observés d'une manière continue.

Appuyé sur de tels principes, j'ai pu, durant de longues années, en suivant les substances alimentaires des deux règnes dans toutes les conditions, depuis la naissance jusqu'au moment de la consommation, étudier sur les lieux les circonstances multipliées qui tour à tour ont été gratuitement accusées comme causes directes, et j'ai reconnu que le développement des affections typhoïdes est toujours subordonné à l'*existence de champignons microscopiques* ( moisissure ) *parmi les aliments* qui sont ingérés dans l'économie animale, et que ces maladies constituent une famille comprenant un grand nombre d'espèces qui varient suivant les propriétés intimes et si subtiles de la cause commune qui les engendre : tels sont les *typhus*, les *varioles*, les *impetigo*, les *scrofules*, la *morve*, le *farcin*, le *crapaud*, les *affections charbonneuses*, etc...

A l'égard du charbon, je démontrerai par exception que l'analogie d'un grand nombre de symptômes a porté les observateurs à confondre sous le même nom des affections dont l'origine et la nature sont bien différentes.

C'est dans les campagnes que j'ai fait toutes ces découvertes, et je ne puis pas plus en faire la démonstration dans votre école que dans tout autre lieu éloigné de la source.

Je n'ai même pas à opérer sur des sujets actuellement atteints ; mon rôle est plus élevé, il consiste à prévenir le mal.

C'est donc dans les fermes qui perdent habituellement le plus de bestiaux par le charbon qu'il faut agir ; ces localités une fois déterminées, je me charge, en faisant l'application de moyens praticables partout, de faire cesser les mortalités et d'empêcher à jamais leur funeste retour ; et, pour apprécier les services que je rendrais ainsi à l'agriculture, il n'y a qu'à considérer qu'un grand nombre de cultivateurs ont perdu par ces maladies une quantité de bestiaux dont la valeur aurait suffi pour payer le domaine et leur assurer une honnête retraite.

Le ministre recommande de ne laisser faire les expériences qu'autant qu'elles n'occasionneront aucune dépense extraordinaire : or il ne peut pas y avoir de doute à cet égard, puisque les opérations consistent dans de simples améliorations agricoles et hygiéniques rentrant dans les attributions du ministre de l'agriculture, qui verra avec intérêt les animaux prospérer, le sol augmenter considérablement de valeur, et tripler ses produits à mesure que ces maux disparaîtront.

Tout milite en faveur de ma proposition, et l'on doit d'autant moins hésiter en cela, que ces expériences ont trait à des innovations propres à fixer la science sur des points où elle ne présente qu'une déplorable incertitude, et à porter chez les cultivateurs une sécurité réclamée en vain depuis des siècles.

A ces avantages signalés se rattachent des biens encore plus puissants; car la connaissance de l'origine des affections typhoïdes chez les animaux conduit à celle des mêmes maladies de l'homme, et, la cause une fois connue, on agira avec plus de discernement dans l'application des moyens curatifs et préservatifs.

Si, avant de rien arrêter touchant des questions de cette nature, on eût connu les nombreux faits constatés dans l'ouvrage que j'ai fourni à l'appui de ma demande, l'urgence eût été admise, je n'en doute pas, et les expériences en question eussent été à tout prix autorisées.

Le dernier paragraphe de la lettre ci-dessus communiquée suppose une méfiance due tout au plus à un homme qui, en se présentant, ferait de ses découvertes un mystère.

Ici la vérité n'a pas pu échapper aux hommes spéciaux;

elle a été cachée au ministre, et l'on a cherché à entraver les malencontreuses expériences qu'on ne pouvait directement empêcher.

Comment expliquer le silence d'une commission formée depuis dix mois dans le sein de l'Institut pour examiner le manuscrit que j'y ai déposé, lorsqu'il est constaté par un avis que j'ai reçu du ministre de la guerre le 19 octobre 1848 : *qu'il sera statué sur ma demande aussitôt que l'Institut de France aura émis une opinion sur mon travail ?*

La Société centrale d'agriculture, à laquelle j'ai communiqué le même ouvrage, a montré dans cette circonstance, comme toujours, un zèle plein de sincérité, et elle m'a déjà annoncé un rapport favorable par une commission spéciale.

J'aurais pensé, Monsieur le directeur, qu'un homme qui produit de si importantes découvertes, appuyées sur un nombre considérable de faits, a droit, jusqu'à preuves contraires, d'imposer des conditions au lieu d'en recevoir ; mais, puisque j'agis dans l'intérêt de ma patrie, et qu'il faut défier le mauvais vouloir de quelques sommités scientifiques, je démontrerai que toute résistance serait impuissante contre des vérités qu'une expérience non interrompue de 28 années a rendues palpables.

Vous pouvez donc annoncer à M. le ministre que je me conformerai à ses rigueurs pécuniaires, si les essais sont faits en Poitou (1); que je rembourserai même tous les frais inutilement occasionnés ; mais que, si l'on opère hors de cette contrée, je demande que le gouvernement mette un

_______

(1) Cette localité mérite d'être explorée par quelques professeurs de l'école de Toulouse, eu égard aux faits qui nous occupent.

vétérinaire à ma place, et qu'il me soit accordé des indemnités pour mes déplacements.

Les expériences touchant la *morve* et le *farcin* étant intimement liées à celles des affections charbonneuses, elles sont également du ressort de l'agriculture, et je considère comme très-important qu'elles soient soumises au même jury ; et, bien que M. le ministre de la guerre en ait été saisi, je vous prie d'user de votre crédit auprès du ministre de l'agriculture pour obtenir qu'il s'entende avec son honorable collègue relativement à la commission qui devra en connaître.

Il est à craindre que dans l'administration de la guerre on ne prenne pas à ce sujet une prompte détermination ; car, dans ce haut lieu, l'on a cru trouver les causes de ces funestes maladies dans les agglomérations d'individus, dans les mauvais casernements, etc. Or, on revient difficilement d'une erreur que l'on a nourrie, et partant l'on a fait des dépenses incalculables pour loger notre cavalerie. Idées fausses qui n'ont eu pour résultat que d'entraîner à de grands abus, et à rendre le cheval de troupe d'une fragilité trahie à chaque instant par les changements de garnisons et signalée par un rapport authentique adressé au ministre de la guerre, le général Lamoricière, et où l'on remarque le passage suivant : « Il n'est pas d'armée en Europe dont les chevaux soient » décimés par une mortalité aussi considérable que ceux de » l'armée française ; chaque année, nos pertes en chevaux se » comptent par les millions qu'elles font sortir du Trésor. »

Avec moi cet état fâcheux cessera ; je préserverai la cavalerie de la *morve* et du *farcin*, et les chevaux, devenus robustes, seront toujours prêts à faire la guerre. Je ne demande pour cela qu'à ordonner les pansages et à diriger les manutentions des vivres ; tout le reste appartiendrait à qui de droit ; alors on supprimerait nécessairement tous les soins minutieux et exagérés dont on entoure ce courageux animal.

La résistance, le plagiat, dans ce cas, n'aurait pour tout succès que celui de reculer l'époque de mon triomphe ; car, pour marcher d'un pas sûr dans la recherche de ces grandes vérités, il faudra forcément s'aider du seul flambeau capable d'éclairer la route à suivre ; et, puisque j'ai eu le courage de la conquête, j'aurai celui de son installation.

On verra se reproduire, à l'égard de ce que je proclame touchant les causes de toutes ces maladies, ce qui est arrivé déjà pour ma méthode curative du crapaud, laquelle a été, dans le principe, mal accueillie à l'école d'Alfort et par la Société des vétérinaires du Poitou, dont plusieurs membres se félicitent aujourd'hui de pouvoir, à l'aide de ce moyen, guérir sous mes yeux un mal d'abord incurable, et pour lequel j'étais seul appelé avant ma publication à ce sujet.

Les injustices décourageantes des égoïstes ne m'empêcheront pas de persister à marcher dans la voie que j'ai toujours suivie ; et, faisant abnégation de tout intérêt privé pour ne songer qu'au bien de mon pays, je ferai connaître aussi les causes de la *détérioration de nos races* et les *moyens de les régénérer* ; celle de la *fluxion périodique des yeux*, l'origine du *sang-de-rate*, etc.

Vous avez déjà apprécié toute l'importance de votre mission, puisque les plus hautes questions de médecine et d'humanité sont pendantes à votre tribunal. Il ne s'agit de rien moins que de la sécurité sanitaire générale, de la gloire de la médecine vétérinaire, et de l'initiative pour la France dans une affaire intéressant le monde entier.

Daignez donc, Monsieur, parcourir mon livre en vous attachant au fond pour ne tenir aucun compte des imperfections qu'il peut présenter sous le rapport de la forme; et, si quelques passages ne vous paraissent pas suffisamment clairs, comptez sur mon entier dévoûment pour tout ce qui pourrait se rattacher aux nouvelles explications que nécessiteront certains articles.

Recevez, Monsieur le directeur, l'assurance du respect de votre très-humble serviteur,

PLASSE.

Niort, le 11 août 1849.

*P. S.* Un point essentiel dont j'oubliais de vous parler, mais qui vous frappera nécessairement, puisque vous devez prendre connaissance de mes travaux, c'est que je peux faire la contre-épreuve des expériences que j'ai proposées, en *multipliant à volonté les affections charbonneuses, la morve, le farcin, etc.*, dans les localités où ces maux règnent habituellement.

Tous les faits que j'avance vous paraîtront extraordinaires, parce que dans mon ouvrage je n'ai traité que la partie expérimentale, et tout juste ce qui a pu me suffire pour m'emparer de la question et pour me faire comprendre, touchant les causes, les moyens préservatifs et la contagion.

Quant à la partie théorique, et d'application, je n'attends, pour ordonner les nombreux matériaux que je possède, que le moment où je pourrai faire quelques voyages et aller un instant m'aider des ressources de la capitale, des bibliothèques et des musées, qu'on ne trouve nulle part ailleurs, et aussi pour me fixer sur la comparaison des analyses, des variations de terrains, des substances alimentaires et des champignons microscopiques connus et inconnus, que j'ai observés; et j'ai à visiter, pour le même sujet, la patrie de la péripneumonie gangréneuse, celle du typhus contagieux, etc.

---

*A M. le Ministre de la guerre.*

MONSIEUR LE MINISTRE,

J'ai exposé à votre honorable prédécesseur, le 7 octobre 1848, que je peux définitivement faire connaître les causes de la morve et du farcin.

Le 19 du même mois, je fus informé, de la part du ministre de la guerre : *qu'il serait statué sur ma proposition aussitôt que l'Institut aurait émis une opinion sur mes travaux.*

L'ouvrage fut imprimé et envoyé à la Société, pour qu'il servît à éclairer la commission instituée pour en examiner un extrait que je lus à la séance du 9 octobre 1848.

Chose étrange! le président de l'Institut m'a écrit depuis qu'il ne peut être fait de rapport sur un ouvrage imprimé, qu'autant que ce rapport aura été demandé officiellement.

Le 14 mai dernier, j'ai eu l'honneur de vous adresser un

exemplaire du même ouvrage, et je n'ai reçu aucune réponse à la lettre qui y était jointe.

Mes découvertes, il est vrai, heurtent les opinions de gens en grande réputation; mais pourquoi hésiter lorsqu'il y a urgence et qu'on peut aujourd'hui résoudre définitivement une question pour laquelle, en s'appuyant sur des *idées fausses*, on fait depuis longtemps des recherches et des dépenses sans obtenir de résultats positifs?

Agréez, Monsieur le Ministre, mes très-humbles salutations,

PLASSE.

Niort, le 23 août 1849.

----

*Réponse de M. le Directeur de l'école de Toulouse, président de la commission.*

Toulouse, 5 septembre 1849.

Monsieur et honoré confrère,

Ayant pris une entière connaissance de votre ouvrage, je conçois parfaitement tout ce que vous m'exposez de l'impossibilité de se livrer avec fruit, dans un établissement comme une école vétérinaire, aux recherches étiologiques sur les épizooties envisagées au point de vue de votre travail.

C'est, dites-vous, aux champs, dans les fermes, dans les conditions enfin où elles se produisent spontanément et où elles se montrent inhérentes soit au sol et au climat, soit aux habitudes traditionnelles des cultivateurs; c'est là, et non ailleurs, que votre système doit rechercher ses démonstrations et ses preuves. En cela, Monsieur, vos longues et patientes études font de vous un bon juge, et je n'aurai pas la pensée d'exprimer une opinion contraire à la vôtre.

Toutefois, les instructions ministérielles étant écrites dans la prévision de recherches et d'expériences à faire dans des conditions où vous les déclarez impossibles, et, d'autre part, l'impossibilité matérielle de rien changer à ces conditions étant malheureusement trop évidente, je ne puis, Monsieur, que vous exprimer tous mes regrets de voir ainsi l'école de Toulouse privée des lumières et des enseignements précieux, sans aucun doute, qu'elle n'eût pas manqué de recueillir en suivant vos essais.

Veuillez bien agréer, etc.

*Le Directeur,*

PRINCE.

----

*À M. le Ministre de l'agriculture et du commerce.*

MONSIEUR LE MINISTRE,

En vue de la lettre de M. le Directeur de l'école vétérinaire de Toulouse, ci-jointe, j'ose espérer que vous daignerez transmettre de nouvelles instructions à la commission par vous instituée, afin de rectifier la fausse direction donnée, par votre lettre du 16 juin dernier, aux expériences que je propose de faire pour démontrer les causes inconnues des épizooties charbonneuses.

L'agriculture et les nombreuses victimes de tous les jours le réclament impérieusement de votre sollicitude.

Agréez, Monsieur le Ministre, mes très-humbles salutations.

PLASSE.

Niort, le 22 septembre 1849.

*M. O. Barrot, ministre de la justice. président du conseil,
à l'auteur.*

3 septembre 1849.

MONSIEUR,

J'ai reçu l'ouvrage que vous avez bien voulu m'adresser, et
où vous avez démontré les causes des épizooties et des épidémies. J'ai été fort sensible à l'envoi de cette publication : elle
me paraît destinée à jeter un nouveau jour sur une question
importante et d'une trop fâcheuse actualité. Veuillez en agréer,
avec mes remercîments, mes vives et sincères félicitations.

Recevez, etc.

O. BARROT.

———

*Au Directeur de l'école vétérinaire de Toulouse.*

MONSIEUR LE DIRECTEUR,

Les entraves que rencontrent les expériences sur les causes
des épizooties charbonneuses ne sont pas de nature à dessaisir
de la question le jury des professeurs de l'école vétérinaire de
Toulouse ; il n'est pas permis de heurter de front, sciemment,
l'intérêt général ; et le ministre, dont on ne peut suspecter
les intentions, reviendra certainement sur ses pas aussitôt
qu'il aura reconnu la fausse route qu'il a suivie.

Tous les torts viennent des savants, dont on a recherché les
avis. Déjà, dans ma correspondance, j'ai rappelé à la question,
quand on me parlait de traitement lorsqu'il s'agit d'étiologie ;
et j'ai dû agir ainsi lorsqu'on m'envoie expérimenter à la ville,
où il y a impossibilité matérielle, tandis que je demande à

faire mes essais dans les campagnes, où le mal sévit avec le plus de fureur.

Ces obstacles me causent peu de soucis ; je les avais prévus. Que les véritables amis de la science, qui ont compris mon ouvrage, ne s'en préoccupent pas ; la démonstration de mes découvertes ne peut pas longtemps se faire attendre; on y sera amené par la force des choses, et les expériences seront concluantes; car, dans les lieux où règnent la *morve*, le *charbon*, etc., je désignerai, à l'avance, la moitié des animaux qui sera affranchie des atteintes de la maladie, tandis que l'autre moitié continuera, à ma volonté, à être assujettie à ses coups meurtriers.

Je suis bien aise, Monsieur le Directeur, de vous manifester ici toute la satisfaction que j'éprouve de trouver en vous un de ces hommes très-rares qui admettent que les savants les plus élevés peuvent recevoir de bons enseignements de praticiens obscurs.

Recevez, Monsieur le Directeur, les salutations respectueuses de votre très-humble serviteur.

PLASSE.

Septembre 1849.

------

*Monsieur le Ministre de l'agriculture et du commerce à l'auteur.*

Paris, le 30 novembre 1849.

MONSIEUR,

J'ai pris connaissance de la lettre que vous avez adressée à mon prédécesseur, le 22 septembre dernier, au sujet des expériences que vous désirez faire sur les moyens de prévenir les affections charbonneuses des animaux domestiques , et des pièces imprimées qui y étaient jointes.

Il résulterait de l'ensemble de ces documents qu'après avoir accepté , par votre lettre du 3 août dernier , la compétence du jury des professeurs de l'école vétérinaire de Toulouse pour apprécier votre découverte, vous l'avez ensuite déclinée, posant en principe : 1° que vos expériences ne peuvent être faites et vérifiées que dans les champs, dans les fermes, dans les conditions enfin et dans les localités où se produisent plus généralement les affections charbonneuses ;

2° Qu'on ne pourrait se livrer avec fruit, dans une école vétérinaire , aux recherches étiologiques à faire sur les épizooties envisagées au point de vue de votre travail.

Sans avoir à contester ni à admettre, en ce moment, les deux assertions ci-dessus, je vous ferai observer , Monsieur , que, dans tous les cas, l'administration ne pourrait se décider à prêter son concours aux expériences que vous demandez , qu'autant qu'elle aurait des raisons de croire que votre découverte a droit à être au moins l'objet d'un sérieux examen. Or ce fait ne peut être établi que par l'appréciation préalable qui en serait faite par un jury composé de membres appartenant à la science vétérinaire ; et je répète que ce jury n'aurait pas à juger définitivement le mérite de votre méthode , mais à examiner si elle a droit au concours de mon département pour les expériences qui tendraient à en établir l'utilité. Quant à ce concours, c'est à l'administration qu'il appartiendrait ensuite d'en fixer la portée et les limites.

C'est dans ce but que mon prédécesseur vous avait ac

cordé l'autorisation de vous présenter devant le jury de Toulouse.

Je n'ai rien à changer à ces dispositions, et j'ai l'honneur de vous annoncer que je me réfère complétement à ce qui vous a été écrit à ce sujet.

Recevez, etc.

DUMAS.

————

*A M. le Ministre de l'agriculture et du commerce.*

MONSIEUR LE MINISTRE,

J'ai l'honneur de vous exposer que, eu égard à la précision des principes posés dans la lettre que vous m'avez adressée le 30 novembre dernier, je vais de nouveau me mettre en rapport avec M. le Directeur de l'école vétérinaire de Toulouse; je ferai même le sacrifice de me transporter sur les lieux pour me livrer, en présence du jury de cette école, aux investigations nécessaires pour faire apprécier aux professeurs qui le composent la vérité d'une découverte qui apportera dans la famille du cultivateur sécurité et bien-être.

Daignez, Monsieur le Ministre, recevoir les salutations respectueuses de votre très-humble serviteur.

PLASSE.

Niort, le 9 décembre 1849.

————

*A M. le Directeur de l'école vétérinaire de Toulouse.*

MONSIEUR LE DIRECTEUR,

D'après les termes d'une lettre de M. le Ministre de l'agri-

culture, datée du 30 novembre dernier, je viens de nouveau me mettre en rapport avec vous touchant les faits
relatifs aux découvertes que j'ai annoncées au gouvernement
le 7 octobre 1848.

J'aurai l'honneur de vous faire connaître l'époque où je
pourrai me transporter à Toulouse pour exposer, en présence des honorables professeurs composant le jury de
l'école que vous dirigez, des vérités qui dévoileront les
causes des épizooties charbonneuses.

A cet effet, Monsieur le Directeur, je vous prie d'avoir
l'obligeance de prendre d'abord des informations, afin de
découvrir les fermes qui, dans les environs de votre ville,
ont perdu ou perdent le plus de bestiaux par le charbon.

Les mortalités auraient-elles cessé, la tradition me suffira;
je reconnaîtrai, sur les lieux, la nature de l'affection qui
aura sévi, et je tracerai, toujours sur les lieux, la marche
à suivre pour empêcher à jamais le retour du mal, et pour
préserver de la maladie, à volonté, la totalité ou une partie
des bestiaux dans les domaines même les plus maltraités.

Agréez, Monsieur le Directeur, les salutations respectueuses
de votre très-humble serviteur.

PLASSE.

Niort, le 9 décembre 1849.

*Réponse adressée à Monsieur le Ministre de la guerre au sujet de la découverte de la cause de la morve et du farcin.*

MONSIEUR LE MINISTRE,

J'ai reçu, le 18 décembre dernier, vos observations sur mon ouvrage qui traite des causes des épidémies et des épizooties typhoïdes et charbonneuses, ouvrage que j'ai eu l'honneur de vous adresser le 14 mai 1849.

Je regrette bien sincèrement, Monsieur le Ministre, que vous ayez cru devoir vous occuper de toutes les questions que je soulève dans ce livre, lorsque, par mes lettres du 7 octobre 1848 et du 25 août 1849, je n'avais soumis à votre département que celles qui touchent aux causes de la morve et du farcin ; et mes intentions étaient tellement précises à cet égard, qu'en offrant, à la même époque, ce travail à M. le Ministre de l'agriculture et du commerce, je lui proposais de faire connaître les causes des affections charbonneuses. Et j'ai été compris, car votre honorable collègue a daigné, suivant ma demande, nommer, pour commission spéciale, le conseil des professeurs de l'école vétérinaire de Toulouse.

Pour arriver à des résultats positifs, il faut que chaque

question soit traitée en temps et lieu; or, Monsieur le Ministre, il n'y a que dans la cavalerie que l'on puisse démontrer les causes de la morve et du farcin, parce que c'est là seulement qu'elles règnent enzootiquement. De là elles passent souvent dans le civil par les chevaux réformés.

Mais, comme néanmoins par votre lettre vous déclarez impossibles les démonstrations que j'invoque, je dois suivre vos objections pour vous prouver qu'on vous a rendu de mon ouvrage un compte peu fidèle, et que vous avez été sur ce point complétement induit en erreur. Eh! pouvait-il en être autrement, lorsqu'on cherche à combattre des innovations positives au moyen des principes erronés mêmes qu'elles viennent détruire? Si, par un effet de votre sollicitude pour ce qui touche aux intérêts du trésor et à l'état sanitaire général (ces maux se communiquent à l'homme), j'étais appelé en présence des savants dont les opinions ont servi de base à votre missive, je leur prouverais qu'ils ont failli dans cette circonstance; car, par leurs efforts et leur crédit, ils ne tendent à rien moins qu'à retarder la proclamation de la découverte la plus importante de notre siècle.

Il semble, en effet, qu'ils s'attachent à rembrunir les rayons lumineux qui doivent éclairer la faculté sur un point complétement obscur.

| OBSERVATIONS DU MINISTRE DE LA GUERRE SUR MON OUVRAGE. | MES RÉPONSES A CES OBSERVATIONS. |
|---|---|
| « En ce qui concerne l'étiologie des deux espèces de charbon, il est très-vrai que les produits végétaux donnés par les terrains argileux ont | J'ai seul, jusqu'à ce jour, observé et publié que le *charbon adynamique* (gangréneux) résulte des denrées moisies, sans distinction de la nature |

*Observations.*                    *Réponses.*

sur l'économie animale une influence qui diffère beaucoup de celle qu'exercent les aliments récoltés sur des terrains calcaires ; c'est un point dont ne tiennent pas assez compte les livres d'agriculture et de médecine vétérinaire.

du terrain qui les a fournies, et que les fourrages des terres argileuses *seuls* produisent, indépendamment des moisissures, un *charbon virulent* inconnu jusqu'alors.

» Le traité qui distingue deux sortes de charbons contient, à cet égard, des observations importantes, et qui font ressortir l'infériorité alimentaire des fourrages récoltés sur des terrains manquant de matières calcaires.

Je dis positivement dans mon ouvrage : que les *fourrages des contrées argileuses qui causent le charbon virulent* sont très-nourrissants ; que le principe âcre, qui ne se développe jamais que sur les foins les mieux réussis, n'affaiblit en rien la partie alimentaire des plantes, et que chez les sujets il ne gêne point la nutrition dans ses effets.

» L'auteur, en restant dans ces limites, eût donné à son livre une valeur incontestable ; mais il dépasse le but quand il avance que le charbon n'est enzootique que sur les terrains argileux, qu'il a partout ailleurs le caractère d'une maladie accidentelle et épizootique.

Mon travail ici a été méconnu dans sa partie monumentale : quand je parle de charbon épizootique, enzootique, je distingue deux affections qui ont toujours été confondues et qui sont très-différentes dans leurs natures et dans leurs causes, *que je fais connaître.*

» Une variété des maladies charbonneuses, le sang-de-rate des bêtes à laine, est extrêmement commune dans les plaines calcaires de la Beauce ; elle a sévi fréquemment aussi, pendant plusieurs années, dans des terres calcaires du Roussillon.

On confond également sous la dénomination de sang-de-rate deux maladies différentes ayant chacune une cause et une patrie distinctes ; mais cette vérité est ici un hors-d'œuvre, et je la démontrerai en temps et lieu.

» Souvent on amène dans

Il n'y a là rien des ca-

*Observations.*

*Réponses.*

les infirmeries de l'école vétérinaire de Toulouse des
bœufs ayant des tumeurs
charbonneuses dout l'apparition n'est pas précédée de
symptômes adynamiques ; la
guérison de ces tumeurs n'est
pas suivie d'une convalescence bien longue ; ces bœufs
ne communiquent pas le
charbon, à moins que la matière de la tumeur ne soit
inoculée. Ce sont là des caractères de l'affection charbonneuse , regardée par M.
Plasse comme particulière
aux animaux qui vivent sur
des terrains argileux : ces
bœufs viennent cependant
souvent des métairies dont le
sol est calcaire.

» En concluant, M. Plasse
s'exprime ainsi qu'il suit :

» Le charbon virulent est
engendré par les fourrages ou
par des pacages dans des
prairies dont le sol et le
sous-sol sont argileux, et qui,
étant constamment rasés par
la faux et par les dents du
bétail, ne reçoivent ni amen-
dement ni engrais capables
d'annuler l'influence pernicieuse du terrain sur le
produit.

ractères essentiels de l'affection que je fais connaître sous
le nom de *charbon virulent* :
je n'admets dans cette circonstance aucune exception ; et
lorsque des animaux contractent le charbon virulent sur
des terrains calcaires , cela
tient à ce qu'ils out mangé
des fourrages provenant de
terrains argileux.

Quant au charbon ady-
namique , il en est de ce qui
a rapport à ce mal comme de
ce qui touche à la morve ; il
peut, pour certains sujets ,
être spontané comme il peut
être précédé de symptômes
adynamiques. Il peut se communiquer à certains individus comme il peut n'être pas
transmissible pour d'autres.

Je pourrai, quand on le
voudra , donner les preuves
de ces faits, que j'explique ,
du reste , dans mon ou-
vrage.

Il faut, entre autres conditions, qu'il fasse un temps
sec durant la végétation et
pendant la récolte. Si, lorsque
la pluie ou toutes autres
causes annulent l'action du
principe âcre , il survient
un charbon , il sera adynamique, et il y aura eu moisissure.

C'est en m'appuyant sur
la précision de ces faits que
j'ai annoncé à l'avance des
épizooties qui se sont réalisées aux époques que j'avais

*Observations.*        *Réponses.*

» Cette conclusion ne peut être vérifiée par l'administration de la guerre, attendu que les maladies charbonneuses sont excessivement rares dans l'armée, ainsi que dans les villes où les herbivores (chevaux et bêtes bovines) ne sont pas nourries entièrement avec des fourrages, mais où ils reçoivent en même temps des fourrages et des grains.

fixées. (*Voir* page 178 de mon ouvrage et visiter les lieux.) Convaincu moi-même que cette vérification est impossible à la guerre, je me suis, dès le principe, adressé, à ce sujet, à M. le ministre de l'agriculture, *qui a su éviter les commentaires* pour en venir au fait.

Je suivrai maintenant, Monsieur le Ministre, vos observations sur les parties qui sont de la compétence de votre département.

» Pour ce qui se rapporte à la morve et au farcin, les deux causes attribuées à la fréquence des arrêts de transpiration et aux fourrages altérés par les champignons sont loin d'être des découvertes.

Nulle part, dans mon ouvrage, je ne signale les arrêts de transpiration ni les aliments altérés comme cause de la morve et du farcin (je revendique ce qui m'appartient); je démontrerai, au contraire, qu'ils ne peuvent jamais faire naître ces maux que comme causes indirectes et déterminantes, lorsque le germe existe déjà dans les individus.

» Dans un mémoire appuyé sur des chiffres, M. Robert, vétérinaire militaire, a parfaitement démontré les effets fâcheux des pansages pratiqués hors des écuries.

M. Robert a écrit en s'appuyant sur un principe trompeur et éphémère; il a chiffré sur la neige. Quelques étincelles de lumière anéantiront sinon ses additions, du moins sa base et ses conclusions. Au fait, le mal sévit encore, bien que les pansages soient faits dans les écuries.

*Observations.*

*Réponses.*

» D'un autre côté, tous les vétérinaires connaissent les observations de Gohier sur l'effet des pailles rouillées.

» Mais ce que l'on n'avait pas admis jusqu'à present, et ce dont M. Plasse s'attribue la découverte, c'est que la morve et le farcin n'ont pas d'autre cause que les fourrages avariés, qui introduiraient dans le sang des cryptogames, y voyageant et se fixant tantôt sur un point

Le danger d'employer des fourrages rouillés a été connu bien avant M. Gohier; mais personne, avant moi, n'a fait la part bien tranchée aux fourrages altérés et aux cryptogames.

Les chevaux de l'armée ne mangent ordinairement ni avoines ni fourrages rouillés, et les régiments sont le berceau de la morve et du farcin : cela tient à ce que ces animaux consomment des champignons imperceptibles à l'œil nu, qui, par une mauvaise manutention des vivres, naissent sur de très-bons aliments (1).

Telles sont sans doute mes prétentions, et je prouverai ce que j'avance en faisant la part aux fourrages avariés, ainsi que celle des moisissures, que j'accuse de tout le mal.

Ce que je dis ici, à ce sujet, est technique et plus sérieux que ce que l'on me fait

(1) Je m'incline certainement devant les vastes connaissances des académiciens en médecine; mais ils voudront bien me permettre de leur fournir des enseignements sur un des points qui les divisent le plus; *ils ignorent les causes des affections typhoïdes et charbonneuses,* et j'ai soulevé le voile qui tenait ces causes cachées en faisant de ce sujet l'étude spéciale de toute ma vie. Si pour l'étude des parties faibles j'avais de nombreux imitateurs, l'art médical deviendrait bientôt une science positive qui, pas plus que les autres, ne prêterait à la critique; mais il faudrait pour cela des hommes plus dévoués au bien public et à la science qu'à leur avenir.

*Observations.*            *Réponses.*

tantôt sur un autre.

» Si l'on prouvait, par des expériences, que les chevaux exposés à de fréquents arrêts de transpiration, nourris avec des fourrages moisis, contractent la morve en plus grand nombre que ceux qui sont mieux traités, on n'arriverait pas à la solution de la question que pose M. Plasse ; il faudrait prouver, en outre, que la morve ne peut provenir que de cette cause : voilà le point litigieux. Or, ce point ne peut être résolu par la méthode expérimentale ; il faudrait le résoudre par des observations de chaque jour, recueillies sans aucune préoccu-

dire ; les champignons, dans la morve et le farcin, agissent par intoxication ; mais je prétends que les semences et les atomes de ces productions peuvent être éliminés, ou qu'ils circulent dans l'économie animale pour se fixer dans les tissus ou sortir à la surface de la peau, comme le célèbre Linné et d'autres savants l'ont positivement observé dans les végétaux ; ce qui n'est pas contesté.

C'est justement en se laissant prendre aux préoccupations systématiques, que l'on complique les questions à les rendre insolubles.

Sans suivre de point en point les réflexions produites dans ce paragraphe, je me bornerai à démontrer qu'il serait très-facile, pour l'administration de la guerre, d'arriver, par mes expériences, à la découverte des causes de la morve et du farcin. D'abord, dans ce haut lieu, l'on conviendra qu'on cherche à les atteindre ; car depuis longtemps on les poursuit à grands frais. Ainsi, après avoir épuisé toutes les expériences possibles sur la plus large échelle, on a accusé comme source du mal les mauvais casernements et l'inconvénient de renfermer dans un même local un trop grand nombre d'animaux (1).

On a donc fait rebâtir les écuries sur un plan vaste et somptueux ; on a choyé le cheval de manière à le rendre impressionnable aux moindres intempéries (témoin les pansages

____

(1) Il existe une foule d'erreurs de ce genre touchant les fièvres typhoïdes et les fièvres intermittentes de l'homme. Partout on les attribue aux émanations de gaz méphitiques des lieux humides, quand elles dépendent du développement des champignons sur les denrées alimentaires par l'influence de l'humidité.

<table>
<tr><th>Observations.</th><th>Réponses.</th></tr>
</table>

pation systématique.

» La publication du livre de M. Plasse peut être utile pour appeler de nouveau l'attention sur les effets très-fâcheux des fourrages altérés, et sur les méthodes vicieuses adoptées fréquemment en France pour conserver les fourrages.

» Ainsi cet ouvrage fait ressortir l'inconvénient des greniers humides et obscurs, celui des manutentions, dans lesquelles les fourrages sont débottelés, rebottelés, et façonnés quelque temps avant leur consommation, puis mal tassés dans de vastes magasins; il fait voir combien les meules bien faites sont préférables aux greniers. On trouve donc dans le travail de M. Plasse des vues utiles sur la bonne conservation des fourrages. Quant à l'établissement d'une théorie sur toutes les causes des épizooties et des épidémies, cette théorie n'est pas de nature à pouvoir être contrôlée par des expériences, car il n'est

de M. Robert); résultats bien autrement déplorables, en cas de guerre, que ne l'est la perte des millions diversement dépensés sans solution positive. Mais ces résultats, quelque fâcheux qu'ils soient, je les avais prédits à M. le ministre de la guerre, dans une audience particulière que j'ai eu l'honneur d'obtenir en octobre 1838.

Je puis arrêter toutes ces dépenses et mettre un terme à la fragilité des chevaux de l'armée, en démontrant que la morve et le farcin, qu'on ne connaît pas pour des affections typhoïdes, dépendent de champignons microscopiques. Et voici, à cet effet, l'unique procédé que je me propose de suivre.

Je suppose que, selon ma demande, le gouvernement veuille bien me confier pour quelque temps le pansage et la manutention des vivres de six cents chevaux appartenant à la garnison de Niort (il n'y a pas à hésiter); je nourrirais trois cents de ces animaux suivant la méthode généralement adoptée, et les trois cents autres vivraient d'aliments que je saurais soustraire à l'envahissement des champignons microscopiques par des moyens que vous reconnaissez comme bons.

Du reste, les avoines et les fourrages provenant des mêmes lieux seraient partagés entre les deux camps séparés.

De part et d'autre la moitié des chevaux devraient être affranchis des rigueurs de l'étrille, tous seraient dressés aux exercices ordinaires et extraordinaires; on pourrait les panser dehors à volonté, et les tasser dans l'intérieur de manière

*Observations.*

*Réponses.*

pas possible, dans des expériences, de réunir et de comparer toutes les causes qui produisent la morve et le farcin (1).

à assortir les caractères et à leur permettre de manger par trois.

Les soins de la propreté commanderaient seuls l'enlèvement des fumiers, et l'on se préoccuperait peu des exhalaisons qu'ils produiraient.

Les expériences ainsi énoncées, M. le Ministre, soulèveraient encore des difficultés, que je les accepterais à toutes les conditions, pourvu qu'on me permît de nourrir la moitié des chevaux avec des avoines et des fourrages conservés suivant la théorie que j'explique dans mon ouvrage, et que vous approuvez dans votre lettre. Les chevaux que j'aurais ainsi préservés de l'atteinte pernicieuse des cryptogames n'auraient point à redouter la morve ni le farcin.

Si parmi les trois cents chevaux soumis au régime ordinaire, il se présentait toujours des cas de morve et de farcin, qui augmenteraient ou diminueraient à ma volonté ; qu'au contraire les trois cents alimentés de produits exempts de champignons n'offrissent aucun exemple de ces funestes maladies, et que je fisse voir des parasites vénéneux implantés sur les denrées alimentaires distribuées aux premiers, il faudrait bien reconnaître avec moi la cause que je proclame, en admettant surtout que les causes accusées jusqu'à ce jour se soient reproduites pour les chevaux traités d'une manière exceptionnelle, et quand les moyens supposés préservatifs auraient tous été écartés.

» En communiquant les observations qui précèdent à

Vous êtes parfaitement libre à cet égard, M. le Ministre ; mon livre appartient au public ; je pouvais ce-

(1) Il n'y a qu'une même cause pour les deux maladies. ( *Note de l'auteur.* )

*Observations.*

*Réponses.*

**M. Plasse**, vous voudrez lui faire connaître qu'en raison de plusieurs faits importants consignés dans son ouvrage, j'ai ordonné qu'il serait déposé dans les archives de mon département pour être consulté à l'occasion.

pendant faire mes réserves et mettre des conditions. Mais ces documents, reconnus si utiles, pourquoi les enfouir même pour un temps limité? Ces découvertes, qui m'appartiennent, seront-elles exposées à devenir la proie de quelques plagiaires apostés? Consultez directement et sévèrement vos conseillers spéciaux, force sera à eux de convenir que les millions au moyen desquels on a tout remué et partout fouillé pour la recherche de la cause de la morve et du farcin, n'ont rien fait découvrir, rien absolument, rien qui puisse déceler la source de ces redoutables maux (1) ; et ils conviendront néanmoins, comme ils l'ont déjà fait, que mon ouvrage présente quelque apparence de vérité : d'où l'on pourra conclure que, puisque les expériences que je propose de faire ne doivent entraîner l'administration à aucuns frais extraordinaires, et qu'elles sont favorables à la santé des chevaux, on devrait en faire l'essai.

»Je ne vois d'ailleurs aucun inconvénient à ce que M. Plasse soumette de nouveau son travail à la commission que, suivant sa lettre du 2 novembre, M. le Ministre du commerce serait disposé à constituer pour en faire l'examen. »

N'éloignons pas du département de la guerre des sujets qui ne peuvent être traités ailleurs. Je pose le défi, à la volonté de tout opposant, et je mettrai la persévérance nécessaire pour mener à la solution d'une question d'un si haut intérêt.

(1) Voir, dans le **Recueil** de médecine vétérinaire, la discussion du 8 mars et celle du 5 avril 1849 aux séances de la Société centrale vétérinaire, société composée des hommes les plus éminents d'Alfort et de la capitale

Veuillez bien remarquer, Monsieur le Ministre, que ces expériences si faciles, tout en démontrant la cause de la morve et du farcin, feront connaître celles des fièvres typhoïdes ; et ce fait a une portée immense, puisqu'il tend à produire des éclaircissements sur l'origine de toutes les variétés de ce *genre*, lesquelles sont si funestes à l'humanité entière.

Le long silence des académiciens, en différant de **14** mois votre réponse à ma demande, est déplorable, et peut entraîner à des débats fâcheux sous le rapport de la priorité d'une question dont l'importance est au-dessus des hommes les plus puissants.

Déjà un médecin allemand prétend avoir découvert que la *petite vérole* a de l'analogie avec le *farcin du cheval*.

Deux autres médecins anglais annoncent que par leurs observations ils ont reconnu que le *choléra asiatique* a une origine végétale.

Or, ces deux vérités sont démontrées dans mon ouvrage, qui est, depuis deux ans, déposé à l'Institut de France, et, pour peu que le moment de produire les preuves que je propose de substituer aux discussions soit encore reculé, les étrangers prendront le devant et proclameront résolument des découvertes qu'ils n'ont plus qu'à vérifier.

Les vétérinaires de l'armée, harcelés à chaque instant par les questions qu'on leur adresse sur les faits constatés à cet égard, produisent, chaque année, les détails de leurs observations, et c'est en vain qu'on pressure de mille manières leurs rapports multipliés dans l'espoir d'en faire sortir la lumière. Ces hommes laborieux, placés, pour cet effet, dans des conditions insuffisantes, n'ont pu encore, malgré leurs efforts incessants et reconnus, soulever le voile impénétrable qui a, jusqu'à ce jour, caché la vérité aux yeux même les plus clairvoyants.

J'ose donc espérer, Monsieur le Ministre, que ces nouvelles explications vous porteront à ordonner au plus tôt la vérification d'une découverte trop longtemps attendue.

Daignez agréer, Monsieur le Ministre, les salutations respectueuses de votre très-humble serviteur,

PLASSE.

Niort, le 7 février 1850.

———

*Monsieur Magne, professeur à l'école vétérinaire d'Alfort, publiciste distingué, à l'auteur.*

Alfort, le 20 février 1850.

MONSIEUR ET SAVANT CONFRÈRE,

J'ai reçu avec la lettre que vous m'avez fait l'honneur de m'écrire, votre réponse au ministre de la guerre et le feuillet renfermant votre réponse au directeur de l'école de Toulouse, ainsi que celle du ministre de l'agriculture. Je les ai lues avec intérêt comme le volume que vous avez eu l'obligeance de m'adresser.

Par le passage que j'ai reproduit vous avez dû comprendre combien je désirerais que les cultivateurs pussent lire et méditer les sages conseils que vous donnez. J'ai dû m'abstenir de parler en détail de votre important ouvrage au point de vue pathologique.

31

Les obstacles que vous rencontrez ne m'étonnent pas; vous-même vous ne devez pas être surpris d'éprouver le sort qui a été réservé aux auteurs de toutes les belles découvertes.

Je ne vous aurais pas conseillé de vous adresser à l'administration. Mais j'ai lu avec un bien grand plaisir les réponses que vous faites aux observations du ministre de la guerre; elles sont très-instructives.

Je suivrai toujours vos travaux avez un grand intérêt , et je ne manquerai jamais de les signaler aux lecteurs du *Moniteur agricol* , autant qu'ils se rapporteront à l'hygiène.

Agréez , etc.

MAGNE.

------

EXTRAIT DU BULLETIN DE PARIS DU 10 DÉCEMBRE 1849 (1).

### Découverte importante sur le choléra.

Dans un moment où le choléra vient de sévir d'une manière si cruelle en France et en Angleterre , nous croyons utile, dans l'intérêt de la science et des familles , de faire connaître les curieuses observations suivantes, propres à éclairer sur la nature du fléau. Elles sont dues à un savant , M. Plasse , médecin-vétérinaire à Niort.

Le docteur Cowdell , médecin de l'hospice du comté de Dorset , écrit au *Morning-Chronicle* du 27 septembre qu'il félicite M. Brittan , de Bristol, sur sa découverte de certains corps microscopiques dans les déjections cholériques. Il prétend avoir remarqué les mêmes symptômes dans les dé-

(1) Cet extrait et une partie de la correspondance ne figurent point, nécessairement, dans les cent exemplaires brochés en avril 1849.

jections du dernier degré du choléra. Il a remarqué de petits corps organisés ressemblant beaucoup à d'autres corps auxquels les naturalistes et microscopistes reconnaissent une organisation protophytique. Les résultats déjà obtenus doivent provoquer de nouvelles recherches pour compléter cette importante découverte sur l'origine du choléra. Ces observations furent insérées dans le journal des *Débats* du 29 septembre dernier.

M. Plasse a lu et déposé à l'Institut de France, le 9 octobre 1848, l'extrait d'un ouvrage, fruit de trente années de travail spécial et comparé *sur les causes des épizooties et des épidémies typhoïdes.* — L'habile vétérinaire expose dans cet ouvrage et démontre par des faits que les affections dites typhoïdes constituent un genre de maladies dont les espèces très-nombreuses, et qui se lient entre elles par des caractères communs, dépendent toutes de *champignons microscopiques introduits dans l'économie animale par les aliments.*

Cette origine étant bien déterminée, l'auteur donne à l'ensemble de ces maux la dénomination générale de *cryptogamie;* et au sujet du *fléau asiatique*, qui, avec la *fièvre jaune*, figure au rang des affections typhoïdes des régions tropicales, il fait observer dans son ouvrage que les corps tuberculiformes qu'on trouve sur la muqueuse du tube digestif des cholériques ont une organisation de la nature des champignons microscopiques qui constituent ces maladies; et, après ces observations, nous voyons avec quelle rivalité l'Angleterre dispute à notre savant compatriote la gloire d'une découverte vraiment importante, à propos d'un fléau dont la science encore n'a pu déterminer la cause.

MM. les Anglais, qui connaissent sans doute le compte

rendu de la séance de l'Institut du 9 octobre 1848, n'ont pas de grands efforts à faire pour désigner la nature de la plante meurtrière qui engendre les tubercules détachés de la muqueuse, et ils auront découvert la cause du choléra à la manière de Genner qui proclama la vertu de la vaccine au préjudice de Rabaut-Pommier ( de Montpellier). Mais, dans cette nouvelle circonstance, l'observateur français a été prévoyant, car il a déjoué les intentions des plagiaires en faisant enregistrer ses découvertes par une société savante; il a même prévenu la vigilance du gouvernement d'outre-mer et notre lenteur, en adressant son ouvrage aux autorités de tous les pays désolés par le déplorable fléau, afin de vulgariser au plus tôt les mesures à prendre pour arrêter, dès sa naissance, une maladie vagabonde si pernicieuse.

# TABLE DES MATIÈRES.

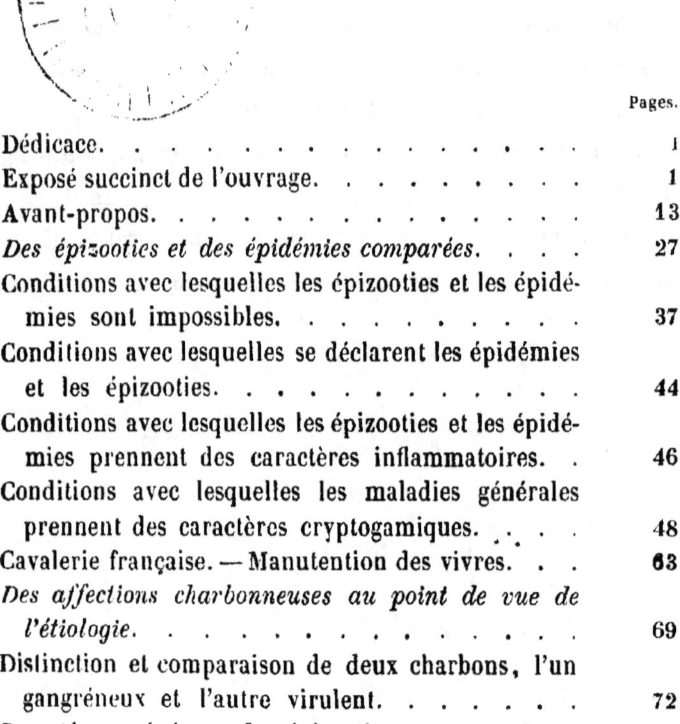

FIN DE LA TABLE.

# ERRATA.

Page  17 , ligne  26 , *lisez :* dont tu avais doté.

—   52 ,   —   34 , *au lieu de :* ains , *lisez :* ainsi.

—   73 ,   —   39 , *lisez :* les animaux de cette classe.

—   81 ,   —   44 , *au lieu de :* gnoré , *lisez :* ignoré.

—  100 ,   —   15 ,   —   uste , *lisez :* juste.

—  110 ,   —   20 ,   —   mésaccord , *lisez :* désaccord.

—  140 ,   —    2 ,   —   crainte , *lisez :* contrainte.

—  178 ,   —   11 , *lisez :* il a donc fallu.

—  196 ,   —   32 , à gauche , *lisez :* les tissus avaient une épaisseur
naturelle.

—  197 ,   —    6 , *au lieu de :* considérables , *lisez :* considérés.

—  214 ,   —   14 ,   —   184 , *lisez :* 137.

—  242 ,   —   14 , *lisez :* la loupe.

—  291 ,   —   28 , *au lieu de :* moralités , *lisez :* mortalités.

—  295 ,   —   13 ,   —   antérieurs , *lisez :* postérieurs.

—  338 ,   —    5 , *lisez :* Logeay de Couhé.

—  339 ,   —    5 , *au lieu de :* semaines , *lisez :* mois.

—  344 ,   —   14 ,   —   circulatoires , *lisez :* circulaires.

—  354 ,   —    8 ,   —   gazeuses , *lisez :* filandreuses.

—  360 ,   —   13 , *lisez :* conditions différentes dans telles ou.

—  377 ,   —   19 , *au lieu de :* la province , *lisez :* le civil.

—  382 ,   —   28 ,   —   amis , *lisez :* avis.

—  386 ,   —   14 ,   —   ses , *lisez :* ces.

—  389 ,   —   23 , *lisez :* les principes constituants sont enlevés de
la partie.

—  390 ,   —   11 , *au lieu de :* contagion , *lisez :* virus.

Poitiers. — Imp. de **A. DUPRÉ.**